Johannes Volland · Michael Pils · Timo Skora
Wärmebrücken

Wärmebrücken

erkennen – optimieren – berechnen – vermeiden

mit 452 Abbildungen und 133 Tabellen

 mit digitalen Arbeitshilfen

Dipl.-Ing. (FH) Johannes Volland
Dipl.-Ing. (FH) Michael Pils
Dipl.-Ing. (FH) Timo Skora

 Rudolf Müller

Bibliografische Information Der Deutschen Nationalbibliothek
Die Deutsche Nationalbibliothek verzeichnet diese Publikation in der Deutschen National-
bibliografie; detaillierte bibliografische Daten sind im Internet über http://dnb.dnb.de
abrufbar.

2. Auflage 2016

Wiedergabe der Abb. 2.4, 2.9, 2.13 und 2.17 aus der DIN 4108 Bbl. 2:2006-03 mit Erlaubnis
des DIN Deutsches Institut für Normung e. V.

Maßgebend für das Anwenden von Normen ist deren Fassung mit dem neuesten Ausgabedatum, die bei der Beuth Verlag GmbH, Burggrafenstraße 6, 10787 Berlin, erhältlich ist.
Maßgebend für das Anwenden von Regelwerken, Richtlinien, Merkblättern, Hinweisen,
Verordnungen usw. ist deren Fassung mit dem neuesten Ausgabedatum, die bei der jeweiligen
herausgebenden Institution erhältlich ist. Zitate aus Normen, Merkblättern usw. wurden,
unabhängig von ihrem Ausgabedatum, in neuer deutscher Rechtschreibung abgedruckt.

Das vorliegende Werk wurde mit größter Sorgfalt erstellt. Verlag und Autoren können
dennoch für die inhaltliche und technische Fehlerfreiheit, Aktualität und Vollständigkeit des
Werkes und seiner elektronischen Bestandteile (Internetseiten) keine Haftung übernehmen.

Wir freuen uns, Ihre Meinung über dieses Fachbuch zu erfahren. Bitte teilen Sie uns Ihre
Anregungen, Hinweise oder Fragen per E-Mail: fachmedien.architektur@rudolf-mueller.de
oder Telefax: 0221 5497-6141 mit.

Lektorat: Jan Stüwe, Köln
Umschlaggestaltung: Designbüro Lörzer, Köln
Satz und Herstellung: Satz+Layout Werkstatt Kluth GmbH, Erftstadt
Druck und Bindearbeiten: Westermann Druck Zwickau GmbH, Zwickau
Printed in Germany

ISBN 978-3-481-03364-4 (Buch-Ausgabe)
ISBN 978-3-481-03365-1 (E-Book)

Vorwort zur zweiten Auflage

Seit dem 1. Januar 2016 gelten die verschärften Anforderungen der Energie-einsparverordnung EnEV 2014 an die Energieeffizienz bei Neubauten. Außerdem gibt es ab 2016 neue KfW-Effizienzhausstandards. Um die verschärften Anforderungen einhalten zu können, wird es aus wirtschaftlichen Gründen unerlässlich, die Wärmeverluste über Wärmebrücken detailliert zu erfassen. Je geringer die Wärmeverluste über die Gebäudehülle ausfallen, umso größer wird der Einfluss der Wärmeverluste über Wärmebrücken auf die Energiebilanz.

Das vorliegende Buch geht auf alle wesentlichen Fragen zum Feuchteschutz, Gleichwertigkeitsnachweis und zur detaillierten Berechnung von Wärmebrücken nach EnEV ein. Es soll dazu dienen, Wärmebrücken zu erkennen und zu optimieren. Es behandelt die wesentlichen Inhalte der Normen, die für die Berechnung von Wärmebrücken im Rahmen der Energiebilanzierung nach EnEV zu berücksichtigen sind. Anhand von vielen Beispielen werden Sachverhalte erläutert und bildhaft dargestellt.

Mit der zweiten Auflage des Buches „Wärmebrücken" wurde der grundlegende Inhalt aus der ersten Auflage praxisorientiert erweitert und an neue Richtlinien angepasst. Eine der wesentlichen Neuerungen ist die Aufnahme des Infoblattes „KfW-Wärmebrückenbewertung" und der zugehörigen Formblätter A bis D zur Berücksichtigung von Wärmebrücken bei geförderten KfW-Effizienzhäusern, die im August 2015 zum ersten Mal veröffentlicht worden sind.

Die von der KfW-Bankengruppe herausgegebenen Formblätter zur Berücksichtigung von Wärmebrücken über einen Gleichwertigkeitsnachweis oder über eine detaillierte Berechnung werden im Buch dargestellt und anhand von Beispielen erklärt. Außerdem werden die von der KfW neu eingeführten Verfahren wie der erweiterte Gleichwertigkeitsnachweis bei Bestandsgebäuden oder das Wärmebrückenkurzverfahren sowie der Umgang mit den KfW-Wärmebrückenempfehlungen ausführlich behandelt. Zu beachten ist, dass für das vorliegende Buch nur Materialien der KfW berücksichtigt werden konnten, die vor dem 15. November 2015 erschienen sind. Ebenso gilt für die im Buch berücksichtigten Normen der Redaktionsstand 30. November 2015.

Das wichtigste Anliegen des Buches – anhand von Beispielen die Berechnung von Wärmebrücken plausibel und nachvollziehbar darzustellen – ist für die zweite Auflage weiterentwickelt worden. Unter anderem wurden 2 neue Projektbeispiele aufgenommen. Zu dem aktualisierten Projektbeispiel „Einfamilienhaus in Holzbauweise" aus der ersten Auflage wurde nun als zweites Beispiel das gleiche Gebäude mit einem hochwärmedämmenden Ziegelstein als Massivbau konstruiert; hierfür wurden die Wärmebrücken optimiert und nachvollziehbar berechnet. Als drittes Beispiel findet ein sanierter Altbau mit Wärmedämm-Verbundsystem Eingang in das Buch; bei diesem Beispiel wird insbesondere die Gleichwertigkeitsführung nach DIN 4108 Beiblatt 2 und nach den neuen Formblättern der KfW ausführlich dargestellt.

Für die zweite Auflage gilt mein besonderer Dank wieder Prof. Friedemann Zeitler, der sich auch bei komplizierten Fragen immer Zeit für deren Klärung genommen hat. Weiterer Dank gilt dem Verlag Rudolf Müller sowie Jan Stüwe, der als Lektor einen wesentlichen Beitrag zum Gelingen des Buches erbracht hat. Außerdem bedanke ich mich bei Rainer Feldmann, der mir bei der Erläuterung des KfW-Infoblattes zum Thema Wärmebrücken und der zugehörigen Formblätter behilflich war.

Regensburg, im Februar 2016   Johannes Volland

Hinweise zu digitalen Arbeitshilfen

Zu diesem Buch stehen exklusiv für Buchkäufer Excel-Berechnungshilfen bereit, die Arbeitsblätter zur
- Eingabe der Projektdaten,
- Führung des Gleichwertigkeitsnachweises nach KfW,
- Führung des erweiterten Gleichwertigkeitsnachweises nach KfW,
- Führung des detaillierten Wärmebrückennachweises und Berechnung des Wärmebrückenzuschlags ΔU_{WB},
- Anwendung des Wärmebrückenkurzverfahrens nach KfW,
- Berechnung des ψ-Werts für ein Wärmebrückendetail

sowie Pläne mit Berechnungstabellen der 3 Beispielgebäude aus den Kapiteln 9 bis 11 enthalten.

Für das Isothermen-Programm Therm stehen außerdem folgende deutsche Bibliotheken zur Verfügung:
- bc.lib
- material.lib
- Ufaktor.lib

Öffnen Sie dazu unsere Plattform **www.baufachmedien.de/waermebruecken**

Dort finden Sie die Berechnungshilfen im Reiter „Mehr" unter „Downloads".

Inhaltsverzeichnis

1 Grundlagen

1.1 Definition von Wärmebrücken

Bauteilbereiche, an denen ein größerer Wärmestrom fließt als an der übrigen ungestörten Fläche des Bauteils, werden als Wärmebrücken bezeichnet. Da der vergrößerte Wärmestrom durch Materialwechsel in der Bauteilebene und durch die Bauteilgeometrie verursacht wird, wird entsprechend auch von stofflichen oder geometrischen Wärmebrücken gesprochen, deren Phänomene sich durchaus überlagern können.

Mit den in Abb. 1.1 dargestellten Isothermen an der Innenseite einer Außenwand wird die Komplexität des Wärmetransports in einem Bauteil aus unterschiedlichen Stoffen und geometrischen Formen verdeutlicht.

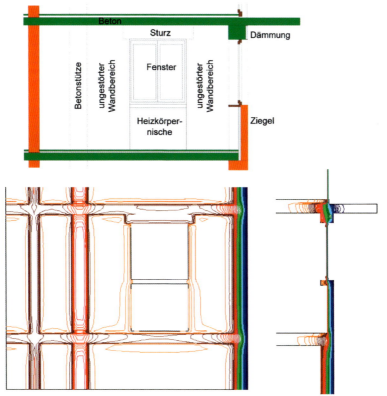

Abb. 1.1: Innenansicht und Schnitt einer Außenwand mit Darstellung der Isothermen (Quelle: Volland/Volland, 2014, S. 260)

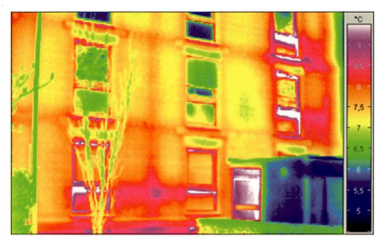

Abb. 1.2:   Außenansicht einer Fassade mit einer Infrarotkamera fotografiert
(Quelle: Volland/Volland, 2014, S. 260)

Abb. 1.1 zeigt die Innenseite einer gewöhnlichen Außenwand und das darin befindliche Fenster. Im Bereich des Fensters sind Heizkörpernischen, eine Fensterbank, ein Rollladenkasten und ein Sturz vorhanden. In die Außenwand binden die Geschossdecken sowie eine Zwischenwand ein. Die obere Betondecke kragt an einer Seite aus. An den Ecken des Gebäudes verändert sich die Geometrie der Fläche. Zusätzlich stören Wandschlitze und die eingebaute Betonstütze die thermische Homogenität des Wandgefüges.

Die Abb. 1.2 zeigt die Außenansicht einer Fassade mit einer Infrarotkamera fotografiert. Hier werden die Wärmebrücken aufgrund der unterschiedlichen Oberflächentemperaturen an der Außenoberfläche erkenntlich. An Wärmebrücken wird die Wärme schneller nach außen transportiert, sodass die Wand dort an der Außenoberfläche wärmer ist. Mit einer Infrarotkamera können die unterschiedlichen Oberflächentemperaturen farblich sichtbar gemacht werden (vgl. auch Kapitel 5).

Bei einem Bauteil mit unterschiedlichen, nebeneinanderliegenden Baustoffen ergibt sich an den Berührungsstellen eine Änderung des Wärmestroms. Der Wärmestrom ändert sich auch, wenn verschiedene Bauteile in Raumecken oder Kanten aufeinanderstoßen.

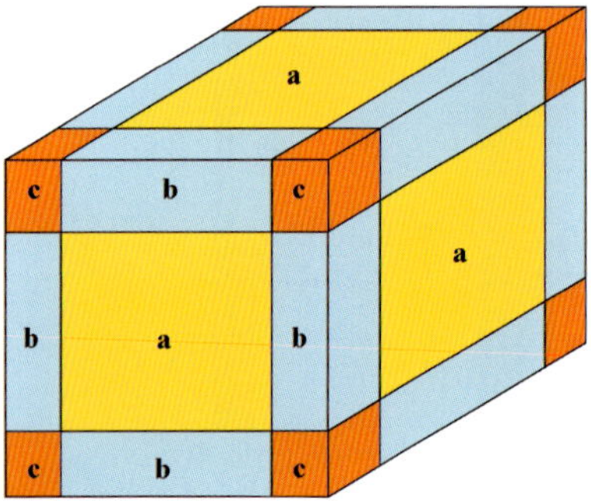

Die Abschätzung der Größe des Wärmestroms an Wärmebrücken ist sowohl für eine genaue Bilanzierung des Heizwärmebedarfs als auch für die Abschätzung der Taupunkttemperatur erforderlich.

In der DIN EN ISO 10211 sind Algorithmen zur Erfassung von Wärmebrücken beschrieben. Danach sind zur Ermittlung der niedrigsten Temperaturen an geo-

Abb. 1.3:   Mögliche Wärmebrücken an der Gebäudehülle nach DIN EN ISO 10211, Abschnitt 8

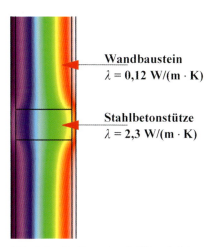

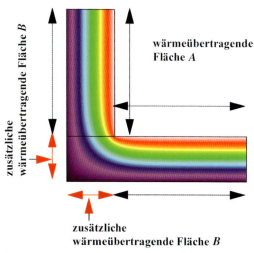

Abb. 1.4:   Eindimensionale Wärmebrücke   **Abb. 1.5:**   Zweidimensionale Wärmebrücke

metrischen Wärmebrücken in Abhängigkeit des zu betrachtenden Bereiches
3 Modelle zu unterscheiden:

- eindimensionale Wärmeströme (vgl. Abb. 1.3 [dort a]),
- zweidimensionale Wärmeströme (vgl. Abb. 1.3 [dort b]),
- dreidimensionale Wärmeströme (vgl. Abb. 1.3 [dort c]).

Zusätzlich können Wärmebrücken durch Überlagerung von Wärmeströmen entstehen.

Eindimensionale Wärmebrücken

Eindimensionale Wärmebrücken werden durch unterschiedliche Wärmeleitfähigkeiten λ verursacht (vgl. Abb. 1.4), die bei Stoffunterschieden innerhalb eines Bauteils auftreten, z. B.:

- Stahlbetonstütze im Mauerwerk,
- Fachwerkkonstruktionen,
- Ringanker,
- Deckenauflager.

Zweidimensionale Wärmebrücken

Zweidimensionale Wärmebrücken entstehen an den Raumkanten, also
dort, wo die innere und die äußere Bauteilfläche unterschiedlich groß sind
(vgl. Abb. 1.5). Zweidimensionale Wärmebrücken treten z. B. an folgenden
Stellen auf:

- Gebäudeecken,
- Auskragungen wie Balkonplatten,
- Rück- und Vorsprünge in der Gebäudehülle,
- Deckenauflager.

Zweidimensionale Wärmebrücken können nicht vermieden, sondern deren
Auswirkung kann nach Möglichkeit nur weitgehend reduziert werden.

Abb. 1.6: Überlagerung von Wärmebrücken (Quelle: Volland/Volland, 2014; S. 262)

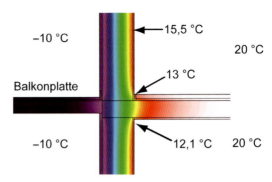

Dreidimensionale Wärmebrücken

Dreidimensionale Wärmebrücken entstehen an Gebäudeecken. Sie entstehen überall dort, wo 3 oder mehr Bauteile aufeinandertreffen oder ein Bauteil punktuell ein anderes berührt oder durchstößt, z. B.:

- Ecken von auskragenden Bauteilen,
- Ecke Anschluss Dach/Außenwände,
- Ecke Anschluss Außenwände/Bodenplatte.

Zu den dreidimensionalen Wärmebrücken gehören auch die punktförmigen Wärmebrücken wie einbindende Stützen in Decken und Verankerungen von Wärmedämm-Verbundsystemen.

Überlagerung von Wärmebrücken

Wärmebrücken können sich überlagern. Dies geschieht, wenn an Gebäudekanten auch unterschiedliche Materialien zusammentreffen.

Ein gutes Beispiel dafür ist die auskragende Balkonplatte (vgl. Abb. 1.6); dort ist sowohl eine Gebäudekante als auch ein Materialwechsel vorhanden. Diese Stellen sind besonders tauwasser- und schimmelgefährdet, da hier starke Temperaturunterschiede entstehen können.

Die meisten Wärmebrücken bestehen aus Überlagerungen von geometrischen und stofflichen Wärmebrücken.

1.2   Kennwerte von Wärmebrücken und die Berücksichtigung in der Energiebilanz

Wärmebrücken haben 2 wesentliche Auswirkungen: Sie bewirken zum einen niedrige raumseitige Oberflächentemperaturen und zum anderen zusätzliche Wärmeverluste.

Entsprechend sind zur Kennzeichnung der Wirkung von Wärmebrücken auch 2 unterschiedliche, voneinander unabhängige Kenngrößen notwendig:

- der Temperaturfaktor f_{Rsi} zur Beurteilung der raumseitigen Oberflächentemperatur,
- der Wärmebrückenverlustkoeffizient ψ in W/(m · K) zur Berechnung der zusätzlichen Wärmeverluste über die Wärmebrücken.

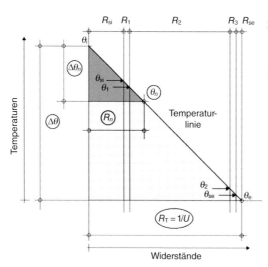

Abb. 1.7: Proportionalität von Wärmedurchlasswiderstand und Temperatur entsprechend Formel 1.1 und Formel 1.2 (Quelle: Volland/Volland, 2014, S. 263)

1.2.1   Oberflächentemperaturen

Im Bereich von Wärmebrücken können bei kalter Witterung die Oberflächentemperaturen auf der Raumseite derart absinken, dass an diesen Stellen Schimmelpilzgefahr besteht. Aber auch eine zu hohe Luftfeuchtigkeit in einem beheizten Raum kann zu Schimmelpilzbildung an kalten Innenwandflächen führen.

Schimmelpilzgefahr besteht nach DIN 4108-2 dann, wenn bei einem Innenraumklima von 20 °C und 50 % relativer Luftfeuchtigkeit im Raum die Oberflächentemperatur der Außenbauteile unter 12,6 °C sinkt.

Aus diesem Grund sollten Wärmebrücken schon bei der Planung erkannt und minimiert werden, um Schimmelpilzbildung zu vermeiden.

Oberflächentemperaturen an thermisch homogenen Bauteilen

Die Bestimmung der Oberflächentemperaturen an homogenen Bauteilen soll im Folgenden aufgezeigt werden. Hierbei wird angenommen, dass sich die Innen- und Außentemperatur über einen längeren Zeitraum nicht verändern (stationäre Verhältnisse). Nur unter diesen Bedingungen stellt sich innerhalb eines Bauteils in allen Schichten ein gleich großer Wärmestrom ein; bei einem Aufheizvorgang wäre dies erst der Fall, wenn der Energieinhalt aller Moleküle so groß ist, dass in den Molekülen keine weitere Temperaturerhöhung stattfindet.

Bei gleichmäßigem Wärmestrom stellt sich die Temperatur θ an einer Stelle n in Abhängigkeit zu den davorliegenden Wärmedurchlasswiderständen R ein, wodurch im gesamten Bauteil ein zu den Wärmedurchlasswiderständen R der einzelnen Stoffschichten proportionales Temperaturgefälle $\Delta\theta$ entsteht (vgl. Abb. 1.7).

Berechnung der inneren Oberflächentemperatur

Die transportierte Wärmemenge verringert sich nach jeder Schicht proportional zu deren Wärmedurchlasswiderstand R. Entsprechend verringert sich die Temperatur θ. Daraus ergibt sich die Formel für die Temperatur an der inneren Wandoberfläche θ_{si}:

$$\theta_{si} = \theta_i - R_{si} \cdot U \cdot (\Delta\theta) \qquad \text{in } °C \tag{1.1}$$

mit

θ_{si} Temperatur an der inneren Wandoberfläche in °C
θ_i Temperatur der Raumluft (Innentemperatur) in °C
θ_e Temperatur der Außenluft in °C
R_{si} innerer Wärmeübergangswiderstand in m² · K/W
U Wärmedurchgangskoeffizient in W/(m² · K)
$\Delta\theta$ Temperaturunterschied in K; $\Delta\theta = \theta_i - \theta_e$

Berechnung der Temperaturen innerhalb eines Bauteils

Die Temperatur nach einer Schicht n kann berechnet werden aus der Innentemperatur θ_i abzüglich der Summe aus dem inneren Wärmeübergangswiderstand R_{si} und den Wärmedurchlasswiderständen der einzelnen Schichten multipliziert mit der Wärmestromdichte q:

$$\theta_n = \theta_i - (R_{si} + \textstyle\sum_{i-1}^{n} R_n) \cdot q \qquad \text{in } °C \tag{1.2}$$

mit

θ_n Temperatur nach einer beliebigen Schicht n in °C
θ_i Temperatur der Raumluft (Innentemperatur) in °C
R_{si} innerer Wärmeübergangswiderstand in m² · K/W
R_n Wärmedurchlasswiderstand der Schicht n in m² · K/W
q Wärmestromdichte $q = U \cdot (\theta_i - \theta_e)$ (vgl. Formel 1.1) in W/m²

Die Randbedingungen für die genormte Berechnung nach DIN 4108-2 werden in Kapitel 2.1 erläutert.

Beispiel – Berechnung der inneren Oberflächentemperatur an der Außenwand

Ausgangswerte:
- Wärmedurchlasswiderstand R der Außenwand: 3,91 m² · K/W
- innerer Wärmeübergangswiderstand R_{si}: 0,25 m² · K/W
- äußerer Wärmeübergangswiderstand R_{se}: 0,04 m² · K/W
- Wärmedurchlasswiderstand des Bauteils R_T: 4,20 m² · K/W
- Wärmedurchgangskoeffizient U: $U = 1 : R_T = 0,24$ W/(m² · K)
- Raumlufttemperatur θ_i: +20 °C (nach DIN 4108-2)
- Außenlufttemperatur θ_e: –5 °C (nach DIN 4108-2)

Bestimmung der Temperatur an der inneren Oberfläche der Außenwand θ_{si} nach Formel 1.1:

$$\theta_{si} = \theta_i - R_{si} \cdot U \cdot (\theta_i - \theta_e) \qquad \text{in } °C$$

$$\theta_{si} = 20 \,°C - 0,25 \text{ m}² \cdot K/W \cdot 0,24 \text{ W/(m}² \cdot K) \cdot 25 \,°C = 18,5 \,°C$$

Ergebnis: Die Temperatur an der inneren Oberfläche der Außenwand beträgt bei den in DIN 4108-2 für solche Untersuchungen angegebenen Klimadaten 18,5 °C.

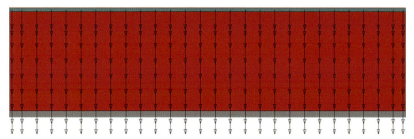

Abb. 1.8:   Schematische Darstellung des Wärmestroms in einem thermisch homogenen Bauteil

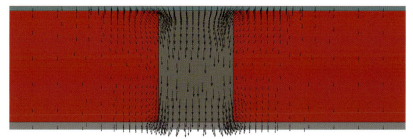

Abb. 1.9:   Schematische Darstellung des Wärmestroms in thermisch inhomogenen Bauteilen

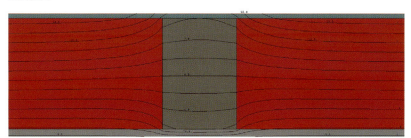

Abb. 1.10:   Isothermenlinien mit gleicher Temperatur an der Berührungsstelle von Baustoffen mit unterschiedlicher Wärmeleitfähigkeit

Temperaturverteilung in thermisch inhomogenen Bauteilen

In thermisch homogenen Bauteilen fließt der Wärmestrom geradlinig von innen nach außen, weil nur in dieser Richtung ein Temperaturgefälle besteht. Die parallel zur Oberfläche nebeneinanderliegenden Moleküle sind alle gleich temperiert, sodass zwischen diesen kein Energieaustausch erfolgt (vgl. Abb. 1.8).

In thermisch inhomogenen Bauteilen liegen Stoffe mit unterschiedlicher Wärmeleitfähigkeit nebeneinander. Hier werden die parallel zur Oberfläche nebeneinanderliegenden Moleküle unterschiedlich temperiert, sodass es auch zwischen diesen zu einem Energieaustausch kommt. Die Wärme fließt hier nicht nur senkrecht zur Oberfläche, sondern auch parallel zur Oberfläche aus dem Bereich mit der höheren in den mit der niedrigeren Temperatur (vgl. Abb. 1.9).

Bei Bauteilen mit sehr unterschiedlichen Wärmedurchlasswiderständen kann der mittlere Wärmedurchgang nicht einfach durch einfache Addition der flächenanteiligen U-Werte berechnet werden, sondern ist nach DIN EN ISO 10211 zu ermitteln.

In Abb. 1.10 ist erkennbar, dass die Isothermen nicht geradlinig bis zur Berührungsstelle der unterschiedlichen Stoffe verlaufen, sondern sich im schlechter leitenden Material bereits vorher aufspreizen und im besser leitenden zusammenziehen. Die in diesem Bereich dargestellten Wärmestromlinien zeigen den im Zusammenhang mit Abb. 1.9 erläuterten Vorgang. Auf der oberen, warmen Seite fließt Wärme in das Bauteil mit großer Wärmeleitfähigkeit, auf der unteren, kalten Seite umgekehrt.

Die Wärmestromlinien verlaufen wie in Abb. 1.9 dargestellt immer senkrecht zu den Isothermenlinien in Abb. 1.10.

Ein- und zweidimensionale Berechnung der Oberflächentemperaturen an einem Beispiel

Im Folgenden wird beispielhaft an einer Außenwand mit Stahlbetonstütze (vgl. Abb. 1.11) aufgezeigt, welche Oberflächentemperaturen sich ergeben, wenn diese zunächst eindimensional und dann zweidimensional (mithilfe eines Isothermen-Programms) berechnet werden.

Wenn die Oberflächentemperaturen an der Ziegelwand und an der Stahlbetonstütze eindimensional berechnet werden, ergeben sich Oberflächentemperaturen von 15,4 °C für die Ziegelwand und 17,1 °C für die Stahlbetonstütze (vgl. Abb. 1.12). Die eindimensionale Berechnung erfolgt über Formel 1.1 (vgl. Ausgangswerte gemäß Abb. 1.11):

- 20 °C – 0,25 m² · K/W · 0,736 W/(m² · K) · (20 °C – (–5 °C)) = 15,4 °C
  (Oberflächentemperatur Wand)
- 20 °C – 0,25 m² · K/W · 0,470 W/(m² · K) · (20 °C – (–5 °C)) = 17,1 °C
  (Oberflächentemperatur Stütze)

Abb. 1.13 illustriert die Ergebnisse der zweidimensionalen Berechnung der Oberflächentemperaturen und stellt die mithilfe eines Isothermen-Programms berechneten Werte den Ergebnissen der eindimensionalen Berechnung gegenüber. Hierbei wird Folgendes deutlich:

- Wenn die Dämmung außen angebracht wird, ergeben sich bei der zweidimensionalen Berechnung wesentlich niedrigere Oberflächentemperaturen an der Innenoberfläche der Stahlbetonstütze als bei der eindimensionalen Berechnung.
- Bei einer innen angebrachten Dämmung wäre der Unterschied zwischen den Werten der ein- und der zweidimensionalen Berechnung in der Mitte der Stahlbetonstütze nur gering, jedoch würde sich bei der zweidimensionalen Berechnung an den Berührungspunkten zwischen Ziegelwand und Stahlbeton wieder eine wesentlich niedrigere Oberflächentemperatur ergeben.

Als Fazit kann also festgehalten werden, dass Oberflächentemperaturen nur über zweidimensionale Berechnungen mithilfe von Isothermen-Programmen berechnet werden können, wenn die Wärmeströme nicht senkrecht zur Bauteiloberfläche fließen.

Außenwand:
$U = 0{,}736$ W/(m² · K)
Stahlbetonstütze:
$U = 0{,}470$ W/(m² · K)
Innentemperatur:
$\theta_i = +20$ °C
Außentemperatur:
$\theta_e = -5$ °C
innerer Wärmeübergangs-
widerstand:
$R_{si} = 0{,}25$ m² · K/W

Abb. 1.11: Darstellung der Wärmeströme an einer Stahl-betonstütze. Die dargestellten Pfeile zeigen die Richtung der Wärmeströme.

Abb. 1.12: Darstellung der Oberflächen-temperaturen an einer Stahlbetonstütze – eindimensionale Berechnung

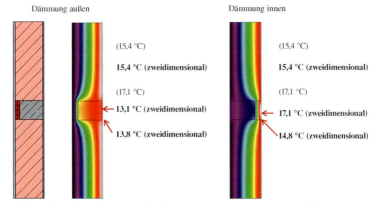

Abb. 1.13: Darstellung der Oberflächentemperaturen an einer Stahlbetonstütze – zweidimensionale Berechnung (in Klammern zum Vergleich die Werte der eindimensiona-len Berechnung)

Wärmefluss an geometrischen Wärmebrücken

Geometrische Wärmebrücken entstehen dort, wo sich die Geometrie des Bauteils ändert und die wärmeaufnehmende Fläche kleiner als die wärme-abgebende ist (oder umgekehrt), wie z. B. an Außenwandkanten, Raum-ecken, Fensterlaibungen.

Bei einer Gebäudeecke sind auf der äußeren Oberfläche des Bauteils mehr Moleküle nebeneinander ange-ordnet als auf der Innenseite. Er-wärmt werden jedoch nur die innen liegenden Moleküle, sodass zu den in der Ecke außen liegenden Teilchen ein Temperaturgefälle besteht. Die einfließende Energie wird in der Ecke von mehr Molekülen übertra-gen als in anderen Bereichen. Der Wärmestrom wird an dieser Stelle größer (vgl. Abb. 1.14).

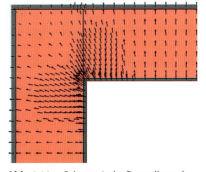

Abb. 1.14: Schematische Darstellung des Wärmestroms in einer Ecke

Tabelle 1.1: Wasserdampfsättigungsdruck p_s im Temperaturbereich von 0 bis 25 °C nach DIN 4108-3:2014-11, Tabelle C.1

Temperatur θ (°C) ganzzählige Werte / Dezimalwerte	Wasserdampfsättigungsdruck p_s (Pa)																									
	0	1	2	3	4	5	6	7	8	9	10	11	12	13	14	15	16	17	18	19	20	21	22	23	24	25
0	611	656	705	757	813	872	935	1.001	1.072	1.147	1.227	1.312	1.402	1.497	1.598	1.704	1.817	1.937	2.063	2.196	2.337	2.486	2.642	2.808	2.982	3.166
0,1	615	661	710	763	819	878	941	1.008	1.080	1.155	1.236	1.321	1.411	1.507	1.608	1.715	1.829	1.949	2.076	2.210	2.351	2.501	2.659	2.825	3.000	3.185
0,2	619	666	715	768	824	884	948	1.015	1.087	1.163	1.244	1.330	1.420	1.517	1.619	1.726	1.841	1.961	2.089	2.224	2.366	2.516	2.675	2.842	3.018	3.204
0,3	624	671	721	774	830	890	954	1.022	1.094	1.171	1.252	1.338	1.430	1.527	1.629	1.738	1.852	1.974	2.102	2.238	2.381	2.532	2.691	2.859	3.036	3.223
0,4	629	676	726	779	836	897	961	1.029	1.102	1.179	1.261	1.347	1.439	1.537	1.640	1.749	1.864	1.986	2.115	2.252	2.395	2.547	2.708	2.876	3.055	3.242
0,5	633	680	731	785	842	903	967	1.036	1.109	1.187	1.269	1.356	1.449	1.547	1.650	1.760	1.876	1.999	2.129	2.266	2.410	2.563	2.724	2.894	3.073	3.261
0,6	638	685	736	790	848	909	974	1.043	1.117	1.195	1.278	1.365	1.458	1.557	1.661	1.771	1.888	2.012	2.142	2.280	2.425	2.579	2.741	2.911	3.091	3.281
0,7	642	690	741	796	854	915	981	1.050	1.124	1.203	1.286	1.374	1.468	1.567	1.672	1.783	1.900	2.024	2.155	2.294	2.440	2.594	2.757	2.929	3.110	3.300
0,8	647	695	747	801	860	922	988	1.058	1.132	1.211	1.295	1.383	1.477	1.577	1.683	1.794	1.912	2.037	2.169	2.308	2.455	2.610	2.774	2.947	3.128	3.320
0,9	652	700	752	807	866	928	994	1.065	1.140	1.219	1.303	1.393	1.487	1.587	1.693	1.806	1.924	2.050	2.182	2.323	2.470	2.626	2.791	2.964	3.147	3.340

1.2.2   Schimmelpilzfreiheit

Die größte Gefahr, die von Wärmebrücken ausgeht, ist die Entstehung von Schimmelpilzen an den inneren Rauoberflächen. Diese gefährden die Gesundheit der Bewohner und die Bausubstanz des Gebäudes.

Nachfolgend wird erläutert, wann Schimmelpilze an Innenoberflächen von Bauteilen entstehen können.

Da die mögliche Schimmelpilzbildung in Zusammenhang mit dem Tauwasserausfall an inneren Bauteiloberflächen steht, wird zunächst auf den Ausfall von Tauwasser an inneren Bauteiloberflächen eingegangen.

Entstehung von Tauwasser an Bauteiloberflächen

Tauwasser entsteht, wenn die Luft keine Feuchtigkeit mehr aufnehmen kann. Die Tauwasserentstehung ist abhängig von

- der Raumlufttemperatur,
- der relativen Raumluftfeuchte,
- der Bauteiloberflächentemperatur.

Sind 2 dieser Größen vorgegeben, kann über den temperaturabhängigen Wasserdampfsättigungsdruck p_S (sog. Sattdampfdruck) für die fehlende Größe der Wert bestimmt werden, ab dem es zu einem Tauwasserausfall kommt. In Tabelle 1.1 ist der Wasserdampfsättigungsdruck p_S für den Temperaturbereich von 0 bis 25 °C jeweils abzulesen (für Temperaturangaben bis zur ersten Dezimalstelle nach dem Komma).

Beispiel 1 zum Tauwasserausfall

Gesucht wird die Bauteiloberflächentemperatur, bei der Tauwasser an der Bauteiloberfläche ausfällt.

Ausgangswerte:
- relative Raumluftfeuchte Φ: 50 %
- Raumlufttemperatur θ: 20 °C

Vorgehensweise:
- Bestimmung des Sattdampfdrucks p_S bei 20 °C aus Tabelle 1.1: 2.337 Pa
- Berechnung des Dampfdrucks p für eine Luftfeuchtigkeit von 50 %: $p = 50\,\% \cdot 2.337\,\text{Pa} = 1.168,5\,\text{Pa}$
- Bestimmung der Temperatur, bei der der vorhandene Dampfdruck von 1.168,5 Pa zum Sattdampfdruck (Tauwasserausfall) wird: 9,3 °C gemäß Tabelle 1.1

Ergebnis: Bei einer Raumlufttemperatur von 20 °C und 50 % relativer Luftfeuchte fällt an der Bauteiloberfläche bei einer **Oberflächentemperatur ≤ 9,3 °C** Tauwasser aus.

Beispiel 2 zum Tauwasserausfall

Gesucht wird die max. relative Raumluftfeuchte für tauwasserfreie Oberflächen (hier: Innenseite Außenwand).

Ausgangswerte:
- Oberflächentemperatur Außenwand innen θ_{si}: 16 °C
- Raumlufttemperatur θ: 20 °C

Vorgehensweise:
- Bestimmung des Sattdampfdrucks p_S für 20 °C aus Tabelle 1.1:
  2.337 Pa
- Bestimmung des Sattdampfdrucks p_S für 16 °C aus Tabelle 1.1:
  1.817 Pa
- Berechnung der max. relativen Raumluftfeuchte, bei der kein Tauwasser ausfällt: 1.817 Pa : 2.337 Pa = 0,78 (gerundet) = 78 % relative Raumluftfeuchte

Ergebnis: Bei einer **relativen Luftfeuchtigkeit im Raum ≥ 78 %** fällt an der Außenwand Tauwasser aus.

Gefahr von Schimmelpilzbildung

Bei einer Oberflächentemperatur von 9,3 °C oder weniger fällt bei einer Außenwand unter genormten Verhältnissen Tauwasser aus (vgl. Beispiel 1 zum Tauwasserausfall).

Schimmelpilze können sich jedoch schon vor Ausfall von Tauwasser an der Bauteiloberfläche bilden: Für die Schimmelpilzbildung genügt es nach DIN EN ISO 13788, wenn 80 % des Sattdampfdrucks an der Bauteiloberfläche erreicht werden. Bei dieser Konzentration von Wasserdampfmolekülen kommt es in feinen Kapillaren, wie z. B. der Putz sie aufweist, schon früher zu Wasserstoffbrückenbindungen.

Entsprechend stellt sich also die Frage, bei welcher Oberflächentemperatur an der Bauteiloberfläche Schimmelpilzgefahr besteht.

Beispiel zur Schimmelpilzbildung

Gesucht wird die Bauteiloberflächentemperatur, ab der Schimmelpilzgefahr besteht.

Ausgangswerte:
- relative Raumluftfeuchte Φ: 50 %
- Raumlufttemperatur θ: 20 °C

Vorgehensweise:
- Bestimmung des Sattdampfdrucks p_S für 20 °C aus Tabelle 1.1:
  2.337 Pa
- Berechnung des Dampfdrucks p für eine Luftfeuchtigkeit von 50 %:
  $p = 50 \% \cdot 2.337$ Pa = 1.168,5 Pa
- Berechnung des Dampfdrucks p für Schimmelpilzgefahr:
  1.168,5 Pa : 80 % = 1.460,6 Pa
- Bestimmung der Bauteiloberflächentemperatur, bei der der Dampfdruck von 1.460,6 Pa zu einem Sattdampfdruck wird (aus Tabelle 1.1):
  12,6 °C

Ergebnis: Bei einer Oberflächentemperatur ≤ 12,6 °C besteht nach DIN 4108-2 bereits Schimmelpilzgefahr.

> **Hinweis:**
> - Nach DIN 4108-2 darf an Fensterscheiben und Fensterrahmen Tauwasser ausfallen. Die anfallende Tauwassermenge darf jedoch nach DIN EN ISO 13788 zu keinen Bauschäden führen.
> - Wenn die Nutzerrandbedingungen von den genormten abweichen, ist die mindestens einzuhaltende Innenoberflächentemperatur anhand des vorhandenen Raumklimas festzulegen.
> - In der Praxis hat sich gezeigt, dass auch bei Temperaturen von über 12,6 °C bereits Schimmelpilze an Bauteiloberflächen entstehen können. Dies ist auf eine erhöhte Luftfeuchtigkeit oder eine zu niedrige Innentemperatur zurückzuführen.

1.2.3   Temperaturfaktor f, f_{Rsi}

Mithilfe des Temperaturfaktors f oder f_{Rsi} kann die Schimmelpilzfreiheit eines Details bestimmt werden. Ist $f_{Rsi} > 0{,}7$, so kann das Detail bei einer relativen Luftfeuchtigkeit von mindestens 50 % als schimmelpilzfrei bewertet werden – unabhängig von der gewählten Innen- und Außentemperatur. Unter genormten Randbedingungen nach DIN 4108-2 mit 20 °C Innentemperatur und –5 °C Außentemperatur ergibt sich über die Formel 1.4 bei einer Oberflächentemperatur von 12,6 °C ein f_{Rsi}-Wert von 0,7.

Für eine Reihe von Detailpunkten aus unterschiedlichen Materialien wurden in Wärmebrückenkatalogen – sowohl für zwei- als auch für dreidimensionale Wärmebrücken – dimensionslose Temperaturfaktoren f_{Rsi} veröffentlicht. Für die betreffenden Konstruktionen können mit den angegebenen Temperaturfaktoren die Temperaturen an Wärmebrücken berechnet werden. Je nachdem, welche Temperaturen in Beziehung gesetzt werden, ergibt sich entweder der Temperaturfaktor f oder der Temperaturfaktor f_{Rsi}:

- Der **Temperaturfaktor f** kennzeichnet das Verhältnis der Differenz zwischen Raumluft- und Bauteiloberflächentemperatur zu der Differenz zwischen Raumluft- und Außenlufttemperatur.
- Der **Temperaturfaktor f_{Rsi}** kennzeichnet das Verhältnis der Differenz zwischen Bauteiloberflächentemperatur und Außenlufttemperatur zu der Differenz zwischen Raumluft- und Außenlufttemperatur.

Die Summe von f und f_{Rsi} ergibt immer den Wert 1.

$$f = \frac{\theta_i - \theta_{si}}{\theta_i - \theta_e} \tag{1.3}$$

$$f_{Rsi} = \frac{\theta_{si} - \theta_e}{\theta_i - \theta_e} \tag{1.4}$$

$$f + f_{Rsi} = 1 \tag{1.5}$$

mit

f Temperaturfaktor, Berechnung über die Innentemperatur
f_{Rsi} Temperaturfaktor, Berechnung über die innere Oberflächentemperatur
θ_i Temperatur der Raumluft in °C
θ_{si} innere Oberflächentemperatur (Bauteiloberflächentemperatur) in °C
θ_e Temperatur der Außenluft in °C

Beispiel zur Ermittlung von f und f_{Rsi}

Ausgangswerte:
- $\theta_i = 20\ °C$
- $\theta_{si} = 18,5\ °C$
- $\theta_e = -5\ °C$

Berechnung:

$$f = (20 - 18,5) : (20 - (-5)) = \mathbf{0,06}$$

$$f_{Rsi} = (18,5 - (-5)) : (20 - (-5)) = \mathbf{0,94}$$

Ergebnis: Bei einer Oberflächentemperatur von 18,5 °C ergibt sich für den Temperaturfaktor f ein Wert von 0,06 und für den Temperaturfaktor f_{Rsi} ein Wert von 0,94.

Wenn der innere Wärmeübergangswiderstand R_{si} und der Wärmedurchgangskoeffizient U bekannt sind, kann die Temperatur an der inneren Wandoberfläche θ_{si} mithilfe der Formel 1.1 berechnet werden.

Durch Umstellung der Formel 1.1 lässt sich der U-Wert eines Bauteils bestimmen, wenn der Temperaturfaktor f und der innere Wärmeübergangswiderstand R_{si} bekannt sind:

$$U = \frac{(\theta_i - \theta_{si})}{(\theta_i - \theta_e)} \cdot \frac{1}{R_{si}} \quad \text{in W/(m}^2 \cdot \text{K)} \qquad (1.6)$$

mit
θ_{si} Temperatur an der inneren Wandoberfläche in °C
θ_i Temperatur der Raumluft in °C
θ_e Temperatur der Außenluft in °C
R_{si} innerer Wärmeübergangswiderstand in m² · K/W

Mit Formel 1.3 ergibt sich daraus:

$$U = f \cdot \frac{1}{R_{si}} \quad \text{in W/(m}^2 \cdot \text{K)} \qquad (1.7)$$

mit

$\dfrac{1}{R_{si}}$ innerer Wärmeübergangskoeffizient h_i in W/(m² · K)

Beispiel für die Berechnung von U aus f

Ausgangswerte:
- $f = 0,06$
- $R_{si} = 0,25$ m² · K/W

Berechnung:
$h_i = 1 : 0,25$ m² · K/W $= 4$ W/(m² · K)
$U = 0,06 \cdot 4$ W/(m² · K) $= \mathbf{0,24\ W/(m^2 \cdot K)}$

Der Temperaturfaktor f ermöglicht somit auch die Definition eines U-Wertes in Abhängigkeit der inneren und äußeren Lufttemperatur und dem inneren Wärmeübergangskoeffizienten.

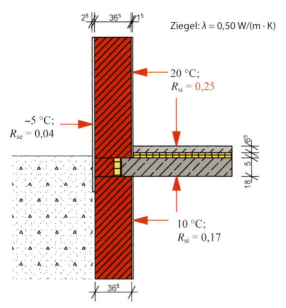

Abb. 1.15: Beispiel Sockeldetail (Keller unbeheizt); Angaben für R_{si} und R_{se} in m² · K/W

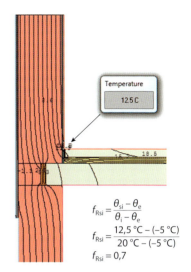

$$f_{Rsi} = \frac{\theta_{si} - \theta_e}{\theta_i - \theta_e}$$

$$f_{Rsi} = \frac{12,5\,°C - (-5\,°C)}{20\,°C - (-5\,°C)}$$

$$f_{Rsi} = 0,7$$

Abb. 1.16: Beispiel Sockeldetail; Berechnung der Oberflächentemperaturen mit dem Isothermen-Programm Therm

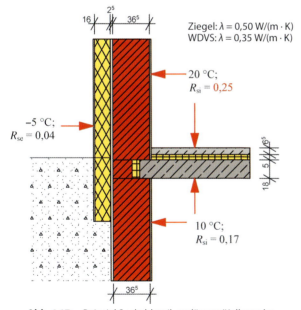

Abb. 1.17: Beispiel Sockeldetail, gedämmt (Keller unbeheizt); Angaben für R_{si} und R_{se} in m² · K/W

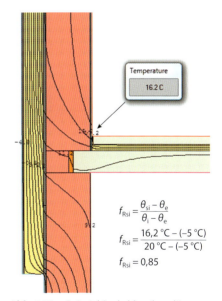

$$f_{Rsi} = \frac{\theta_{si} - \theta_e}{\theta_i - \theta_e}$$

$$f_{Rsi} = \frac{16,2\,°C - (-5\,°C)}{20\,°C - (-5\,°C)}$$

$$f_{Rsi} = 0,85$$

Abb. 1.18: Beispiel Sockeldetail, gedämmt; Berechnung der Oberflächentemperaturen mit dem Isothermen-Programm Therm

Anforderungen nach DIN 4108-2

Nach DIN 4108-2, Abschnitt 6.2, ist für alle Konstruktionen, die von denen in DIN 4108 Beiblatt 2 abweichen, ein Nachweis zu erbringen, dass der f_{Rsi}-Wert an der ungünstigsten Stelle – insbesondere an linearen Wärmebrücken – nicht unter 0,7 liegt. Dies entspricht einer Oberflächentemperatur von $\theta_i \geq 12,6\,°C$. Bei Einhaltung dieser Werte ist laut DIN 4108-2 bei einer relativen Luftfeuchtigkeit von 50 % und bei 20 °C Innentemperatur eine schimmelpilzfreie Konstruktion zu erwarten.

Eine gleichmäßige Beheizung und ausreichende Belüftung der Räume sowie eine weitgehend ungehinderte Luftzirkulation an den Außenwandoberflächen werden vorausgesetzt.

Fensterflächen sind von dieser Regelung ausgenommen, für sie gilt die DIN EN ISO 13788.

Für Ecken gilt: Erfüllen die flankierenden Bauteile einer Ecke den Mindestwärmeschutz nach DIN 4108-2, so können diese hinsichtlich der Schimmelbildung als unbedenklich angesehen werden.

Bestimmung des f_{Rsi}-Wertes nach Formel 1.4:

$$f_{\text{Rsi}} = \frac{\theta_{\text{si}} - \theta_{\text{e}}}{\theta_{\text{i}} - \theta_{\text{e}}}$$

$$f_{\text{Rsi}} = \frac{12{,}6\,°C - (-5°C)}{20\,°C - (-5°C)} = 0{,}7$$

Beispiel Sockeldetail

Es soll untersucht werden, ob nach DIN 4108-2 in einer Bauteilecke zwischen Außenwand und Kellerdecke Schimmelpilzgefahr vorhanden ist (vgl. Abb. 1.15; die angesetzten Randbedingungen werden in Kapitel 2 erläutert). Die Berechnung mit einem Isothermen-Programm ergibt, dass sich die Oberflächentemperatur in der Bauteilecke gerade noch im zulässigen Bereich befindet (vgl. Abb. 1.16).

Nachfolgend wird das Sockeldetail mit einem Wärmedämm-Verbundsystem (WDVS) wärmetechnisch saniert; es werden 16 cm Wärmedämmung aufgebracht (vgl. Abb. 1.17). Die Berechnung mit einem Isothermen-Programm ergibt, dass sich die Oberflächentemperatur in der Bauteilecke nun im schimmelpilzfreien Bereich befindet (vgl. Abb. 1.18).

Berechnung von Oberflächentemperaturen mithilfe von Wärmebrückenkatalogen

In Wärmebrückenkatalogen wird der f_{Rsi}-Wert zur Berechnung der niedrigsten Oberflächentemperatur θ_{si} an Wärmebrückendetails angegeben. Die Oberflächentemperatur θ_{si} kann mithilfe von Formel 1.4 berechnet werden, indem diese wie folgt umgestellt wird:

$$\theta_{\text{si}} = f_{\text{Rsi}} \cdot (\theta_{\text{i}} - \theta_{\text{e}}) + \theta_{\text{e}} \qquad \text{in °C} \tag{1.8}$$

Beispiel für die Ermittlung des f_{Rsi}-Faktors an einem Sockeldetail

Abb. 1.19 zeigt die Darstellung eines Sockeldetails aus dem Wärmebrückenkatalog der Ingenieurbüro Prof. Dr. Hauser GmbH (IBH). Für dieses Detail soll die Temperatur an der Kante Wand/Boden ermittelt werden.

Aus Abb. 1.19 kann der f_{Rsi}-Faktor für unterschiedliche Breiten der Randdämmung abgelesen werden. Für die Breite von 500 mm ergibt sich ein f_{Rsi} von 0,793 (vgl. Markierung in Abb. 1.19).

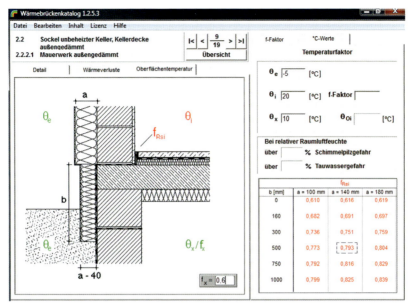

Abb. 1.19: Beispiel Sockeldetail aus Wärmebrückenkatalog; Darstellung der f_{Rsi}-Werte (Quelle: Ingenieurbüro Prof. Dr. Hauser GmbH, Wärmebrückenkatalog auf CD, Version 1.2.5.3, Kassel, Bild 2.2.2.1)

Die Temperatur θ_{si} an der Kante Wand/Boden wird nach Formel 1.8 berechnet:

$$\theta_{si} = 0{,}793 \cdot (20 - (-5)) + (-5) = 14{,}83\ °C$$

Ergebnis: Bei einem f_{Rsi}-Wert von 0,793 ergibt sich eine Oberflächentemperatur von 14,83 °C an der kältesten Stelle in der Ecke Wand/Boden.

Hinweis: Aus der Tabelle in Abb. 1.19 kann abgelesen werden, dass der f_{Rsi}-Wert bei einer Breite der Sockeldämmung von mehr als 500 mm nur noch gering steigt.

1.2.4 Wärmeverluste an Wärmebrücken

Aufgrund des an Wärmebrücken größeren Wärmestroms kommt es dort zu einem erhöhten Energieverlust und zur Absenkung der Oberflächentemperatur. Dieser zusätzliche Energieverlust kann als sog. Wärmebrückenverlustkoeffizient (WBV) nach DIN EN ISO 10211 berechnet oder aus Wärmebrückenkatalogen entnommen werden.

Zum besseren Verständnis des WBV werden die Algorithmen zur Ermittlung der Wärmeströme an Wärmebrücken im Folgenden schematisch besprochen.

Es sei jedoch darauf hingewiesen, dass die Berechnung des WBV nur mit geeigneten Rechenprogrammen nach den genannten Normen erfolgen kann und dies mit einem relativ großen Arbeitsaufwand verbunden ist. Für die Erstellung von Energieausweisen werden in der EnEV deshalb Pauschalwerte vorgegeben. Deren Größe ist davon abhängig, ob die Bauteilanschlüsse zu den in DIN 4108 Beiblatt 2 enthaltenen Referenzabbildungen gleichwertig sind (vgl. Kapitel 6.2).

Je nach Art der Wärmebrücke wird ein linearer oder punktförmiger WBV bestimmt. **Lineare Wärmebrücken** befinden sich z. B. an Decken- und Wandkanten, Fenster- und Türlaibungen sowie an eingebundenen Stützen. **Punktförmige Wärmebrücken** entstehen z. B. an Gebäudeecken und an den die Dämmung durchdringenden Verbindungsmitteln. Verbindungsmittel müssen bei der Ermittlung des U-Wertes als Zuschlag nach DIN EN ISO 6946 berücksichtigt werden, was in den Herstellerangaben meist geschieht.

Entsprechend der Art der Wärmebrücken werden folgende WBV unterschieden:

- linearer Wärmebrückenkoeffizient ψ
- punktförmiger Wärmebrückenkoeffizient χ

Nach DIN V 4108-6 (Tabelle D3) und DIN V 18599-2 (Abschnitt 6.2.1.2) sind für die Berechnung der Transmissionswärmeverluste nur lineare Wärmebrücken zu berücksichtigen, da punktförmige Wärmebrücken in der Regel nur einen geringen Einfluss auf die Energiebilanz haben. Wenn jedoch punktförmige Wärmebrücken an einem Gebäude häufig auftreten, wie z. B. Stützen in Tiefgaragen, sollte deren Einfluss auf die Energiebilanz untersucht werden. Wichtig ist, dass auch punktförmige Wärmebrücken so ausgeführt werden müssen, dass sie nach DIN 4108-2 tauwasserfrei sind.

Linearer Wärmebrückenkoeffizient (ψ-Wert)

Der ψ-Wert kennzeichnet den sich an einer linearen Wärmebrücke gegenüber dem ungestörten Bereich vergrößernden **zusätzlichen** Wärmestrom und wird in W/(m · K) angegeben. Die Größe des Wärmestroms kann über die sich an der Bauteiloberfläche einstellende Temperatur θ_{si} berechnet werden. Nach Formel 1.1 (vgl. dort zu den Formelzeichen) ergibt sich die Oberflächentemperatur θ_{si} folgendermaßen:

$$\theta_{si} = \theta_i - R_{si} \cdot U \cdot (\theta_i - \theta_e) \qquad \text{in °C}$$

An Wärmebrücken entstehen zwei- bzw. dreidimensionale Wärmeströme. Die Temperaturen innerhalb und an der Oberfläche der Bauteile können mit sog. Knotenmodellen berechnet werden: Hierzu wird der Bauteilquerschnitt in quadratische Felder geteilt und die Temperaturen an deren Eckpunkten durch Iteration so lange angeglichen, bis über dem gesamten Querschnitt ein Temperaturgleichgewicht besteht.

Nach diesem Algorithmus rechnet z. B. auch das Isothermen-Programm Therm, das in Kapitel 8 genauer vorgestellt wird.

Aus der Differenz der so ermittelten Oberflächentemperaturen $\theta_{si,n}$ an der Stelle n und der Raumlufttemperatur θ_i kann über den vorgegebenen Wärmeübergangskoeffizienten h_i der für diesen Temperaturunterschied entsprechende U-Wert an der Stelle n berechnet werden (vgl. auch Formel 1.6):

$$U_n = \frac{\theta_i - \theta_{si,n}}{\theta_i - \theta_e} \cdot h_i \qquad \text{in W/(m}^2 \cdot \text{K)} \tag{1.9}$$

mit

U_n U-Werte (an der Stelle n) innerhalb des Wärmebrückenbereichs in W/(m² · K)

$\theta_{si,n}$ Oberflächentemperatur innen an der Stelle n in °C

θ_i Temperatur der Raumluft in °C

θ_e Temperatur der Außenluft in °C

h_i innerer Wärmeübergangskoeffizient in W/(m² · K)

Mit den einzelnen U_n-Werten kann der zweidimensionale Wärmestrom Φ_{2D} im Bereich der Wärmebrücke berechnet werden.

$$\Phi_{2D} = \int U_n \cdot A_j \cdot (\theta_i - \theta_e) \qquad \text{in W} \tag{1.10}$$

mit

Φ_{2D} zweidimensionaler Wärmestrom in W

U_n U-Werte (an der Stelle n) innerhalb des Wärmebrückenbereichs in W/(m² · K)

A_j Fläche innerhalb des zweidimensionalen geometrischen Models (Wärmebrücke) in m²; Berechnung $A_j = b_j \cdot l_j$

b_j Breite des Wärmebrückenbereichs in m

l_j Länge des Bauteils, mit der dessen Fläche A berechnet wird, in m

Berechnung der zusätzlichen Wärmeverluste an einer Wärmebrücke

Für die Energiebilanzierung eines Gebäudes wird nicht der gesamte Wärmestrom an einer Wärmebrücke benötigt, sondern nur der zusätzliche Wärmestrom, der aufgrund der Wärmebrückenwirkung verursacht wird.

Der zusätzliche zweidimensionale Wärmestrom im Bereich der Wärmebrücke ΔL_{2D} berechnet sich aus der Differenz des gesamten Wärmestroms L_{2D} im Bereich der Wärmebrücke und des Wärmestroms L_0 im ungestörten Bereich, bezogen auf die wirksame Fläche des Wärmebrückenbereichs A_{WB} und des definierten Temperaturunterschieds $\Delta\theta_i$. Nachfolgend wird die Ermittlung des ψ-Werts gemäß Abb. 1.20 im Einzelnen erläutert.

$$\Delta\Phi_{2D} = (\Phi_{2D} - \Sigma\Phi_0) \qquad \text{in W} \tag{1.11}$$

mit

$\Delta\Phi_{2D}$ zusätzlicher Wärmestrom im Wärmebrückenbereich in W

Φ_0 ungestörter Wärmestrom ohne Wärmebrückeneinfluss der flankierenden Bauteile in W

Φ_{2D} Wärmestrom innerhalb des Wärmebrückenbereichs in W

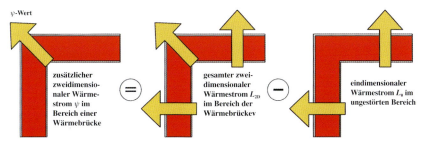

Abb. 1.20:   Veranschaulichung der ψ-Wert-Berechnung

Der ungestörte Wärmestrom Φ_0 errechnet sich wie folgt:

$$\Phi_0 = \Sigma(U_j \cdot A_j \cdot (\theta_i - \theta_e)) \qquad \text{in W} \tag{1.12}$$

mit

U_j Wärmedurchgangskoeffizient der ungestörten Bereiche in
    W/(m² · K)
A_j Fläche der Bauteile in m²
θ_i Innentemperatur (Raumtemperatur) in °C
θ_e Außentemperatur in °C

Um nun den temperatur- und flächenunabhängigen Wärmedurchgangskoeffizient ψ in W/(m · K) zu ermitteln, sind Φ_{2D} und Φ_0 auf temperaturunabhängige, längenbezogene Wärmeströme L umzurechnen.

Der im **ungestörten Bereich** fließende Wärmestrom L_0, bezogen auf 1 m Länge und auf 1 K Temperaturunterschied, errechnet sich folgendermaßen:

$$L_0 = \frac{\Phi_0}{\theta_i - \theta_e} \cdot l_j \qquad \text{in W/(m · K)} \tag{1.13}$$

Mit dem Wärmedurchgangskoeffizienten $U = \Phi_0 : (\theta_i - \theta_e)$ lässt sich L_0 folgendermaßen darstellen:

$$L_0 = \Sigma(U_j \cdot l_j) \qquad \text{in W/(m · K)} \tag{1.14}$$

Der im **gestörten Bereich** fließende Wärmestrom L_{2D}, bezogen auf 1 m Länge und auf 1 K Temperaturunterschied, wird wie folgt berechnet:

$$L_{2D} = \frac{\Phi_{2D}}{\theta_i - \theta_e} \cdot b_j \qquad \text{in W/(m · K)} \tag{1.15}$$

Der **zusätzliche**, längenbezogene und auf 1 K bezogene Wärmestrom ψ (Wärmedurchlasskoeffizient) im Bereich der Wärmebrücke errechnet sich dann so (vgl. auch Abb. 1.20):

$$\psi = L_{2D} - \Sigma L_0 \qquad \text{in W/(m · K)} \tag{1.16}$$

1.3   Innenmaßbezug und Außenmaßbezug an Wärmebrücken

Bei der Bestimmung von Wärmeverlusten an Wärmebrücken wird zusätzlich unterschieden, ob die Wärmeverluste innenmaßbezogen oder außenmaßbezogen ermittelt werden. Dies hat einen erheblichen Einfluss auf die zusätzlich zu berücksichtigenden Wärmeverluste ψ an einer Wärmebrücke.

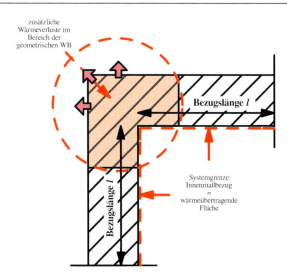

Abb. 1.21: Innenmaß-
bezogene Wärmebrücke
(WB) einer Außenecke

Ermittlung der Transmissionswärmeverluste H_T über den Innenmaßbezug der Bauteilflächen

Werden die Wärmeverluste über die inneren Bauteilflächen der Gebäudehülle ermittelt, wie z. B. bei der Bestimmung des Normwärmebedarfs eines
beheizten Wohnraumes, so sind die zusätzlichen Wärmeverluste über die
Wärmebrücke auch innenmaßbezogen zu ermitteln.

Die Wärmeverluste über die Wärmebrücken sind dann zusätzliche zweidimensionale Wärmeverluste, die zu den eindimensionalen Wärmeverlusten
der Bauteilflächen addiert werden.

Der **innenmaßbezogene ψ-Wert** ist der Wert, der die tatsächlichen zusätzlichen Wärmeverluste an einer Wärmebrücke angibt. Dieser Wert ist
immer positiv. In Abb. 1.21 wird der beschriebene Sachverhalt an einer
Außenecke grafisch dargestellt.

In Abb. 1.22 wird ein beheizter und an kältere Außenluft grenzender Raum
dargestellt. Die Wärme des Raumes wird über die inneren Wandflächen
des Raumes aufgenommen und nach außen transportiert. Die Gebäudeecken bilden geometrische Wärmebrücken, an denen aufgrund der Geometrie ein größerer Wärmestrom vorhanden ist als an den ungestörten
Wandflächen.

Für die genaue Bestimmung der Transmissionswärmeverluste H_T des Raumes sind sowohl die Wärmeverluste über die Innenflächen des Raumes als
auch die zusätzlichen Verluste an den Wärmebrücken zu bestimmen. Bei
dem in Abb. 1.22 dargestellten Beispiel wird angenommen, dass die Außentemperatur an allen Bauteilflächen gleich ist.

$$H_T = \Sigma U_i \cdot A_i + \Sigma \psi_i \cdot l_{\text{WB},i} \qquad \text{in W/K} \tag{1.17}$$

mit

U_i U-Wert einer Bauteilfläche in W/(m² · K)
A_i Fläche der zugehörigen Bauteilfläche in m²
ψ_i zusätzliche Wärmebrückenverluste einer Bauteilfläche in W/(m · K)
$l_{\text{WB},i}$ Länge der Wärmebrücke in m

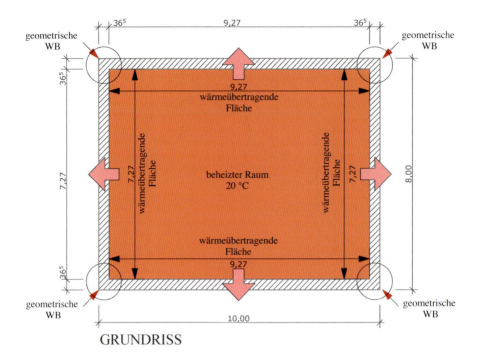

GRUNDRISS

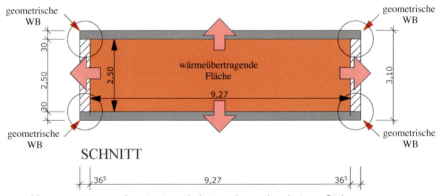

SCHNITT

Abb. 1.22:   Wärmeverluste in einem beheizten Raum über die Innenflächen

Beispielhafte Ermittlung der Transmissionswärmeverluste H_T über den Innenmaßbezug der Bauteilflächen (Vorgaben aus Abb. 1.22)

Erster Schritt: Berechnung der Transmissionswärmeverluste über die inneren Bauteilflächen

- U-Wert Außenwand $U_{AW} = 0{,}20$ W/(m² · K)
- Fläche Außenwand $A_{AW} = (9{,}27$ m $+ 7{,}27$ m$) \cdot 2 \cdot 2{,}5$ m $= \mathbf{82{,}70\ m^2}$

- U-Wert Boden $U_G = 0{,}30$ W/(m² · K)
- Fläche Boden $A_G = 9{,}27$ m $\cdot 7{,}27$ m $= \mathbf{67{,}39\ m^2}$

- U-Wert Decke $U_D = 0{,}20$ W/(m² · K)
- Fläche Decke $A_D = 9{,}27$ m $\cdot 7{,}27$ m $= \mathbf{67{,}39\ m^2}$

Für die **innere Hüllfläche** A_{gesamt} ergibt sich in der Summe ein Wert von **217,48 m²**.

Der **eindimensionale** Transmissionswärmeverlust über die inneren Bauteilflächen des Raumes berechnet sich wie folgt:

$$H_{\text{T}} = U_{\text{AW}} \cdot A_{\text{AW}} + U_{\text{G}} \cdot A_{\text{G}} + U_{\text{D}} \cdot A_{\text{D}} \qquad \text{in W/K}$$

$$\begin{aligned} H_{\text{T}} = {} & 0{,}20 \text{ W/(m}^2 \cdot \text{K)} \cdot 82{,}70 \text{ m}^2 + 0{,}30 \text{ W/(m}^2 \cdot \text{K)} \cdot 67{,}39 \text{ m}^2 + \\ & 0{,}20 \text{ W/(m}^2 \cdot \text{K)} \cdot 67{,}39 \text{ m}^2 \end{aligned}$$

$$H_{\text{T}} = 16{,}54 \text{ W/K} + 20{,}22 \text{ W/K} + 13{,}48 \text{ W/K} = \mathbf{50{,}24 \text{ W/K}}$$

Zweiter Schritt: Berechnung der ψ-Werte über die geometrischen Wärmebrücken

Zunächst muss der Wärmeverlustkoeffizient ψ an der Wärmebrücke mithilfe eines Isothermen-Programms berechnet (vgl. Kapitel 8) oder mithilfe eines Wärmebrückenkatalogs bestimmt werden (die Ermittlung der ψ-Werte wird im Folgenden nicht dargestellt).

Es handelt sich hier um innenmaßbezogene Wärmebrücken.

- ψ-Wert Außenecke $\psi_{\text{AW}} = 0{,}046$ W/(m · K)
- Länge der Wärmebrücke $l_{\text{WB,AW}} = 2{,}5$ m · 4 = 10,0 m

- ψ-Wert Bodenplatte $\psi_{\text{G}} = 0{,}07$ W/(m · K)
- Länge der Wärmebrücke $l_{\text{WB,G}} = (9{,}27$ m + 7,27 m$) \cdot 2 = 33{,}08$ m

- ψ-Wert Decke $\psi_{\text{D}} = 0{,}101$ W/(m · K)
- Länge der Wärmebrücke $l_{\text{WB,D}} = (9{,}27$ m + 7,27 m$) \cdot 2 = 33{,}08$ m

Die **zweidimensionalen** Transmissionswärmeverluste $H_{\text{T,WB}}$ über die geometrischen Wärmebrücken des Raumes werden folgendermaßen berechnet (Innenmaßbezug):

$$H_{\text{T,WB}} = \psi_{\text{AW}} \cdot l_{\text{WB,AW}} + \psi_{\text{G}} \cdot l_{\text{WB,G}} + \psi_{\text{D}} \cdot l_{\text{WB,D}} \qquad \text{in W/K}$$

$$\begin{aligned} H_{\text{T,WB}} = {} & 0{,}046 \text{ W/(m} \cdot \text{K)} \cdot 10{,}0 \text{ m} + 0{,}070 \text{ W/(m} \cdot \text{K)} \cdot 33{,}08 \text{ m} + \\ & 0{,}101 \text{ W/(m} \cdot \text{K)} \cdot 33{,}08 \text{ m} = \mathbf{6{,}117 \text{ W/K}} \end{aligned}$$

Dritter Schritt: Berechnung der gesamten Transmissionswärmeverluste $H_{\text{T,gesamt}}$ über die innere Gebäudehülle

$$H_{\text{T,gesamt}} = 50{,}24 \text{ W/K} + 6{,}12 \text{ W/K} = \mathbf{56{,}36 \text{ W/K}}$$

Ergebnis: Die Transmissionswärmeverluste über die innere Gebäudehülle betragen 56,36 W/K. Der Anteil der Wärmeverluste über die geometrischen Wärmebrücken liegt bei ca. 11 %.

Ermittlung von H_{T} über den Außenmaßbezug von Bauteilflächen

Für öffentlich-rechtliche Energieausweise verweist die Energieeinsparverordnung (EnEV) bei der Ermittlung der Gebäudehüllfläche auf DIN V 18599-1.

In Anlage 1.3 EnEV wird festgelegt, dass die wärmeübertragende Gebäudehülle über die Außenmaße zu ermitteln ist. Eine Ausnahme bildet hier nur der untere Gebäudeabschluss; hier wird die Oberkante (OK) der Bodenplatte als Systemgrenze angesetzt.

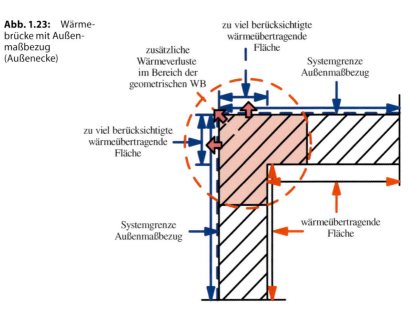

Abb. 1.23: Wärmebrücke mit Außenmaßbezug (Außenecke)

Der Außenmaßbezug ermöglicht eine schnellere und einfachere Flächenermittlung als bei der Ermittlung über die innenmaßbezogenen Flächen.

Die so erfassten wärmeübertragenden Flächen sind dadurch größer als die tatsächlich vorhandenen. Die zusätzlich erfasste Gebäudehülle wurde bis zur EnEV 2002 als Kompensation der Wärmeverluste über Wärmebrücken angesehen, die noch nicht berücksichtigt wurden.

Mit der EnEV 2002 wurde die zusätzliche Berücksichtigung von Wärmeverlusten über die Wärmebrücken eingeführt. Durch die höheren Anforderungen an den Dämmstandard der Gebäudehülle fallen Wärmeverluste über Wärmebrücken nun stärker ins Gewicht (vgl. Kapitel 3). Die Wärmebrückenverluste sind nun mit einem pauschalen Faktor von 0,05 oder 0,10 W/(m² · K) zu berücksichtigen (vgl. Kapitel 1.5.1). Außerdem können die Wärmebrücken nun auch detailliert berechnet und berücksichtigt werden. Hierbei sind die Wärmebrückenverluste außenmaßbezogen zu bestimmen.

Sind die berechneten Wärmeverluste über die Wärmebrücke kleiner als die bereits zusätzlich berücksichtigten Wärmeverluste aufgrund des Außenmaßbezugs, wird der außenmaßbezogene Wärmeverlustkoeffizient ψ negativ. Dieser Sachverhalt wird in Abb. 1.23 dargestellt.

Für den in Abb. 1.22 dargestellten Raum wird nachfolgend beispielhaft die Berechnung der Wärmeverluste über den Außenmaßbezug dargestellt. Aus Abb. 1.24 ist ersichtlich, wie die Flächen nach EnEV zu ermitteln sind.

Bei einem negativen ψ-Wert werden zu viel berücksichtigte Wärmeverluste aufgrund des Außenmaßbezugs wieder gutgeschrieben.

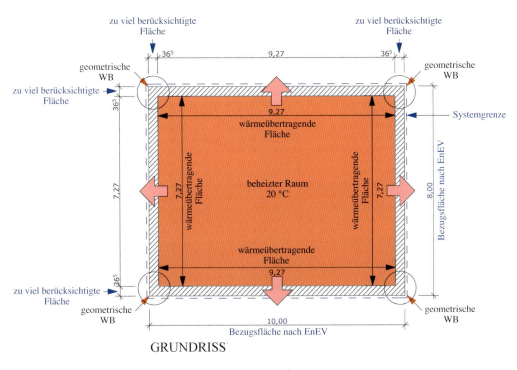

GRUNDRISS

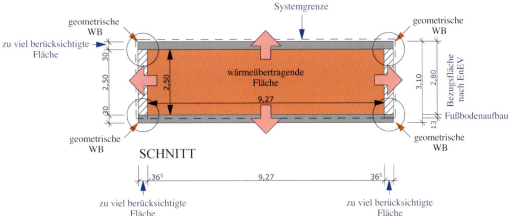

SCHNITT

Abb. 1.24: Wärmeverluste in einem beheizten Raum über die Außenflächen

Beispielhafte Ermittlung von H_T über den Außenmaßbezug von Bauteilflächen (Vorgaben aus Abb. 1.22 und Abb. 1.24)

Erster Schritt: Berechnung der Transmissionswärmeverluste über die äußere Bauteilfläche

- U-Wert Außenwand $U_{AW} = 0{,}20$ W/(m² · K)
- Fläche Außenwand $A_{AW} = (10{,}0$ m $+ 8{,}0$ m$) \cdot 2 \cdot 2{,}93$ m $= \mathbf{105{,}48\ m^2}$

- U-Wert Boden $U_G = 0{,}30$ W/(m² · K)
- Fläche Boden $A_G = 10{,}0$ m $\cdot 8{,}00$ m $= \mathbf{80{,}0\ m^2}$

- U-Wert Decke $U_D = 0{,}20$ W/(m² · K)
- Fläche Decke $A_D = 10{,}0$ m $\cdot 8{,}00$ m $= \mathbf{80{,}0\ m^2}$

Für die **äußere Hüllfläche** A_{gesamt} ergibt sich in der Summe ein Wert von **265,48 m²**.

Die zusätzlich erfasste Hüllfläche ΔA aufgrund des Außenmaßbezugs ergibt sich aus der Differenz von äußerer und innerer Hüllfläche:

$$\Delta A = 265{,}48\ m^2 - 217{,}48\ m^2 = 48{,}00\ m^2$$

$$48{,}00\ m^2 : 217{,}48\ m^2 = 22\ \% \text{ (bezogen auf die innere Hüllfläche)}$$

Die zusätzlich erfasste wärmeübertragende Hüllfläche aufgrund des Außenmaßbezugs beträgt bei diesem Beispiel 22 % der tatsächlich wärmeübertragenen inneren Hüllfläche. Das heißt, dass sich über den Außenmaßbezug in diesem Beispiel eine um 22 % größere wärmeübertragende Hüllfläche ergibt, als tatsächlich vorhanden ist.

Der **eindimensionale** Transmissionswärmeverlust über die äußeren Bauteilflächen des Raumes berechnet sich wie folgt:

$$H_T = U_{AW} \cdot A_{AW} + U_G \cdot A_G + U_D \cdot A_D \qquad \text{in W/K}$$

$$H_T = 0{,}20\ \text{W/(m}^2 \cdot \text{K)} \cdot 105{,}48\ m^2 + 0{,}30\ \text{W/(m}^2 \cdot \text{K)} \cdot 80{,}0\ m^2 + 0{,}20\ \text{W/(m}^2 \cdot \text{K)} \cdot 80{,}0\ m^2$$

$$H_T = 21{,}10\ \text{W/K} + 24{,}00\ \text{W/K} + 16{,}00\ \text{W/K} = \mathbf{61{,}10\ W/K}$$

Zweiter Schritt: Berechnung der ψ-Werte über die geometrischen Wärmebrücken (Außenmaßbezug)

Zunächst muss der Wärmeverlustkoeffizient ψ an der Wärmebrücke mithilfe eines Isothermen-Programms berechnet oder mithilfe eines Wärmebrückenkatalogs bestimmt werden.

Es handelt sich hier um außenmaßbezogene Wärmebrücken.

- ψ-Wert Außenecke $\psi_{AW} = -0{,}12$ W/(m · K)
- Länge der Wärmebrücke $l_{WB,AW} = 2{,}93$ m $\cdot 4 = 11{,}72$ m

- ψ-Wert Bodenplatte $\psi_G = -0{,}078$ W/(m · K)
- Länge der Wärmebrücke $l_{WB,G} = (10{,}0$ m $+ 8{,}0$ m$) \cdot 2 = 36{,}0$ m

- ψ-Wert Decke $\psi_D = -0{,}052$ W/(m · K)
- Länge der Wärmebrücke $l_{WB,D} = (10{,}0$ m $+ 8{,}0$ m$) \cdot 2 = 36{,}0$ m

Die **zweidimensionalen** Transmissionswärmeverluste $H_{T,WB}$ über die geometrischen Wärmebrücken des Raumes werden folgendermaßen berechnet:

$$H_{T,WB} = \psi_{AW} \cdot l_{WB,AW} + \psi_G \cdot l_{WB,G} + \psi_D \cdot l_{WB,D} \qquad \text{in W/K}$$

$$H_{T,WB} = -0{,}120 \text{ W/(m} \cdot \text{K)} \cdot 11{,}72 \text{ m} + -0{,}078 \text{ W/(m} \cdot \text{K)} \cdot 36{,}0 \text{ m} +$$
$$-0{,}052 \text{ W/(m} \cdot \text{K)} \cdot 36{,}0 \text{ m} = \mathbf{-6{,}08 \text{ W/K}}$$

Da die ψ-Werte alle negativ sind, zeigt sich, dass über die zusätzlich angesetzten Flächen aufgrund des Außenmaßbezugs mehr Wärmeverluste berechnet werden, als tatsächlich über die Wärmebrücken verloren gehen.

Dritter Schritt: Berechnung der gesamten Transmissionswärmeverluste $H_{T,gesamt}$ über die äußere Gebäudehülle

$$H_{T,gesamt} = 61{,}10 \text{ W/K} - 6{,}08 \text{ W/K} = \mathbf{55{,}02 \text{ W/K}}$$

Ergebnis: Die Transmissionswärmeverluste über die äußere Gebäudehülle betragen 55,02 W/K. Die **Gutschrift** an Wärmeverlusten über die geometrischen Wärmebrücken liegt hier bei 10 % bezogen auf den Transmissionswärmeverlust über den Außenmaßbezug.

Zusammenfassung und Fazit

Die berechneten Transmissionswärmeverluste über den Innenmaßbezug oder über den Außenmaßbezug mit detaillierter Wärmebrückenberechnung sind nahezu gleich:

- $H_{T,gesamt} = 56{,}35$ W/K (innenmaßbezogen)
- $H_{T,gesamt} = 55{,}02$ W/K (außenmaßbezogen)

Werden die Transmissionswärmeverluste H_T eines Gebäudes außenmaßbezogen berechnet, so wie es die EnEV vorschreibt, können die über die Wärmebrücken zu berücksichtigenden Wärmeverluste sowohl negativ als auch positiv sein:

- Negative ψ-Werte treten in der Regel an geometrischen Wärmebrücken wie Gebäudeecken auf.
- Positive ψ-Werte treten meist bei Wärmebrücken aufgrund von Stoffunterschieden auf und immer dort, wo aufgrund des Außenmaßbezugs keine zusätzlichen Flächen berücksichtigt wurden.

1.4   Mindestwärmeschutz nach DIN 4108-2

Die DIN 4108-2 enthält in Tabelle 3 (vgl. Tabelle 1.2) Mindestwerte der Wärmedurchlasswiderstände R für Bauteile,

- die für den Energieausweis zu erfassen sind,
- die innerhalb des Gebäudes Bereiche unterschiedlicher Nutzung oder verschiedener Eigentümer trennen.

Die Einhaltung des Mindestwärmeschutzes ist wichtig, damit an den Bauteiloberflächen unter genormten Bedingungen, wie z. B. 50 % relative Luftfeuchtigkeit und 20 °C Innentemperatur bei bis zu –5 °C Außentemperatur, die Gefahr von Schimmelpilzbildung vermieden wird.

Mindestwärmeschutz an Wänden

Die in Tabelle 1.2 aufgeführten Wärmedurchlasswiderstände für Wände mit einer Gesamtmasse von mindestens 100 kg/m² müssen an jeder Stelle vorhanden sein, z. B. an Nischen unter Fenstern, Brüstungen von Fensterbauteilen, Fensterstürzen, im Wandbereich auf der Außenseite von Heizkörpern und Rohrkanälen.

Anforderungen an leichte Bauteile

Bei leichten Bauteilen mit einer flächenbezogenen Gesamtmasse von unter 100 kg/m² muss $R \geq 1,75$ m² · K/W eingehalten werden.

Anforderungen an inhomogene nicht transparente Bauteile

Bei Skelett-, Rahmen- oder Holzständerbauweisen sowie Pfosten-Riegel-Konstruktionen ist im Bereich der Gefache ein Wärmedurchlasswiderstand von $R_G \geq 1,75$ m² · K/W einzuhalten. Im Mittel ist über das gesamte Bauteil $R_m \geq 1,0$ m² · K/W einzuhalten.

Anforderungen an transparente und teiltransparente Bauteile

Für opake Ausfachungen von transparenten oder teiltransparenten Bauteilen in Pfosten-Riegel-Konstruktionen, Vorhangfassaden, Glasdächern, Fenstern, Fenstertüren und -wänden einer wärmeübertragenden Umfassungsfläche gilt bei beheizten und niedrig beheizten Räumen ein Wärmedurchlasswiderstand von $R \geq 1,2$ m² · K/W bzw. $U_p \leq 0,73$ W/(m² · K). Für Rahmen gilt $U_f \leq 2,9$ W/(m² · K) nach DIN EN ISO 10077-1. Transparente Bauteile sind mindestens mit Isolierglas oder 2 Glasscheiben auszustatten.

Tabelle 1.2: Mindestwerte für Wärmedurchlasswiderstände R von Bauteilen nach DIN 4108-2, Tabelle 3

Zeile	Bauteile	R (m² · K/W)[2]
1	**Wände beheizter Räume**	
	gegen Außenluft, Erdreich, Tiefgarage, nicht beheizte Räume, nicht beheizte Dachräume oder Kellerräume	1,2[3]
2	**Dachschrägen beheizter Räume gegen Außenluft**	1,2
3	**Decken beheizter Räume nach oben und Flachdächer**	
3.1	gegen Außenluft	1,2
3.2	zu belüfteten Räumen zwischen Dachschrägen und Abseitenwänden bei ausgebauten Dachräumen	0,9
3.3	zu nicht beheizten Räumen, zu bekriechbaren oder noch niedrigeren Räumen	0,9
3.4	zu Räumen zwischen gedämmten Dachschrägen und Abseitenwänden bei ausgebauten Dachräumen	0,35

4	**Decken beheizter Räume nach unten**	
4.1[1]	gegen Außenluft, gegen Tiefgaragen; gegen Garagen (auch beheizte), Durchfahrten (auch verschließbare) und belüftete Kriechkeller	1,75
4.2	gegen nicht beheizten Kellerraum	0,90
4.3	Sohlplatten unter Aufenthaltsräumen, unmittelbar an das Erdreich grenzend bis zu einer Raumtiefe von 5 m	0,90
4.4	über einen nicht belüfteten Hohlraum, z. B. Kriechkeller, an das Erdreich grenzend	0,90
5	**Bauteile an Treppenräumen**	
5.1	Wände zwischen beheizten Räumen und direkt beheiztem Treppenraum, Wände zwischen beheiztem Raum und indirekt beheiztem Treppenraum, sofern die anderen Bauteile des Treppenraums die Anforderungen der Tabelle 1.2 erfüllen	0,25
5.2	Wände zwischen beheiztem Raum und direkt beheiztem Treppenraum, wenn nicht alle anderen Bauteile des Treppenraums die Anforderungen der Tabelle 1.2 erfüllen	0,07
5.3	oberer und unterer Abschluss eines beheizten oder indirekt beheizten Treppenraumes	wie Bauteile beheizter Raum
6	**Bauteile zwischen beheizten Räumen**	
6.1	Wohnungs- und Gebäudetrennwände zwischen beheizten Räumen	0,07
6.2	Wohnungstrenndecken; Decken zwischen Räumen unterschiedlicher Nutzung	0,35

1) Vermeidung von Fußkälte
2) bei erdberührten Bauteilen konstruktiver Wärmedurchlasswiderstand
3) bei niedrig beheizten Räumen 0,55 m² · K/W

Tabelle 1.3: Zuschlagswerte für Umkehrdächer nach DIN 4108-2, Tabelle 4

Anteil des Wärmedurchlasswiderstandes raumseitig der Abdichtung am Gesamtwärmedurchlasswiderstand in %	Zuschlagswert ΔU in W/(m² · K)
unter 10	0,05
von 10 bis 50	0,03
über 50	0

Hinweis zum Mindestwärmeschutz an Außenwänden

An einer Außenwandecke mit einer Außenwand, die gerade den Mindestwärmeschutz $R = 1{,}2$ m² · K/W einhält, ergibt sich an der Innenecke eine Oberflächentemperatur von ca. 12,6 °C. Diese Temperatur muss eingehalten werden, damit unter genormten Verhältnissen keine Schimmelpilzgefahr vorhanden ist (vgl. Kapitel 1.2.2).

Ein R-Wert von 1,2 m² · K/W ergibt bei einer Außenwand einen U-Wert von 0,842 W/(m² · K). Dieser U-Wert wird mit einem 36,5 cm dicken Mauerstein mit einem λ-Wert von 0,38 W/(m · K) erreicht.

Rollladenkästen

Rollladenkästen können in der Energiebilanz wie folgt berücksichtigt werden:

- als flächige Bauteile mit ihrem U-Wert und ihrer Fläche,
- in der Wärmebrückenberechnung.

In der Wärmebrückenberechnung kann der Rollladenkasten bei der Ermittlung der Außenwandflächen übermessen werden. Entspricht die Einbausituation einem Referenzbild aus DIN 4108 Beiblatt 2, so kann ΔU_{WB} mit 0,05 W/(m² · K) angesetzt werden. Weiterhin können die Wärmeverluste auch über den ψ-Wert des Anschlussdetails bestimmt werden.

Für die Deckel von Rollladenkästen ist ein Wert von $R \geq 0,55$ m² · K/W einzuhalten und für das gesamte Bauteil im Mittel $R_m \geq 1,0$ m² · K/W.

Bauteile mit Abdichtungen

Bei Bauteilen mit Abdichtungen sind bei der Berechnung des R-Wertes nur die raumseitigen Schichten bis zur Bauwerks- bzw. Dachabdichtung zu berücksichtigen. Ausgenommen sind folgende Konstruktionen, bei denen die Dämmschichten zu berücksichtigen sind:

- Wärmedämmsysteme als **Umkehrdach** unter Verwendung von Dämmstoffplatten aus extrudergeschäumtem Polystyrolschaumstoff nach DIN EN 13164 in Verbindung mit DIN 4108-10, die mit einer Kiesschicht oder Betonplatten im Kiesbett oder auf Abstandhaltern abgedeckt sind (weitere Ausführungshinweise siehe DIN 4108-2, Abschnitt 5.2.2): Bei der Berechnung ist der errechnete Wärmedurchgangskoeffizient U um einen Betrag ΔU in Abhängigkeit des prozentualen Anteils des Wärmedurchlasswiderstandes unterhalb der Abdichtung am Gesamtwärmedurchlasswiderstand nach Tabelle 1.3 zu erhöhen. Bei leichter Unterkonstruktion mit einer flächenbezogenen Masse unter 250 kg/m² muss der Wärmedurchlasswiderstand unterhalb der Abdichtung mindestens 0,15 m² · K/W betragen;
- Wärmedämmsysteme als **Perimeterdämmung** (außen liegende Wärmedämmung erdberührender Gebäudeflächen, außer unter Gründungen) unter Verwendung von Dämmstoffplatten aus extrudergeschäumtem Polystyrolschaumstoff nach DIN EN 13164 und Schaumglas nach DIN EN 13167, in Verbindung mit DIN 4108-10, wenn die Perimeterdämmung nicht ständig im Grundwasser liegt (weitere Ausführungshinweise siehe DIN 4108-2, Abschnitt 5.2.2).

Oberste Geschossdecken

Wenn die oberste Geschossdecke die Anforderungen für flächige Bauteile nach DIN 4108-2 (vgl. Tabelle 1.2) einhält, werden bei einem nicht ausgebauten Dach an die darüberliegenden Dachflächen keine Anforderungen bezüglich des Mindestwärmeschutzes gestellt.

Weitere Randbedingungen

In der DIN 4108-2 sind weitere Randbedingungen für die Einhaltung des Mindestwärmeschutzes aufgelistet.

1.5   Berücksichtigung von Wärmebrücken in der Energiebilanz

Bis zum Inkrafttreten der Energieeinsparverordnung EnEV 2002 mussten die Energieverluste über die Wärmebrücken nicht separat nachgewiesen werden. Bei dem bis dahin geltenden Energiestandard war der Einfluss der Wärmebrücken auf die Energiebilanz untergeordnet, insbesondere weil durch den Außenmaßbezug eine größere wärmeübertragende Hüllfläche angesetzt wurde als tatsächlich vorhanden.

Durch die verschärften Anforderungen der EnEV 2002, 2009 und erneut ab 2016 an die zulässigen Transmissionswärmeverluste der Gebäudehülle ist der Einfluss der Wärmeverluste über die Wärmebrücken auf die Gesamtenergiebilanz gestiegen bzw. wird noch weiter steigen.

Die Berücksichtigung der Wärmeverluste über Wärmebrücken wurde in die Energiebilanz für Gebäude nach EnEV mit aufgenommen, da sich **Schwachstellen an Wärmebrücken bei einer gut gedämmten Gebäudehülle stärker auswirken** als bei einer schlecht gedämmten.

1.5.1   Energieeinsparverordnung (EnEV)

„Zu errichtende Gebäude sind so auszuführen, dass der Einfluss konstruktiver Wärmebrücken auf den Jahresheizwärmebedarf nach den anerkannten Regeln der Technik und den im jeweiligen Einzelfall wirtschaftlich vertretbaren Maßnahmen so gering wie möglich gehalten wird."   (§ 7 Abs. 2 EnEV)

Nach § 7 Abs. 3 EnEV sind die zusätzlichen Wärmeverluste über Wärmebrücken nach den Angaben des jeweils angewendeten Berechnungsverfahren zu berücksichtigen, also nach DIN V 4108-6, Anhang D.3, oder nach DIN V 18599-2. Die Art der Berücksichtigung ist in beiden Normen ähnlich.

Der Wärmebrückenzuschlag ΔU_{WB} kann nach beiden Normen als pauschaler spezifischer Wärmebrückenzuschlag angesetzt oder genau berechnet werden. Dieser gibt an, wie viel Wärme **zusätzlich** (bezogen auf die Gebäudehülle) über Wärmebrücken verloren geht.

Die Berücksichtigung der Wärmebrückenverluste H_{WB} erfolgt jeweils nach der folgenden Formel (vgl. Abschnitt 5.5.2.2 in DIN V 4108-6 bzw. Abschnitt 6.2.1.2 in DIN V 18599-2):

$$H_{WB} = \Delta U_{WB} \cdot (A - A_{cw}) \qquad \text{in W/K} \tag{1.18}$$

mit
H_{WB} spezifischer Wärmebrückenzuschlag in W/K
ΔU_{WB} Wärmebrückenzuschlag bezogen auf die Gebäudehülle in W/(m² · K)
A Hüllfläche in m²
A_{cw} Fläche der verglasten Fassade in m²

Pauschaler Wärmebrückenzuschlag ΔU_{WB} für Neubauten

Nach DIN V 4108-6, Anhang D.3, oder nach DIN V 18599-2, Abschnitt 6.2.1.2, ist der Wärmebrückenzuschlag wie folgt anzusetzen:

$$\Delta U_{WB} = 0{,}10 \text{ W/(m}^2 \cdot \text{K)}$$

Werden Konstruktionen ausgeführt, die mit denen nach DIN 4108 Beiblatt 2 vergleichbar sind, kann der pauschale spezifische Wärmebrückenzuschlag ΔU_{WB} nach DIN V 4108-6, Anhang D.3, oder nach DIN V 18599-2, Abschnitt 6.2.1.2, halbiert werden:

$$\Delta U_{WB} = 0{,}05 \text{ W/(m}^2 \cdot \text{K)}$$

Nach DIN 4108-6, Anhang D.3, und nach DIN V 18599-2 gilt für Vorhangfassaden, bei denen der Wärmebrückeneinfluss bereits bei der Bestimmung des Wärmedurchgangskoeffizienten U berücksichtigt ist, dass die Hüllfläche A in der Gleichung um die Vorhangfassadenfläche vermindert werden darf. Die Fläche der Vorhangfassade muss nicht noch einmal mit dem Wärmebrückenzuschlag multipliziert werden.

Pauschaler Wärmebrückenzuschlag ΔU_{WB} für bestehende Gebäude

Für bestehende Wohngebäude sind nach Anlage 3 Nr. 8 EnEV folgende Wärmebrückenzuschläge anzusetzen:

- im Regelfall: $\Delta U_{WB} = 0{,}10 \text{ W/(m}^2 \cdot \text{K)}$,
- wenn mehr als 50 % der Außenwand mit einer innen liegenden Dämmschicht und einbindender Massivdecke versehen sind: $\Delta U_{WB} = 0{,}15 \text{ W/(m}^2 \cdot \text{K)}$,
- wenn die Wärmebrücken so saniert werden, dass sie gleichwertig mit denen aus DIN 4108 Beiblatt 2 sind: $\Delta U_{WB} = 0{,}05 \text{ W/(m}^2 \cdot \text{K)}$.

Detaillierter Wärmebrückenzuschlag

Weiterhin können sowohl für Neubauten als auch für Altbauten die Wärmebrückenverluste durch einen genauen Nachweis nach DIN V 4108-6 und DIN V 18599-2 in Verbindung mit weiteren anerkannten Regeln der Technik erfolgen. Hierzu werden spezielle Wärmebrückenkataloge und Rechenprogramme angeboten.

Wird bei der Bestimmung der Wärmedurchgangskoeffizienten U eines Außenbauteils bereits der Wärmebrückeneinfluss berücksichtigt, darf die Hüllfläche A bei der Berechnung der Wärmebrückenverluste um diese Fläche verringert werden.

1.5.2 DIN V 4108-6

Nach DIN V 4108-6 sind die spezifischen Wärmeverluste über Wärmebrücken bei der Bestimmung der Transmissionswärmeverluste H_T der Gebäudehülle wie folgt zu berücksichtigen (entspricht Gleichung 28 aus DIN V 4108-6):

$$H_T = \sum U_i \cdot A_i + H_U + L_s + H_{WB} + \Delta H_{T,FH} \qquad \text{in W/K} \qquad (1.19)$$

mit

U_i Wärmedurchgangskoeffizient für an die Außenluft grenzende
           Bauteile i in W/(m² · K)

A_i Hüllfläche für an die Außenluft grenzende Bauteile i in m²

H_U Transmissionswärmeverluste für an unbeheizte oder niedrig
           beheizte Räume grenzende Bauteile in W/K

L_s thermischer Leitwert für an das Erdreich grenzende Bauteile
           in W/K

H_{WB} spezifischer Wärmebrückenzuschlag für die Bauteile in W/K

$\Delta H_{T,FH}$ Transmissionswärmeverluste für Bauteile mit Flächenheizung
           in W/K

Nach DIN 4108-6 sind die spezifischen Wärmeverluste über die Wärmebrücken separat zu berechnen und als Gesamtsumme zu den Transmissionswärmeverlusten der Gebäudehülle zu addieren.

1.5.3   DIN V 18599-2

Nach DIN V 18599-2 sind die spezifischen Wärmeverluste über Wärmebrücken bei der Bestimmung der Transmissionswärmeverluste der Gebäudehülle wie folgt zu berücksichtigen:

$$H_{T,i} = \Sigma U_i \cdot A_i + \Delta U_{WB} \cdot \Sigma A_i \qquad \text{in W/K} \tag{1.20}$$

mit

$H_{T,i}$ Transmissionswärmeverluste der einzelnen Bauteile i zur Außenluft, zu unbeheizten Räumen und an das Erdreich einschließlich der Wärmebrückenverluste in W/K

In DIN V 18599-2 werden die Wärmebrückenverluste direkt bei den einzelnen Transmissionswärmeverlusten (Wärmesenken) der verschiedenen Bauteile mit berücksichtigt. Bauteile, die nicht an die Außenluft grenzen, werden einschließlich der Wärmebrückenverluste über die Temperaturkorrekturfaktoren F_x nach Tabelle 3 der DIN V 18599-2 abgemindert.

1.6   Berücksichtigung der Wärmebrücken nach den Vorgaben der KfW

Je besser die Gebäudehülle gedämmt wird, umso wichtiger ist es, die Wärmeverluste über Wärmebrücken zu minimieren. Der Einfluss der Wärmebrücken wird umso größer, je besser die Außenhülle gedämmt ist. Aus diesem Grund ist es wirtschaftlich gesehen von Vorteil, wenn die Wärmeverluste über Wärmebrücken genau erfasst und berechnet werden, um die Anforderungen der KfW erfüllen zu können (vgl. Kapitel 3).

In der Anlage „Technische Mindestanforderungen" zu den KfW-Merkblättern 151/152 „Energieeffizient Sanieren" (Stand 08/2015) und 153 „Energieeffizient Bauen" (Stand 06/2014) heißt es dazu:

„[...]

- *Für den Wärmebrückenzuschlag sind ausschließlich die Maßgaben des § 7 Absatz 2 EnEV einzuhalten, d. h., der Einfluss konstruktiver Wärmebrücken auf den Jahres-Heizwärmebedarf ist nach den Regeln der Technik und den im jeweiligen Einzelfall wirtschaftlich vertretbaren Maßnahmen so gering wie möglich zu halten. Der verbleibende Einfluss ist zu berücksichtigen. [...]*

- *Wird ein Wärmebrückenzuschlag $U_{WB} < 0,10$ W/(m² · K) angesetzt, ist dieser gesondert nach den Regeln der Technik zu berechnen bzw. nachzuweisen. § 7 Absatz 3 EnEV ist nicht anwendbar. [...]"*

  (Anlage „Technische Mindestanforderungen" zu KfW-Merkblatt Merkblatt 151/152 [Stand 08/2015], S. 5; Anlage „Technische Mindestanforderungen" zu KfW-Merkblatt 153 [Stand 06/2014], S. 4)

Prinzipiell verlangt die KfW also keine andere Berücksichtigung der Wärmebrückenverluste als die EnEV. Eine Ausnahme gilt jedoch bezüglich § 7 Abs. 3 EnEV; dort heißt es zunächst:

„Der verbleibende Einfluss der Wärmebrücken bei der Ermittlung des Jahres-Primärenergiebedarfs ist nach Maßgabe des jeweils angewendeten Berechnungsverfahrens zu berücksichtigen. [...]"

Der nachfolgende Satz aus § 7 Abs. 3 EnEV lautet dann:

„[...] Soweit dabei Gleichwertigkeitsnachweise zu führen wären, ist dies für solche Wärmebrücken nicht erforderlich, bei denen die angrenzenden Bauteile kleinere Wärmedurchgangskoeffizienten aufweisen, als in den Musterlösungen der DIN 4108 Beiblatt 2:2006-03 zugrunde gelegt sind."

Diese vereinfachte Regelung nach § 7 Abs. 3 EnEV darf für KfW-Effizienzhäuser **nicht angewendet** werden. Das heißt, es muss für solche Bauten immer ein Gleichwertigkeitsnachweis nach DIN 4108 Beiblatt 2 oder eine detaillierte Berechnung der Wärmebrücken durchgeführt werden.

KfW-Sonderregelungen für den Gleichwertigkeitsnachweis (Liste der Technischen FAQ [Stand 08/2015], Nr. 4.06)

Da bei Bestandsgebäuden und auch bei Neubauten die Gleichwertigkeit (vgl. Kapitel 6) oft nicht für alle Details nach DIN 4108 Beiblatt 2 nachgewiesen werden kann, hat die KfW Sonderreglungen hierzu veröffentlicht. Kann für vereinzelte Details die Gleichwertigkeit nicht nachgewiesen werden, *„darf der pauschale Zuschlag von $\Delta U_{WB} = 0,05$ W/(m² · K) im Rahmen eines erweiterten Gleichwertigkeitsnachweises dennoch angesetzt werden, sofern der zusätzliche Wärmeverlust für diese Wärmebrücken ermittelt und bei der Berechnung der Transmissionswärmeverluste über die Gebäudehülle zusätzlich angesetzt wird"* (Liste der Technischen FAQ [Stand 08/2015], Nr. 4.06).

Wie der erweiterte Gleichwertigkeitsnachweis zu führen ist, wird in Kapitel 6.4 näher erläutert.

Außerdem werden im „Infoblatt KfW-Wärmebrückenbewertung" (Stand 11/2015) Konstruktionsbeispiele abgebildet, die für den Gleichwertigkeitsnachweis zusätzlich zu DIN 4108 Beiblatt 2 herangezogen werden dürfen.

Berücksichtigung von Isokörben (Liste der Technischen FAQ [Stand 08/2015], Nr. 4.10)

Bei der Berechnung von Isokörben darf der Isokorb als ein homogener Ersatzbaustoff mit dem entsprechenden R-Wert nach der Deklaration des Herstellers angesetzt werden (vgl. Abb. 1.25). Im Fall, dass unterschiedliche Isokörbe zum Einsatz kommen, kann vereinfachend für alle Anschlüsse die äquivalente Wärmeleitfähigkeit λ_{eq} des Isokorbs mit der dabei höchsten Wärmeleitfähigkeit berücksichtigt werden.

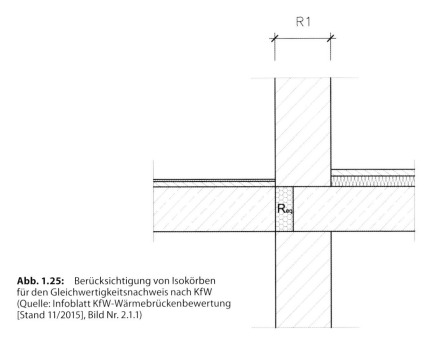

Abb. 1.25: Berücksichtigung von Isokörben
für den Gleichwertigkeitsnachweis nach KfW
(Quelle: Infoblatt KfW-Wärmebrückenbewertung
[Stand 11/2015], Bild Nr. 2.1.1)

Sonderregelungen zum detaillierten Wärmebrückennachweis

Für den detaillierten Wärmebrückennachweis hat die KfW ein eigenes
Formblatt entwickelt, das verwendet werden kann, aber nicht muss; es handelt sich hierbei um das Formblatt C der KfW-Wärmebrückenbewertung,
das auf der Internetseite der KfW heruntergeladen werden kann (siehe
www.kfw.de; vgl. dazu auch Kapitel 7.6).

Außerdem darf für die Berechnung von KfW-Effizienzhäusern das **Wärmebrückenkurzverfahren** (KfW-Wärmebrückenbewertung, Formblatt D)
verwendet werden. Wenn das Gebäude die dort aufgelisteten konstruktiven
und technischen Eigenschaften aufweist, darf mit einem Wärmebrückenfaktor ΔU_{WB} **von 0,035 W/(m² · K)** gerechnet werden. Dieser Wert kann
weiter reduziert werden:

- um 0,002 W/(m² · K) bei Doppel- und Reihenhäusern,

- um 0,005 W/(m² · K) bei frei stehenden Wohngebäuden,

- um 0,005 W/(m² · K) bei Holzleichtbaukonstruktionen, wenn jedes Holzbauteil von einer homogenen Dämmebene mit einem Wärmedurchlasswiderstand von mindestens 1,1 (m² · K)/W überdeckt ist. Das entspricht
  einer Dämmstoffplatte mit 45 mm Dicke und einem λ-Wert von
  0,04 W/(m · K).

Bei einem frei stehenden Holzhaus mit Holzleichtbaukonstruktion ergibt
sich ein Wärmebrückenfaktor ΔU_{WB} von 0,025 W/(m² · K), wenn die Kriterien für das Wärmebrückenkurzverfahren erfüllt sind. Dieses Verfahren
wird in Kapitel 7.7 noch genauer erläutert.

1.7   Berücksichtigung der Wärmebrücken bei Passivhäusern

Damit der Passivhausstandard bei einem Gebäude erreicht wird, ist es notwendig, die zusätzlichen Wärmeverluste über Wärmebrücken zu minimieren. Bei einem zulässigen spezifischen Heizwärmebedarf Q_H von 15 kWh/(m² · a) machen sich zusätzliche Wärmeverluste über Wärmebrücken stark bemerkbar. Insbesondere die Fensteranschlüsse müssen mit großer Sorgfalt geplant und ausgeführt werden, da diese aufgrund ihrer Länge in der Gebäudehülle einen erheblichen Einfluss auf die Energiebilanz haben.

Wird das Gebäude so ausgeführt, dass eine wärmedämmende Schicht geschlossen um das gesamte Gebäude geführt wird (vgl. Abb. 1.26), müssen hier die Wärmebrückenverluste nicht detailliert nachgewiesen werden. Der Wärmebrückenzuschlag ΔU_{WB} darf dann mit 0,0 W/(m² · K) angesetzt werden.

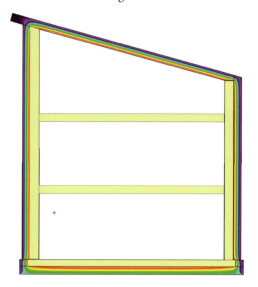

Abb. 1.26:   Wärmebrückenarme Konstruktion

Berechnung der Wärmebrücken

Falls die Dämmebene nicht geschlossen um die Gebäudehülle geführt werden kann, ist eine detaillierte Berechnung der Wärmebrücken durchzuführen. Da die detaillierte Wärmebrückenberechnung aufgrund des Außenmaßbezugs oft zu Gutschriften in der Wärmebilanz führt (vgl. Kapitel 1.3), kann durch den detaillierten Nachweis der Wärmebrücken die Anforderung von max. 15 kWh/(m² · a) oft leichter eingehalten werden.

Anforderungen an wärmebrückenarme Konstruktionen

Für die Beurteilung einer wärmebrückenarmen Konstruktion sind nach dem Passivhausinstitut Prof. Dr. Wolfgang Feist in Darmstadt die folgenden Daten anzusetzen (vgl. www.passiv.de unter „Zertifizierung"); alle Bezeichnungen und Formelzeichen werden entsprechend übernommen, wobei das Formelzeichen für die Temperatur aus Gründen der Einheitlichkeit mit θ dargestellt wird und nicht mit T (so in den Anforderungen des Passivhausinstituts).

Ausgangswerte

- Innentemperatur θ_i: 20 °C
- Außentemperatur θ_e: −10 °C
- Kellertemperatur θ_c: 10 °C
- Bodentemperatur θ_g: 10 °C
- Wärmeübergangswiderstand innen R_{si}: 0,13 m² · K/W
- Wärmeübergangswiderstand außen R_{se}: 0,04 m² · K/W
- Wärmeübergangswiderstand Keller R_{si}: 0,17 m² · K/W
- Wärmeübergangswiderstand innen R_{si}: 0,00 m² · K/W

Bezugsmaß

Für die Berechnungen wird der Außenmaßbezug zugrunde gelegt, auch bei der Boden- bzw. Kellerdecke.

Kriterien für die Anerkennung der Wärmebrückenfreiheit

Das Vorliegen einer **wärmebrückenarmen Konstruktion** (erstes Kriterium) lässt sich an folgender Ungleichung überprüfen:

$$(\psi \cdot l + \chi) : A \ \leq 0,025 \ \text{W/(m² · K)} \tag{1.21}$$

mit

ψ linearer Wärmebrückenverlustkoeffizient in W/(m · K)
l Länge der linearen Wärmebrücke in m
χ punktförmiger Wärmeverlustkoeffizient in W/K
A Bezugsfläche (Fläche der opaken Fassade) in m²

Das zweite Kriterium legt fest, dass die **Oberflächentemperaturen bei allen Anschlüssen** bei einer Außentemperatur θ_e von −10 °C **größer als 17 °C** sein müssen.

Das dritte Kriterium ist die **Luftdichtheit,** die Konstruktion muss dauerhaft luftdicht ausgeführt werden. Die luftdichte Ebene muss im Ausführungsplan eindeutig (z. B. mit rotem Stift gekennzeichnet) erkennbar und die praktische Ausführung eindeutig erklärt sein.

KfW-Regelung zur Berücksichtigung von Wärmebrücken bei Passivhäusern

Bei der Erfassung von Wärmebrücken im PHPP-Nachweis (PHPP: Passivhaus-Projektierungspaket [Berechnungsprogramm für Passivhäuser]) für ein KfW-Effizienzhaus sind folgende Vorgehensweisen zulässig:

- Wird ein detaillierter Wärmebrückennachweis geführt, sind alle Wärmebrücken zu erfassen, positive und negative Wärmeverlustkoeffizienten sind gegeneinander aufzurechnen.

- Alternativ dürfen nur die Wärmebrücken mit $\psi > 0,01$ W/(m · K) berechnet und in der Energiebilanz zusätzlich berücksichtigt werden.

Vernachlässigt werden dürfen im PHPP-Nachweis Wärmebrücken von zertifizierten Bausystemen mit $\psi \leq 0,01$ W/(m · K), für die nachgewiesen wurde, dass der Anschluss tauwasserfrei ist.

2 Randbedingungen für die Berechnungen

2.1 Oberflächentemperaturen an Wärmebrücken

Die Randbedingungen für die Berechnung von Bauteiloberflächentemperaturen sind in DIN 4108 Beiblatt 2, DIN 4108-2 sowie in DIN EN ISO 13370 geregelt. Für den normgerechten Nachweis sind diese wie folgt anzusetzen.

Randbedingungen nach DIN 4108-2:
- Temperaturen:
  - Innenlufttemperatur: $\theta_i = 20\ °C$
  - Außenlufttemperatur: $\theta_e = -5\ °C$
  - Keller: $\theta_c = 10\ °C$
  - Erdreich: $\theta_g = 10\ °C$
  - unbeheizte Pufferzone: $\theta_P = 10\ °C$
  - unbeheizter Dachraum: $\theta_D = -5\ °C$
  - Tiefgarage: $\theta_D = -5\ °C$
- Wärmeübergangswiderstände innen:
  - beheizt Räume: $R_{si} = 0,25\ m^2 \cdot K/W$
  - Fenster: $R_{si} = 0,13\ m^2 \cdot K/W$
- Wärmeübergangswiderstände außen:
  nach DIN EN ISO 6946

In der DIN EN ISO 10211 gibt es abweichende Regelungen bezüglich der Randbedingungen bei der Berechnung von Bauteilen im Erdreich. Auf diese wird hier nicht weiter eingegangen, da die EnEV für die Berechnung von Wärmebrücken auf das Beiblatt 2 verweist.

Im Gegensatz zur Berechnung der Wärmeverluste über ein Außenbauteil ist bei der Berechnung von Oberflächentemperaturen ein höherer innerer Wärmeübergangswiderstand R_{si} von $0,25\ m^2 \cdot K/W$ anzusetzen.

Der Wärmeübergangswiderstand gibt an, wie schnell die Wärme vom Raum an die Außenwand transportiert werden kann. Da in den Gebäudeecken eine geringere Zirkulation stattfindet als an der geraden Außenwand, kann dort die Wärme nicht so schnell an die Wand übertragen werden. Aber auch in der Ecke darf es nicht zur Schimmelpilzbildung kommen. Um dies zu gewährleisten, ist bei der Berechnung der Oberflächentemperaturen ein höherer Wärmeübergangswiderstand anzusetzen.

Wird der Mindestwärmeschutz nach DIN 4108-2 von den flankierenden Bauteilen eingehalten, so ist in der Regel auch der Feuchte- und Schimmelschutz in den Ecken gegeben.

Detailliert dargestellt für die einzelnen Wärmebrückendetails sind die Randbedingungen für die Berechnung in DIN 4108 Beiblatt 2, Abschnitt 7, Tabelle 7. In Abb. 2.1 und Abb. 2.2 werden die einzelnen Randbedingungen aus DIN 4108 Beiblatt 2 in Grafiken zusammengefasst.

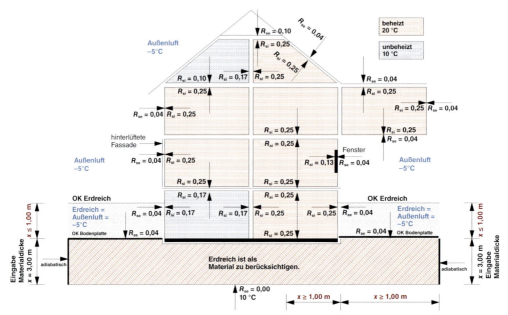

Abb. 2.1: Randbedingungen für Berechnung von Oberflächentemperaturen nach DIN 4108 Beiblatt 2, Abschnitt 7, Tabelle 7; Erdreichanschüttung ≤ 1 m; Angaben für R_{si} und R_{se} in m^2 · K/W; Länge x gemäß DIN 4108 Beiblatt 2 (Quelle: Volland/Volland, 2014, S. 266)

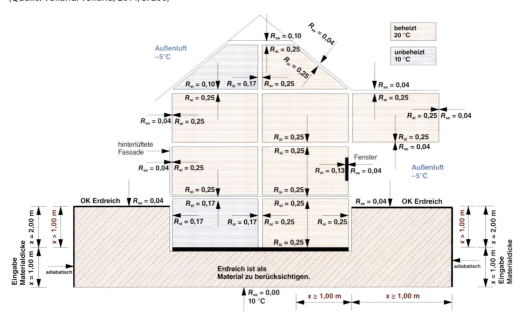

Abb. 2.2: Randbedingungen für Berechnung von Oberflächentemperaturen nach DIN 4108 Beiblatt 2, Abschnitt 7, Tabelle 7; Erdreichanschüttung > 1 m; Angaben für R_{si} und R_{se} in m^2 · K/W; Länge x gemäß DIN 4108 Beiblatt 2 (Quelle: Volland/Volland, 2014, S. 265)

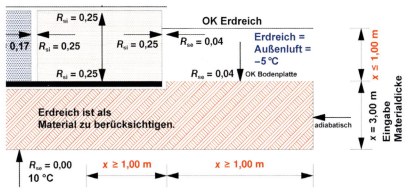

Abb. 2.3: Randbedingungen im Erdreich nach DIN 4108 Beiblatt 2, Abschnitt 7, Tabelle 7; Erdreichanschüttung ≤ 1 m; Angaben für R_{si} und R_{se} in m² · K/W; Länge x gemäß DIN 4108 Beiblatt 2

2.1.1 Wärmebrücken gegen Erdreich

Für die Berechnung von Bauteiloberflächentemperaturen im Bereich des Erdreichs wird in DIN 4108 Beiblatt 2, Tabelle 7, wie folgt unterschieden:

● geringe oder keine Erdreichanschüttung (vgl. Abb. 2.1 und 2.3),
● Erdreichanschüttung größer 1 m (vgl. Abb. 2.2 und 2.8).

Zu beachten ist außerdem, dass bei Bauteilen gegen Erdreich das Erdreich als Material mitzuberücksichtigen ist. Für das **Erdreich** kann nach DIN EN ISO 10211 vereinfacht eine Wärmeleitfähigkeit **λ von 2,0 W/(m · K)** angenommen werden.

Erdreichanschüttung kleiner oder gleich 1 m

Wenn das Erdreich nicht mehr als 1 m über die Oberkante (OK) der Bodenplatte aufgeschüttet wird, wie es in Abb. 2.3 dargestellt ist, ist nach DIN 4108 Beiblatt 2 bei der Berechnung der Oberflächentemperaturen mithilfe von Isothermen-Programmen das Erdreich nur bis OK Bodenplatte zu berücksichtigen.

Abb. 2.4 zeigt ein Bild aus DIN 4108 Beiblatt 2, Tabelle 7, in dem die anzusetzenden Randbedingungen für die Berechnung von Oberflächentemperaturen bei einer Erdreichanschüttung von weniger oder genau 1 m Höhe abgebildet sind.

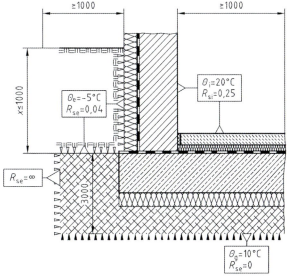

Abb. 2.4: Randbedingungen für eine Bodenplatte mit geringer oder keiner Erdreichaufschüttung (Quelle: DIN 4108 Beiblatt 2:2006–03, Abschnitt 7, Tabelle 7, Zeile 2)

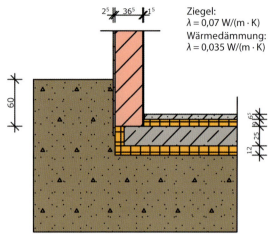

Abb. 2.5: Beispiel Sockeldetail (Anschluss Bodenplatte/Außenwand); Erdreichanschüttung ≤ 1 m

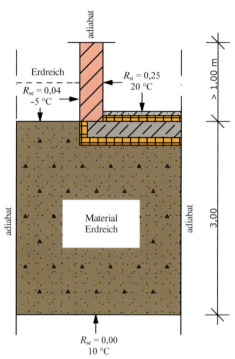

Abb. 2.6: Darstellung der Randbedingungen für die Berechnung des Sockeldetails; Erdreichanschüttung ≤ 1 m; Angaben für R_{si} und R_{se} in m² · K/W

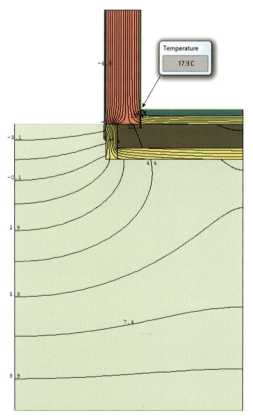

Abb. 2.7: Berechnung der Oberflächentemperaturen mit dem Isothermen-Programm Therm

Beispielhafte Berechnung der Oberflächentemperatur in einer Innenecke (Erdreichanschüttung ≤ 1 m)

Für den Anschluss Bodenplatte/Außenwand soll die Oberflächentemperatur in der Innenecke berechnet werden. In Abb. 2.5 ist das nachzuweisende Detail dargestellt.

In Abb. 2.6 sind die Randbedingungen eingetragen, wie sie nach DIN 4108 Beiblatt 2 anzusetzen sind (vgl. dazu Abb. 2.4).

Abb. 2.7 zeigt die für das Detail mithilfe eines Isothermen-Programms berechneten Temperaturlinien; für das Sockeldetail ergibt sich in der Ecke Bodenplatte/Außenwand eine Oberflächentemperatur von 17,9 °C.

Hinweis: Die Schnittebenen links und rechts des Wärmebrückendetails sind zu knapp gewählt. Die Isothermen verlaufen hier noch nicht parallel zur Schnittebene.

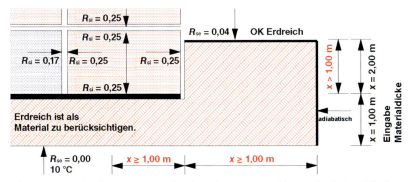

Abb. 2.8: Randbedingungen im Erdreich nach DIN 4108 Beiblatt 2, Abschnitt 7, Tabelle 7; Erdreichanschüttung > 1 m; Angaben für R_{si} und R_{se} in m² · K/W; Länge x gemäß DIN 4108 Beiblatt 2

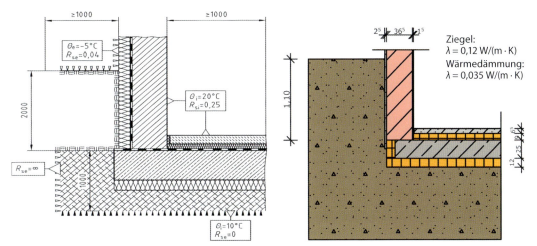

Abb. 2.9: Randbedingungen für eine Bodenplatte mit Erdreichaufschüttung > 1 m (Quelle: DIN 4108 Beiblatt 2:2006–03, Abschnitt 7, Tabelle 7, Zeile 3)

Abb. 2.10: Beispiel Sockeldetail (Anschluss Bodenplatte/Außenwand); Erdreichanschüttung > 1 m

Erdreichanschüttung größer als 1 m

Wenn das Erdreich mehr als 1 m über OK Bodenplatte aufgeschüttet wird, wie es in Abb. 2.8 dargestellt ist, ist nach DIN 4108 Beiblatt 2 bei der Berechnung der Oberflächentemperaturen mithilfe von Isothermen-Programmen das Erdreich 2 m über OK Bodenplatte zu berücksichtigen.

Abb. 2.9 zeigt ein Bild aus DIN 4108 Beiblatt 2, Tabelle 7, in dem die anzusetzenden Randbedingungen für die Berechnung von Oberflächentemperaturen bei einer Erdreichanschüttung von mehr als 1 m abgebildet sind.

Beispielhafte Berechnung der Oberflächentemperatur in einer Innenecke (Erdreichanschüttung > 1 m)

Für den Anschluss Bodenplatte/Außenwand soll die Oberflächentemperatur in der Innenecke berechnet werden. In Abb. 2.10 ist das nachzuweisende Detail dargestellt.

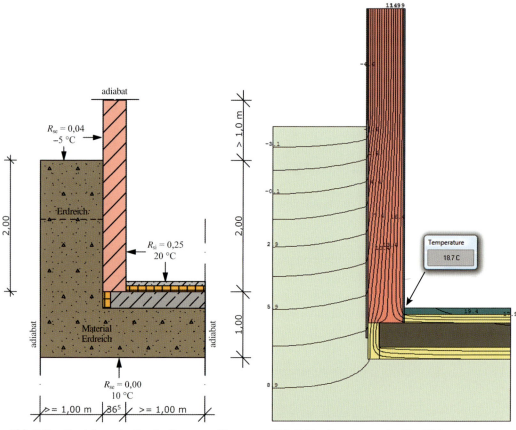

Abb. 2.11: Darstellung der Randbedingungen für die Berechnung des Sockeldetails; Erdreichanschüttung > 1 m; Angaben für R_{si} und R_{se} in m² · K/W

Abb. 2.12: Berechnung der Oberflächentemperaturen mit dem Isothermen-Programm Therm

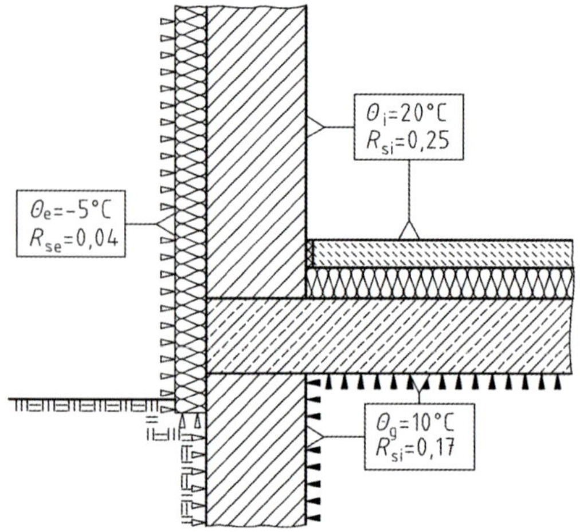

In Abb. 2.11 sind die Randbedingungen eingetragen, wie sie nach DIN 4108 Beiblatt 2 anzusetzen sind (vgl. dazu Abb. 2.9).

Abb. 2.12 zeigt die für das Detail mithilfe eines Isothermen-Programms berechneten Temperaturlinien; für das Sockeldetail ergibt sich in der Ecke Bodenplatte/Außenwand eine Oberflächentemperatur von 18,7 °C.

> **Hinweis:** Die Schnittebenen links und rechts des Wärmebrückendetails sind zu knapp gewählt. Die Isothermen verlaufen hier noch nicht parallel zur Schnittebene.

2.1.2 Sockeldetail mit unbeheiztem Keller

Abb. 2.13 zeigt ein Bild aus DIN 4108 Beiblatt 2, Tabelle 7, in dem die anzusetzenden Randbedingungen für die Berechnung von Oberflächentemperaturen für ein Sockeldetail abgebildet sind.

Abb. 2.13: Randbedingungen für ein Sockeldetail mit unbeheiztem Keller (Quelle: DIN 4108 Beiblatt 2:2006-03, Abschnitt 7, Tabelle 7, Zeile 7)

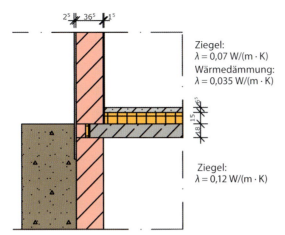

Abb. 2.14:   Beispiel Sockeldetail, Keller unbeheizt

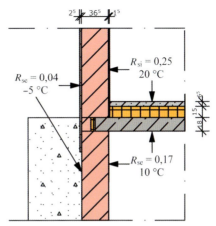

Abb. 2.15:   Darstellung der Randbedingungen für die Berechnung des Sockeldetails, Keller unbeheizt. Hier wird im Bereich der Kelleraußenwand kein Erdreich berücksichtigt. Bei der Berechnung grenzt die Kellerwand auch gegen Außenluft.

Beispielhafte Berechnung der Oberflächentemperatur in einer Innenecke (Anschluss Kellerdecke/ Außenwand, unbeheizter Keller)

Für den Anschluss Kellerdecke/ Außenwand soll die Oberflächentemperatur in der Innenecke berechnet werden. In Abb. 2.14 ist das nachzuweisende Detail dargestellt.

In Abb. 2.15 sind die Randbedingungen eingetragen, wie sie nach DIN 4108 Beiblatt 2 anzusetzen sind (vgl. dazu Abb. 2.13).

Abb. 2.16 zeigt die für das Detail mithilfe eines Isothermen-Programms berechneten Temperaturlinien; für das Sockeldetail ergibt sich in der Ecke Kellerdecke/Außenwand eine Oberflächentemperatur von 17,5 °C.

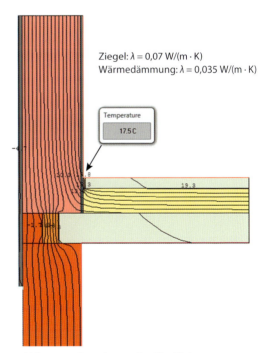

Abb. 2.16:   Berechnung der Oberflächentemperaturen mit dem Isothermen-Programm Therm

2.2   Wärmeverluste an Wärmebrücken nach DIN 4108 Beiblatt 2

Gemäß DIN V 18599-2 sind für die Berechnung der längenbezogenen Wärmebrückenverluste die Randbedingungen nach DIN 4108 Beiblatt 2 (Abschnitt 7) zu verwenden.

Der längenbezogene Wärmebrückenverlustkoeffizient ψ gibt an, wie viel Wärme pro 1 m Länge und 1 K Temperaturunterschied zusätzlich zu den eindimensionalen Wärmeverlusten verloren geht (vgl. auch Kapitel 1.2.4). Er bezieht sich wie der U-Wert auf einen Unterschied von 1 K. Die **Bestimmung des ψ-Werts** erfolgt also **temperaturunabhängig.**

Für die einzelnen Wärmebrückendetails sind die Randbedingungen für die Berechnung detailliert dargestellt in DIN 4108 Beiblatt 2, Tabelle 7. In Abb. 2.17 ist eine Abbildung aus DIN 4108 Beiblatt 2 exemplarisch dargestellt.

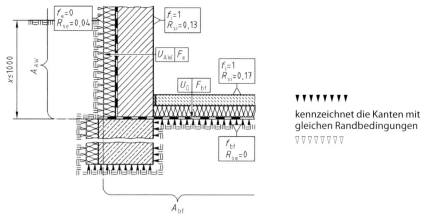

kennzeichnet die Kanten mit gleichen Randbedingungen

Abb. 2.17: Randbedingungen für eine Bodenplatte mit geringer oder keiner Erdreichaufschüttung (Quelle: DIN 4108 Beiblatt 2:2006-03, Abschnitt 7, Tabelle 7, Zeile 2)

Erläuterung zu Abb. 2.17 gemäß DIN 4108 Beiblatt 2:
- U_{AW}: Wärmedurchgangskoeffizient (Außenwand) in W/(m² · K)
- A_{AW}: Fläche der Außenwand bis zur Schnittkante in m²
- U_{G}: Wärmedurchgangskoeffizient (Bauteil zu Erdreich, Kellerdecke) in W/(m² · K)
- A_{bf}: Fläche der Bodenplatte bis zur Schnittkante in m²
- R_{si}: Wärmeübergangswiderstand (innen) in m² · K/W
- R_{se}: Wärmeübergangswiderstand (außen) in m² · K/W
- F_{e}: Temperaturkorrekturfaktor (außen)
- F_{bf}: Temperaturkorrekturfaktor (Bodenplatte)
- f_i: Temperaturfaktor (innen); $f_i = 1 = 100 \%$
- f_e: Temperaturfaktor (außen); $f_e = 0 = 0 \%$
- f_{bf}: Temperaturfaktor (Bodenplatte)
- $U_{AW} F_e$: angesetzter Wärmestrom aus der Berechnung der Transmissionswärmeverluste (U-Wert · Temperaturkorrekturfaktor F_x)

Über die Temperaturkorrekturfaktoren F_x werden die Wärmeströme durch Außenbauteile abgemindert, die nicht an Außenluft grenzen, sondern z. B. an Erdreich, unbeheizte Räume oder unbeheizte Dachböden (vgl. auch Volland/Volland, 2014, Kapitel 3).

> **Hinweis:** Da es bei der Berechnung des ψ-Werts um die zusätzlichen Wärmeverluste über eine Wärmebrücke geht, sind bei **deren Berechnung auch die gleichen Randbedingungen anzusetzen,** wie sie bei der Berechnung der Transmissionswärmeverluste über die Gebäudehülle angesetzt wurden. Dies bezieht sich insbesondere auf die Wärmeübergangswiderstände R_{si} und R_{se} sowie den Temperaturkorrekturfaktor F und den U-Wert. Die Systemgrenze in den Details ist wie in der EnEV-Berechnung zu wählen, auch wenn die Systemgrenze nach EnEV teilweise von den Regelungen im Beiblatt 2 abweicht.

Wie der Temperaturfaktor f zu bestimmen ist, wird in Abschnitt 3.5 von DIN 4108 Beiblatt 2 erläutert. Dort wird die folgende Formel für den Bezug zwischen dem Temperaturkorrekturfaktor F und dem Temperaturfaktor f angegeben.

$$F = 1 - f$$

Daraus ergibt sich für den Temperaturfaktor f:

$$f = 1 - F \tag{2.1}$$

mit
f Temperaturfaktor
F Temperaturkorrekturfaktor

Der Temperaturfaktor und der Temperaturkorrekturfaktor ergeben in der Summe immer den Wert 1. Grenzt ein Bauteil gegen Außenluft, ist $F = 1$ und $f = 0$. Grenzt ein Bauteil nicht gegen Außenluft, sondern z. B. gegen Erdreich oder einen unbeheizten Raum, so ist $F < 1$ und $f > 0$, in der Summe ergibt sich aber immer 1.

Die Temperaturkorrekturfaktoren F_x sind wie in der Berechnung der Transmissionswärmeverluste nach EnEV anzusetzen (vgl. Volland/Volland, 2014). Sie können aus DIN V 4108-6 (Tabelle 3) oder DIN V 18599-2 (Tabelle 3) entnommen werden. Nachfolgend wird die Bestimmung des Temperaturfaktors f beispielhaft dargestellt.

Beispiel

Die im Folgenden gewählten F_x-Werte stammen aus DIN V 4108-6 bzw. DIN V 18599-2 (Tabelle 3 in beiden Normen).

- Temperaturfaktor f_e für Bauteile gegen Außenluft:
  - $f_e = 1 - F_e$
  - für $F_e = 1$ ergibt sich $f_e = 0$
- Temperaturfaktor f_{bf} für Bodenplatte gegen Erdreich:
  - $f_{bf} = 1 - F_{bf}$
  - für $F_{bf} = 0{,}45$ ergibt sich $f_{bf} = 0{,}55$
- Temperaturfaktor f_{bw} für Kellerwände gegen Erdreich:
  - $f_{bw} = 1 - F_{bw}$
  - für $F_{bw} = 0{,}60$ ergibt sich $f_{bw} = 0{,}40$
- Temperaturfaktor f_G für Bauteile gegen unbeheizten Keller:
  - $f_G = 1 - F_G$
  - für $F_G = 0{,}55$ ergibt sich $f_G = 0{,}45$
- Temperaturfaktor f_D für Bauteile gegen unbeheizten Dachraum:
  - $f_D = 1 - F_D$
  - für $F_D = 0{,}80$ ergibt sich $f_D = 0{,}20$

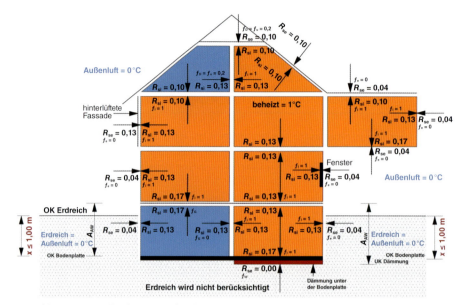

Abb. 2.18: Randbedingungen für die Berechnung des ψ-Werts von Wärmeverlusten nach DIN 4108 Beiblatt 2, Abschnitt 7, Tabelle 7; Erdreichanschüttung ≤ 1 m; Angaben für R_{si} und R_{se} in m² · K/W; Länge x gemäß DIN 4108 Beiblatt 2

Über den Temperaturfaktor kann die anzusetzende Außentemperatur θ_x berechnet werden:

$$\theta_x = \theta_e + f \cdot (\theta_i - \theta_e) \qquad \text{in } °C \tag{2.2}$$

Beispiel

Für eine Bodenplatte gegen Erdreich soll die anzusetzende Temperatur θ_{bf} im Erdreich bei einer Innentemperatur von 20 °C und einer Außentemperatur von –10 °C berechnet werden.

Ausgangswerte:
- $f_{bf} = 0{,}55$
- $\theta_i = 20\ °C$
- $\theta_e = -10\ °C$

$$\boldsymbol{\theta_{bf}} = (-10) + 0{,}55 \cdot (20 - (-10)) = \textbf{6,5 °C}$$

Bei einer angesetzten Innentemperatur von 20 °C und einer definierten Außentemperatur von –10 °C ergibt sich bei einem Temperaturfaktor f_{bf} von 0,55 eine Erdreichtemperatur von 6,5 °C.

Werden für die Innen- und Außenlufttemperatur andere Werte angesetzt, verändert sich auch die anzusetzende Temperatur im Erdreich.

Im Zusammenhang mit der Berechnung des ψ-Werts (vgl. dazu grundlegend Kapitel 1.2.4) ist Folgendes zu beachten:

- Solange eine Wärmebrücke nur an **einen Temperaturbereich** grenzt (z. B. Außenluft), ist es unbedeutend, welche Innen- und Außentemperaturen bei der Berechnung des ψ-Werts angesetzt werden, da sich der ψ-Wert immer auf 1 K Temperaturunterschied bezieht. Der berechnete Wärmestrom Φ (in W) wird immer durch den vorhandenen Temperaturunterschied $\Delta\theta$ geteilt.

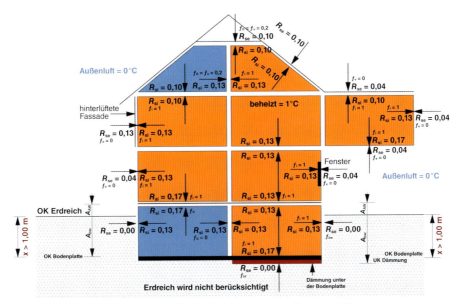

Abb. 2.19: Randbedingungen für die Berechnung des ψ-Werts von Wärmeverlusten nach DIN 4108 Beiblatt 2, Abschnitt 7, Tabelle 7; Erdreichanschüttung > 1 m; Angaben für R_{si} und R_{se} in m$^2 \cdot$ K/W; Länge x gemäß DIN 4108 Beiblatt 2

- Bei Wärmebrücken, die an **unterschiedliche Temperaturbereiche** grenzen, muss beachtet werden, wie das eingesetzte Isothermen-Programm damit umgeht (vgl. Kapitel 2.3.5).

In Abb. 2.18 und Abb. 2.19 werden die einzelnen Randbedingungen aus DIN 4108 Beiblatt 2 grafisch zusammengefasst.

Erläuterung zu Abb. 2.18 und Abb. 2.19:
- R_{si}: Wärmeübergangswiderstand (innen) in m$^2 \cdot$ K/W
- R_{se}: Wärmeübergangswiderstand (außen) in m$^2 \cdot$ K/W
- f_i: Temperaturfaktor für Innentemperatur = 1
- f_e: Temperaturfaktor für Außentemperatur = 0
- f_{bf}: Temperaturfaktor für Temperatur unter Bodenplatte
- f_{bw}: Temperaturfaktor für Temperatur Kellerwand zum Erdreich
- f_D bzw. f_u: Temperaturfaktor für die Temperatur im unbeheizten Dachgeschoss
- f_G: Temperaturfaktor für Temperatur im Kellergeschoss

Über den Temperaturfaktor kann die anzusetzende Außentemperatur an den einzelnen Bauteilen berechnet werden (vgl. Formel 2.2).

2.2.1 Wärmebrücken gegen Erdreich

Auch bei der Berechnung von Wärmeverlusten über Wärmebrücken wird im Bereich des Erdreichs nach DIN 4108 Beiblatt 2, Tabelle 7, wie folgt unterschieden:
- geringe oder keine Erdreichanschüttung (vgl. Abb. 2.18 und 2.20),
- Erdreichanschüttung größer 1 m (vgl. Abb. 2.19 und 2.23).

Hier wird das Erdreich anders als bei der Berechnung der Oberflächentemperaturen nicht als Material berücksichtigt, sondern mit einer Außentemperatur angesetzt.

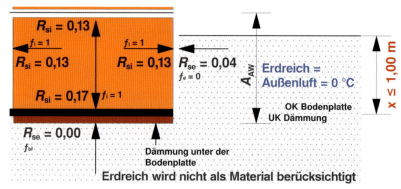

Abb. 2.20: Randbedingungen im Erdreich nach DIN 4108 Beiblatt 2, Abschnitt 7, Tabelle 7; Erdreichanschüttung ≤ 1 m; Angaben für R_{si} und R_{se} in m² · K/W; Länge x gemäß DIN 4108 Beiblatt 2

Erdreichanschüttung kleiner oder gleich 1 m

Wenn das Erdreich wie in Abb. 2.20 dargestellt weniger als 1 m über Oberkante (OK) Bodenplatte aufgeschüttet wird, ist nach DIN 4108 Beiblatt 2 bei der Berechnung der ψ-Werte mithilfe von Isothermen-Programmen das Erdreich nur bis OK Bodenplatte zu berücksichtigen. Die Kellerwand wird dann wie eine Außenwand behandelt. Der äußere Wärmeübergangswiderstand R_{se} ist mit 0,04 m² · K/W anzusetzen.

Da der ψ-Wert temperaturunabhängig ist, ist es unbedeutend für die Berechnung, welche Innen- und Außentemperaturen angesetzt werden. Der ψ-Wert in W/(m · K) bezieht sich immer auf 1 K Temperaturunterschied. Aus diesem Grund wurde in Abb. 2.18 und Abb. 2.20 als Innentemperatur 1 °C angesetzt und als Außentemperatur 0 °C, was eine Temperaturspreizung von 1 K ergibt. Prinzipiell kann aber jede beliebige Temperatur angesetzt werden, solange die Innentemperatur über der Außentemperatur liegt.

Die Temperatur im Erdreich unter der Bodenplatte ist abhängig vom Temperaturkorrekturfaktor F_x, der in der Wärmeschutzberechnung angesetzt wurde. Daraus kann der Temperaturfaktor f und die anzusetzende Bauteilaußentemperatur θ_x berechnet werden (vgl. Formel 2.2).

Nachfolgend werden die Randbedingungen an einem Beispiel dargestellt. Die Berechnung der ψ-Werte wird in Kapitel 1.2.4 genau erläutert.

Darstellung der Randbedingungen für die Berechnung des ψ-Werts am Beispiel eines Details (Anschluss Bodenplatte/ Außenwand; Erdreichanschüttung ≤ 1 m)

Für einen Anschluss Bodenplatte/Außenwand mit einer Erdreichanschüttung von kleiner oder gleich 1 m soll der ψ-Wert berechnet werden. In Abb. 2.21 ist das nachzuweisende Detail dargestellt.

In Abb. 2.22 sind die Randbedingungen eingetragen, wie sie nach DIN 4108 Beiblatt 2 anzusetzen sind (vgl. dazu Abb. 2.17). Auch hier wurden als Innentemperatur 1 °C und als Außentemperatur 0 °C angesetzt.

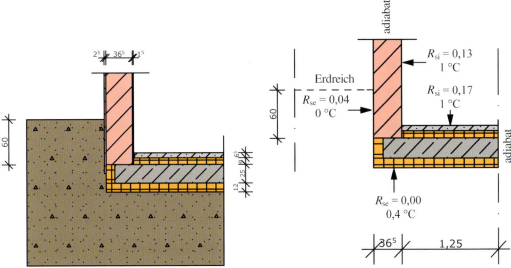

Abb. 2.21:   Beispiel Sockeldetail (Anschluss Bodenplatte/Außenwand); Erdreichanschüttung ≤ 1 m

Abb. 2.22:   Darstellung der Randbedingungen für die Berechnung des Sockeldetails; Erdreichanschüttung ≤ 1 m; Angaben für R_{si} und R_{se} in m² · K/W

Temperaturfaktor f_{bf} für die Bodenplatte:
- $F_{bf} = 0{,}60$ (aus Tabelle 3 der DIN V 4108-6 oder der DIN V 18599-2)
- $f_{bf} = 1 - F_{bf}$
- für $F_{bf} = 0{,}60$ ergibt sich $f_{bf} = 0{,}40$

Über den Temperaturfaktor kann die anzusetzende Außentemperatur (Temperatur unter der Bodenplatte) über Formel 2.2 berechnet werden:

Ausgangswerte:
- $f_{bf} = 0{,}40$
- $\theta_i = 1\,°C$
- $\theta_e = 0\,°C$

$$\theta_x = \theta_e + f \cdot (\theta_i - \theta_e) \qquad \text{in °C}$$

$$\theta_{\text{Erdreich}} = 0\,°C + 0{,}40 \cdot (1\,°C - 0\,°C) = 0{,}40\,°C$$

Bei einer Innentemperatur von 1 °C und einer Außentemperatur von 0 °C ergibt sich bei einem Temperaturkorrekturfaktor F_{bf} von 0,60 für das Erdreich unter der Bodenplatte eine Temperatur von 0,40 °C.

Wenn an dem Detail auch die Oberflächentemperaturen zu berechnen sind, bietet es sich an, für die ψ-Wert-Berechnung die gleichen Temperaturen wie für die Oberflächentemperaturen anzunehmen (vgl. Kapitel 2.1). Dann muss über Formel 2.2 die Erdreichtemperatur bei einer Innentemperatur von 20 °C und einer Außentemperatur von –5 °C berechnet werden.

$$\theta_x = \theta_e + f \cdot (\theta_i - \theta_e) \qquad \text{in °C}$$

$$\theta_{\text{Erdreich}} = -5\,°C + 0{,}40 \cdot (20\,°C - (-5\,°C)) = 5\,°C$$

Bei einer Innentemperatur von 20 °C und einer Außentemperatur von –5 °C ergibt sich bei einem Temperaturfaktor $f_{bf} = 0{,}40$ für das Erdreich unter der Bodenplatte eine Temperatur von 5 °C.

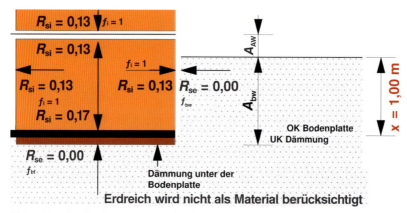

Abb. 2.23: Randbedingungen im Erdreich nach DIN 4108 Beiblatt 2, Abschnitt 7, Tabelle 7; Erdreichanschüttung > 1 m; Angaben für R_{si} und R_{se} in m² · K/W; Länge x gemäß DIN 4108 Beiblatt 2

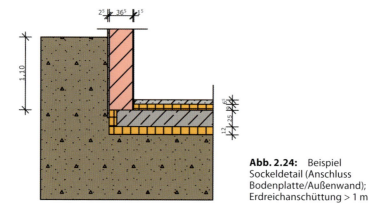

Abb. 2.24: Beispiel Sockeldetail (Anschluss Bodenplatte/Außenwand); Erdreichanschüttung > 1 m

Erdreichanschüttung größer als 1 m

Wenn das Erdreich mehr als 1 m angeschüttet wird, wie es in der Abb. 2.23 dargestellt ist, ist nach DIN 4108 Beiblatt 2 bei der Berechnung der ψ-Werte mithilfe von Isothermen-Programmen an der Kelleraußenwand im Bereich des Erdreichs eine Temperatur nach Formel 2.2 über den Temperaturfaktor f für das Erdreich zu berechnen. Der R_{se}-Wert ist mit 0,00 m² · K/W zu definieren. Dies gilt auch für das Erdreich unterhalb der Bodenplatte.

Nachfolgend werden die Randbedingungen an einem Beispiel dargestellt. Die Berechnung der ψ-Werte wird in Kapitel 1.2.4 genau erläutert.

Darstellung der Randbedingungen für die Berechnung des ψ-Werts am Beispiel eines Details (Anschluss Bodenplatte/Außenwand; Erdreichanschüttung > 1 m)

Für einen Anschluss Bodenplatte/Außenwand soll der ψ-Wert berechnet werden. In Abb. 2.24 ist das nachzuweisende Detail dargestellt.

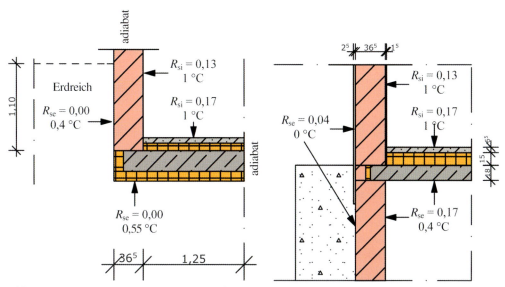

Abb. 2.25:   Darstellung der Randbedingungen für die Berechnung des Sockeldetails; Erdreichanschüttung > 1 m; Angaben für R_{si} und R_{se} in m² · K/W

Abb. 2.26:   Darstellung der Randbedingungen für die Berechnung des Sockeldetails, Keller unbeheizt; Angaben für R_{si} und R_{se} in m² · K/W

In Abb. 2.25 sind die Randbedingungen eingetragen, wie sie nach DIN 4108 Beiblatt 2 anzusetzen sind. Hier sind an der Außenwand die Randbedingungen mit Erdreich anzusetzen.

Temperaturfaktor f_{bf} für die Bodenplatte:
- F_{bf} = 0,45 (aus Tabelle 3 der DIN V 4108-6 oder der DIN V 18599-2)
- f_{bf} = 1 – F_{bf}
- für F_{bf} = 0,45 ergibt sich f_{bf} = 0,55

Über den Temperaturfaktor kann die anzusetzende Außentemperatur (Temperatur unter der Bodenplatte) über Formel 2.2 berechnet werden.

Ausgangswerte:
- f_{bf} = 0,55
- θ_i = 1 °C
- θ_e = 0 °C

$$\theta_x = \theta_e + f \cdot (\theta_i - \theta_e) \qquad \text{in °C}$$

$$\theta_{Erdreich} = 0\ °C + 0,55 \cdot (1\ °C - 0\ °C) = 0,55\ °C$$

Bei einer Innentemperatur von 1 °C und einer Außentemperatur von 0 °C ergibt sich für das Erdreich unter der Bodenplatte eine Temperatur von 0,55 °C.

Werden eine andere Innen- und eine andere Außentemperatur angesetzt, ergibt sich auch eine andere anzusetzende Temperatur für das Erdreich unter der Bodenplatte.

2.2.2   Sockeldetail mit unbeheiztem Keller

Nachfolgend werden die Randbedingungen für die ψ-Wert-Berechnung beispielhaft an einem Sockeldetail mit unbeheiztem Keller dargestellt (vgl. Abb. 2.26).

Laut DIN 4108 Beiblatt 2 ist das Erdreich im Bereich des Sockelanschlusses nicht zu berücksichtigen. Im Bereich des Erdreichs an der Kelleraußenwand ist auch die Außentemperatur anzusetzen. Der äußere Wärmeübergangswiderstand R_{se} ist an der Außenwand mit 0,04 m² · K/W anzunehmen. Die Temperatur im unbeheizten Keller kann wieder über Formel 2.2 bestimmt werden.

2.2.3   Fensteranschluss

Bei der ψ-Wert-Berechnung für einen Fensteranschuss ist die Lage des Rahmens in der Fensterlaibung maßgebend. Aus diesem Grund ist nach DIN 4108 Beiblatt 2 auch nur der Rahmen bei der ψ-Wert-Berechnung zu berücksichtigen. Das detaillierte Zeichnen der Fensterprofile ist hier nicht notwendig.

Darstellung der Randbedingungen für die Berechnung des ψ-Werts am Beispiel eines Details (Anschluss Fensterlaibung)

Für den Anschluss Fensterlaibung soll der ψ-Wert berechnet werden. In Abb. 2.27 ist das nachzuweisende Detail dargestellt.

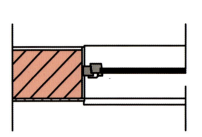

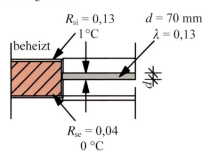

$R_{si} = 0,13$ $d = 70$ mm
1 °C $\lambda = 0,13$

beheizt

$R_{se} = 0,04$
0 °C

Abb. 2.27: Beispiel seitlicher Fensteranschluss

Abb. 2.28: Darstellung der Randbedingungen für die Berechnung von Fensteranschlüssen; Angaben für R_{si} und R_{se} in m² · K/W

In Abb. 2.28 sind die Randbedingungen eingetragen, wie sie nach DIN 4108 Beiblatt 2 anzusetzen sind. Das Fenster wird als Holzbrett mit einer Dicke d von 70 mm und einen λ-Wert von 0,13 W/(m · K) angesetzt. Dies entspricht einem üblichen Holzfensterstock.

Ist bei dem zu untersuchenden Detail ein breiterer Fensterrahmen vorhanden, darf auch die vorhandene Fensterbreite angesetzt werden. Prinzipiell sollte das gezeichnete „Brett" den gleichen U-Wert aufweisen wie der Fensterrahmen des vorhandenen Fensters.

2.3   Randbedingungen nach DIN EN ISO 10211

Im Folgenden wird auf grundlegende Rechenregeln der DIN EN ISO 10211 eingegangen, die für die detaillierte ψ-Wert-Berechnung für den öffentlich-rechtlichen Energieausweis nach EnEV anzuwenden sind.

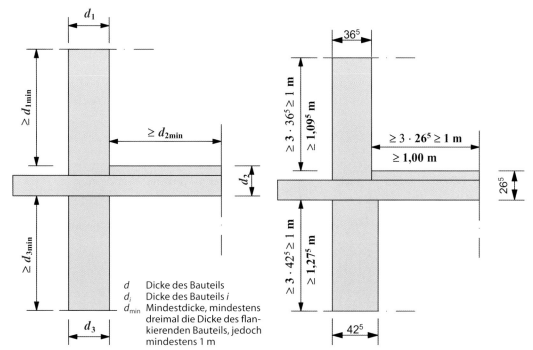

Abb. 2.29:   Interpretation der Schnittebenen für eine zweidimensionale geometrische Wärmebrücke nach DIN EN ISO 10211, Bild 7

Abb. 2.30:   Beispiel für die einzuhaltenden Abmessungen; Schnittebenen nach Abb. 2.29

2.3.1   Festlegung der Schnittebenen für ein zweidimensionales geometrisches Modell

Da in DIN 4108 Beiblatt 2 die Wahl der Schnittebene bei Bauteilen gegen Außenluft nicht definiert ist, sind hier die Regelungen nach DIN EN ISO 10211 anzusetzen. Dort ist definiert, wie die Schnittebenen bei der Berechnung von zweidimensionalen Wärmebrücken zu wählen sind. Es werden die im Folgenden dargestellten Wärmebrückendetails unterschieden.

Schnittebene für ein Wärmebrückendetail

Bei der Berechnung der Isothermen mit einem Wärmebrückenprogramm gibt es folgende Regelungen für die Innenkantenlänge der flankierenden Bauteile eines Wärmebrückendetails (vgl. Abb. 2.29 und 2.30):

- mindestens 1 m,
- d_{min} = mindestens dreimal die Dicke des **Bauteils,**
- parallel zueinander verlaufende Isothermen an der Schnittlinie.

Erst wenn die Isothermen an der Schnittlinie parallel zueinander laufen, wurde der gesamte gestörte Bereich der Wärmebrücke erfasst.

> **Hinweis:** Es handelt sich hier um Mindestlängen. Die flankierenden Bauteile können auch länger gezeichnet werden, was keinen Einfluss auf die ψ-Werte hat.

Falls der Abstand zur nächsten Wärmebrücke kleiner ist als d_{min}, darf diese Wärmebrücke bei der Berechnung nach Beiblatt 2 für den Gleichwertigkeitsnachweis vernachlässigt werden. Es darf also bei der Berechnung so

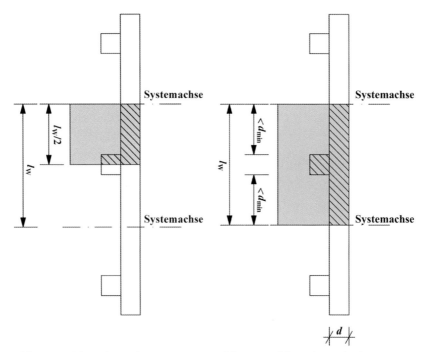

Abb. 2.31: Schnittebenen bei symmetrischen Wärmebrücken nach DIN EN ISO 10211, Bild 8

Abb. 2.32: Schnittebenen bei linienförmig angeordneten Wärmebrücken nach DIN EN ISO 10211, Bild 8

getan werden, als würde im Abstand d_{min} keine weitere Wärmebrücke vorhanden sein. In der DIN EN ISO 10211 ist dies anders geregelt. Für den detaillierten Wärmebrückennachweis muss im Einzelfall entschieden werden, ob eine weitere Wärmebrücke innerhalb des Abstands d_{min} mitzuberücksichtigen ist oder vernachlässigt werden kann.

Schnittebene für eine symmetrische linienförmige Wärmebrücke mit festgelegten Abständen l_W

Bei symmetrischen Wärmebrücken, die sich linear wiederholen, ist es ausreichend, wenn nur die Hälfte der Wärmebrücke bis zur nächsten Systemachse berechnet wird (vgl. Abb. 2.31; da es in der Norm zu diesem Bild keine genauere Erläuterung gibt, wird hier eine Interpretation der Autoren wiedergegeben).

Schnittebene für eine nicht symmetrische linienförmige Wärmebrücke mit festgelegten Abständen l_W

Bei nicht symmetrischen Wärmebrücken, die sich linear wiederholen und bei denen der Abstand der Wärmebrücke zur Systemachse kleiner als d_{min} ist (also kleiner als 1 m), ist die Wärmebrücke von Systemachse zu Systemachse bei der Berechnung zu berücksichtigen, bis wieder der Abstand d_{min} eingehalten werden kann (vgl. Abb. 2.32; da es in der Norm zu diesem Bild keine genauere Erläuterung gibt, wird hier eine Interpretation der Autoren wiedergegeben). Es sollte aber im Einzelfall geprüft werden, ob diese Regelung auch sinnvoll ist.

2.3.2 Wärmebrücken gegen Erdreich

In Abschnitt 5.2.4 von DIN EN ISO 10211 ist geregelt, wie die Schnittebenen bei Wärmebrücken im Erdreich anzusetzen sind. Da es aber hierzu vereinfachte Angaben in DIN 4108 Beiblatt 2 gibt, die für die Berechnung von Wärmebrücken für den Nachweis nach EnEV verwendet werden dürfen, wird an dieser Stelle nicht weiter auf die Regelungen in DIN EN ISO 10211 eingegangen.

Die Randbedingungen für Wärmebrückendetails gegen Erdreich nach DIN 4108 Beiblatt 2 werden in Kapitel 2.2.1 erläutert.

2.3.3 Materialeigenschaften und Wärmeübergangswiderstände

Wärmeleitfähigkeit von Baustoffen

Die Wärmeleitfähigkeit λ von Baustoffen kann entweder nach DIN EN ISO 10456 berechnet oder aus entsprechenden Tabellen entnommen werden, wie sie auch in der DIN EN ISO 10456 enthalten sind.

Bei der ψ-Wert-Berechnung für den Energieausweis nach EnEV sind die gleichen λ-Werte zu verwenden, wie sie auch für die U-Wert-Berechnung angesetzt wurden.

Bei der Berechnung von Wärmebrücken im **Erdreich** darf für das Erdreich eine Wärmeleitfähigkeit von **2,0 W/(m · K)** angesetzt werden. Wenn genauere Werte vorliegen, sind diese zu verwenden.

Wärmeübergangswiderstände

Für die Berechnung der ψ-Werte sind die Wärmeübergangswiderstände nach DIN EN ISO 6946 in Abhängigkeit der Richtung anzunehmen (vgl. Kapitel 2.2).

Für die Berechnung der Oberflächentemperaturen zur Vermeidung von Schimmelpilzbildung sind die Werte nach DIN EN ISO 13788 oder DIN 4108-2 zu verwenden (vgl. Kapitel 2.1).

Äquivalente Wärmeleitfähigkeit von Hohlräumen

Luftschichten in Hohlräumen dürfen nur angesetzt werden, wenn es sich um ruhende Luftschichten nach DIN EN ISO 6946 handelt und diese nicht höher und breiter sind als 0,5 m.

Die Wärmedurchlasswiderstände R von Luftschichten zwischen lichtundurchlässigen Materialien sind nach DIN EN ISO 6946 zu ermitteln. Die Wärmeleitfähigkeit λ_g von Luftschichten kann aus dem R-Wert wie folgt ermittelt werden.

$$\lambda_g = \frac{d_g}{R_g} \qquad \text{in W/(m · K)} \tag{2.3}$$

mit
d_g Bauteildicke in m
R_g Wärmedurchgangswiderstand in m² · K/W

Luftschichten zwischen Glasscheiben sind nach DIN EN 673 zu bestimmen.

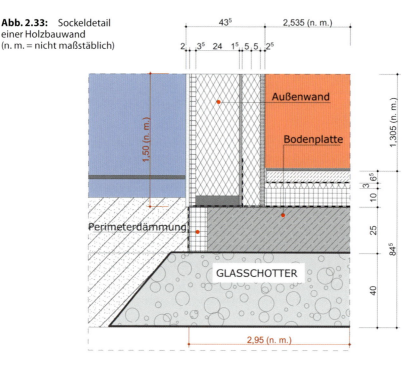

Abb. 2.33: Sockeldetail einer Holzbauwand (n. m. = nicht maßstäblich)

2.3.4 Wärmebrücken bei Fachwerkbauteilen

Bei Anschlüssen mit Fachwerkbauteilen gibt es 2 Wärmebrücken, eine im Bereich der Rippe und eine im Bereich des Gefaches. Die Wärmebrücke im Bereich der Rippe bildet eine punktförmige dreidimensionale Wärmebrücke, die durch das Gefach eine zweidimensionale. Für die energetische Berechnung nach EnEV ist der Nachweis der zweidimensionalen Wärmebrücken nach DIN V 18599-2 und DIN V 4108-6 ausreichend.

In Abb. 2.33 ist ein Sockeldetail mit einer Holzwand dargestellt. Die Schnittebene verläuft durch das Gefach der Wand. Für die ψ-Wert-Ermittlung ist zu beachten, dass für die Wand nicht der U-Wert der Holzwand einschließlich Rippe anzusetzen ist, sondern der U-Wert der Wand ohne Rippe.

In Abb. 2.34 ist eine Außenecke in Holzbauweise dargestellt. Auch hier werden nur die Konstruktionshölzer dargestellt, die in der Ecke für den zusätzlichen Wärmestrom über die Außenecke von Bedeutung sind. Weitere Konstruktionshölzer innerhalb der Schnittebene sind für den ψ-Wert des Details nicht von Bedeutung.

2.3.5 Wärmebrücken mit 2 unterschiedlichen Temperaturrandbedingungen

Grenzt ein Wärmebrückendetail an unterschiedliche Temperaturzonen, z.B. gegen Außenluft und gegen Erdreich (vgl. Abb. 2.33), so können die Wärmeströme zu den einzelnen Temperaturbereichen getrennt oder gesamt berechnet werden. Werden die Wärmeströme getrennt zu den jeweiligen Temperaturbereichen wie Erdreich oder Außenluft berechnet, ergeben sich temperaturunabhängige ψ-Werte für die jeweiligen Bauteile. Wird der Wärmestrom für das gesamte Detail mit unterschiedlichen Außentemperaturen berechnet, ergibt sich ein temperaturabhängiger ψ-Wert für das gesamte Detail.

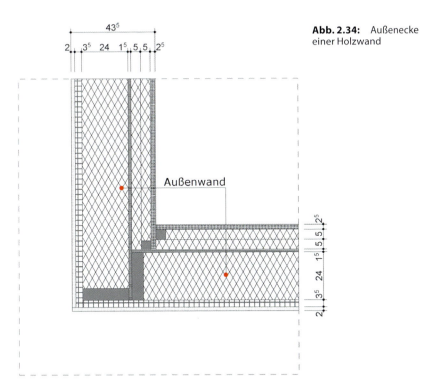

Abb. 2.34: Außenecke einer Holzwand

In der DIN V 18599-2, nach der die Wärmeverluste über Wärmebrücken den einzelnen Bauteilen zugeordnet werden müssen (vgl. Formel 1.20 in Kapitel 1.5.3), ist es notwendig, die ψ-Werte getrennt für die einzelnen flankierenden Bauteile zu berechnen.

Ein Vorteil der getrennten Erfassung der Wärmeströme durch die einzelnen Bauteile ist, dass die ψ-Werte temperaturunabhängig ermittelt werden können. Bei der Berechnung der Transmissionswärmeverluste H_T sind die ψ-Werte von Bauteilen, die nicht an die Außenluft grenzen, mit dem Temperaturkorrekturfaktor F_x abzumindern (vgl. Kapitel 7.5).

Die meisten Isothermen-Programme geben nur einen ψ-Wert für das gesamte Detail an. Hier sind bei der Festlegung der Randbedingungen die entsprechenden Temperaturbereiche nach DIN 4108 Beiblatt 2 zu definieren (vgl. die Anwendung der Formel 2.2 in Kapitel 2.2.1). Der berechnete ψ-Wert gilt dann nur für die in der Berechnung angegebenen Temperaturrandbedingungen.

3 Einfluss von Wärmebrücken auf die Energiebilanz

Die Berücksichtigung von Wärmebrücken gewinnt durch die Forderung der EnEV nach hochwärmegedämmten, energieeffizienten Bauweisen zunehmend an Bedeutung. Wärmebrückendetails sollten bei Neubauten und nach Möglichkeit auch bei der Sanierung von bestehenden Gebäuden so ausgeführt werden, dass über diese so gut wie keine zusätzlichen Wärmeverluste vorhanden sind.

Bei einem detaillierten Nachweis der Wärmebrücken liegt der Wärmebrückenzuschlag bei optimierter Ausführung zwischen 0,00 und 0,025 W/(m² · K). Wenn aber kein Nachweis der Wärmebrücken erfolgt, muss nach DIN V 4108-6 oder DIN V 18599-2 mit einem pauschalen Wärmebrückenzuschlag von 0,10 W/(m² · K) gerechnet werden. Dieser Aufschlag führt aber bei hocheffizienten Gebäuden zu unwirtschaftlichen Maßnahmen zur Senkung der Energieverluste, um die notwendigen Anforderungen der KfW erfüllen zu können.

Ein weiterer Vorteil in der Berechnung von Wärmebrücken liegt in der Sicherstellung einer schadensfreien Konstruktion. Schwachstellen in der Gebäudehülle machen sich bei hochwärmegedämmten Außenbauteilen wesentlich stärker bemerkbar als bei unsanierten Altbauten. Zusätzlich verschärft die Forderung einer dichten Gebäudehülle durch die EnEV das Feuchtigkeits- und Schimmelpilzproblem. Wenn die Räume nicht ausreichend gelüftet werden, steigt die Feuchtigkeit in den Räumen und damit die Gefahr von Schimmelpilzbildung an den Schwachstellen.

Kann durch eine detaillierte Wärmebrückenuntersuchung die Gefahr von Schimmelpilzschäden vermieden werden, erspart sich der verantwortliche Planer oder Bauträger unter Umständen viel Ärger oder gar nachträgliche Schadensersatzforderungen.

3.1 Einfluss des Wärmebrückenfaktors ΔU_{WB} auf die Wanddicke

Nachfolgend soll dargestellt werden, inwieweit der pauschale Wärmebrückenzuschlag ΔU_{WB} die Energiebilanz eines Gebäudes beeinflusst.

In Tabelle 3.1 wird dargestellt, wie dick ein Mauerwerk sein muss (Spalten 4 bis 6), damit unter Berücksichtigung der Wärmebrückenfaktoren ΔU_{WB} von 0,02, 0,05 und 0,1 W/(m² · K) der gleiche U_{AW}-Wert der Außenwand erreicht wird (Spalte 3) wie ohne Berücksichtigung des Wärmebrückenfaktors ΔU_{WB}.

Tabelle 3.1:   Einfluss des Wärmebrückenfaktors ΔU_{WB} auf die Dicke des Mauerwerks zur Einhaltung eines vorgegebenen U-Wertes nach Volland/Volland, 2014, S. 284

Regelmauerwerksdicke U_{AW}-Wert ohne ΔU_{WB}[1)]			erforderliche Dicke für gleichen U-Wert einschließlich ΔU_{WB}[2)]		
1	2	3	4	5	6
Dicke d in m	λ-Wert in W/(m · K)	U-Wert in W/(m² · K)	$\Delta U_{WB} = 0,02$ W/(m² · K)	$\Delta U_{WB} = 0,05$ W/(m² · K)	$\Delta U_{WB} = 0,10$ W/(m² · K)
			Dicke d in m	Dicke d in m	Dicke d in m
0,30	0,21	0,63	0,31	0,33	0,36
0,365	0,21	0,52	0,38	0,41	0,46
0,42	0,21	0,46	0,44	0,48	0,55
0,30	0,09	0,29	0,32	0,37	0,47
0,365	0,09	0,24	0,40	0,47	0,64
0,42	0,09	0,21	0,47	0,56	0,83

1) $U_{AW} = 1 : (0,13 + \frac{d}{\lambda} + 0,04)$

2) $U_{gesamt} = U_{AW} + \Delta U_{WB}$

Gemäß Spalte 3 der Tabelle 3.1 hat eine 42 cm starke Mauer mit einem λ-Wert des Steins von 0,09 W(m · K) einen U_{AW}-Wert ohne Berücksichtigung des Wärmebrückenfaktors von 0,21 W/(m² · K). Wenn kein Nachweis der Wärmebrücken erfolgt, muss mit einem ΔU_{WB} von 0,10 W/(m² · K) gerechnet werden. Um diesen Wärmebrückenzuschlag auszugleichen, muss die Wand auf 83 cm verstärkt werden, damit der gleiche U_{AW}-Wert erzielt werden kann.

Aus diesem Grund sollte zumindest immer ein Gleichwertigkeitsnachweis geführt werden, damit mit dem abgeminderten Wärmebrückenzuschlag von 0,05 W/(m² · K) gerechnet werden darf (vgl. Kapitel 6).

Nachfolgend wird an 3 Beispielen aufgezeigt, welchen Einfluss der Wärmebrückenfaktor ΔU_{WB} auf die Gesamtenergiebilanz besitzt. Als Heizsystem wurde hierbei ein Biomassekessel berücksichtigt.

3.2   Einfluss des Wärmebrückenfaktors ΔU_{WB} bei einem Einfamilienhaus

Für das in Kapitel 9 berechnete Einfamilienhaus wird in Tabelle 3.2 dargestellt, wie sich der Wärmebrückenfaktor auf die Energiebilanz des Gebäudes auswirkt. Dies beeinflusst in starkem Maße die mögliche Förderung über die KfW:

- Für das KfW-Effizienzhaus 40 müssen die Transmissionswärmeverluste $H_T \leq 55\ \%$ bezogen auf die Transmissionswärmeverluste $H_{T,Referenzg}$ des Referenzgebäudes sein.
- Für das KfW-Effizienzhaus 55 müssen die Transmissionswärmeverluste $H_T \leq 70\ \%$ bezogen auf die Transmissionswärmeverluste $H_{T,Referenzg}$ des Referenzgebäudes sein.

Tabelle 3.2:   Vorhandene Transmissionswärmeverluste H_T in Abhängigkeit des Wärmebrückenfaktors ΔU_{WB} für das in Kapitel 9 berechnete Einfamilienhaus

ΔU_{WB} in W/(m² · K)	H_T in W/K	$H_{T,Referenzg}$ in W/K	H_T in % von $H_{T,Referenzg}$	Bemerkung
0,000	0,165	0,355	46 (< 55)	Mit dem detailliert berechneten Wärmebrückenfaktor können die Anforderungen an H_T für das **Effizienzhaus 40** erfüllt werden.
0,050	0,216	0,355	60 (> 55) (< 70)	Wenn ein Gleichwertigkeitsnachweis durchgeführt wird, werden nur die Anforderungen an ein **Effizienzhaus 55** erfüllt.
0,100	0,266	0,355	75 (> 70) (< 85)	Wenn die Wärmebrücken nicht nachgewiesen werden, wird gerade noch das **Effizienzhaus 70** erreicht.

- Für das KfW-Effizienzhaus 70 müssen die Transmissionswärmeverluste $H_T \leq 85\,\%$ bezogen auf die Transmissionswärmeverluste $H_{T,Referenzg}$ des Referenzgebäudes sein.

Die Ergebnisse aus Tabelle 3.2 zeigen, dass das Einfamilienhaus in Passivhausbauweise ohne Nachweis der Wärmebrücken max. die notwendigen Werte für ein KfW-Effizienzhaus 70 einhalten kann. Durch die detaillierte Wärmebrückenberechnung verringert sich der rechnerisch ermittelte Transmissionswärmeverlust H_T um 38 %, womit nun die strengen Anforderungen an das Effizienzhaus 40 erfüllt werden.

3.3   Einfluss des Wärmebrückenfaktors ΔU_{WB} bei einer Doppelhaushälfte

Für eine Doppelhaushälfte (vgl. Abb. 3.1 bis 3.3) wird in Tabelle 3.3 dargestellt, wie sich der Wärmebrückenfaktor auf die Energiebilanz des Gebäudes auswirkt. Das Gebäude sollte die Anforderungen an ein KfW-Effizienzhaus 55 erfüllen.

Abb. 3.1:   Beispiel Doppelhaushälfte, Ansicht Ost

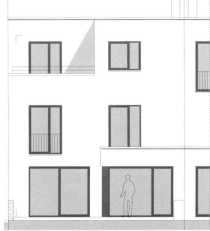

Abb. 3.2:   Beispiel Doppelhaushälfte, Ansicht West

Abb. 3.3: Beispiel Doppelhaushälfte, Ansicht Nord

Tabelle 3.3: Vorhandene Transmissionswärmeverluste H_T in Abhängigkeit des Wärmebrückenfaktors ΔU_{WB} für die Doppelhaushälfte

ΔU_{WB} in W/(m²·K)	H_T in W/K	$H_{T,Referenzg}$ in W/K	H_T in % von $H_{T,Referenzg}$	Bemerkung
0,018	0,303	0,434	70 (≤ 70)	Mit einem detailliert berechneten Wärmebrückenfaktor können die Anforderungen an H_T für das **Effizienzhaus 55** erfüllt werden.
0,050	0,335	0,434	77 (> 70) (< 85)	Wenn ein Gleichwertigkeitsnachweis durchgeführt wird, können nur die Anforderungen an ein **Effizienzhaus 70** erfüllt werden.
0,100	0,385	0,434	89 (> 85)	Wenn die Wärmebrücken nicht nachgewiesen werden, wird kein Effizienzhausstandard erzielt.

Aus Tabelle 3.3 wird auch für die Doppelhaushälfte erkennbar, wie stark der Wärmebrückenfaktor die rechnerischen Transmissionswärmeverluste H_T beeinflusst. Mit einem detaillierten Nachweis werden die Anforderungen an ein KfW-Effizienzhaus 55 erreicht.

3.4   Einfluss des Wärmebrückenfaktors ΔU_{WB} bei einem Geschosswohnungsbau

Als letztes Beispiel wird der Einfluss des Wärmebrückenfaktors auf die Energiebilanz bei einem Geschosswohnungsbau dargestellt (vgl. Tabelle 3.4). Das Gebäude (vgl. Abb. 3.4 bis 3.6) soll die Anforderungen an ein KfW-Effizienzhaus 55 erfüllen.

Abb. 3.4:   Beispiel Geschosswohnungsbau, Ansicht Süd

Abb. 3.5:   Beispiel Geschosswohnungsbau, Ansicht Nord

Abb. 3.6:   Beispiel Geschosswohnungsbau, Ansicht Ost/West

Auch aus den Ergebnissen nach Tabelle 3.4 ergibt sich das gleiche Bild wie bei den beiden anderen Beispielberechnungen. Voraussetzung für einen Wärmebrückenfaktor von $\leq 0{,}025$ W/(m² · K) ist jedoch eine wärmetechnisch optimierte Detailplanung (vgl. auch Kapitel 4).

Tabelle 3.4:   Vorhandene Transmissionswärmeverluste H_T in Abhängigkeit des Wärmebrückenfaktors ΔU_{WB} für den Geschosswohnungsbau

ΔU_{WB} in W/(m² · K)	H_T in W/K	$H_{T,Referenzg}$ in W/K	H_T in % von $H_{T,Referenzg}$	Bemerkung
0,022	0,316	0,455	69 (≤ 70)	Mit einem detailliert berechneten Wärmebrückenfaktor können die Anforderungen an H_T für das **Effizienzhaus 55** erfüllt werden.
0,050	0,344	0,455	76 (> 70) (< 85)	Wenn ein Gleichwertigkeitsnachweis durchgeführt wird, können nur die Anforderungen an ein **Effizienzhaus 70** erfüllt werden.
0,100	0,394	0,455	87 (> 85)	Wenn die Wärmebrücken nicht nachgewiesen werden, wird kein Effizienzhausstandard erzielt.

4 Beispiele für Optimierungsmöglichkeiten von Wärmebrücken

Eine durchgeführte und optimierte Detailplanung sorgt nicht nur für mehr Fördergelder, sondern garantiert auch eine **schadensfreie Bauwerksausführung.**

Nachfolgend werden für wichtige Details Ausführungsbeispiele und Optimierungsmöglichkeiten dargestellt. Hierbei handelt es sich um ausgewählte Beispiele zur Optimierung von Wärmebrücken. Es soll aufgezeigt werden, welche Möglichkeiten in der Detaillierung von Wärmebrücken stecken und wie in der Folge ein Gebäude energetisch optimiert und schadensfrei erstellt werden kann. Bei den Berechnungen wurden die Randbedingungen nach DIN 4108 Beiblatt 2 angesetzt.

4.1 Anschluss Bodenplatte/Kellerwand

Wenn die Kellerwand Wärme gut leitet, ist es sinnvoller, die Wärmedämmung der Bodenplatte unterhalb statt oberhalb dieser anzubringen. Dadurch erhöht sich die Innentemperatur in der Ecke um ca. 2 °C. Der ψ-Wert wird dadurch minimiert (vgl. Abb. 4.1 und 4.2).

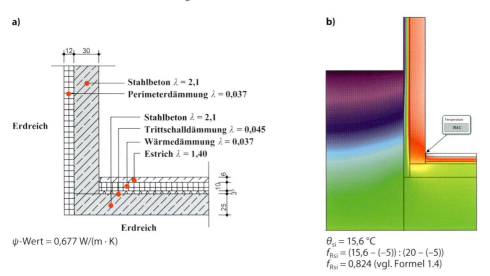

a)

Stahlbeton $\lambda = 2,1$
Perimeterdämmung $\lambda = 0,037$

Stahlbeton $\lambda = 2,1$
Trittschalldämmung $\lambda = 0,045$
Wärmedämmung $\lambda = 0,037$
Estrich $\lambda = 1,40$

Erdreich

Erdreich

ψ-Wert = 0,677 W/(m · K)

b)

$\theta_{si} = 15,6\ °C$
$f_{Rsi} = (15,6 - (-5)) : (20 - (-5))$
$f_{Rsi} = 0,824$ (vgl. Formel 1.4)

Abb. 4.1: Wärmedämmung auf der Bodenplatte – Stahlbetonwand; a) Zeichnung, b) Berechnung mit Isothermen-Programm Therm; λ-Werte in W/(m · K)

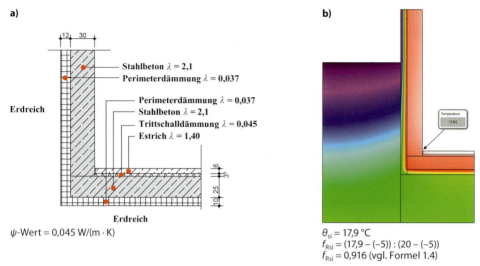

Abb. 4.2: Wärmedämmung unterhalb der Bodenplatte – Stahlbetonwand; a) Zeichnung, b) Berechnung mit Isothermen-Programm Therm; λ-Werte in W/(m · K)

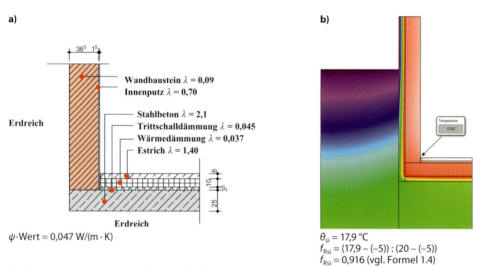

Abb. 4.3: Wärmedämmung auf der Bodenplatte – Wärmedämmstein; a) Zeichnung, b) Berechnung mit Isothermen-Programm Therm; λ-Werte in W/(m · K)

Wenn die Kellerwand gut wärmedämmend ist, kann die Wärmedämmung der Bodenplatte auch oberhalb dieser angebracht werden. Die Oberflächentemperaturen sind hier nur geringfügig niedriger als bei der Wärmedämmung unterhalb der Bodenplatte und der ψ-Wert ist etwas größer (vgl. Abb. 4.3 und 4.4). Der Wärmebrückeneinfluss hängt aber sehr stark von der Wärmeleitfähigkeit des Wandbausteins ab.

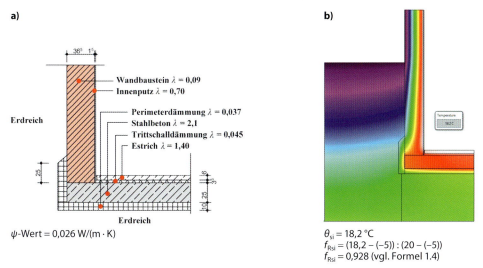

a)

Wandbaustein $\lambda = 0,09$
Innenputz $\lambda = 0,70$

Perimeterdämmung $\lambda = 0,037$
Stahlbeton $\lambda = 2,1$
Trittschalldämmung $\lambda = 0,045$
Estrich $\lambda = 1,40$

Erdreich

Erdreich

ψ-Wert = 0,026 W/(m · K)

b)

$\theta_{si} = 18,2\ °C$
$f_{Rsi} = (18,2 - (-5)) : (20 - (-5))$
$f_{Rsi} = 0,928$ (vgl. Formel 1.4)

Abb. 4.4: Wärmedämmung unterhalb der Bodenplatte; a) Zeichnung, b) Berechnung mit Isothermen-Programm Therm; λ-Werte in W/(m · K)

4.2 Sockel Kellerdecke/Außenwand

Wo genau die Wärmedämmung an einem Wärmebrückendetail angebracht werden soll, um die Wärmeströme über die Wärmebrücke zu vermeiden, ist stark von der Wärmeleitfähigkeit der flankierenden Bauteile abhängig.

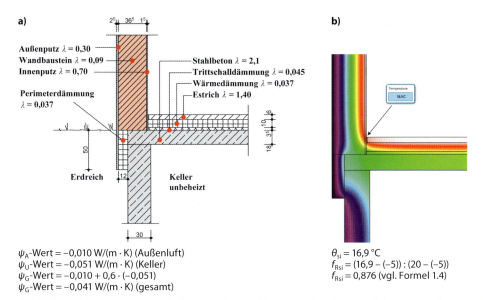

a)

Außenputz $\lambda = 0,30$
Wandbaustein $\lambda = 0,09$
Innenputz $\lambda = 0,70$

Perimeterdämmung
$\lambda = 0,037$

Stahlbeton $\lambda = 2,1$
Trittschalldämmung $\lambda = 0,045$
Wärmedämmung $\lambda = 0,037$
Estrich $\lambda = 1,40$

Erdreich

Keller
unbeheizt

ψ_A-Wert = -0,010 W/(m · K) (Außenluft)
ψ_U-Wert = -0,051 W/(m · K) (Keller)
ψ_G-Wert = -0,010 + 0,6 · (-0,051)
ψ_G-Wert = -0,041 W/(m · K) (gesamt)

b)

$\theta_{si} = 16,9\ °C$
$f_{Rsi} = (16,9 - (-5)) : (20 - (-5))$
$f_{Rsi} = 0,876$ (vgl. Formel 1.4)

Abb. 4.5: Wärmedämmung auf der Kellerdecke; a) Zeichnung, b) Berechnung mit Isothermen-Programm Therm; λ-Werte in W/(m · K)

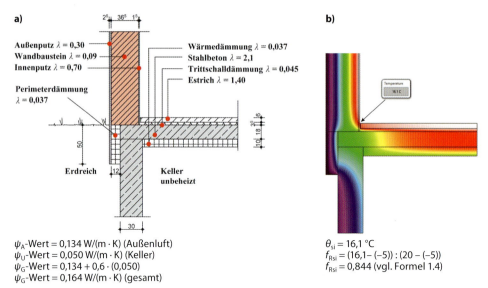

a)

Außenputz $\lambda = 0,30$
Wandbaustein $\lambda = 0,09$
Innenputz $\lambda = 0,70$

Wärmedämmung $\lambda = 0,037$
Stahlbeton $\lambda = 2,1$
Trittschalldämmung $\lambda = 0,045$
Estrich $\lambda = 1,40$

Perimeterdämmung
$\lambda = 0,037$

Erdreich   Keller
unbeheizt

ψ_A-Wert = 0,134 W/(m · K) (Außenluft)
ψ_U-Wert = 0,050 W/(m · K) (Keller)
ψ_G-Wert = 0,134 + 0,6 · (0,050)
ψ_G-Wert = 0,164 W/(m · K) (gesamt)

b)

$\theta_{si} = 16,1\ °C$
$f_{Rsi} = (16,1 - (-5)) : (20 - (-5))$
$f_{Rsi} = 0,844$ (vgl. Formel 1.4)

Abb. 4.6:   Wärmedämmung unterhalb der Kellerdecke; a) Zeichnung, b) Berechnung mit Isothermen-Programm Therm; λ-Werte in W/(m · K)

Neubau mit monolithischem Mauerwerk

Wird die Außenwand mit einem gut wärmedämmenden Stein erstellt, sollte die Wärmedämmung der Kellerdecke zum unbeheizten Keller oben aufgebracht werden. Dies hat den Vorteil, dass die Wärme erst gar nicht in die Kellerdecke gelangen kann. In Abb. 4.5 wurde die Wärmedämmung oben auf der Kellerdecke aufgebracht und in Abb. 4.6 unterhalb der Kellerdecke. Die Oberflächentemperaturen betragen oben in der Ecke 16,9 °C (Abb. 4.5) und 16,1 °C (Abb. 4.6). Der ψ-Wert ist im Fall von Abb. 4.5 negativ und bei Abb. 4.6 positiv.

Wand mit Wärmedämm-Verbundsystem (Bestand und Neubau)

Wenn die tragende Außenwand eine schlechte Wärmedämmeigenschaft besitzt, kann Wärme in die Konstruktion eindringen und über die Kellerdecke und die Kellerwand in den unbeheizten Keller geleitet werden. Bei diesem Sachverhalt sollte auf jeden Fall auch unter der Kellerdecke und im oberen Bereich der Kelleraußenwand eine Wärmedämmung angebracht werden.

Wird die Kellerdecke von unten gedämmt, steigt die Oberflächentemperatur in der Ecke um ca. 1 °C (vgl. Abb. 4.7 und 4.8). Der ψ-Wert ist aber in Abb. 4.8 wesentlich höher, was daran liegt, dass der zusätzliche Wärmestrom über die Wärmebrücke bei einer ungedämmten Kellerdecke nur gering ist.

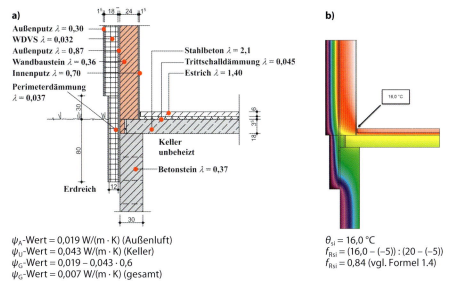

a)

Außenputz $\lambda = 0,30$
WDVS $\lambda = 0,032$
Außenputz $\lambda = 0,87$
Wandbaustein $\lambda = 0,36$
Innenputz $\lambda = 0,70$
Perimeterdämmung $\lambda = 0,037$

Stahlbeton $\lambda = 2,1$
Trittschalldämmung $\lambda = 0,045$
Estrich $\lambda = 1,40$

Keller unbeheizt

Betonstein $\lambda = 0,37$

Erdreich

b)

16,0 °C

ψ_A-Wert = 0,019 W/(m · K) (Außenluft)
ψ_U-Wert = 0,043 W/(m · K) (Keller)
ψ_G-Wert = 0,019 – 0,043 · 0,6
ψ_G-Wert = 0,007 W/(m · K) (gesamt)

$\theta_{si} = 16,0$ °C
$f_{Rsi} = (16,0 - (-5)) : (20 - (-5))$
$f_{Rsi} = 0,84$ (vgl. Formel 1.4)

Abb. 4.7:   Mauerwerk mit Wärmedämm-Verbundsystem, Wärmedämmung nur auf der Decke; a) Zeichnung, b) Berechnung mit Isothermen-Programm Therm; λ-Werte in W/(m · K)

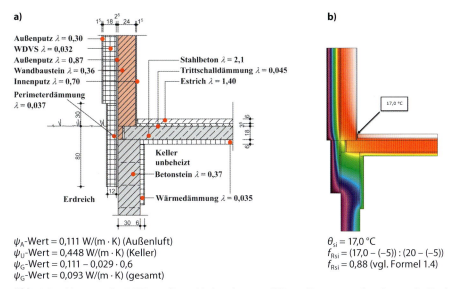

a)

Außenputz $\lambda = 0,30$
WDVS $\lambda = 0,032$
Außenputz $\lambda = 0,87$
Wandbaustein $\lambda = 0,36$
Innenputz $\lambda = 0,70$
Perimeterdämmung $\lambda = 0,037$

Stahlbeton $\lambda = 2,1$
Trittschalldämmung $\lambda = 0,045$
Estrich $\lambda = 1,40$

Keller unbeheizt

Betonstein $\lambda = 0,37$

Erdreich

Wärmedämmung $\lambda = 0,035$

b)

17,0 °C

ψ_A-Wert = 0,111 W/(m · K) (Außenluft)
ψ_U-Wert = 0,448 W/(m · K) (Keller)
ψ_G-Wert = 0,111 – 0,029 · 0,6
ψ_G-Wert = 0,093 W/(m · K) (gesamt)

$\theta_{si} = 17,0$ °C
$f_{Rsi} = (17,0 - (-5)) : (20 - (-5))$
$f_{Rsi} = 0,88$ (vgl. Formel 1.4)

Abb. 4.8:   Mauerwerk mit Wärmedämm-Verbundsystem, Wärmedämmung auf und unter der Decke; a) Zeichnung, b) Berechnung mit Isothermen-Programm Therm; λ-Werte in W/(m · K)

4.3   Auskragende Balkonplatte

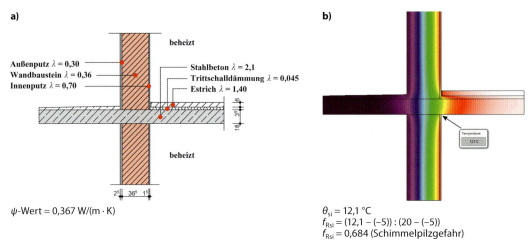

a)

Außenputz $\lambda = 0,30$
Wandbaustein $\lambda = 0,36$
Innenputz $\lambda = 0,70$

beheizt

Stahlbeton $\lambda = 2,1$
Trittschalldämmung $\lambda = 0,045$
Estrich $\lambda = 1,40$

beheizt

ψ-Wert = 0,367 W/(m · K)

b)

$\theta_{si} = 12,1\ °C$
$f_{Rsi} = (12,1 - (-5)) : (20 - (-5))$
$f_{Rsi} = 0,684$ (Schimmelpilzgefahr)

Abb. 4.9:   Auskragende Balkonplatte, ohne Wärmedämmung; a) Zeichnung, b) Berechnung mit Isothermen-Programm Therm; λ-Werte in W/(m · K)

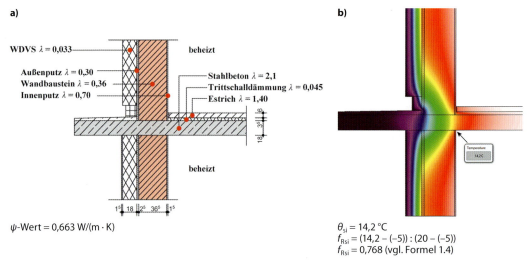

a)

WDVS $\lambda = 0,033$

Außenputz $\lambda = 0,30$
Wandbaustein $\lambda = 0,36$
Innenputz $\lambda = 0,70$

beheizt

Stahlbeton $\lambda = 2,1$
Trittschalldämmung $\lambda = 0,045$
Estrich $\lambda = 1,40$

beheizt

ψ-Wert = 0,663 W/(m · K)

b)

$\theta_{si} = 14,2\ °C$
$f_{Rsi} = (14,2 - (-5)) : (20 - (-5))$
$f_{Rsi} = 0,768$ (vgl. Formel 1.4)

Abb. 4.10:   Auskragende Balkonplatte, Dämmen der Außenwand; a) Zeichnung, b) Berechnung mit Isothermen-Programm Therm; λ-Werte in W/(m · K)

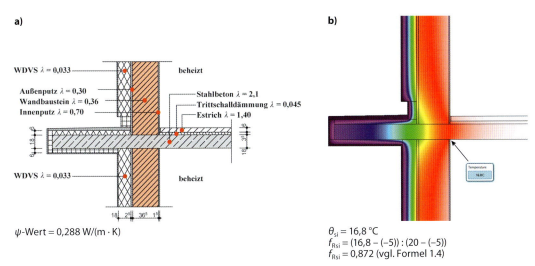

a)

WDVS $\lambda = 0,033$ ———— beheizt

Außenputz $\lambda = 0,30$
Wandbaustein $\lambda = 0,36$ ————— Stahlbeton $\lambda = 2,1$
Innenputz $\lambda = 0,70$ ———— Trittschalldämmung $\lambda = 0,045$
———— Estrich $\lambda = 1,40$

WDVS $\lambda = 0,033$ ———— beheizt

ψ-Wert = 0,288 W/(m · K)

b)

$\theta_{si} = 16,8\ °C$
$f_{Rsi} = (16,8 - (-5)) : (20 - (-5))$
$f_{Rsi} = 0,872$ (vgl. Formel 1.4)

Abb. 4.11:   Auskragende Balkonplatte, Dämmen der Außenwand und der Balkonplatte; a) Zeichnung, b) Berechnung mit Isothermen-Programm Therm; λ-Werte in W/(m · K)

Auskragende Balkonplatten im Bestand wurden früher meist thermisch nicht getrennt. Eine solche Balkonplatte bildet in der Folge eine große Wärmebrücke. Bei der Berechnung der Oberflächentemperaturen ergibt sich in der unteren Ecke an der Geschossdecke eine Temperatur von unter 12,5 °C, was nach DIN 4108-2 Schimmelpilzgefahr bedeutet (vgl. Abb. 4.9).

Durch das Dämmen der Außenwände (vgl. Abb. 4.10) kann die Oberflächentemperatur an der kritischen Stelle auf 14,2 °C erhöht werden (mit genormten Randbedingungen, vgl. Kapitel 2.1). Die Wärmebrückenwirkung wird aber durch diese Maßnahme verstärkt, weil der zweidimensionale Wärmestrom L_{2D} nahezu unverändert bleibt, aber der eindimensionale Wärmestrom durch die Außenwand L_0 stark verringert worden ist. Der ψ-Wert steigt durch das Dämmen der Außenwand von 0,367 auf 0,663 W/(m · K).

Über die zusätzliche, umschließende Dämmung der Balkonplatte können die Wärmeverluste verringert werden, der ψ-Wert sinkt auf 0,288 W/(m · K) (vgl. Abb. 4.11).

Der Einfluss der Wärmeverluste über die Wärmebrücke auf die Gesamtenergiebilanz ist von der Länge der Balkonplatten abhängig. Bei kurzen Balkonplatten sollte aus diesem Grund die Wirtschaftlichkeit der Dämmungsmaßnahme vor dem „Einpacken" der Balkonplatte geprüft werden.

4.4   Attika

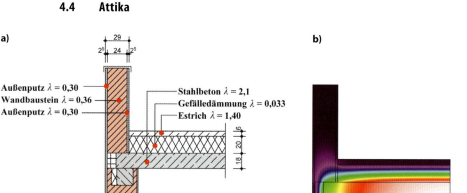

a)

Außenputz $\lambda = 0,30$
Wandbaustein $\lambda = 0,36$
Außenputz $\lambda = 0,30$

Stahlbeton $\lambda = 2,1$
Gefälledämmung $\lambda = 0,033$
Estrich $\lambda = 1,40$

Außenputz $\lambda = 0,30$
Wandbaustein $\lambda = 0,09$
Innenputz $\lambda = 0,70$

beheizt

ψ-Wert = 0,182 W/(m · K)

b)

$\theta_{si} = 14,0\ °C$
$f_{Rsi} = (14,0 - (-5)) : (20 - (-5))$
$f_{Rsi} = 0,76$ (vgl. Formel 1.4)

Abb. 4.12:   Attika ohne Wärmedämmung; a) Zeichnung, b) Berechnung mit Isothermen-Programm Therm; λ-Werte in W/(m · K)

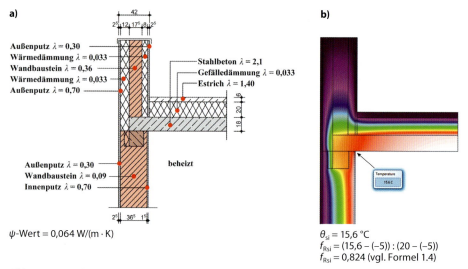

a)

Außenputz $\lambda = 0,30$
Wärmedämmung $\lambda = 0,033$
Wandbaustein $\lambda = 0,36$
Wärmedämmung $\lambda = 0,033$
Außenputz $\lambda = 0,70$

Stahlbeton $\lambda = 2,1$
Gefälledämmung $\lambda = 0,033$
Estrich $\lambda = 1,40$

Außenputz $\lambda = 0,30$
Wandbaustein $\lambda = 0,09$
Innenputz $\lambda = 0,70$

beheizt

ψ-Wert = 0,064 W/(m · K)

b)

$\theta_{si} = 15,6\ °C$
$f_{Rsi} = (15,6 - (-5)) : (20 - (-5))$
$f_{Rsi} = 0,824$ (vgl. Formel 1.4)

Abb. 4.13:   Attika mit Wärmedämmung; a) Zeichnung, b) Berechnung mit Isothermen-Programm Therm; λ-Werte in W/(m · K)

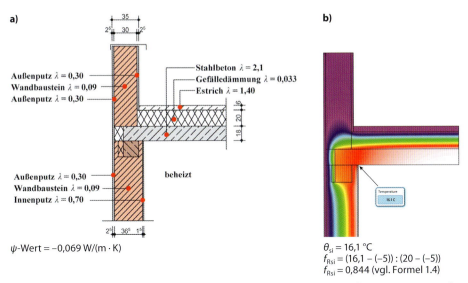

a)

Außenputz $\lambda = 0,30$
Wandbaustein $\lambda = 0,09$
Außenputz $\lambda = 0,30$

Stahlbeton $\lambda = 2,1$
Gefälledämmung $\lambda = 0,033$
Estrich $\lambda = 1,40$

Außenputz $\lambda = 0,30$
Wandbaustein $\lambda = 0,09$
Innenputz $\lambda = 0,70$

beheizt

ψ-Wert $= -0,069$ W/(m · K)

b)

$\theta_{si} = 16,1\ °C$
$f_{Rsi} = (16,1 - (-5)) : (20 - (-5))$
$f_{Rsi} = 0,844$ (vgl. Formel 1.4)

Abb. 4.14: Attika mit Wärmedämmstein; a) Zeichnung, b) Berechnung mit Isothermen-Programm Therm; λ-Werte in W/(m · K)

Wenn die Attikawand mit einem gut wärmeleitenden Stein oder aus Beton erstellt wird, entstehen an dieser Stelle erhöhte Wärmeverluste (vgl. Abb. 4.12). Die Oberflächentemperatur in der Ecke der Geschossdecke liegt bei 14,0 °C. Bei einer erhöhten relativen Luftfeuchtigkeit im Raum von über 50 % besteht die Gefahr von Schimmelpilzbildung.

Um dies zu vermeiden, kann die Attikawand entweder gedämmt oder mit einem wärmedämmenden Stein ausgebildet werden (vgl. Abb. 4.13 und 4.14). Letzteres führt zu den besseren Ergebnissen: Die Oberflächentemperatur in der Ecke steigt auf 16,1 °C und der ψ-Wert wird mit $-0,069$ W/(m · K) negativ (vgl. Abb. 4.14).

4.5   Fensteranschlüsse

Fensterlaibung im monolithischen Mauerwerk

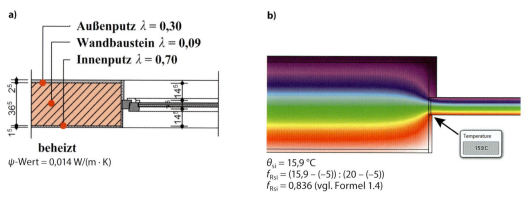

a)

Außenputz $\lambda = 0,30$
Wandbaustein $\lambda = 0,09$
Innenputz $\lambda = 0,70$

beheizt
ψ-Wert = 0,014 W/(m · K)

b)

$\theta_{si} = 15,9\ °C$
$f_{Rsi} = (15,9 - (-5)) : (20 - (-5))$
$f_{Rsi} = 0,836$ (vgl. Formel 1.4)

Abb. 4.15:   Detail ohne Dämmung der Fensterlaibung; a) Zeichnung, b) Berechnung mit Isothermen-Programm Therm; λ-Werte in W/(m · K)

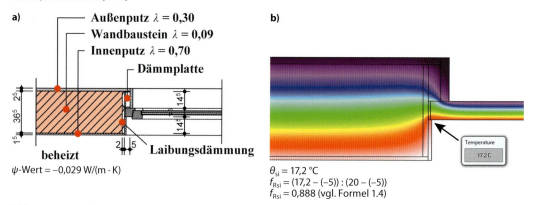

a)

Außenputz $\lambda = 0,30$
Wandbaustein $\lambda = 0,09$
Innenputz $\lambda = 0,70$
Dämmplatte

beheizt   Laibungsdämmung
ψ-Wert = -0,029 W/(m · K)

b)

$\theta_{si} = 17,2\ °C$
$f_{Rsi} = (17,2 - (-5)) : (20 - (-5))$
$f_{Rsi} = 0,888$ (vgl. Formel 1.4)

Abb. 4.16:   Detail mit Dämmung der Fensterlaibung; a) Zeichnung, b) Berechnung mit Isothermen-Programm Therm; λ-Werte in W/(m · K)

Die Fensteranschlüsse bilden die längste Wärmebrücke an einem Wohngebäude. Die Wärmeverluste über diese Anschlüsse haben somit einen großen
Einfluss auf die Energiebilanz. Eine sorgfältige Ausbildung der Fensteranschlüsse kann hier unnötige Wärmeverluste vermeiden. Durch das Anbrin-
gen einer Wärmedämmung in der Fensterlaibung und das Überdämmen
des Fensterstocks kann der ψ-Wert von 0,014 auf –0,029 W/(m · K) gesenkt
werden (vgl. Abb. 4.15 und 4.16).

Fensterlaibung im Mauerwerk mit Wärmedämm-Verbundsystem

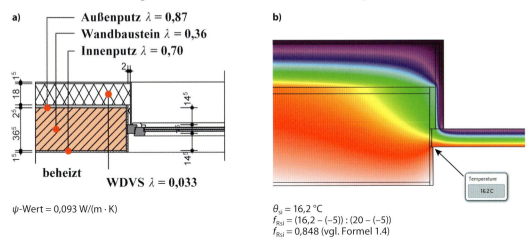

ψ-Wert = 0,093 W/(m · K)

θ_{si} = 16,2 °C
f_{Rsi} = (16,2 – (–5)) : (20 – (–5))
f_{Rsi} = 0,848 (vgl. Formel 1.4)

Abb. 4.17:   Fenster in der Laibung; a) Zeichnung, b) Berechnung mit Isothermen-Programm Therm; λ-Werte in W/(m · K)

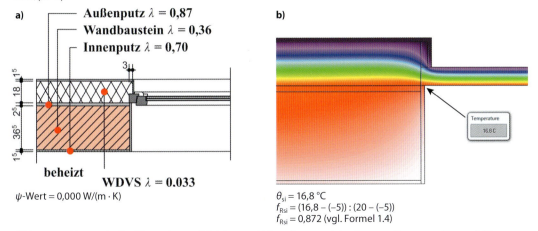

ψ-Wert = 0,000 W/(m · K)

θ_{si} = 16,8 °C
f_{Rsi} = (16,8 – (–5)) : (20 – (–5))
f_{Rsi} = 0,872 (vgl. Formel 1.4)

Abb. 4.18:   Fenster in der Dämmebene; a) Zeichnung, b) Berechnung mit Isothermen-Programm Therm; λ-Werte in W/(m · K)

Wenn bei einer nachträglichen Dämmung einer Wand die Fenster ausge-tauscht werden, stellt sich die Frage, ob diese an gleicher Stelle wieder ein-gebaut oder nach außen verschoben werden sollen. Die Entscheidung hängt u. a. auch davon ab, ob ein Rollladenkasten vorhanden ist und ob dieser bleiben soll oder „stillgelegt" werden kann. Wenn möglich sollte das Fenster immer in die Dämmebene verlegt werden, da so die zusätzlichen Wärme-verluste über den Fensteranschluss minimiert werden können (vgl. Abb. 4.17 und 4.18). Bei Neubauten sollte das Fenster nach Möglichkeit immer in die Dämmebene verschoben werden, wenn ein Wärmedämm-Verbundsys-tem (WDVS) vorhanden ist.

Fensterlaibung im Mauerwerk eines Bestandsgebäudes ohne Wärmedämm-Verbundsystem

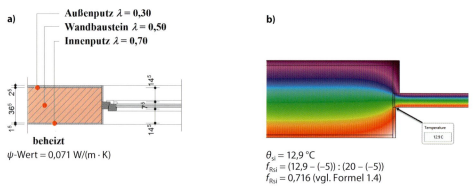

a)

Außenputz $\lambda = 0{,}30$
Wandbaustein $\lambda = 0{,}50$
Innenputz $\lambda = 0{,}70$

beheizt

ψ-Wert = 0,071 W/(m · K)

b)

$\theta_{si} = 12{,}9\ °C$
$f_{Rsi} = (12{,}9 - (-5)) : (20 - (-5))$
$f_{Rsi} = 0{,}716$ (vgl. Formel 1.4)

Abb. 4.19:   Fenster in der Laibung ohne Laibungsdämmung; a) Zeichnung, b) Berechnung mit Isothermen-Programm Therm; λ-Werte in W/(m · K)

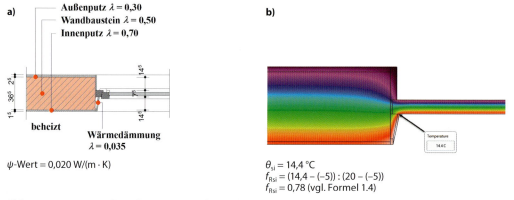

a)

Außenputz $\lambda = 0{,}30$
Wandbaustein $\lambda = 0{,}50$
Innenputz $\lambda = 0{,}70$

beheizt   Wärmedämmung
$\lambda = 0{,}035$

ψ-Wert = 0,020 W/(m · K)

b)

$\theta_{si} = 14{,}4\ °C$
$f_{Rsi} = (14{,}4 - (-5)) : (20 - (-5))$
$f_{Rsi} = 0{,}78$ (vgl. Formel 1.4)

Abb. 4.20:   Fenster in der Laibung mit innen liegendem Dämmkeil an der Laibung; a) Zeichnung, b) Berechnung mit Isothermen-Programm Therm; λ-Werte in W/(m · K)

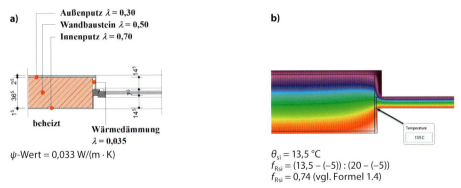

Abb. 4.21:   Fenster in der Laibung mit außen liegender Dämmung an der Laibung; a) Zeichnung, b) Berechnung mit Isothermen-Programm Therm; λ-Werte in W/(m · K)

Wenn bei einem Bestandsgebäude nur die Fenster ausgetauscht werden, kann die Fensterlaibung zum Problempunkt werden. Neue Fenster müssen winddicht eingebaut werden. Die Oberflächentemperaturen an der inneren Fensterlaibung liegen aufgrund der vorhandenen Wärmebrücke oft in Bereichen von unter 12,6 °C. Solange die Fenster noch undicht waren, wurde anfallende Feuchte durch Luftzirkulation abtransportiert; sind nun nach Einbau der neuen Fenster die Anschlüsse dicht, wird anfallende Feuchte nicht mehr abtransportiert, was zur Schimmelpilzbildung führen kann. In Abb. 4.19 ist erkennbar, dass die Oberflächentemperatur im Anschlussbereich bei 12,9 °C liegt, also knapp über dem Bereich der Schimmelgefahr von 12,6 °C (vgl. Kapitel 1.2.2).

Durch das Dämmen der Fensterlaibung innen (Abb. 4.20) oder außen (Abb. 4.21) kann diese Gefahr vermindert werden. Wird an der inneren Fensterlaibung eine Dämmung angebracht, so steigt die Temperatur an der Laibungskante von 12,9 °C (Abb. 4.19) auf 14,4 °C (Abb. 4.20); wird hingegen an der äußeren Fensterlaibung eine Dämmung aufgebracht, steigt die Temperatur nur auf 13,5 °C (Abb. 4.21). Auch der ψ-Wert ist bei der Variante mit der Wärmdämmung an der inneren Laibungskante mit 0,020 W/(m · K) am niedrigsten (vgl. Abb. 4.20).

5 Thermografie – typische Wärmebrücken im Bestand

5.1 Erkennen von Wärmebrücken mittels Thermokamera

5.1.1 Thermografische Grundlagen

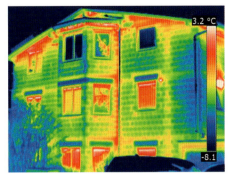

Abb. 5.1: Beispiel Fassade

Die Thermografie ist ein bild-gebendes Verfahren zur be-rührungslosen Messung und Darstellung der Verteilung von Oberflächentemperaturen (vgl. beispielhaft Abb. 5.1). Sie basiert auf der physikalischen Tatsache, dass alle Stoffe und Gegenstände elektromagne-tische Strahlen aussenden, so-bald sie eine Temperatur über dem absoluten Nullpunkt (= –273,15 °C oder 0 K) aufweisen.

Hierbei wird zwischen qualitativer und quantitativer Thermografie unter-schieden:

- Als qualitative Thermografie wird die Messung und Darstellung der Temperaturverteilung bezeichnet, d. h. der Temperaturunterschiede auf Oberflächen. Die thermische Auflösung moderner Infrarotkameras (IR-Kameras) liegt heute bei ca. 0,03 °C; es sind also sehr fein aufgelöste und genaue Temperaturabstufungen erkennbar. Für die Erkennung von Wärmebrücken ist dieses Verfahren sehr gut geeignet, wobei noch zu unterscheiden ist zwischen Außen- und Innenthermografie (vgl. dazu Abb. 5.2).
- Als quantitative Thermografie wird die Messung von Absoluttempera-turen bezeichnet. Dieses Verfahren ist in hohem Maße von den Umge-bungsparametern, der Güte und Auflösung der eingesetzten Thermoka-mera sowie dem Ausbildungs- und fachlichen Niveau des Thermografen abhängig; es wird im Allgemeinen für die Wärmebrückenerkennung nicht angewendet.

Für die Erkennung von Wärmebrücken in der thermischen Hülle sind die Absoluttemperaturen von untergeordneter Bedeutung, weswegen hier in der Regel die qualitative Thermografie zum Einsatz kommt. Anhand der die Messung beeinflussenden Umgebungsbedingungen wird deutlich, dass die Randparameter bei der Außenthermografie einen wesentlich größeren Einfluss auf das Messergebnis haben als bei der Innenthermografie. Eine Wärmebrücke ist aus diesen Gründen von innen wesentlich leichter und genauer zu erkennen und zu messen als von außen.

Abb. 5.2: Vergleich der innen- und außenseitigen Temperaturunterschiede von Wärmebrücken

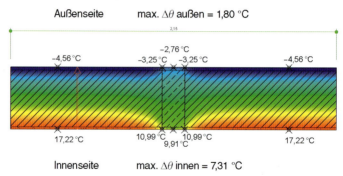

Das in Abb. 5.2 dargestellte Beispiel zeigt eine beidseitig verputzte und 36,5 cm starke Ziegelwand mit $\lambda = 0,19$ W/(m · K), die von einer Betonstütze mit $\lambda = 2,30$ W/(m · K) unterbrochen wird. Außenseitig ist diese Wärmebrücke durch einen Temperaturunterschied $\Delta\theta$ von 1,80 °C festzustellen. Innenseitig hingegen wird $\Delta\theta$ mit 7,31 °C zwischen ungestörtem und gestörtem Bereich gemessen. Die Temperaturdifferenz ist dabei innenseitig um ein Mehrfaches größer als außenseitig. Dies ist einer der Gründe, warum die Suche nach Wärmebrücken mit der Thermokamera in der Regel innenseitig die besseren und die genaueren Resultate liefert.

Dennoch wird außerhalb der Fachwelt im Allgemeinen unter dem Begriff Bauthermografie die reine Außenthermografie verstanden, was auch auf die eindrücklichen und massenhaft erstellten bunten Bilder von Fassaden zurückzuführen ist. Um hier eine Unterscheidung zwischen solchen Bildern, die von ausgebildeten Thermografen gerne „Thermo-Visionen" genannt werden, und der seriösen Gebäudethermografie nach DIN EN 13187 treffen zu können, werden im folgenden Kapitel die relevanten Grundlagen der Strahlungsphysik sowie der Einfluss der Messungsparameter dargestellt. Deren Kenntnis ist die unabdingbare Grundlage für eine fachgerechte und normkonforme Beurteilung von Thermogrammen.

5.1.2 Strahlungsphysik

Jeder Körper strahlt oberhalb des absoluten Nullpunktes, d. h. bei einer Temperatur über –273,15 °C, elektromagnetische Strahlen aus. Je nach Temperatur haben diese unterschiedliche Wellenlängen. Max Planck konnte nachweisen, dass ein rechnerischer Zusammenhang zwischen dem Strahlungsmaximum und der Wellenlänge bei einer bestimmten Temperatur existiert. Damit wird eine exakte Temperaturbestimmung anhand der gemessenen Strahlungsmenge ermöglicht; auf diese Weise wird auch heute noch in jeder Thermokamera gemessen.

Wenn elektromagnetische Strahlung auf einen Gegenstand trifft, gibt es 3 physikalische Möglichkeiten (vgl. auch Abb. 5.3):

- Reflexion: Die Strahlung kann reflektiert werden (vergleichbar mit einem Spiegel).
- Transmission: Die Strahlung kann hindurchgehen (vergleichbar mit Lichtdurchgang durch Glas).

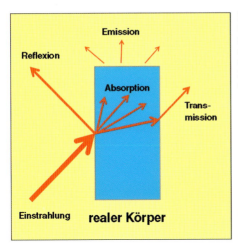

Das kirchhoffsche Strahlungsgesetz beschreibt den Zusammenhang zwischen Absorption und Emission eines realen Körpers im thermischen Gleichgewicht. Es besagt, dass Strahlungsabsorption und Strahlungsemission einander entsprechen.

Abb. 5.3: Umwandlung von auftreffender Strahlung (kirchhoffsches Strahlungsgesetz)

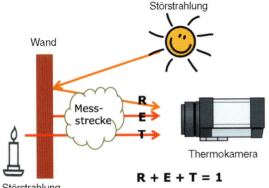

E Emission aus dem Strahlungsanteil, der direkt vom Messobjekt ausgesendet wird (nur dieser Anteil soll eigentlich gemessen werden)

R Reflexion aus dem Strahlungsanteil, der reflektiert wird (kann tagsüber bei Sonnenbestrahlung des Messobjekts die Messung erheblich verfälschen)

T Transmission aus dem Strahlungsanteil, der das Messobjekt von hinten durchdringt (sofern es sich um ein infrarotdurchlässiges Material handelt)

Abb. 5.4: Infrarotmessung (Einstrahlung)

- Absorption: Die Strahlung wird vom Körper ganz oder teilweise in Wärme umgesetzt, der Körper erwärmt sich (wie z. B. das Armaturenbrett eines Autos im Sommer). Da sich der Körper dabei erwärmt, sendet er die gleiche Energiemenge wieder an Strahlung aus, er emittiert sie. Absorption und Emission sind daher gleich groß.

Ein Nachteil der thermografischen Strahlungsmessung ist physikalischer Natur: Der Detektor in der Thermokamera misst die gesamte Strahlungsmenge, die in das Objektiv gelangt; das Gleiche gilt z. B. auch für das Infrarotthermometer, das dieselbe Messmethode verwendet, jedoch im Gegensatz zu den ca. 300.000 Messzellen im Detektor einer hochauflösenden Thermokamera nur mit einer einzigen Messzelle arbeitet. In Abb. 5.4 ist erkennbar, dass sich die gemessene Strahlung aus mehreren Komponenten zusammensetzt.

Zusätzlich hat auch die Messstrecke einen Strahlungseinfluss, und zwar über die Emission von Luft, von Nebel, von Regentropfen, von Schnee, von Staub usw. Diese Einflüsse sind jedoch nur bei größeren Messstreckenlängen relevant und können bei den für die Bauthermografie üblichen Messentfernungen bis ca. 20 m vernachlässigt werden.

Tabelle 5.1: Einfluss falscher ε-Einstellungen am Beispiel der thermografischen Messung eines Leuchtstoffröhrengehäuses (vgl. Abb. 5.5)

Emissions-faktor ε	angezeigte Temperatur θ_{mess} (°C)	reflektierte Temperatur θ_{ref} (°C)	Abweichung (%)
1,00	33,3	20,0	0,0
0,95	33,9	20,0	1,8
0,90	34,7	20,0	4,2
0,85	35,5	20,0	6,6
0,80	36,4	20,0	9,3
0,50	45,0	20,0	35,1
0,25	65,3	20,0	96,1

Abb. 5.5: Thermografische Messung eines Leuchtstoffröhrengehäuses

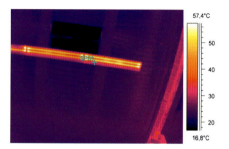

Der Einfluss der Atmosphäre auf der Messstrecke kann im Allgemeinen bei der Bauthermografie vernachlässigt werden, solange die Messstrecke nicht deutlich über 20 m beträgt und weder Nebel noch Schnee oder Regen die Messung beeinflussen. Da der überwiegende Anteil der am Bau verwendeten Materialien nicht infrarottransparent ist, kann der Transmissionsanteil in der Regel ebenfalls vernachlässigt werden.

Von großem Einfluss sind jedoch die reflektierten Strahlungsanteile im Außenbereich (Sonne = +5.800 K; klarer Nachthimmel = –200 K). Hier müssen sowohl der Emissionsgrad der Messoberfläche als auch die reflektierte Strahlungsmenge genauestens festgestellt werden, um Fehlmessungen zu vermeiden.

Tabelle 5.1 zeigt beispielhaft den erheblichen Einfluss des Emissionsfaktors ε auf das Messergebnis; hier wurde das Gehäuse einer Leuchtstoffröhre thermografisch gemessen (vgl. Abb. 5.5). Die Temperatur des Lampengehäuses betrug ca. 33 °C. Wurde der Emissionsfaktor bis auf 25 % verkleinert, erhöhte sich die Abweichung des Messwerts auf bis zu 96,1 % gegenüber dem tatsächlichen Wert.

Die Präzision einer Messung hängt somit direkt von der Genauigkeit der ermittelten Umweltparameter, der Objektparameter und der Kameraparameter ab. Nur wenn sie alle fachgerecht ermittelt und im Messsystem berücksichtigt werden, kann eine korrekte Messung erfolgen.

Da bei der Innenthermografie die meisten Parameter wie vorerwähnt nur einen sehr geringen Einfluss auf das Messergebnis haben, sind die Ergebnisse von Innenthermografien deutlich aussagekräftiger als diejenigen von Außenthermografien.

5.1.3   Mögliche Fehlerquellen in der Bauthermografie

Die im Folgenden beschriebenen Fehlerquellen können ein verwertbares Ergebnis verhindern.

Emissionsfaktor ε

Wie in Kapitel 5.1.2 erwähnt muss bei Außenthermografie der Emissionsfaktor sehr genau bestimmt werden, um Fehlmessungen zu vermeiden. Spiegelnde und polierte Oberflächen weisen im Allgemeinen einen so hohen Reflexionsfaktor auf, dass sie nicht oder nur unter extrem erschwerten Bedingungen thermografiert werden können. Dazu gehören alle glänzenden oder polierten Metallflächen, Glas, Emaille, glasierte Fliesen usw. Hier kann in der Regel kein verwertbares Ergebnis erzielt werden. Metalle sind nur thermografierbar, wenn sie stark angewittert oder beschichtet sind. Diese Bedingungen lassen sich nicht verallgemeinern und müssen vor Ort überprüft werden.

Betrachtungswinkel

Wie Abb. 5.6 zu entnehmen ist, sollte die zu messende Oberfläche möglichst senkrecht gemessen werden, wobei sich Nichtmetalle und Metalle unterschiedlich verhalten: Anders als bei Nichtmetallen erhöht sich bei Metallen mit der Abweichung von 90° Betrachtungswinkel der Emissionsgrad. Es ist also prinzipiell davon abzuraten, 2 Gebäudeseiten „45° übereck" zu messen, da dann für jede der beiden Wände der zulässige Messwinkel unterschritten wird.

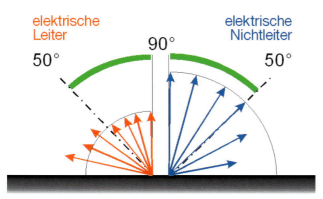

Abb. 5.6:   Einfluss des Betrachtungswinkels auf den Emissionsfaktor

Hinterlüftete Bauteile

Diese Konstruktionen weisen in der Regel eine Traglattung o. Ä. auf, zwischen der die Außenluft zirkulieren kann, um Feuchtigkeit abzuführen (z. B. hinterlüftete Fassadenverkleidungen, Dachziegel, zweischaliges Mauerwerk mit Hinterlüftung). Hier haben Vorder- und Rückseite des sichtbaren Außenbauteils meistens die gleiche Temperatur. Wärmebrücken sind hier in der Regel nicht zu erkennen.

Falsche Kameraauflösung

Einfache Thermokameras haben nur eine geometrische Auflösung von 120 mal 80 Pixeln. Wenn hiermit ein ganzes Gebäude auf dem Thermogramm erfasst werden soll und daher ein Objektabstand von 10 m vorliegt, dann beträgt die Breite eines einzelnen Messpixels (= kleinste messbare Größe) 18 cm. Daher kann mit einem solchen Detektor kein Messobjekt in einer Breite von 2 cm (z. B. eine Fensterfuge) thermografisch erfasst werden. Die Messaufgabe kann also mit dieser Ausrüstung nicht erfüllt werden, obwohl im Kameradisplay eine „hübsche" farbige Linie angezeigt wird. Dies hängt damit zusammen, dass die Kameradisplays immer eine wesentlich höhere Auflösung haben als die eingesetzten Detektoren. Der Signalprozessor in der Auswertungselektronik „erfindet" diese zarte farbige Linie und interpretiert sie in die Falschfarbendarstellung hinein. Abb. 5.7 zeigt, dass dem sog. IFOV (= kleinste messbare Einheit im Verhältnis zum Objektabstand) eine große Bedeutung bei der Eignungsprüfung einer Thermokamera für eine bestimmte Messaufgabe zukommt.

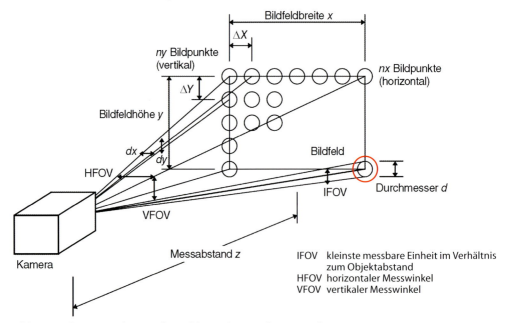

Abb. 5.7: Kleinste messbare Größe in Abhängigkeit von der Messentfernung (Quelle: Mit freundlicher Unterstützung der InfraTec GmbH, www.InfraTec.de)

Formel 5.1 stellt die Berechnungsformel zur Bestimmung der Messfleck-größe dar:

$$X_{\text{real}} = z \cdot f_{\text{optik}} \cdot \varphi_{\text{IFOV}} \quad \text{in mm} \tag{5.1}$$

mit

X_{real} reale Messfleckgröße in mm
z Messabstand in m
f_{optik} Optikfaktor (= 5 bei einfach-/mittelauflösenden Kameras)
φ_{IFOV} Bildfeldwinkel für 1 Pixel in mrad

Beispiel

Für eine niedrigauflösende Thermokamera mit 120 Pixeln horizontal (= 3,5 mrad) errechnet sich bei einem Objektabstand von 10 m die kleinste messbare Messfleckgröße mit 17,5 cm.

Bei hochwertigen Thermosystemen können wesentlich feinere Details thermografiert werden: Für eine hochauflösende Thermokamera mit einer Auflösung von 640 mal 480 Pixeln, einer Brennweite von 37,64 mm und einem Bildwinkel (Messwinkel) von 23,9° errechnet sich bei einem Bildfeldwinkel φ_{IFOV} von 0,66 mrad nach Formel 4.1 die kleinste Messfleckgröße wie folgt (optischer Faktor von hochwertigeren Systemen = 3).

$$X_{\text{real}} = 10 \text{ m} \cdot 3 \cdot 0,66 \text{ mrad} = 1,98 \text{ cm}$$

Im Ergebnis bleibt festzuhalten, dass die hochwertige Kamera bei einem Messabstand von 10 m mit einer kleinsten Messfleckgröße von 1,98 cm ein um den Faktor 8,83 genaueres Ergebnis liefert als die einfache Kamera mit einer kleinsten Messfleckgröße von 17,5 cm.

5.2   Erkennen von Wärmebrücken mithilfe der Thermografie und Blower Door

Wärmebrücken lassen sich in 2 Gruppen unterteilen, die sich auf ihre Entstehung beziehen:

● statische Wärmebrücken,
● dynamische Wärmebrücken.

Eine **statische Wärmebrücke** liegt immer dann vor, wenn allein die vorhandene Bausubstanz, das verwendete Material und/oder die Baukonstruktion einen lokal erhöhten Wärmestrom erzeugen, ohne dass hierbei der Transport von Luft mit im Spiel ist. Statische Wärmebrücken sind weder vom thermischen Auftrieb noch vom Wind abhängig. Sie verursachen einen erhöhten Energiebedarf und/oder Schimmelbildung an der Oberfläche. Diese Schimmelbildung ist in der Regel sichtbar und kann umgehend beseitigt werden.

Sobald jedoch warme Raumluft von innen nach außen transportiert wird – sei es durch Wind oder thermischen Auftrieb – handelt es sich um einen konvektiven Vorgang und somit um eine **dynamische Wärmebrücke,** die nur aufgrund der Erwärmung der Materialflanken entlang des Transportwegs der Luft durch ein Bauteil entsteht. Hierzu müssen größere Luftmengen transportiert werden und es dauert einige Zeit, bis die Flankenerwärmung durch eine Thermokamera sichtbar wird.

Abb. 5.8:   Blower Door; im Rohbau zur   **Abb. 5.9:**   Blower Door; Multifananlage für Gewerbeobjekte
Prüfung eingebaut

Dynamische Wärmebrücken verursachen ebenfalls erhöhte Energieverluste. Sie sind jedoch noch weitaus gefährlicher, da es durch Kondensation des in der transportierten Luftmenge enthaltenen Wasserdampfes in der Konstruktion selbst (in der Regel in der Dämmebene, daher nicht von außen sichtbar) zu massiven Bauteilschädigungen kommen kann – bis hin zur Substanzzerstörung tragender Konstruktionsteile. Ihre Vermeidung hat daher speziell in hochwärmegedämmten Gebäuden hohe Priorität.

Um dynamische Wärmebrücken zu thermografieren, muss kalte Luft zur Veranlassung der Flankenkühlung bewegt werden. Hierzu wird in der thermischen Hülle – bevorzugt in der Haustür – ein luftdichter Rahmen befestigt, in dem ein drehzahlgeregelter Ventilator montiert ist. Diese Messeinrichtung wird Blower Door genannt, das Messverfahren heißt Blower-Door-Test. Abb. 5.8 zeigt eine im Rohbau eingebaute Blower Door. Mit dem Ventilator wird im zu untersuchenden Gebäude ein Unterdruck von 50 Pa erzeugt, was einer Wassersäule von 5 mm entspricht. Durch alle in der luftdichten Hülle vorhandenen Lecks wie Folienrisse, Löcher, undicht geklebte Anschlüsse oder versehentlich offen gelassene Durchdringungen usw. strömt kalte Luft von außen ins Gebäude nach. Bereits nach wenigen Minuten ist die Flankenkühlung mit der Thermokamera messbar. Bei längerer Einwirkung können meist sogar die kompletten Luftwege verfolgt werden.

Randbedingungen für dieses Verfahren:

- geringe Windgeschwindigkeit (< 6 m/s), da sonst der Prüfdruck vom Winddruck „überblasen" wird
- Temperaturunterschied zwischen innen und außen (> 5 °C)
- Fertigstellung des gesamten Innenputzes, da dieser die luftdichte Ebene der Ziegelwände darstellt

Für größere Gebäude (speziell Nichtwohngebäude) werden Kombinationen von mehreren Geräten eingesetzt (vgl. Abb. 5.9).

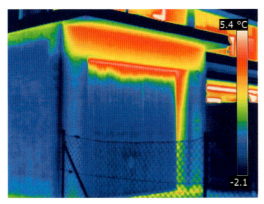
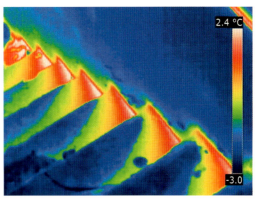

Abb. 5.10: Restwärme im Sturzbereich einer Garage

Abb. 5.11: Wärmeübertragung durch anbetonierte Kellertreppe

5.3   Beispiele von Wärmebrücken

5.3.1   Statische Wärmebrücken (Außenthermografie)

Die folgenden Beispiele stehen exemplarisch für den Typ der statischen Wärmebrücke. Die Thermogramme sind jeweils im Detail erläutert.

Garagen

Garagen werden in der Regel nicht beheizt. Daher ist ein thermografisches Ergebnis wie in Abb. 5.10 dokumentiert mit Vorsicht zu betrachten: Eine genauere Prüfung des Messzeitpunktes ergab, dass abends thermografiert wurde. Es handelt sich daher bei der thermischen Anomalie im Sturz- und oberen Torblattbereich nicht um eine Wärmebrücke, sondern um Restwärme aus der Besonnung tagsüber, die im Lauf der Nacht wieder abkühlt.

Wichtig ist deshalb Folgendes: Es sollte nie am Abend, sondern im Verlauf des Morgens unmittelbar vor Sonnenaufgang thermografiert werden.

Kellerabgang

Trotz Wärmedämmung der Fassade sind die Kellerstufen thermisch auffällig (vgl. Abb. 5.11). Hier wurden die Stufen bei der Kellertreppenherstellung direkt an die Kelleraußenwand anbetoniert. Bei der Außenwanddämmung wurden die Stufen nicht thermisch vom Gebäude abgetrennt, sondern die Außendämmung wurde auf die Stufen aufgesetzt. Wird der Keller genutzt und beheizt, kann auf der Innenseite Kondenswasser und damit Schimmelpilz entstehen.

Balkonplatte

Die mit der Stahlbetondecke gemeinsam betonierte Balkonkragplatte stellt eine erhebliche Wärmebrücke dar (vgl. Abb. 5.12 [linker Abbildungsteil]). Als Konsequenz kann neben dem erhöhten Energieverlust auch die Bildung von Schimmelpilz im Schnitt Decke/Außenwand auftreten. Die konsequenteste Sanierung besteht im Abschneiden des Balkons und in der Neuerrichtung eines thermisch vom Haus getrennten Balkonsystems (in der Regel auf Stützen aufgesetzt).

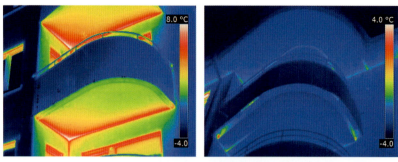

Abb. 5.12:   Balkon; links ungedämmt, rechts nachträglich gedämmt

Abb. 5.13:   Energieverluste; links der
ältere Bau, rechts der
neuere Anbau

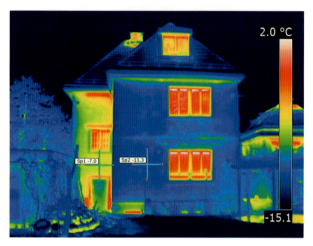

Eine weniger aufwendige Maßnahme ist das „Einpacken" der Balkonplatte,
d. h., im Rahmen der Fassadendämmung wird die Balkonplatte mitgedämmt; hier muss auf die Begehbarkeit der oberen Dämmung geachtet
werden (vgl. Abb. 5.12 [rechter Abbildungsteil]).

Gebäudealter

Mit der Fortschreibung der energetischen Standards für Neubauten haben
sich die Energieverluste kontinuierlich verringert. Das Thermogramm in
Abb. 5.13 zeigt 2 Gebäude mit unterschiedlichem Baualter, die stark unterschiedliche Energieverluste aufweisen.

Glasthermografie

Aufgrund der gerichteten Reflexion gelingt die thermografische Messung
von Verglasungen nur in den seltensten Fällen. In Abb. 5.14 spiegeln sich in
der Gebäudeverglasung die Gebäude, der Himmel und die Bäume hinter
dem Thermografen. Eine einheitliche Temperaturangabe für die Glasober-
fläche aus dem thermischen Falschfarbenbild kann nicht ermittelt werden.

Metallthermografie

Metalloberflächen, die poliert, walzblank oder einfach nur unbeschichtet
sind, weisen eine ähnliche Problematik wie Glasflächen auf. Die Bestim-

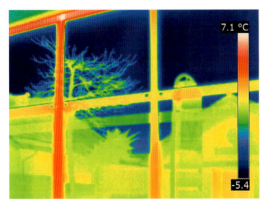

Abb. 5.14:   Glas kann wegen der gerichteten Reflexion in der Regel nicht thermografiert werden.

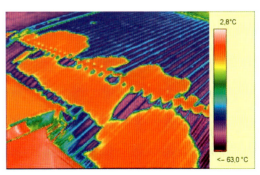

Abb. 5.15:   Metalldach mit Teilflächen, die Temperaturen unter –63 °C aufweisen. Hier spiegelt sich die kalte Atmosphäre im Dach. (Quelle: Sönke Krüll Tabarz)

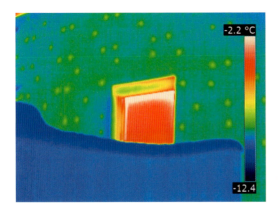

Abb. 5.16:   Thermografisches Dübelbild eines Wärmedämm-Verbundsystems (WDVS)

mung des korrekten Emissionsfaktors ist zeitaufwendig und nicht immer möglich (z. B. bei sehr heißen Metalloberflächen oder bei sich drehenden Metallteilen). Die Abb. 5.15 zeigt ein Metalldach, das in Teilbereichen Oberflächentemperaturen von unter –63 °C aufweist. Hierbei kann es sich nur um Reflexionen des kalten Weltalls handeln. Daraus ist zu folgern, dass in sehr kalten Nächten, wenn der Himmel völlig sternenklar ist, nur mit großer Vorsicht gemessen werden kann.

WDVS-Dübelbild

Obwohl heute reine Kunststoffdübel zum Einsatz kommen, kann das Dübelbild mit einer guten Thermokamera unter bestimmten Umständen kontrolliert werden. Natürlich werden dabei auch alle nicht fachgerecht (mit Mörtel/Putz ausgefüllten) Fugen im Dämmsystem sichtbar (vgl. Abb. 5.16).

Dachthermografie

Aufgrund des spitzen Winkels vom Boden aus (vgl. Abb. 5.6) und wegen der Hinterlüftung von Dächern ist eine thermografische Messung von ziegelgedeckten Steildächern in der Regel nicht möglich.

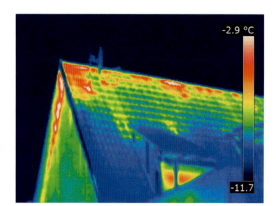

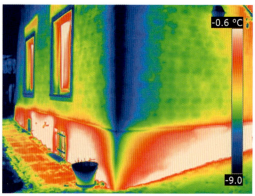

Abb. 5.17: Dachthermografie ist unter bestimmten Umständen partiell möglich. Hier ist ebenfalls am Ortgang eine Energieleckage erkennbar.

Abb. 5.18: Die geometrische Wärmebrücke Außenecke erscheint außen kälter als die Umgebung. Der betonierte Sockel strahlt erheblich Wärme ab.

Es gibt allerdings Fälle, in denen der Wärmedurchtritt durch die luftdichte Folie, die Dämmung und durch die Gesamtkonstruktion so groß ist, dass im Dachbereich eine deutliche thermische Anomalie entsteht. In diesen Ausnahmefällen (vgl. Abb. 5.17) kann dann im Innenbereich weitergesucht werden.

Außenecke

Jede Außenecke stellt eine geometrische Wärmebrücke dar – auch bei einem gut wärmegedämmten Gebäude. Da die Außenfläche größer als die Innenfläche ist, erscheint die Wärmebrücke auf der Außenseite thermografisch kälter als die Umgebung. Abb. 5.18 zeigt zwar sehr gut eine solche geometrische Wärmebrücke, soll allerdings als Beispiel dafür dienen, wie nicht gearbeitet werden sollte, da sich durch den 45°-Blickwinkel auf die Ecke ein sehr spitzer Messwinkel auf die Außenwände ergibt (vgl. dazu auch Abb. 5.6). Der Messwinkel auf beide Wände ist äußerst ungünstig und sollte vermieden werden, da die gemessenen Wandtemperaturen erheblich von den tatsächlichen Temperaturen abweichen können.

5.3.2   Statische Wärmebrücken (Innenthermografie)

Die folgenden Beispiele stehen exemplarisch für den Typ der statischen Wärmebrücke. Die Thermogramme sind jeweils im Detail erläutert.

Außenecke von innen

Die Abb. 5.19 zeigt die geometrische Wärmebrücke Außenecke von innen thermografiert. Der Temperaturunterschied zum ungestörten Bereich beträgt ca. 8 °C. Aufgrund der niedrigen Oberflächentemperatur in der Ecke könnten Tauwasseranfall und Schimmelpilzbildung möglich sein. Da die Raumtemperatur allerdings deutlich unter 20 °C liegt, müssen die Messdaten auf das Normniveau umgerechnet werden.

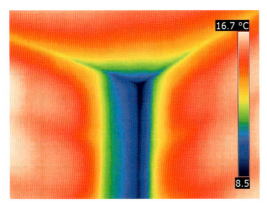

Abb. 5.19:   Geometrische Wärmebrücke Außenecke von innen gesehen und gemessen

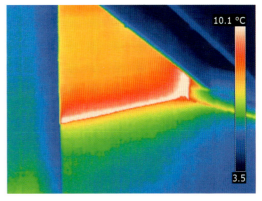

Abb. 5.20:   Die ungedämmte Giebelwand auf der gedämmten Geschossdecke wirkt wie eine Kühlrippe.

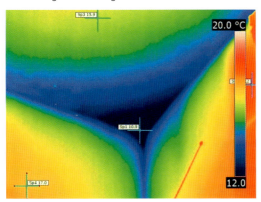

Abb. 5.21:   Dreidimensionale Wärmebrücke im Schnitt Außenwand/Außenwand/Decke

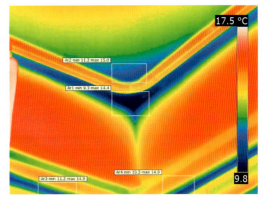

Abb. 5.22:   Dreidimensionale Wärmebrücke unter Erkerdach

Giebelwand im nicht ausgebauten Dachgeschoss

Wenn das Dachgeschoss nicht ausgebaut, sondern nur die oberste Geschossdecke wärmegedämmt wird, dann müssen alle auf der Rohdecke stehenden aufsteigenden Bauteile ebenfalls mitgedämmt werden, da diese sonst für die gedämmte Decke wie Kühlrippen wirken, die zu erheblichen Wärmeverlusten führen können (vgl. Abb. 5.20).

Außenecke im Deckenschnitt (dreidimensionale Wärmebrücke)

Trifft die geometrische Wärmebrücke Außenecke auf eine nach außen fast ungedämmt durchlaufende Geschossdecke, so sinken die Oberflächentemperaturen an dieser dreidimensionalen Wärmebrücke ganz erheblich (vgl. Abb. 5.21). Das ist in der Regel der Grund dafür, dass Schimmelpilz zuerst an dieser Stelle entsteht.

Außenecke im Deckenschnitt – Erkerbereich

Abb. 5.22 zeigt ebenfalls eine dreidimensionale Wärmebrücke im Deckenschnitt, jedoch hier unter einem Erkerdach, das nur mäßig gedämmt ist. Zu sehen ist der Schnitt zwischen dem Attikabereich oberhalb der Fenster und dem Flachdach des Erkers.

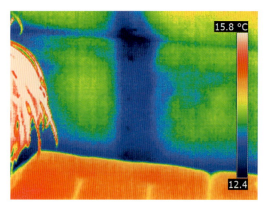

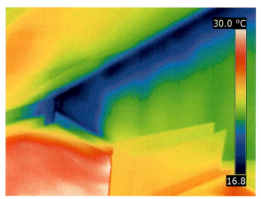

Abb. 5.23: Kniestock mit thermischer Anomalie

Abb. 5.24: Thermisch auffälliger Ringanker im Giebelbereich

Kniestockdämmung

Die in Abb. 5.23 dargestellte thermische Anomalie kann auf eine schlecht oder gar nicht gedämmte Stahlbetonsäule zurückzuführen sein. Eine bereits durchnässte Wärmedämmung ist ein weiterer Erklärungsansatz. Hier sollte das Bauteil auf jeden Fall geöffnet werden.

Ortgang mit thermischer Anomalie

Ursache der in Abb. 5.24 dargestellten thermischen Anomalie könnte z. B. ein schlecht oder gar nicht gedämmter Ringanker sein.

5.3.3   Dynamische Wärmebrücken (Innenthermografie)

Alle im Folgenden dargestellten dynamischen Wärmebrücken wurden mittels Blower-Door-Verfahren bei 50 Pa Unterdruck gemessen gemäß den Vorgaben der DIN EN 13829 und der Richtlinie „Bauthermografie" (Ausgabe Mai 2011) des Bundesverbandes für Angewandte Thermografie e. V. (VATh).

Downlight in Gipskartondecke im Dachgeschoss

Der „Klassiker" für dynamische Wärmebrücken im Dachausbau ist das Downlight. Diese Einbauleuchte wird häufig nachträglich in die Gipskartondeckenschräge eingebaut. Hierbei wird oft – sofern keine eigene Installationsebene unterhalb der luftdichten Folie geschaffen wurde – die Folie mit dem Kreisschneider aufgeschnitten. Selbst wenn dies nicht der Fall ist, kann die hohe Temperatur, auf die die Abwärme des Halogenleuchtmittels die Umgebung bringt, die luftdichte Folie einfach wegschmelzen. Passiert dies in einem Bad oder einer Dusche, so sind Schäden kaum zu vermeiden (vgl. Abb. 5.25).

Vermieden werden können solche dynamischen Wärmebrücken vor allem mit einer konsequenten Planung der luftdichten Ebene mit Schaffung einer eigenen Installationsebene, wie im Beiblatt des Fachverbandes Luftdichtheit im Bauwesen e. V. (FLiB) zur DIN 4108-7 vorgeschlagen (vgl. FLiB informiert, 2008, sowie Abb. 5.26).

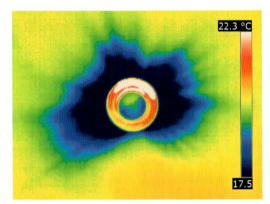

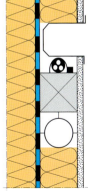

Prinzipskizze für Installationen ohne Durchdringung der Luftdichtheitsschicht

Hinweis: Die Dämmschichtdicken sind aufeinander abzustimmen, damit Tauwasserbildungen an der Luftdichtheitsschicht vermieden werden – siehe **DIN 4108-3**.
Installationen dürfen die Luftdichtheitsschicht nicht zerstören.

Abb. 5.25: Der Anschluss der luftdichten Ebene an das Downlight fehlt.

Abb. 5.26: Luftdichtheitsplanung; Schaffung einer Installationsebene (Quelle: „FLiB informiert: Technische Empfehlungen und Ergänzungen des FLiB e.V. zur DIN 4108-7, Ausgabe August 2001", Fachverband Luftdichtheit im Bauwesen e.V., Kassel, April 2008)

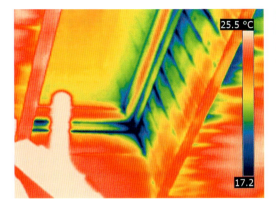

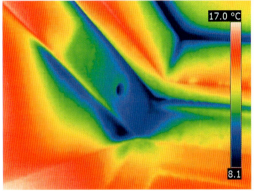

Abb. 5.27: Fehlender oder defekter luftdichter Anschluss der Folie an das Dachflächenfenster

Abb. 5.28: Fehlender oder defekter luftdichter Anschluss der Folie an das Dachflächenfenster; hier auch Leckage aus der Funktionsfuge des Dachflächenfensters sichtbar

Anschluss Dachflächenfenster (DFF)

Die zweithäufigste Ursache für dynamische Wärmebrücken beim Dachgeschossausbau stellen die Anschlüsse der luftdichten Folie an ein Dachflächenfenster (DFF) dar. Bei einer Nut- und Federverkleidung ist dann die Leckage aus allen Nut-Feder-Verbindungen messbar (vgl. Abb. 5.27).

Aber auch DFF-Anschlüsse an Gipskartondeckenverkleidungen weisen oft hohe Undichtheiten bzw. dynamische Wärmebrücken auf (vgl. Abb. 5.28).

Kombination von statischen und dynamischen Wärmebrücken

In dem Veranstaltungssaal sind die dynamischen Wärmebrücken gut zu erkennen (vgl. Abb. 5.29). Das Thermogramm wurde mit 50 Pa Unterdruck erstellt. Im Bereich der Giebelwand ist der treppenartige Verlauf des aufbetonierten Ringankers zu erkennen; hier zeigt sich eine statische Wärmebrücke (Materialwechsel). Zwischen den Deckenverkleidungen zeigen sich

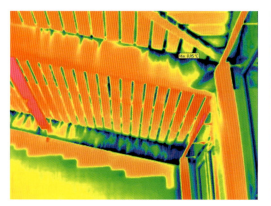

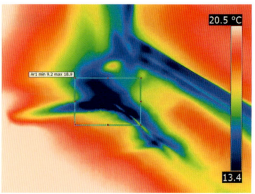

Abb. 5.29:   Kombination von statischen und dynamischen Wärmebrücken; bei 50 Pa Unterdruck gemessen

Abb. 5.30:   Fehlender oder defekter luftdichter Anschluss der Fensterklebebänder an das Brüstungsmauerwerk. Die Fensterbank kann diese Fuge in der Regel nicht abdichten.

die typischen Merkmale der dynamischen Wärmebrücken: die in den Raum hineinwachsenden Kältezungen, die aussehen, als würde Flüssigkeit herabtropfen.

Anschluss Innenfensterbank an das Fenster

Die Anschlüsse der unteren Fensterprofile an das Brüstungsmauerwerk müssen luftdicht erfolgen, z. B. mit Klebebändern. Dies geschieht oft nicht, da die Mauerköpfe des Brüstungsmauerwerks nicht luftdicht geschlossen wurden. Wird dann später die Innenfensterbank gegen das Fenster verlegt, ist die Anschlussfuge Fensterbank/Fenster oftmals Ursache von messbaren Leckagen (vgl. Abb. 5.30).

Anschluss Kniestock/Dachschräge

Der luftdichte Anschluss der Kniestockebene an die Dachschräge führt ebenfalls oft zu dynamischen Wärmebrücken, da die Fuge konstruktiv falsch gelöst wurde in Ermangelung einer detaillierten luftdichten Planung, wie sie die DIN 4108-7 vorschreibt. Meist wird die Fuge in solchen Fällen dann mit Montageschaum „abgedichtet"; derartiges Material darf aber in der luftdichten Ebene nicht verwendet werden:

„[…] Fugenfüllmaterialien, z. B. Montageschäume, sind aufgrund ihrer Eigenschaften nicht oder nur in begrenztem Maße in der Lage, Schwind- und Quellbewegungen sowie andere Bauteilverformungen aufzunehmen, und sind deshalb nicht zur Herstellung der erforderlichen Luftdichtheit geeignet."

(DIN 4108-7, Abschnitt 6.2)

Wird die Fuge nicht fachgerecht luftdicht ausgebildet, sondern mit Silikon „abgedichtet", reißt sie meist innerhalb kurzer Zeit infolge von thermisch unterschiedlicher Beanspruchung von Kniestock und Dachschräge oder infolge von Windbewegung des Dachstuhls wieder auf. Auch ein Quellen oder Schwinden der Holzkonstruktion führt zu solchen Undichtigkeiten. In Bädern und Duschen kann dies schnell zu erheblichen Schäden führen. Auch die Wärmedämmung des in Abb. 5.31 dargestellten Kniestockbereichs scheint schon erheblich gelitten zu haben, wobei die genaue Ursache noch zu klären wäre.

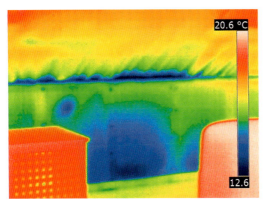

Abb. 5.31: Nicht dauerhaft luftundurchlässig abge-
dichtete Anschlussfuge

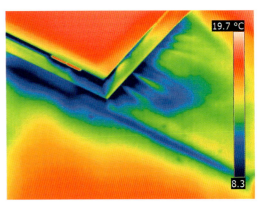

Abb. 5.32: Fehlender luftdichter Anschluss der
Speicher-Einschubtreppe

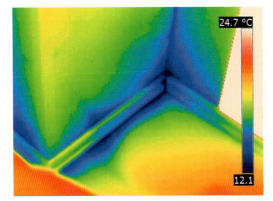

Abb. 5.33: Luftzug aus Sockelleiste

Anschluss Dachbodenluke

Der luftdichte Anschluss der Dachbodenluke fehlt ganz oder ist fehlerhaft
ausgeführt. Sowohl aus der Funktionsfuge der Einschubtreppe wie auch aus
den Anschlussfugen sind deutliche Leckagen feststellbar (vgl. Abb. 5.32).

Sockelleisten-Phänomen

Ein starker Luftzug aus den Randfugen des schwimmenden Estrichs ist
häufig anzutreffen; dieser verstärkt sich nach Entfernung der Sockelleisten.
Ursache ist in der Regel der fehlende oder mangelhafte luftdichte Anschluss
des unteren Fensterprofils an die Rohdecke. Die Luft kann in der Trittschalldämmung des Estrichs im ganzen Raum verteilt werden und entweicht
in den Ecken, da hier der Abstandshalter der Trittschalldämmung geknickt
bzw. gefaltet ist (vgl. Abb. 5.33).

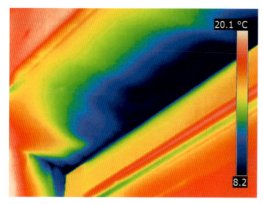

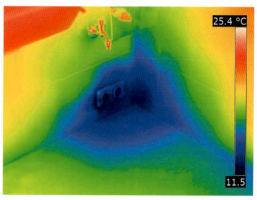

Abb. 5.34:   Undichter Deckel eines Rollladenkastens   **Abb. 5.35:**   Undichte Steckdose mit Leerrohrsystem

Anschluss Deckel Rollladenkasten

Der fehlende luftdichte Anschluss des Kastendeckels an die hierfür vorgesehene Fensternut ist einer der häufigsten Ursachen für teilweise heftige
Zugerscheinungen am Fenster. Hierbei können je nach Windrichtung abhängig davon, ob die Gebäudeseite windzugewandt oder windabgewandt
ist, der gesamte Kastendeckel und die innere Rollladenschürze erheblich
abkühlen. Die Gefahr von Tauwasseranfall und Schimmelpilzbildung ist
hier gegeben (vgl. Abb. 5.34).

Undichte Steckdosen

Die luftdichte Ausführung von Steckdosen sollte eigentlich Stand der Technik sein. Undichte Steckdosen und/oder das dazugehörige Leerrohrsystem
können aber auch in Neubauten die unmittelbare Umgebung erheblich abkühlen. Geschieht dies wie in Abb. 5.35 in einem Bad, so kann es schnell zu
Schäden durch Tauwasser und Schimmelpilzbefall kommen.

5.4   Anforderungen an einen thermografischen Bericht

Die Anforderungen an einen thermografischen Bericht sind klar geregelt in
der DIN EN 13187 sowie in der VATh-Richtlinie „Bauthermografie" (Ausgabe Mai 2011). Der geforderte Mindestinhalt für den Bericht über die Prüfung mit einer IR-Kamera ist in Abschnitt 7.1 der DIN EN 13187 wie folgt
definiert:

„Der Bericht muss enthalten:
a) eine Beschreibung der Prüfung unter Verweis auf diese Norm mit Angabe,
    dass ‚Prüfung mit einer IR-Kamera' durchgeführt wurde, den Namen des
    Auftraggebers, des Prüfgegenstandes und dessen vollständige Adresse;
b) eine kurze Beschreibung der Konstruktion des Gebäudes (diese Informa-
    tion muss durch Zeichnungen oder andere Unterlagen belegt sein);
c) Art(en) des (der) am Bauwerk verwendeten Oberflächen (Werkstoffe) und
    geschätzte Werte des Emissionsgrades dieses (dieser) Werkstoffe(s);
d) Orientierung des Gebäudes, bezogen auf die Himmelsrichtungen, dar-
    gestellt in einem Plan, und eine Beschreibung der Umgebung (Gebäude,
    Vegetation, Landschaftsmerkmale usw.);

e) *Spezifikation der verwendeten Geräte, Fabrikat, Modell und Seriennummer;*

f) *Datum und Uhrzeit der Prüfung;*

g) *Außenlufttemperatur. Es sind mindestens die beobachteten Mindest- und Höchstwerte I) während der 24 h vor und II) während der Untersuchung anzugeben;*

h) *allgemeine Angaben zur Sonneneinstrahlung, beobachtet während der 12 h vor Beginn und während der Untersuchung;*

j) *Niederschlag, Windrichtung und Windgeschwindigkeit während der Untersuchung;*

k) *Innenlufttemperatur und Lufttemperaturdifferenz zwischen Innen- und Außenseite der Umschließungsfläche während der Untersuchung;*

l) *Luftdruckgefälle zwischen der windab- und windzugewandten Seite, gegebenenfalls für jedes Geschoss;*

m) *weitere die Untersuchung beeinflussende wesentliche Faktoren, zum Beispiel schnelle Änderungen der Witterungsbedingungen;*

n) *Angabe aller Abweichungen von den vorgegebenen Prüfungsanforderungen;*

o) *Skizzen und/oder Fotografien des Gebäudes mit den Positionen der Thermogramme;*

p) *Thermogramme mit Angabe der aus der Prüfung erhaltenen Temperaturpegel, die Teile des Gebäudes zeigen, bei denen Fehlstellen nachgewiesen wurden, mit Angaben ihrer jeweiligen Positionen und der Position der IR-Kamera, bezogen auf das Messziel, und mit Bemerkungen über das Aussehen der Wärmebilder; falls möglich mit Verweisung auf Teile der Gebäudehülle mit akzeptablen Eigenschaften;*

q) *Identifikation der untersuchten Gebäudeteile;*

r) *Analyseergebnisse, die sich mit Art und Umfang jedes beobachteten Konstruktionsmangels befassen. Relativer Umfang der Fehlstelle durch einen Vergleich des fehlerhaften Teils der Gebäudehülle mit gleichartigen Teilen des Gebäudes;*

s) *Ergebnisse von ergänzenden Messungen und Untersuchungen;*

t) *Prüfdatum und Unterschrift.“*

Alle diese Angaben müssen in einem thermografischen Bericht enthalten sein, wenn er vor Gericht Bestand haben soll.

6 Gleichwertigkeitsnachweis

Wärmeverluste über Wärmebrücken können in der Energiebilanz unterschiedlich berücksichtigt werden (vgl. Kapitel 1.5). Um nicht mit dem in der Regel zu hohen Wärmebrückenfaktor ΔU_{WB} von 0,10 W/(m² · K) rechnen zu müssen und den um 50 % reduzierten ΔU_{WB} von 0,05 W/(m² · K) verwenden zu können, ist ein Gleichwertigkeitsnachweis zu führen. In DIN 4108 Beiblatt 2 ist geregelt, wie ein solcher Nachweis erbracht werden kann.

Damit mit dem reduzierten ΔU_{WB}-Wert von 0,05 W/(m² · K) gerechnet werden darf, müssen die vorhandenen Details mit denen in DIN 4108 Beiblatt 2 gleichwertig sein.

6.1 DIN 4108 Beiblatt 2

In DIN 4108 Beiblatt 2 ist eine Vielzahl von Details abgebildet, bei denen unter genormten Verhältnissen (vgl. Kapitel 2.1) eine Tauwasser- und Schimmelpilzfreiheit gewährleistet ist. Für Details, die nicht genau den dort abgebildeten entsprechen, muss die Gleichwertigkeit geprüft werden. Wie diese Gleichwertigkeit zu prüfen ist, wird in DIN 4108 Beiblatt 2 genau beschrieben.

Für alle Details, für die eine Gleichwertigkeit nach DIN 4108 Beiblatt 2 nicht nachgewiesen werden kann, muss der Nachweis mithilfe von Wärmebrückenkatalogen oder detaillierten Berechnungen (mithilfe von Isothermen-Programmen) erfolgen. Die Randbedingungen für die Berechnung von Oberflächentemperaturen und für die Bestimmung der ψ-Werte sind in DIN 4108 Beiblatt 2 (Abschnitt 7.3) beschrieben und dargestellt.

Für Details, die in DIN 4108 Beiblatt 2 nicht abgebildet sind, muss kein Gleichwertigkeitsnachweis geführt werden. Die Schimmelpilzfreiheit muss aber auf jeden Fall gewährleistet sein.

Hinweis:
- DIN 4108 Beiblatt 2 gilt nur für zweidimensionale Wärmebrückendetails.
- Die in DIN 4108 Beiblatt 2 dargestellten Detailpunkte dienen nur als Konstruktionsempfehlung und legen ein Referenzniveau für die energetische Qualität einer Anschlussausbildung fest.
- Dort nicht abgebildete Details müssen mit geeigneten Isothermen-Programmen auf Schimmelpilzfreiheit untersucht werden.

6.2   Nachweisverfahren

Ein Gleichwertigkeitsnachweis muss erbracht werden, um festzustellen, ob eine gewählte Konstruktion dem in DIN 4108 Beiblatt 2 abgebildeten Referenzbild entspricht und somit der Wärmebrückenzuschlag von $\Delta U_{WB} = 0,05$ W/(m² · K) angesetzt werden kann. Bei der Führung des Gleichwertigkeitsnachweises muss nach DIN 4108 Beiblatt 2 folgendermaßen verfahren werden:

- Wenn ein Bauteil einem Detail aus DIN 4108 Beiblatt 2 bezüglich des konstruktiven Grundprinzips, der Beschreibung der Bauteilabmessungen und der Baustoffeigenschaften eindeutig zugeordnet werden kann, darf das Detail als gleichwertig betrachtet werden.
- Wenn Materialien andere Wärmeleitfähigkeiten aufweisen als die in DIN 4108 Beiblatt 2 abgebildeten, so kann ein Nachweis der Gleichwertigkeit mithilfe der Berechnung von R-Werten der einzelnen Schichten erfolgen.
- Wenn auf diesem Weg auch keine Übereinstimmung erzielt werden kann, darf der Nachweis auch über die ψ-Werte erfolgen. Diese sind nach DIN EN ISO 10211 mithilfe eines Isothermen-Programms zu berechnen. Der berechnete ψ-Wert muss kleiner sein als der in DIN 4108 Beiblatt 2 angegebene. Für die Berechnung sind die Randbedingungen aus DIN 4108 Beiblatt 2 (Abschnitt 7) zu verwenden.
- Es dürfen auch ψ-Werte aus Wärmebrückenkatalogen oder anderen Veröffentlichungen herangezogen werden, wenn die Berechnungen auf den Randbedingungen gemäß DIN 4108 Beiblatt 2 basieren.

Für die **Erstellung von Energieausweisen** gibt es laut EnEV eine Sonderregelung zum Gleichwertigkeitsnachweis (vgl. Kapitel 6.3).

Für den Gleichwertigkeitsnachweis müssen nicht alle Wärmebrückendetails auf Gleichwertigkeit mit DIN 4108 Beiblatt 2 untersucht werden. Die Wärmebrücken, die in der Regel negativ sind oder durch eine Außendämmung minimiert wurden, können bei der Betrachtung vernachlässigt werden. Folgende Wärmebrückendetails können nach DIN 4108 Beiblatt 2 bei der Nachweisführung auf Gleichwertigkeit vernachlässigt werden:

- Außen- und Innenecken, wenn diese homogen sind,
- Anschluss der Innenwand an die durchlaufende Außenwand und an die untere oder obere Geschossdecke, wenn außen eine Wärmedämmung mit einer Dicke $\geq$ 10 cm und einem λ-Wert von 0,04 W/(m · K) vorhanden ist,
- Anschluss der Geschossdecke an eine Außenwand, wenn an der Außenwand eine durchlaufende Wärmedämmung angebracht ist mit einem R-Wert $\geq 2,5$ m² · K/W, was einer Wärmedämmung mit 10 cm Dicke bei einem λ-Wert von 0,04 W/(m · K) entspricht,
- Anschlüsse von Haus-, Kellerabgangs-, Kelleraußen- und Dachraumtüren in der wärmegedämmten Hülle,
- kleinteilige Schwächungen der Gebäudehülle durch Steckdosen, Leitungs- und Versorgungsschächte oder Schlitze,

- kleinflächige Bauteile wie Unterzüge und untere Abschlüsse von Erkern, wenn außen eine Wärmedämmschicht mit einem R-Wert $\geq 2{,}5$ m$^2 \cdot$ K/W angebracht ist.

Nachfolgend wird das Nachweisverfahren am Beispiel eines Sockeldetails erläutert.

Eindeutige Zuordnung des konstruktiven Grundprinzips

Entspricht ein Detail einem der Referenzbilder aus DIN 4108 Beiblatt 2 bezüglich der Bauteilabmessungen und der Wärmeleitzahlen der einzelnen Stoffschichten (innerhalb des Wertebereiches), gilt es als gleichwertig.

Im Folgenden wird ein Sockeldetail beispielhaft mit dem entsprechenden Referenzbild aus DIN 4108 Beiblatt 2 verglichen (vgl. Abb. 6.1).

Für die einzelnen Schraffuren in der dargestellten Zeichnung des Referenzbildes aus DIN 4108 Beiblatt 2 (vgl. Abb. 6.1) sind λ-Werte hinterlegt. In Tabelle 6.1 werden die λ-Werte den einzelnen Schraffuren zugeordnet.

Für die Gleichwertigkeit müssen die Materialien betrachtet werden, die vermaßt sind. Alle anderen Schichten können für die Prüfung auf Gleichwertigkeit vernachlässigt werden.

Bei dem Gleichwertigkeitsnachweis geht es ausschließlich darum, festzustellen, ob das Detail dem in DIN 4108 Beiblatt 2 dargestellten Detail entspricht. Die Feststellung, ob das Detail besser oder schlechter ist als das in DIN 4108 Beiblatt 2, ist nicht Gegenstand des Nachweises.

Im nachzuweisenden Detail (vgl. Abb. 6.1) sind die folgenden Angaben auf Gleichwertigkeit zu überprüfen.

Außenmauer:
- Dämmung 100 bis 160 mm, $\lambda = 0{,}04$ W/(m $\cdot$ K)
- Mauerwerk 150 bis 240 mm, $0{,}21$ W/(m $\cdot$ K) $< \lambda \leq 1{,}1$ W/(m $\cdot$ K)

Geschossdecke:
- Dämmung auf der Geschossdecke 20 bis 30 mm, $\lambda = 0{,}04$ W/(m $\cdot$ K)
- Dämmung unter der Geschossdecke 40 bis 70 mm, $\lambda = 0{,}04$ W/(m $\cdot$ K)

Kellerwand:
- Mauerwerk 240 bis 365 mm, $0{,}21$ W/(m $\cdot$ K) $< \lambda \leq 1{,}1$ W/(m $\cdot$ K)

Konstruktive Merkmale:
- Die Sockeldämmung darf nicht mehr als 40 mm dünner sein als die Dämmung der Kellerwand.
- Die Sockeldämmung muss mindestens 500 mm unter die Oberkante (OK) der Kellerdecke gezogen werden.

Werden nun die beiden Details in Abb. 6.1 bezüglich der angegebenen Schichten verglichen, ist festzustellen, dass das für die Ausführung vorgesehene Detail sowohl bezüglich der Bauteilabmessungen als auch bezüglich der Wärmeleitzahlen innerhalb der im Referenzbild angegebenen Bereiche liegt. **Das Detail ist somit gleichwertig.**

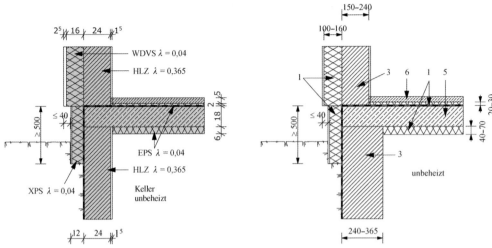

WDVS   Wärmedämm-Verbundsystem
HLZ   Hochlochziegel
EPS   expandierter Polystyrol-Partikelschaum
XPS   extrudierter Polystyrol-Hartschaum

Abb. 6.1:   Beispiel Sockelausbildung Ausführungsdetail (links); Referenzbild nach DIN 4108 Beiblatt 2:2006-03, Bild 30 (rechts, vgl. auch Tabelle 6.1); λ-Werte in W/(m · K)

Tabelle 6.1:   λ-Werte für die einzelnen Materialien nach DIN 4108 Beiblatt 2:2006-03, Tabelle 3

Material (Schraffur)[1]	λ in W/(m · K)
1	$\lambda = 0{,}04$
2	$\lambda = \leq 0{,}21$
3	$0{,}21 < \lambda \leq 1{,}1$
4	$\lambda > 1{,}1$
5	$\lambda = 2{,}3$
6	keine Angaben

1) vgl. die Zuordnung über die Ziffern in Abb. 6.1 (rechter Abbildungsteil)

Weicht eine Schicht bezüglich der Bauteilabmessung oder der Wärmeleitzahl vom Referenzbild ab, so ist die Gleichwertigkeit nicht gegeben. Dann muss die Gleichwertigkeit entweder mithilfe der R-Werte oder der ψ-Werte nachgewiesen werden.

Nachweis über die Wärmedurchgangswiderstände R

Eine Gleichwertigkeit wäre nicht für den Fall gegeben, dass die Kellerwand des Ausführungsdetails in Abb. 6.1 nicht als Ziegelmauerwerk, sondern als Stahlbeton dargestellt ist.

Für diese Untersuchung müssen die R-Werte der einzelnen Schichten des Ausführungsdetails mit dem R-Wertebereich der Schichten des Referenzbildes verglichen werden (vgl. Tabelle 6.2). Jeder R-Wert der einzelnen Schichten muss innerhalb des R-Wertebereichs der Schichten des Ausführungsdetails liegen, damit dieses gleichwertig ist.

Diese Untersuchung wird in Tabelle 6.2 beispielhaft für das in Abb. 6.1 dargestellte Sockeldetail durchgeführt; die Kelleraußenwand wird hier in Stahlbeton ausgeführt.

Tabelle 6.2:   Ausführungsdetail und Referenzbild nach Abb. 6.1 – Gegenüberstellung der R-Werte (d = Dicke der Schicht)

R-Wert Ausführungsdetail						R-Wert Referenzbild							
Schichtbezeichnung	Material	d in m	λ in W/(m · K)	R in m² · K/W	zulässig	Schichtbezeichnung	Material	d_1 in m	d_2 in m	λ_1 in W/(m · K)	λ_2 in W/(m · K)	R_1 in m² · K/W	R_2 in m² · K/W
Wand Erdgeschoss						**Wand Erdgeschoss**							
Dämmschicht	EPS	0,160	0,040	4,000	ja	Dämmschicht		0,100	0,160	0,040	0,040	2,500	4,000
Tragschicht	HLZ	0,240	0,365	0,658	ja	Tragschicht		0,150	0,240	1,100	0,210	0,136	1,143
Wand Kellergeschoss						**Wand Kellergeschoss**							
Dämmschicht	XPS	0,120	0,040	3,000	ja	Dämmschicht		0,060	0,160	0,040	0,040	1,500	4,000
Tragschicht	Beton	0,240	2,100	0,114	nein	Tragschicht	Beton	0,240	0,365	1,100	0,210	0,218	1,738
Kellerdecke						**Kellerdecke**							
Dämmschicht oben	EPS	0,020	0,040	0,500	ja	Dämmschicht oben		0,020	0,030	0,040	0,040	0,500	0,750
Dämmschicht unten	EPS	0,060	0,040	1,500	ja	Dämmschicht unten	EPS	0,040	0,070	0,040	0,040	1,000	1,750

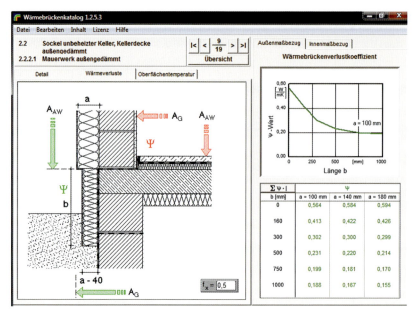

Abb. 6.2: Darstellung des ψ-Wertes für ein Sockeldetail
(Quelle: Ingenieurbüro Prof. Dr. Hauser GmbH, Wärmebrückenkatalog auf CD, Version 1.2.5.3, Kassel, Bild 2.2.2.1)

Gemäß Tabelle 6.2 zeigt sich, dass die Gleichwertigkeit bei der Kellerwand aus Stahlbeton nicht mehr gegeben ist. Der berechnete R-Wert der Betonkellerwand liegt nicht im R-Wertebereich des Referenzbildes. Wenn der R-Wert von nur einer Schicht nicht im R-Wertebereich des Referenzbildes (R_1 bis R_2 in Tabelle 6.2) liegt, ist die Gleichwertigkeit nicht gegeben.

Nun kann die Gleichwertigkeit noch über den ψ-Wert nachgewiesen werden.

Nachweis über eine detaillierte Berechnung der ψ-Werte

In DIN 4108 Beiblatt 2, Tabelle 4, ist für jedes dort abgebildete Detail ein max. zulässiger ψ-Wert angegeben. Ist der für das nachzuweisende Detail berechnete ψ-Wert kleiner oder gleich dem für das Referenzbild angegebenen Wert, ist das Detail als gleichwertig zu betrachten.

Der ψ-Wert für das nachzuweisende Detail aus Abb. 6.1 (linker Abbildungsteil) mit betonierter Kelleraußenwand muss gemäß DIN 4108 Beiblatt 2, Bild 30, kleiner gleich 0,30 W/(m · K) sein, damit es als gleichwertig betrachtet werden kann (vgl. zur Berechnung von ψ-Werten Kapitel 2.2 und 2.3). Für einige Details finden sich in DIN 4108 Beiblatt 2 außerdem Anmerkungen, die auf mögliche Abweichungen hinweisen.

Nachweis über Wärmebrückenkataloge und Herstellerangaben

Verschiedene Baustoffhersteller haben für ihre Produkte Wärmebrückenkataloge in mehr oder weniger guter Qualität erarbeitet, in denen für eine Vielzahl von Details ψ-Werte angegeben sind. Diese Kataloge gelten aber in der Regel nur für die dort abgebildeten Baustoffe. Einer der wenigen baustoffunabhängigen Wärmebrückenkataloge wurde vom Ingenieurbüro Prof. Dr. Hauser GmbH (IBH) in Kassel entwickelt (als digitale Software und als Buch). Für die folgende beispielhafte ψ-Wert-Bestimmung soll dieser Katalog genutzt werden (vgl. Abb. 6.2).

Das in Abb. 6.2 dargestellte Detail entspricht weitgehend dem aus Abb. 6.1 (linker Abbildungsteil). Für die Breite der Sockeldämmung $b = 50$ cm und eine Dicke der Wärmedämmung von 160 mm ergibt sich ein ψ-Wert zwischen 0,220 und 0,214 W/(m · K). Dieser ist kleiner als der zulässige Wert von 0,30 W/(m · K) gemäß DIN 4108 Beiblatt 2, Bild 30. Somit ist das Detail als gleichwertig zu betrachten.

6.3   Sonderregelung nach Energieeinsparverordnung (EnEV)

Hinweis: Diese Sonderregelung gilt nicht für die Nachweise von KfW-Effizienzhäusern (vgl. Liste der Technischen FAQ [Stand 08/2015], Nr. 4.05).

Da die heute am Markt erhältlichen Wärmedämmstoffe und Mauersteine kleinere λ-Werte aufweisen als die in DIN 4108 Beiblatt 2 dargestellten und in der Folge in vielen Fällen keine Gleichwertigkeit der Details nach DIN 4108 Beiblatt 2 mehr nachweisbar ist, wurde in die EnEV eine Sonderregelung für Energieausweise aufgenommen:

„Der verbleibende Einfluss der Wärmebrücken bei der Ermittlung des Jahres-Primärenergiebedarfs ist nach Maßgabe des jeweils angewendeten Berechnungsverfahrens zu berücksichtigen. Soweit dabei Gleichwertigkeitsnachweise zu führen wären, ist dies für solche Wärmebrücken nicht erforderlich, bei denen die angrenzenden Bauteile kleinere Wärmedurchgangskoeffizienten aufweisen, als in den Musterlösungen der DIN 4108 Beiblatt 2:2006-03 zugrunde gelegt sind."   (§ 7 Abs. 3 EnEV 2014)

Wenn also ein Detail einem in DIN 4108 Beiblatt 2 abgebildeten Detail bezüglich des konstruktiven Grundprinzips entspricht, aber die R-Werte der vorhandenen Schichten nicht im R-Wertebereich des in DIN 4108 Beiblatt 2 abgebildeten Details liegen, so muss nach § 7 Abs. 3 EnEV kein weiterer Gleichwertigkeitsnachweis geführt werden. Voraussetzung dafür ist aber, dass die flankierenden Bauteile des nachzuweisenden Details einen kleineren Wärmedurchgangskoeffizient U aufweisen als das in DIN 4108 Beiblatt 2 abgebildete.

Da in den Details in DIN 4108 Beiblatt 2 nicht für alle Baustoffschichten λ-Werte und Bauteildicken angegeben sind, können für die U-Wert-Berechnung der Bauteile nur die Schichten berücksichtigt werden, die im Referenzbild auch bemaßt sind. Falls ein Schichtdickenbereich angegeben ist, kann angenommen werden, dass die geringste Schichtdicke angesetzt werden darf. Der innere und der äußere Wärmeübergangswiderstand R_{si} und R_{se} können ebenfalls vernachlässigt werden. Eine genaue Regelung dazu gibt es nicht.

Am Beispiel des in Abb. 6.1 dargestellte Details wird nachfolgend die Nachweisführung erläutert. Es handelt sich hierbei nicht um eine korrekte

U-Wert-Berechnung nach DIN EN ISO 6946, sondern um eine vereinfachte Berechnung zur Überprüfung der Gleichwertigkeit nach § 7 Abs. 3 EnEV:

$$U_{AW} = \frac{1}{R} \quad \text{in W/(m}^2 \cdot \text{K)} \tag{6.1}$$

mit

U_{AW} Wärmedurchgangskoeffizient der Außenwand in W/(m² · K)
R ΣR_i in m² · K/W
R_i $d : \lambda$ in m² · K/W
d Schichtdicke in m
λ Wärmeleitfähigkeit des Materials in W/(m · K)

Beispiel

U_{AW}-Wert Außenwand der vorhandenen Sockelausbildung (Abb. 6.1 links):

U_{AW} = 1 : (0,16 m : 0,04 W/(m · K) + 0,24 m : 0,365 W/(m · K))
U_{AW} = 1 : 4,66 m² · K/W = 0,210 W/(m² · K)

$U_{AW,R}$-Wert Außenwand des Referenzbildes (Abb. 6.1 rechts):

$U_{AW,R}$ = 1 : (0,10 m : 0,04 W/(m · K) + 0,15 m : 1,1 W/(m · K))
$U_{AW,R}$ = 1 : 2,64 m² · K/W = 0,380 W/(m² · K)

Ergebnis: Der U-Wert der Außenwand der vorhandenen Sockelausbildung ist kleiner als der des Referenzbildes aus DIN 4108 Beiblatt 2.

U_G-Wert Kellerdecke der vorhandenen Sockelausbildung (Abb. 6.1 links):

U_G = 1 : (0,02 m : 0,04 W/(m · K) + 0,06 m : 0,04 W/(m · K))
U_G = 1 : 2 m² · K/W = 0,500 W/(m² · K)

$U_{G,R}$-Wert Kellerdecke des Referenzbildes (Abb. 6.1 rechts):

$U_{G,R}$ = 1 : (0,02 m : 0,04 W/(m · K) + 0,04 m : 0,04 W/(m · K))
U_G = 1 : 1,5 m² · K/W = 0,670 W/(m² · K)

Ergebnis: Der U-Wert der Kellerdecke der vorhandenen Sockelausbildung ist kleiner als der des Referenzbildes aus DIN 4108 Beiblatt 2.

Somit muss kein weiterer Gleichwertigkeitsnachweis nach DIN 4108 Beiblatt 2 geführt werden.

Für alle Details, deren Bauteile keinen besseren U-Wert aufweisen als die Bauteile eines vergleichbaren Details aus DIN 4108 Beiblatt 2, muss die Gleichwertigkeit wie in Kapitel 6.2 beschrieben geprüft werden.

6.4   Sonderregelung nach KfW für Energieeffizienzhäuser

Da DIN 4108 Beiblatt 2 (aktuelle Ausgabe 2006) weder für Neubauten mit gutem Energiestandard noch für Bestandsgebäude ausreichend Details beinhaltet, um die Gleichwertigkeit für alle Details eines Gebäudes nachweisen zu können, hat die KfW Sonderregelungen für die Gleichwertigkeitsführung beim Nachweis von Effizienzhäusern veröffentlicht.

Im „Infoblatt KfW-Wärmebrückenbewertung" (Stand 11/2015) ist erläutert, wie Wärmebrücken mithilfe der KfW-Formblätter A bis D für die Energiebilanzierung berücksichtigt werden können. Außerdem gibt es in diesem Merkblatt Konstruktionsbeispiele in Form der KfW-Wärmebrückenempfehlungen, die für den Gleichwertigkeitsnachweis von KfW-Effizienzhäusern und für das KfW-Wärmebrückenkurzverfahren herangezogen werden dürfen.

Folgende Formblätter werden von der KfW für die Bewertung von Wärmebrücken zur Verfügung gestellt (Download der aktuellen Formblätter über www.kfw.de):
● Formblatt A – Gleichwertigkeitsnachweis (vgl. Kapitel 6.4.1),
● Formblatt B – erweiterter Gleichwertigkeitsnachweis (vgl. Kapitel 6.4.3),
● Formblatt C – detaillierter Wärmebrückennachweis (vgl. Kapitel 7.6),
● Formblatt D – KfW-Wärmebrückenkurzverfahren (vgl. Kapitel 7.7).

6.4.1   Formblatt A – Gleichwertigkeitsnachweis

Das Formblatt A der KfW kann für den Gleichwertigkeitsnachweis nach DIN 4108 Beiblatt 2 bei der Berechnung von Effizienzhäusern herangezogen werden.

In das Formblatt A ist das Bauvorhaben, der verantwortliche Sachverständige mit Namen und Adresse sowie das beantragte Effizienzhausniveau einzutragen. Außerdem wird von der KfW abgefragt, auf welcher der folgenden Grundlagen der Nachweis geführt wurde:
● auf Grundlage von Planungsdaten im Rahmen des KfW-Effizienzhausantrages,
● auf Grundlage der vorhandenen Konstruktion im Rahmen der KfW-Bestätigung nach Durchführung.

Meist ist zum Zeitpunkt der Antragstellung noch keine Detailplanung vorhanden, auf deren Grundlage ein Wärmebrückennachweis geführt werden kann. Hier muss der Sachverständige beurteilen können, inwieweit er auf die Detailplanung Einfluss nehmen kann, damit die Wärmebrückendetails so ausgeführt werden, dass deren Gleichwertigkeit nach Formblatt A nachzuweisen ist. Außerdem muss eine Detailplanung erstellt werden. Wer diese Detailplanung erstellt, muss mit dem Auftraggeber abgestimmt werden.

In Formblatt A stehen für den Nachweis der Gleichwertigkeit eines Details nach DIN 4108 Beiblatt 2 oder nach dem „Infoblatt KfW-Wärmebrückenbewertung" die folgenden 5 Nachweisverfahren zur Verfügung (vgl. auch Abb. 6.3):
● Nachweisverfahren 1: gleichwertig über das gesamte konstruktive Grundprinzip (vgl. Kapitel 6.2),
● Nachweisverfahren 2: gleichwertig über den Wärmeübergangswiderstand R der jeweiligen Schichten (vgl. Kapitel 6.2),
● Nachweisverfahren 3: gleichwertig über den Nachweis der ψ-Werte-Berechnung (vgl. Kapitel 6.2),
● Nachweisverfahren 4: gleichwertig über den Nachweis aus Veröffentlichungen wie Wärmebrückenkataloge und Herstellerangaben (vgl. Kapitel 6.2),
● Nachweisverfahren 5 (ergänzend nach KfW): Gleichwertigkeitsnachweis nach den KfW-Wärmebrückenempfehlungen (vgl. Kapitel 6.4.2).

KfW-Wärmebrückenbewertung, Formblatt A

Gleichwertigkeitsnachweis (151, 153, 430)

Sachverständiger	Bauvorhaben

Name			Objekt		Baujahr

Straße	Nr.	Straße	Nr.

PLZ	Ort	PLZ	Ort

Beantragtes KfW-Effizienzhaus (EH)

☐ EH Denkmal　☐ EH 115　☐ EH 100　☐ EH 85　☐ EH 70　☐ EH 55　☐ EH 40

Der Gleichwertigkeitsnachweis wurde erstellt auf Basis

☐ von Planungsdaten im Rahmen des KfW-Effizienzhausantrages

☐ der vorhandenen Konstruktion im Rahmen der KfW-Bestätigung nach Durchführung

	Relevante Wärmebrücken für den Gleichwertigkeitsnachweis	Nr. des Vergleichsbeispiel aus BBL 2 oder KfW Wärmebrückenempfehlung	Nachweis der Gleichwertigkeit nach Verfahren				
			1 Konstruktives Grundprinzip BBL 2	2 Wärmedurchlasswiderstand	3 ψ-Wert nach eigener Berechnung	4 ψ-Wert aus Veröffentlichung	5 KfW Wärmebrückenempfehlung
1.	☐ Kelleraußenwand/Bodenplatte		☐	☐			
2.	☐ Außenwand/Bodenplatte		☐	☐			
3.	☐ Außenwand/Kellerdecke		☐	☐			
4.	☐ Fensterbrüstung		☐	☐			
5.	☐ Seitliche Fensterlaibung		☐	☐			
6.	☐ Fenstersturz		☐	☐			
7.	☐ Fenstersturz mit Rollokasten		☐	☐			
8.	☐ Bodentiefes Fenster/Kellerdecke		☐	☐			
9.	☐ Bodentiefes Fenster/Geschossdecke		☐	☐			
10.	☐ Balkonanschluss		☐	☐			
11.	☐ Geschossdecke/Außenwand		☐	☐			
12.	☐ Oberste Geschossdecke/Traufe		☐	☐			
13.	☐ Oberste Geschossdecke/Giebelwand		✕	✕			
14.	☐ Traufe		☐	☐			
15.	☐ Ortgang		☐	☐			
16.	☐ Außenwand/Flachdach (Attika)		☐	☐			
17.	☐ Dachflächenfenster (Oben/Unten)		☐	☐			
18.	☐ Dachflächenfenster (Seitlich)		☐	☐			
19.	☐ Gaubenwange/Dachfläche		☐	☐			
20.	☐ Innenwand/Kellerdecke		☐	☐			
21.	☐ Innenwand/Bodenplatte		✕	✕			
22.	☐ Innenwand/Dach		☐	☐			
23.	☐		☐	☐			
24.	☐		☐	☐			
25.	☐		☐	☐			

Werden Wärmebrückenanschlussdetails unterschiedlich ausgeführt und dadurch verschiedene Nachweismethoden verwendet, nutzen Sie bitte die freie Eingabe ab Detailnummer 23 oder ein weiteres Formblatt A.

Bestätigung Sachverständiger

Ich versichere, dass die obigen Angaben zum Gleichwertigkeitsnachweis vollständig und richtig sind und dass ich sie durch geeignete Unterlagen belegen kann. Ich bin bereit, diese Unterlagen auf Anforderung der KfW zur Verfügung zu stellen. Die Hinweise und Erläuterungen des Infoblatts "KfW-Wärmebrückenbewertung" sind berücksichtigt. Neben der Wärmebrückendokumentation ist auch die Konstruktionsbeschreibung aus der U-Wert-Berechnung diesem Formular beigefügt.

Ort, Datum	Unterschrift Sachverständiger

Abb. 6.3: Formblatt A – Gleichwertigkeitsnachweis nach KfW-Wärmebrückenbewertung (Quelle: KfW [Stand 09/2015])

Erläuterungen zu Abb. 6.3:

- Spalte „*Relevante Wärmebrücken für den Gleichwertigkeitsnachweis*“: Hier sind die 22 gängigsten Details aufgelistet für die, sofern sie vorhanden sind, ein Gleichwertigkeitsnachweis geführt werden muss. Falls zusätzliche Details vorhanden sind, für die eine Gleichwertigkeit nachgewiesen werden muss, können diese zusätzlich aufgenommen werden (vgl. auch die Beispiele in den Kapiteln 9 bis 11).
- Spalte „*Nr. des Vergleichsbeispiels aus BBL 2 oder KfW Wärmebrückenempfehlung*“: Hier ist die Nummer des Details aus DIN 4108 Beiblatt 2 oder aus den KfW-Wärmebrückenempfehlungen („Infoblatt KfW-Wärmebrückenbewertung“) einzutragen, mit dem das vorhandene Detail verglichen wird.
- Spalte „*1 – Konstruktives Grundprinzip BBL 2*“: Kann die Gleichwertigkeit nach dem konstruktiven Grundprinzip nachgewiesen werden (vgl. Kapitel 6.2), ist hier ein „X“ einzutragen bzw. ein Kreuz zu setzen.
- Spalte „*2 – Wärmedurchlasswiderstand*“: Kann die Gleichwertigkeit mithilfe der Wärmedurchlasswiderstände R nachgewiesen werden (vgl. Kapitel 6.2), ist hier ein „X“ einzutragen bzw. ein Kreuz zu setzen.
- Spalte „*3 – ψ-Wert nach eigener Berechnung*“: Wird die Gleichwertigkeit mithilfe der Berechnung des ψ-Werts nachgewiesen (vgl. Kapitel 6.2), ist der berechnete ψ-Werte hier einzutragen.
- Spalte „*4 – ψ-Wert aus Veröffentlichung*“: Wird die Gleichwertigkeit mithilfe eines ψ-Werts aus Veröffentlichungen nachgewiesen (vgl. Kapitel 6.2), ist der ψ-Wert aus der Veröffentlichung hier einzutragen.
- Spalte „*5 – KfW Wärmebrückenempfehlung*“: Kann die Gleichwertigkeit mithilfe der Wärmedurchlasswiderstände R nach den KfW-Wärmebrückenempfehlungen nachgewiesen werden (vgl. Kapitel 6.4.2), ist hier ein „X“ einzutragen.

Hinweis: Für die Dokumentation ist grundsätzlich immer die Konstruktionsbeschreibung aus der *U*-Wert-Berechnung der Außenbauteile beizulegen.

Das Formblatt A ist in leicht abgewandelter Form in die Excel-Berechnungshilfen integriert und kann dort individuell bearbeitet werden (vgl. Kapitel 8.7 zu den Berechnungshilfen; vgl. auch die Hinweise zum Download-Angebot auf S. 6).

6.4.2 Gleichwertigkeitsnachweis nach den KfW-Wärmebrückenempfehlungen

Falls der Nachweis auf Gleichwertigkeit für ein Detail nach DIN 4108 Beiblatt 2 nicht geführt werden kann, besteht für KfW-Effizienzhausberechnungen noch die Möglichkeit, die Gleichwertigkeit über die Wärmebrückenempfehlungen der KfW nachzuweisen (vgl. „Infoblatt KfW-Wärmebrückenbewertung“ [Stand 11/2015]); hier findet sich eine Vielzahl von Abbildungen, in denen für die Wärmebrückenwirkung relevante Dämmstoffschichten, *R*-Werte und Schichtdicken angegeben sind. Die *R*-Werte der einzelnen Schichten müssen in einem bestimmten Verhältnis zueinander stehen (vgl. Abb. 6.4). Nachfolgend wird ein beispielhaftes Bodenplattendetail (vgl. Abb. 6.5) mit dem Detail aus Abb. 6.4 auf Gleichwertigkeit nach KfW verglichen.

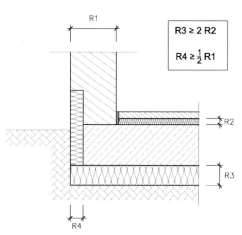

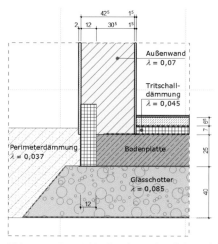

Abb. 6.4: KfW-Wärmebrückenempfehlungen – Referenzbild 1.1.2 (Quelle: Infoblatt KfW-Wärmebrückenbewertung [Stand 11/2015], Bild 1.1.2)

Abb. 6.5: Beispiel Bodenplattendetail als Ausführungsdetail; λ-Werte in W/(m · K)

Gleichwertigkeitsnachweis nach den KfW-Wärmebrückenempfehlungen am Beispiel eines Bodenplattendetails

Wenn ein Wärmebrückendetail mit dem Detail aus Abb. 6.4 verglichen wird, müssen folgende Bedingungen erfüllt sein, um eine Gleichwertigkeit nach den KfW-Wärmebrückenempfehlungen nachweisen zu können (vgl. „Infoblatt Wärmebrückenbewertung" [Stand 11/2015], Bild 1.1.2):

- erste Bedingung: $R3 \geq 2 \cdot R2$,
- zweite Bedingung: $R4 \geq \frac{1}{2} R1$,
- Überdämmung der ersten Steinreihe.

Die R-Werte des Bodenplattendetails aus Abb. 6.5 werden nach der folgenden Formel bestimmt:

$$R = \frac{d}{\lambda} \quad \text{in m}^2 \cdot \text{K/W} \tag{6.2}$$

mit
R Wärmedurchlasswiderstand in $\text{m}^2 \cdot \text{K/W}$
d Schichtdicke in m
λ Wärmeleitfähigkeit in W/(m · K)

Erster Schritt: Berechnung der nachzuweisenden R-Werte für das Detail aus Abb. 6.5

- $R1$ Außenwand: $R1 = d : \lambda = 0{,}425 \text{ m} : 0{,}07 \text{ W/(m} \cdot \text{K)} = 6{,}07 \text{ m}^2 \cdot \text{K/W}$
- $R2$ Trittschalldämmung: $R2 = d : \lambda = 0{,}07 \text{ m} : 0{,}045 \text{ W/(m} \cdot \text{K)} = 1{,}55 \text{ m}^2 \cdot \text{K/W}$
- $R3$ Glasschotter: $R3 = d : \lambda = 0{,}40 \text{ m} : 0{,}085 \text{ W/(m} \cdot \text{K)} = 4{,}70 \text{ m}^2 \cdot \text{K/W}$
- $R4$ Dämmung Stirnseite Bodenplatte: $R4 = d : \lambda = 0{,}12 \text{ m} : 0{,}037 \text{ W/(m} \cdot \text{K)}$
  $= 3{,}24 \text{ m}^2 \cdot \text{K/W}$

Zweiter Schritt: Kontrolle der *R*-Wert-Bedingungen aus Abb. 6.4

- erste Bedingung:
  - $R3 \geq 2 \cdot R2$
  - $4{,}70 \text{ m}^2 \cdot \text{K/W} \geq 2 \cdot 1{,}55 \text{ m}^2 \cdot \text{K/W}$
  - $4{,}70 \text{ m}^2 \cdot \text{K/W} \geq 3{,}10 \text{ m}^2 \cdot \text{K/W}$
  - Bedingung erfüllt
- zweite Bedingung:
  - $R4 \geq \frac{1}{2} R1$
  - $3{,}24 \text{ m}^2 \cdot \text{K/W} \geq \frac{1}{2} \, 6{,}07 \text{ m}^2 \cdot \text{K/W}$
  - $3{,}24 \text{ m}^2 \cdot \text{K/W} \geq 3{,}035 \text{ m}^2 \cdot \text{K/W}$
  - Bedingung erfüllt
- dritte Bedingung:
  - Überdämmung der ersten Steinreihe
  - Bedingung erfüllt

Ergebnis: Das Detail aus Abb. 6.5 ist gleichwertig mit dem Detail 1.1.2 aus den KfW-Wärmebrückenempfehlungen (vgl. Abb. 6.4).

6.4.3   Formblatt B – erweiterter Gleichwertigkeitsnachweis (Bestandsgebäude)

Da es bei der energetischen Sanierung oft nicht möglich ist, alle Details nach Formblatt A (vgl. Abb. 6.3) auf Gleichwertigkeit nachzuweisen, hat die KfW mit dem sog. erweiterten Gleichwertigkeitsnachweis gemäß Formblatt B und B-1 ein weiteres Nachweisverfahren veröffentlicht, mit dessen Hilfe bis zu 6 Wärmebrückendetails berücksichtigt werden können, für die keine Gleichwertigkeit nachgewiesen werden kann. Es ergibt sich dann in der Regel ein Wärmebrückenzuschlag ΔU_{WB} zwischen 0,05 und 0,10 W/(m$^2 \cdot$ K).

In Formblatt B können 3 Details berücksichtigt werden (vgl. Abb. 6.6). Kann für weitere Details die Gleichwertigkeit nicht nachgewiesen werden, bietet Formblatt B-1 die Möglichkeit, noch 3 weitere Details zu berücksichtigen.

Sind mehr als 6 Details vorhanden, für die keine Gleichwertigkeit nachgewiesen werden kann, muss entweder mit dem Wärmebrückenzuschlag ΔU_{WB} von 0,10 W/(m$^2 \cdot$ K) gerechnet oder es muss eine detaillierte Wärmebrückenberechnung nach Kapitel 7 durchgeführt werden.

KfW-Wärmebrückenbewertung, Formblatt B

Erweiterter Gleichwertigkeitsnachweis (151, 430)

Sachverständiger

Name

Straße   Nr.

PLZ   Ort

Bauvorhaben

Objekt   Baujahr

Straße   Nr.

PLZ   Ort

Beantragtes Effizienzhaus (EH)

☑ EH Denkmal   ☑ EH 115   ☑ EH 100   ☑ EH 85   ☑ EH 70   ☑ EH 55

1. Es kann bestätigt werden, dass für das beantragte KfW-Effizienzhaus außer die unter 2. aufgeführten Details alle anderen vorhande-
    nen Wärmebrücken nach den Vorgaben des Beiblatts 2 der DIN 4108 oder den KfW-Wärmebrückenempfehlungen ausgeführt oder
    geplant sind.
    Ein entsprechender Gleichwertigkeitsnachweis gemäß Formblatt A liegt diesem Formular bei.

2. Für folgende Wärmebrückendetails kann dagegen keine Gleichwertigkeit im Sinne des Beiblatts 2 der DIN 4108 aus konstruktiven
    Gründen nachgewiesen oder eine Ausführung gemäß der KfW-Wärmebrückenempfehlung umgesetzt werden:

1.	2.	3.
(Detailskizze)	(Detailskizze)	(Detailskizze)

3. Für die beschriebenen Wärmebrücken ergibt sich somit folgender Zuschlag $\Delta U_{WB\text{-}Ref}$ gegenüber den entsprechenden Referenzwer-
    ten gemäß Beiblatt 2 der DIN 4108:

	ψ-Wert aus Berechnung oder Veröffentlichung	Referenz ψ-Wert gemäß BBL 2 DIN 4108	Länge Wärmebrücke	Korrekturfaktor fx				
Detail 1 →	(	−	) ×	×	=	WK	Summe:	
Detail 2 →	(	−	) ×	×	=	WK		WK
Detail 3 →	(	−	) ×	×	=	WK	$\Delta U_{WB\,Ref.}$	
	in [W/((mK)]	in [W/((mK)]	in [m]					

4. Zur Berechnung des spezifischen Transmissionswärmeverlust H'_T für das beantragte KfW-Effizienzhaus ist somit folgender, auf die
    Umfassungsfläche bezogener Wärmebrückenzuschlag Δ-U_{WB} anzusetzen:

	$\Delta U_{WB\,Ref.}$	$\Delta U_{WB\,Ref.}\,2$	Gebäudehüllfläche A		
Δ-UWB →	(	+	) (W/K) /	m² + **0,05** W/(m²K) =	W/(m²)K

Bestätigung Sachverständiger

Ich versichere, dass die obigen Angaben zum erweiterten Gleichwertigkeitsnachweis vollständig und richtig sind und dass ich sie durch
geeignete Unterlagen belegen kann. Ich bin bereit, diese Unterlagen auf Anforderung der KfW zur Verfügung zu stellen. Die Hinweise und
Erläuterungen des Infoblatts "KfW-Wärmebrückenbewertung" sind berücksichtigt. Neben der Wärmebrückendokumentation ist auch die
Konstruktionsbeschreibung aus der U-Wert-Berechnung diesem Formular beigefügt.

Ort, Datum   Unterschrift Sachverständiger

Abb. 6.6: Formblatt B – erweiterter Gleichwertigkeitsnachweis nach KfW-Wärmebrückenbewertung
(Quelle: KfW [Stand 09/2015])

Erläuterungen zu Abb. 6.6:

- In dieses Formblatt sind – wie beim Formblatt A – der Name und die Adresse des Sachverständigen sowie das Bauvorhaben und der Effizienzhausstandard einzutragen.
- Es muss bestätigt werden, dass alle anderen nachzuweisenden Details, die nicht im Formblatt B und B-1 berücksichtigt sind, nach den Vorgaben in DIN 4106 Beiblatt 2 oder den KfW-Wärmebrückenempfehlungen ausgeführt oder geplant sind. Es muss ein entsprechender Gleichwertigkeitsnachweis gemäß Formblatt A beigelegt werden.
- Für Details, für die keine Gleichwertigkeit nachgewiesen werden kann, muss ein zusätzlicher Transmissionswärmeverlust nach Formblatt B und B-1, Nr. 3 und 4, berechnet werden.

Erster Schritt: Detailskizze einfügen

Im Formblatt B und B-1 sind die Skizzen der Details einzufügen, die über dieses Formblatt berücksichtigt werden sollen.

Zweiter Schritt: Berechnung der Transmissionswärmeverluste (vgl. Abb. 6.6, Nr. 3)

Für die dargestellten Details sind die zusätzlich zu berücksichtigenden Transmissionswärmeverluste $H_{T,WB,i}$ zu berechnen und anschließend zu addieren:

$$H_{T,WB,i} = (\psi - \psi_{Ref,BBL2}) \cdot l_{WB} \cdot F_x \quad \text{in W/K} \tag{6.3}$$

$$H_{T,WB,Ref} = \Sigma\, H_{T,WB,i} \quad \text{in W/K} \tag{6.4}$$

mit

$H_{T,WB,i}$ zusätzlich zu berücksichtigender Transmissionswärmeverlust über eine nicht gleichwertige Wärmebrücke i in W/K

$H_{T,WB,Ref}$ Summe der zusätzlich zu berücksichtigenden Transmissionswärmeverluste über die nicht gleichwertigen Wärmebrücken in W/K (im in Abb. 6.6 dargestellten Formblatt B mit Stand 09/2015 steht für $H_{T,WB,Ref}$ noch $\Delta U_{WB\text{-}Ref.}$)

ψ ψ-Wert einer nicht gleichwertigen Wärmebrücke in W/(m · K)

$\psi_{Ref,BBL2}$ ψ-Wert des Details aus DIN 4108 Beiblatt 2, mit dem die nicht gleichwertige Wärmebrücke verglichen wird, in W/(m · K)

l_{WB} Länge der Wärmebrücke in m

F_x Temperaturkorrekturfaktor F_x aus DIN 4108-6 oder DIN V 18599 (im in Abb. 6.6 dargestellten Formblatt B mit Stand 09/2015 steht für F_x noch f_x)

i Wärmebrücke 1 bis 6

Hinweis: Der Temperaturkorrekturfaktor F_x aus DIN 4108-6 oder DIN V 18599 darf angesetzt werden, wenn eine Wärmebrücke nicht an Außenluft grenzt, sondern gegen Erdreich, unbeheizten Keller oder Dachraum. Grenzt ein Wärmebrückendetail an 2 unterschiedliche Außentemperaturen wie Erdreich und Außenluft (vgl. Abb. 6.5), wurden in der Regel die unterschiedlichen Außentemperaturen in der ψ-Wert-Berechnung schon berücksichtigt. Dann darf F_x mit 1 angesetzt werden.

Ist für das nachzuweisende Detail in DIN 4108 Beiblatt 2 kein einzuhaltender ψ-Wert angegeben, so ist kein „*Referenz-ψ-Wert gemäß BBL 2 DIN 4108*" (vgl. Abb. 6.6, Nr. 3) zu berücksichtigen. Ist ein Wärmebrückendetail in DIN 4108 Beiblatt 2 nicht enthalten, braucht es auch nicht über das Formblatt B berücksichtigt zu werden.

Dritter Schritt: Berechnung des Wärmbrückenfaktors ΔU_{WB} (vgl. Abb. 6.6, Nr. 4)

Um den Wärmebrückenfaktor ΔU_{WB} zu berechnen, wird zu dem pauschalen Wärmebrückenzuschlag von 0,05 W/(m² · K) der zusätzlich berechnete Transmissionswärmeverlust $H_{T,WB,Ref}$, dividiert durch die Gebäudehüllfläche A des Gebäudes, addiert:

$$\Delta U_{WB} = \frac{H_{T,WB,Ref}}{A} + 0{,}05 \text{ W/(m}^2 \cdot \text{K)} \quad \text{in W/(m}^2 \cdot \text{K)} \tag{6.5}$$

mit

ΔU_{WB} Wärmebrückenfaktor in W/(m² · K)

$H_{T,WB,Ref}$ zusätzlicher zu berücksichtigender Transmissionswärmeverlust über die nicht gleichwertigen Wärmebrücken in W/K

A Hüllfläche des Gebäudes in m²

Dieser ΔU_{WB} darf dann in der Energiebilanzierung angesetzt werden.

Der erweiterte Gleichwertigkeitsnachweis nach KfW am Beispiel von 2 Wärmebrückendetails

Nachfolgend wird der erweiterte Gleichwertigkeitsnachweis nach Formblatt B an 2 Wärmebrückendetails dargestellt. Die Hüllfläche des Gebäudes wird für dieses Beispiel mit 520 m² angenommen (vgl. auch Abb. 6.9).

Detailskizze und Gleichwertigkeitsbetrachtung für Detail 1

Bei dem Beispieldetail 1 handelt es sich um einen Fensteranschluss (vgl. Detailskizze in Abb. 6.7). Für dieses Detail konnte keine Gleichwertigkeit nachgewiesen werden (vgl. Tabelle 6.3); es besteht nun die Möglichkeit, das Detail über den erweiterten Gleichwertigkeitsnachweis gemäß Formblatt B zu berücksichtigen.

$U_{AW} = 1{,}000$ W/(m² · K)
ψ-Wert = 0,071 W/(m · K)
Länge = 25 m (Annahme)

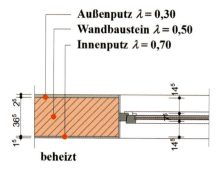

Abb. 6.7: Wärmebrückendetail 1 – Fensteranschluss; λ-Werte in W/(m · K); vgl. auch Abb. 4.19

Tabelle 6.3:   Überprüfung von Detail 1 (Abb. 6.7) auf Gleichwertigkeit (Gleichwertigkeitsbetrachtung)

Nachweisverfahren (vgl. Kapitel 6.4.1)	Vergleich mit DIN 4108 Beiblatt 2 bzw. den KfW-Wärmebrückenempfehlungen	Gleich-wertigkeit
konstruktives Grundprinzip (Verfahren 1): Wandbaustein $\lambda = 0{,}50$ W/(m · K)	DIN 4108 Beiblatt 2, Bild 48: Wandbaustein $\lambda \leq 0{,}21$ W/(m · K)	nein
R-Werte (Verfahren 2): R-Wert Wandbaustein = 0,73 m² · K/W	DIN 4108 Beiblatt 2, Bild 48: kleinster R-Wert = 0,24 m : 0,21 W/(m · K) R-Wert < 1,14 m² · K/W	nein
ψ-Wert nach eigener Berechnung (Verfahren 3): $\psi = 0{,}071$ W/(m · K)	DIN 4108 Beiblatt 2, Bild 48: zulässiger ψ-Wert $\leq 0{,}05$ W/(m · K)	nein
KfW-Wärmebrückenempfehlungen (Verfahren 5)	Detail nicht in den KfW-Wärmebrücken-empfehlungen enthalten	nein

Berechnung der zusätzlich zu berücksichtigenden Transmissionswärme-verluste für Detail 1

Für das in Abb. 6.7 dargestellte Detail sind die zusätzlich zu berücksichtigenden Transmissionswärmeverluste $H_{\mathrm{T,WB,1}}$ über die Formel 6.3 zu berechnen und anschließend zu addieren (vgl. auch Abb. 6.9).

Werte:
● ψ-Wert: 0,071 W/(m · K) (vgl. Abb. 6.7)
● $\psi_{\mathrm{Ref,BBL2}}$: 0,05 W/(m · K) (vgl. DIN 4108 Beiblatt 2, Bild 48)
● l_{WB}: 25 m (für das Beispiel so angesetzt)
● Korrekturfaktor F_x: 1 (Bauteil grenzt an Außenluft)

Berechnung der Transmissionswärmeverluste $H_{\mathrm{T,WB,1}}$ über Formel 6.3:
● $H_{\mathrm{T,WB,1}} = (0{,}071$ W/(m · K) $- 0{,}05$ W/(m · K)) · 25 m · 1
● $H_{\mathrm{T,WB,1}} = 0{,}525$ W/K

Detailskizze und Gleichwertigkeitsbetrachtung für Detail 2

Bei dem Beispieldetail 2 handelt es sich um eine auskragende Betonplatte (vgl. Detailskizze in Abb. 6.8). Für dieses Detail konnte keine Gleichwertigkeit nachgewiesen werden (vgl. Tabelle 6.4); es besteht nun die Möglichkeit, das Detail über den erweiterten Gleichwertigkeitsnachweis gemäß Formblatt B zu berücksichtigen (vgl. auch Abb. 6.9).

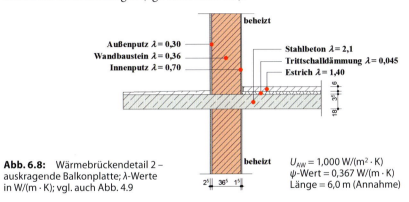

Abb. 6.8:   Wärmebrückendetail 2 – auskragende Balkonplatte; λ-Werte in W/(m · K); vgl. auch Abb. 4.9

Tabelle 6.4: Überprüfung von Detail 2 (Abb. 6.8) auf Gleichwertigkeit (Gleichwertigkeitsbetrachtung)

Nachweisverfahren (vgl. Kapitel 6.4.1)	Vergleich mit DIN 4108 Beiblatt 2 bzw. den KfW-Wärmebrückenempfehlungen	Gleich-wertigkeit
konstruktives Grundprinzip (Verfahren 1)	DIN 4108 Beiblatt 2, Bild 70: nur mit Isokorb	nein
R-Werte (Verfahren 2): keine R-Wert-Berechnung möglich	kein Vergleich möglich	nein
ψ-Wert nach eigener Berechnung (Verfahren 3): $\psi = 0{,}367$ W/(m · K)	DIN 4108 Beiblatt 2, Bild 70: kein ψ-Wert angegeben	nein
KfW-Wärmebrückenempfehlungen (Verfahren 5): keine thermische Trennung vorhanden	KfW-Wärmebrückenempfehlungen, Bild 2.1.1: thermische Trennung vorhanden	nein

Berechnung der zusätzlich zu berücksichtigenden Transmissionswärme-verluste für Detail 2

Für das in Abb. 6.8 dargestellte Detail sind die zusätzlich zu berücksichti-genden Transmissionswärmeverluste $H_{\mathrm{T,WB,2}}$ über die Formel 6.3 zu berech-nen und anschließend zu addieren (vgl. auch Abb. 6.9).

Werte:
- ψ-Wert: 0,367 W/(m · K) (vgl. Abb. 6.8)
- $\psi_{\mathrm{Ref,BBL2}}$: 0,00 W/(m · K) (Detail nicht über DIN 4108 Beiblatt 2 geregelt)
- l_{WB}: 6 m (für das Beispiel so angesetzt)
- Korrekturfaktor F_x: 1 (Bauteil grenzt an Außenluft)

Berechnung der Transmissionswärmeverluste $H_{\mathrm{T,WB,2}}$ über Formel 6.3:
- $H_{\mathrm{T,WB,2}} = (0{,}367$ W/(m · K) $- 0{,}00$ W/(m · K)$) \cdot 6{,}0$ m $\cdot 1$
- $H_{\mathrm{T,WB,2}} = 2{,}202$ W/K

Berechnung der gesamten zusätzlich zu berücksichtigenden Transmis-sionswärmeverluste über die Details 1 und 2

Berechnung nach Formel 6.4:
- $H_{\mathrm{T,WB,Ref}} = H_{\mathrm{T,WB,1}} + H_{\mathrm{T,WB,2}}$
- $H_{\mathrm{T,WB,Ref}} = 0{,}525$ W/K $+ 2{,}202$ W/K
- $H_{\mathrm{T,WB,Ref}} = 2{,}727$ W/K

KfW-Wärmebrückenbewertung, Formblatt B

Erweiterter Gleichwertigkeitsnachweis (151, 430)

Sachverständiger			Bauvorhaben		
Johannes Volland			Musterprojekt		1955
Name			Objekt		Baujahr
Kornmarkt		3a	Musterstraße		2
Straße		Nr.		Straße	Nr.
93047	Regensburg		99999	Musterhausen	
PLZ	Ort		PLZ	Ort	

Beantragtes Effizienzhaus (EH)

☐ EH Denkmal   ☒ EH 115   ☐ EH 100   ☐ EH 85   ☐ EH 70   ☐ EH 55

1. Es kann bestätigt werden, dass für das beantragte KfW-Effizienzhaus außer die unter 2. aufgeführten Details alle anderen vorhandenen Wärmebrücken nach den Vorgaben des Beiblatts 2 der DIN 4108 oder den KfW-Wärmebrückenempfehlungen ausgeführt oder geplant sind.
    Ein entsprechender Gleichwertigkeitsnachweis gemäß Formblatt A liegt diesem Formular bei.

2. Für folgende Wärmebrückendetails kann dagegen keine Gleichwertigkeit im Sinne des Beiblatts 2 der DIN 4108 aus konstruktiven Gründen nachgewiesen oder eine Ausführung gemäß der KfW-Wärmebrückenempfehlung umgesetzt werden:

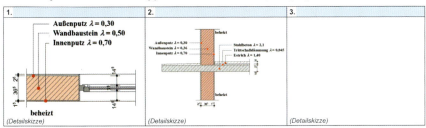

3. Für die beschriebenen Wärmebrücken ergibt sich somit folgender Zuschlag $\Delta U_{WB\text{-}Ref}$ gegenüber den entsprechenden Referenzwerten gemäß Beiblatt 2 der DIN 4108:

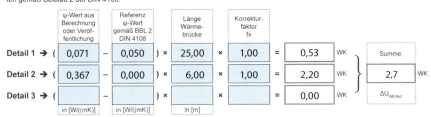

	ψ-Wert aus Berechnung oder Veröffentlichung	Referenz ψ-Wert gemäß BBL 2 DIN 4108	Länge Wärmebrücke	Korrekturfaktor fx				Summe:	
Detail 1 → (	0,071	− 0,050	) × 25,00	× 1,00	=	0,53	WK		
Detail 2 → (	0,367	− 0,000	) × 6,00	× 1,00	=	2,20	WK	2,7	WK
Detail 3 → (		−	) ×	×	=	0,00	WK	$\Delta U_{WB\text{-}Ref}$	
	in [W/(mK)]	in [W/(mK)]	in [m]						

4. Zur Berechnung des spezifischen Transmissionswärmeverlust H'_T für das beantragte KfW-Effizienzhaus ist somit folgender, auf die Umfassungsfläche bezogener Wärmebrückenzuschlag $\Delta\text{-}U_{WB}$ anzusetzen:

	$\Delta U_{WB\text{-}Ref}$	$\Delta U_{WB\text{-}Ref}$ 2	Gebäudehüllfläche A				
Δ-UWB → (	2,7	+ 0,0	) (W/K) / 520,0	m² + 0,05 W/(m²K)	=	0,055	W/(m²)K

Bestätigung Sachverständiger

Ich versichere, dass die obigen Angaben zum erweiterten Gleichwertigkeitsnachweis vollständig und richtig sind und dass ich sie durch geeignete Unterlagen belegen kann. Ich bin bereit, diese Unterlagen auf Anforderung der KfW zur Verfügung zu stellen. Die Hinweise und Erläuterungen des Infoblatts "KfW-Wärmebrückenbewertung" sind berücksichtigt. Neben der Wärmebrückendokumentation ist auch die Konstruktionsbeschreibung aus der U-Wert-Berechnung diesem Formular beigefügt.

Ort, Datum	Unterschrift Sachverständiger

Abb. 6.9:   Erweiterter Gleichwertigkeitsnachweis für die Beispieldetails 1 und 2 (vgl. Abb. 6.7 und 6.8) nach Formblatt B der KfW-Wärmebrückenbewertung

Berechnung des Wärmbrückenzuschlags ΔU_{WB} für die Details 1 und 2

Berechnung nach Formel 6.5 (für das Beispiel wird die Gebäudehüllfläche A mit 520 m² angesetzt):

- $\Delta U_{\mathrm{WB}} = H_{\mathrm{T,WB,Ref}} : A + 0{,}05\ \mathrm{W/(m^2 \cdot K)}$
- $\Delta U_{\mathrm{WB}} = (2{,}727\ \mathrm{W/K} : 520\ \mathrm{m^2}) + 0{,}05\ \mathrm{W/(m^2 \cdot K)}$
- $\boldsymbol{\Delta U_{\mathrm{WB}} = 0{,}0552\ \mathrm{W/(m^2 \cdot K)}}$

Der ΔU_{WB} von 0,0552 W/(m² · K) für die Beispieldetails 1 und 2 darf jetzt in der energetischen Berechnung eingesetzt werden. Voraussetzung ist aber, dass alle anderen nachzuweisenden Details gleichwertig nach DIN 4108 Beiblatt 2 oder den KfW-Wärmebrückenempfehlungen sind (vgl. auch Abb. 6.9).

7 Detaillierte Berechnung des Wärmebrückenfaktors ΔU_{WB}

Für gut wärmegedämmte Energieeffizienzhäuser ist es ratsam, einen detaillierten Wärmebrückennachweis zu führen. Bei U-Werten von unter 0,18 W/(m² · K) sollte der Wärmebrückenfaktor ΔU_{WB} nicht größer als 0,025 W/(m² · K) sein.

In diesem Kapitel wird dargestellt, wie eine detaillierte Wärmebrückenberechnung für ein Wohngebäude durchgeführt werden kann und welche Hilfestellung und Sonderregelungen es hierfür von der KfW gibt.

7.1 Kennzeichnung der Wärmebrückendetails in den Plänen

Im Gegensatz zum Gleichwertigkeitsnachweis sind bei der detaillierten Wärmebrückenberechnung **alle** vorhandenen Wärmebrücken zu berücksichtigen.

Alle Wärmebrücken sind zunächst in den Plänen zu kennzeichnen. Für die Übersichtlichkeit sollte hierfür eine logische Nummerierung festgelegt werden, damit die Wärmebrücken besser zugeordnet und wiedergefunden werden können.

Beispiel

Für die Beispielhäuser in den Kapiteln 9 und 10 wird die Nummerierung wie folgt von unten nach oben durchgeführt (vgl. auch die vorgenommene Kennzeichnung in den Plänen der Kapitel 9.1.1 und 10.1.1):
- 1.0 – alle Wärmebrücken der Bodenplatte,
- 2.0 – alle Wärmebrücken der Außenwände,
- 3.0 – alle Wärmebrücken der Geschossdecke,
- 4.0 – alle Wärmebrücken der obersten Geschossdecke,
- 5.0 – alle Fensteranschlüsse unten,
- 6.0 – alle Fensteranschlüsse oben,
- 7.0 – alle Fensteranschlüsse seitlich.

Wenn eine Wärmebrücke an 2 unterschiedliche Temperaturzonen grenzt, kann diese auch in 2 Wärmebrücken aufgeteilt werden (vgl. Kapitel 8.6.2). Folgende unterschiedliche Außenbereich-Temperaturzonen können bei Wohngebäuden auftreten:
- Bauteil gegen Außenluft,
- Bauteil gegen Erdreich,
- Bauteil gegen einen unbeheizten Bereich,
- Bauteil zum unbeheizten Dachgeschoss.

Bei der Berechnung von Wärmebrücken mit einem Isothermen-Programm muss beachtet werden, wie unterschiedliche Außentemperaturbereiche an einer Wärmebrücke zu berücksichtigen sind. Für die Auswertung der Wärmeverluste über Wärmebrücken ist es von Vorteil, wenn die Wärmeströme in unterschiedliche Außentemperaturbereiche wie „Außenluft" oder „Erdreich" getrennt berechnet werden, wie es auch bei der Berechnung von Wärmeverlusten über die Außenbauteile gehandhabt wird (vgl. auch Kapitel 2.2). Mithilfe dieser Berechnungsmethode können auch an Wärmebrückendetails mit 2 unterschiedlichen Außentemperaturen temperaturunabhängige ψ-Werte ermittelt werden.

Es besteht aber auch die Möglichkeit, für ein Detail mit 2 Temperaturbereichen einen ψ-Wert zu berechnen.

7.2   Darstellung der Wärmebrückendetails

Um die Wärmebrücken berechnen zu können, müssen sie zeichnerisch dargestellt werden. Einige Isothermen-Programme können gezeichnete Details als DXF-File einlesen; in diesen Fällen müssen die Details nicht noch einmal neu gezeichnet werden. Das Einlesen von DXF-Files mit dem Programm Therm wird in Kapitel 8.2.1 beschrieben.

Die Darstellung der Details für die Beispielhäuser erfolgt in den Kapiteln 9.1.3 (Einfamilienhaus als Holztafelbau),10.1.3 (Einfamilienhaus als Massivbau) und 11.1.3 (Bestandsgebäude mit Wärmedämm-Verbundsystem) im Rahmen der ψ-Wert-Berechnung für die einzelnen Details.

7.3   Bestimmung der *U*-Werte für die Außenbauteile

Wenn der ψ-Wert für eine Wärmebrücke mit dem Programm Therm bestimmt werden soll, werden für die Berechnung die U-Werte der Außenbauteile benötigt (vgl. die Kapitel 9.1.2, 10.1.2 und 11.1.2 zu den betreffenden U-Werten der Beispielhäuser).

Allgemein müssen alle U-Werte der Wärmebrückendetails mit den U-Werten in der energetischen Berechnung übereinstimmen.

Bei Fachwerken wird der ψ-Wert immer durch die Gefache bestimmt. Der U-Wert ist dann auch ohne die Holzständer zu bestimmen.

7.4   Berechnung der ψ-Werte mit dem Programm Therm

Da das Programm Therm keine ψ-Werte berechnet, sondern nur einen Wärmeverlustkoeffizienten (U-Faktor) über ein gezeichnetes Detail (vgl. Kapitel 8.6.2), muss der ψ-Wert mithilfe von Excel-Tabellen bestimmt werden. Diese Methode erscheint etwas aufwendig, ist aber für das Verständnis der Zusammenhänge von Vorteil. Bei Isothermen-Programmen, die den ψ-Wert direkt berechnen, ist meist nicht nachvollziehbar, wie diese Berechnung im Einzelnen erfolgt.

Nachfolgend wird die Berechnung des ψ-Werts an einem Beispiel erläutert. In den Kapiteln 9 bis 11 werden dann die Details der 3 Beispielhäuser mit den dazugehörigen Berechnungstabellen sowie die Berechnung des innenmaßbezogenen Wärmestroms über das Programm Therm für jedes Wärmebrückendetail dargestellt.

Die im Folgenden dargestellte Berechnungstabelle entspricht in ihrem Aufbau der zur Verfügung gestellten Excel-Tabelle (vgl. die Hinweise zum Download-Angebot auf S. 6). Die Berechnung der ψ-Werte erfolgt gemäß DIN 4108 Beiblatt 2 und DIN EN ISO 10211. Eine ausführliche Anleitung zur Benutzung der Tabellen in der Praxis sowie die Erläuterung der verwendeten Formelzeichen finden sich auf den Arbeitsblättern der Downloaddatei (vgl. auch Kapitel 8.7).

Beispiel für die Berechnung des ψ-Werts mithilfe von Excel-Berechnungstabellen

Abb. 7.1 zeigt das in Tabelle 7.1 berechnete Detail.

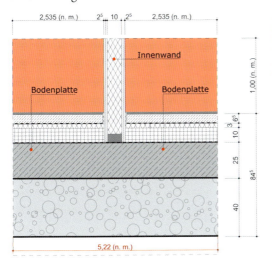

Abb. 7.1: Beispieldetail – Innenwand auf Bodenplatte. Die Abmessungen in roter Schriftfarbe kennzeichnen den Außenmaßbezug (n. m. = nicht maßstäblich).

Tabelle 7.1: Berechnungstabelle für den ψ-Wert des Beispieldetails (Abb. 7.1); Berechnung nach DIN 4108 Beiblatt 2 und DIN EN ISO 10211

Bauteil 1:	Bodenplatte
U_1-Wert:	0,115 W/(m² · K)
Länge L_1:	5,220 m
$F_1 =$	1 –
$U_1 \cdot L_1 \cdot F_1 =$	0,601 W/(m · K)

Bauteil 2:	
U_2-Wert:	W/(m² · K)
Länge L_2:	m
$F_2 =$	–
$U_2 \cdot L_2 \cdot F_2 =$	0,000 W/(m · K)

Länge gesamt		Σ m	16,13
Lage	Länge	Anzahl	gesamt
EG	4,265	2,00	8,53
	1,910	1,00	1,91
	3,500	1,00	3,50
	2,185	1,00	2,19

Bauteil 3:	
U_3-Wert:	W/(m² · K)
Länge L_3:	m
$F_3 =$	–
$U_3 \cdot L_3 \cdot F_3 =$	0,000 W/(m · K)

Therm 1	
U_{Faktor1}:	0,121 W/(m² · K)
Länge L_{Therm1}:	5,070 m
$F_{\text{Therm1}} =$	1 –
$U_{\text{Faktor1}} \cdot L_{\text{Therm1}} \cdot F =$	0,614 W/(m · K)

Therm 2	
U_{Faktor2}:	W/(m² · K)
Länge L_{Therm2}:	m
$F_{\text{Therm2}} =$	–
$U_{\text{Faktor2}} \cdot L_{\text{Therm2}} \cdot F =$	0,000 W/(m · K)

ψ-Wert $= (U_{\text{Faktor1}} \cdot L_{\text{Therm1}} + U_{\text{Faktor2}} \cdot L_{\text{Therm2}}) - (U_1 \cdot L_1 \cdot F_1 + U_2 \cdot L_2 \cdot F_2 + U_3 \cdot L_3 \cdot F_3)$

ψ-Wert $=$ **0,014 W/(m · K)**

Der rechte Teil der Berechnungstabellen dient zur Berechnung der Wärmebrückenlänge, im linken Teil (Berechnung des ψ-Werts) finden sich 3 Untertabellen für die Berechnung des außenmaßbezogenen Wärmestroms L_0 über die Außenbauteile des Details und 2 weitere Untertabellen für die Berechnung des innenmaßbezogenen Wärmestroms L_{2D} (vgl. Tabelle 7.1 für das Beispiel).

Abb. 7.2:   Beispieldetail; Berechnung des *U*-Faktors mit dem Programm Therm

Untertabellen für die angrenzenden Bauteile (Berechnung des außenmaßbezogenen Wärmestroms)

- Bauteil 1
- Bauteil 2
- Bauteil 3

Hier ist jeweils der *U*-Wert des Bauteils und die dazugehörige außenmaßbezogene Länge einzugeben. Der *F*-Wert wird bei der hier dargestellen Berechnungmethode immer mit 1 angegeben.

Im Beispiel nach Abb. 7.1 handelt es sich um den Anschluss Innenwand auf Bodenplatte.

Berechnung des außenmaßbezogenen Wärmestroms L_0 nach Formel 8.2 (vgl. Kapitel 8.6.2):
- *U*-Wert Bodenplatte: 0,1151 W/(m² · K)
- außenmaßbezogene Länge: 5,22 m (vgl. Abb. 7.1)

$$L_0 = 0,1151 \ \text{W/(m}^2 \cdot \text{K)} \cdot 5,22 \ \text{m} = 0,6008 \ \text{W/(m} \cdot \text{K)}$$

Untertabellen für die Berechnung des innenmaßbezogenen Wärmestroms mit den Ergebnissen aus dem Programm Therm

- Therm 1
- Therm 2

Hier sind der *U*-Faktor und die dazugehörige Länge (Length) aus der Berechnung mit dem Programm Therm einzugeben (vgl. Abb. 7.2).

Berechnung des innenmaßbezogenen Wärmestroms L_{2D} nach Formel 8.1 (vgl. Kapitel 8.6.2):
- U-Faktor (U-factor in Abb. 7.2): 0,1212 W/(m² · K)
- innenmaßbezogene Länge (Length in Abb. 7.2): 5,07 m

$$L_{2D} = 0{,}1212 \text{ W/(m}^2 \cdot \text{K)} \cdot 5{,}07 \text{ m} = 0{,}6144 \text{ W/(m} \cdot \text{K)}$$

Der ψ-Wert berechnet sich dann nach Formel 1.16 wie folgt:

$$\psi = 0{,}6144 \text{ W/(m} \cdot \text{K)} - 0{,}6008 \text{ W/(m} \cdot \text{K)}$$
$$\psi = 0{,}014 \text{ W/(m} \cdot \text{K)} \text{ (vgl. Tabelle 7.1)}$$

7.5 Bestimmung des Wärmebrückenfaktors ΔU_{WB}

Wenn für alle Wärmebrücken die ψ-Werte und deren Längen anhand der Pläne bestimmt wurden, sind diese in einer Tabelle aufzulisten und deren Transmissionswärmeverluste $H_{T,WB}$ zu berechnen. Über die Hüllfläche A kann dann der Wärmebrückenzuschlag ΔU_{WB} berechnet werden.

$$H_{T,WB} = \Sigma\, l_i \cdot \psi_i \cdot F_i \quad \text{in W/K} \tag{7.1}$$

mit
$H_{T,WB}$ Transmissionswärmeverluste in W/K
l_i Länge der Wärmebrücke in m
ψ_i längenbezogener Wärmebrückendurchlasskoeffizient in W/(m · K)
F_i Temperaturkorrekturfaktor

Der Wärmebrückenfaktor ΔU_{WB} berechnet sich dann wie folgt:

$$\Delta U_{WB} = \frac{H_{T,WB}}{A} \quad H_{T,WB} : A \quad \text{in W/(m}^2 \cdot \text{K)} \tag{7.2}$$

mit
A Hüllfläche in m

7.6 Detaillierter Wärmebrückennachweis nach Formblatt C der KfW-Wärmebrückenbewertung

Mithilfe des von der KfW herausgebrachten Formblatts C kann der detaillierte Wärmebrückennachweis dargestellt und der Wärmebrückenzuschlag ΔU_{WB} berechnet werden (vgl. Abb. 7.3; Download des aktuellen Formblatts unter www.kfw.de). Im Formblatt C der KfW-Wärmebrückenbewertung können 20 Wärmebrücken berücksichtigt werden; sind mehr als 20 Wärmebrücken vorhanden, können weitere Wärmebrücken in das Formblatt C-1 eingetragen werden.

In den Excel-Berechnungshilfen ist ein Arbeitsblatt enthalten, das an das Formblatt C der KfW angelehnt ist; dieses kann auch individuell gestaltet werden (vgl. Kapitel 8.7 zu den Berechnungshilfen; vgl. auch die Hinweise zum Download-Angebot auf S. 6).

KfW-Wärmebrückenbewertung, Formblatt C

Detaillierter Wärmebrückennachweis (151, 153, 430)

Sachverständiger

Name

Straße   Nr.

PLZ   Ort

Bauvorhaben

Objekt   Baujahr

Straße   Nr.

PLZ   Ort

Beantragtes Effizienzhaus (EH)

☐ EH Denkmal   ☐ EH 115   ☐ EH 100   ☐ EH 85   ☐ EH 70   ☐ EH 55   ☐ EH 40

1. Der detaillierte Wärmebrückennachweis wurde erstellt auf Basis

☐ von Planungsdaten im Rahmen des KfW-Effizienzhausantrages

☐ der vorhandenen Konstruktion im Rahmen der KfW-Bestätigung nach Durchführung

2. Detailauflistung und Zusammenstellung Wärmebrückenverluste

Nr.	Lage	Kennung	Zuordnung	Quelle*		ψ-Wert [W/mK]		Länge [m]		Anzahl		Fx		Wärme-brücken-verlust	
1.					→		×		×		×		=		W/K
2.					→		×		×		×		=		W/K
3.					→		×		×		×		=		W/K
4.					→		×		×		×		=		W/K
5.					→		×		×		×		=		W/K
6.					→		×		×		×		=		W/K
7.					→		×		×		×		=		W/K
8.					→		×		×		×		=		W/K
9.					→		×		×		×		=		W/K
10.					→		×		×		×		=		W/K
11.					→		×		×		×		=		W/K
12.					→		×		×		×		=		W/K
13.					→		×		×		×		=		W/K
14.					→		×		×		×		=		W/K
15.					→		×		×		×		=		W/K
16.					→		×		×		×		=		W/K
17.					→		×		×		×		=		W/K
18.					→		×		×		×		=		W/K
19.					→		×		×		×		=		W/K
20.					→		×		×		×		=		W/K

* "EB"=eigene Berechnung; "WBK"= Wärmebrückenkatalog;
"WBV"=Wärmebrückenveröffentlichung

Zwischensumme: ☐

Weitere Wärmebrückenverluste aus separater Auflistungen (Formblatt C-1): ☐

Gesamtsumme Wärmebrückenverluste (gWBV): ☐ W/K

3. Hüllflächenspezifischer Wärmebrückenverlust

☐ Ergebnisübertrag aus eigener Zusammenstellung

	gWBV		Gebäude-hüllfläche A		
Δ-UWB → (		W/K /		m²) =	W/(m²)K

Bestätigung Sachverständiger

Ich versichere, dass die obigen Angaben zum detaillierten Wärmebrückennachweis vollständig und richtig sind und dass ich sie durch geeignete Unterlagen belegen kann. Ich bin bereit, diese Unterlagen auf Anforderung der KfW zur Verfügung zu stellen. Die Hinweise und Erläuterungen des Infoblatts "KfW-Wärmebrückenbewertung" sind berücksichtigt. Neben der Wärmebrückendokumentation ist auch die Konstruktionsbeschreibung aus der U-Wert-Berechnung diesem Formular beigefügt.

_____   _____
Ort, Datum   Unterschrift Sachverständiger

Abb. 7.3:   Formblatt C – detaillierter Wärmebrückennachweis nach KfW-Wärmebrückenbewertung (Quelle: KfW [Stand 09/2015])

Erläuterungen zu Abb. 7.3:
- In das Formblatt sind der Name des Sachverständigen, das Bauvorhaben und der Effizienzhausstandard einzutragen.
- Es ist anzugeben, auf welcher der beiden folgenden Grundlagen der detaillierte Wärmebrückennachweis erstellt wurde:
  - auf Basis von Planungsdaten im Rahmen des KfW-Effizienzhausantrages,
  - auf Basis der vorhandenen Konstruktion im Rahmen der KfW-Bestätigung nach Durchführung.

Gemäß dem „Infoblatt KfW-Wärmebrückenbewertung" (Stand 11/2015) verlangt die KfW für den detaillierten Wärmebrückennachweis eine „nachvollziehbare Dokumentation". Diese Dokumentation soll mindestens die folgenden Bestandteile beinhalten:
- die *U*-Wert-Berechnungen der einzelnen und wärmebrückenrelevanten Bauteile mit Darstellung der einzelnen Bauteilschichten und deren Wärmeleitfähigkeiten (vgl. Kapitel 7.3),
- bildliche Darstellung sämtlicher relevanten Wärmebrückendetails (vgl. Kapitel 7.2),
- Positionsplan und Längenaufmaß für die vorhandenen Wärmebrücken (vgl. Kapitel 7.1),
- Auflistung und Zusammenstellung der einzelnen Details und deren Wärmebrückenverluste (vgl. Abb. 7.3 [Formblatt C]),
- Quellenangaben bei Verwendung von Wärmebrückenkatalogen oder Fachveröffentlichungen,
- die vollständige KfW-Effizienzhausberechnung.

7.7   Wärmebrückenkurzverfahren nach Formblatt D der KfW-Wärmebrückenbewertung

Werden die Wärmebrücken eines Gebäudes sorgfältig ausgebildet, kann ein Wärmebrückenfaktor von unter 0,035 W/(m² · K) sowohl beim Neubau als auch beim Altbau erreicht werden.

Damit im Vorfeld einer Berechnung abgeschätzt werden kann, ob ein Wärmebrückenfaktor von unter 0,035 W/(m² · K) erreicht werden kann, hat die KfW hierfür einen Kriterienkatalog erarbeitet, der in Formblatt D der KfW-Wärmebrückenbewertung enthalten ist (vgl. Abb. 7.4; Download des aktuellen Formblatts unter www.kfw.de). Mit dem von der KfW angebotenen Wärmebrückenkurzverfahren gemäß Formblatt D ist es möglich, für ein Effizienzhaus mit definierten technischen und konstruktiven Eigenschaften in Abhängigkeit von der Gebäudeart und Bauweise einen Wärmebrückenzuschlag von bis zu ΔU_{WB} = 0,025 W/(m² · K) anzusetzen (vgl. „Infoblatt KfW-Wärmebrückenbewertung" [Stand 11/2015]).

Gebäudeanforderungen für das KfW-Wärmebrückenkurzverfahren

Damit ein ΔU_{WB} von 0,035 W/(m² · K) angesetzt werden darf, müssen nach KfW 10 Kriterien eingehalten werden, die im Folgenden zitiert und kommentiert werden sollen.

„1. Die Details der 'KfW-Wärmebrückenempfehlungen' werden komplett umgesetzt. Sollten einzelne Details aus konstruktiven Gründen nicht umsetzbar sein, kann hier – analog zum Gleichwertigkeitsnachweis – über einen Referenzwert die entsprechende Wärmebrücke explizit nachgewiesen werden. Der nachzuweisende Referenzwert liegt dann bei maximal 65 % des vergleichbaren Referenzwerts gemäß Beiblatt 2 der DIN 4108."
(Infoblatt KfW-Wärmebrückenbewertung [Stand 11/2015], S. 7)

Das heißt: Entspricht ein Detail nicht den KfW-Wärmebrückenempfehlungen oder ist dieses darin nicht enthalten, ist nachzuweisen, dass der ψ-Wert dieses Details max. 65 % des ψ-Werts eines entsprechenden Details aus DIN 4108 Beiblatt 2 beträgt. Ist das Detail nicht in DIN 4108 Beiblatt 2 enthalten, darf das Wärmebrückenkurzverfahren nicht angewendet werden.

Beispiel

Der zulässige ψ-Wert eines Sockeldetails ist im Referenzbild aus DIN 4108 Beiblatt 2 dort mit max. $\psi \leq 0,30$ W/(m · K) angegeben (vgl. DIN 4108 Beiblatt 2:2006-03, Bild 30). Daraus ergibt sich für den ψ-Wert:

$$0,30 \text{ W/(m · K)} · 65 \% = 0,195 \text{ W/(m · K)}$$

Damit das Wärmebrückenkurzverfahren angewendet werden darf, muss das Detail entweder den KfW-Wärmebrückenempfehlungen (Detail Nr. 1.3.2) entsprechen oder der ψ-Wert darf nicht größer als 0,195 W/(m · K) sein.

„2. Durchdringungen sowie Unterbrechungen von Dämmschichten oder Wärmedämmmauerwerk bei Außenbauteilen sind nicht vorhanden bzw. thermisch getrennt. Hierzu zählen auch Kimmlagen von in Dämmschichten einbindenden Innenwänden sowie thermisch entkoppelte Massivbrüstungen.

3. Ggf. vorhandene Dämmschichten von Außenwänden, Geschossdecken oder Flachdächern liegen auf der Kaltseite. Beim unteren Gebäudeabschluss kann die Dämmlage auch komplett auf der Warmseite liegen, sofern alle KfW-Wärmebrückenempfehlungen eingehalten sind.

4. Die Dämmmaßnahmen und der Wärmedurchgangskoeffizient (U-Werte) der einzelnen Bauteile (Außenwand, Dachflächen, Fenster, Kellerwände und -decken etc.) sind einheitlich bzw. weichen maximal 10 % voneinander ab und die U-Werte der opaken Bauteile erreichen in Relation zum Referenzgebäude mindestens das Niveau des angestrebten Effizienzhaus-Standards (U-Wert-Referenzgebäude multipliziert mit dem H'_T-Faktor des beantragten Effizienzhauses)."
(Infoblatt KfW-Wärmebrückenbewertung [Stand 11/2015], S. 7)

Das heißt: Die Bauteile sollten weitgehend gleiche energetische Eigenschaften aufweisen. Werden z. B. verschiedene Wandaufbauten bei einem Gebäude gewählt, so dürfen die U-Werte der einzelnen Wandaufbauten nicht mehr als 10 % voneinander abweichen. Dies gilt auch für alle anderen Bauteile.

Außerdem muss der energetische Standard der einzelnen Bauteile dem Effizienzhausstandard entsprechen (vgl. das folgende Beispiel).

Beispiel

Es soll der Effizienzhaus-55-Standard erreicht werden. Beim Effizienzhaus 55 darf der vorhandene Transmissionswärmeverlust max. 70 % des zulässigen Wertes vom Referenzgebäude betragen.

- U-Wert Außenwand Referenzgebäude (gemäß EnEV 2014, Anlage 1, Tabelle 1): $U_{AW,Referenzgebäude} = 0,28$ W/(m$^2 \cdot$ K)
- U-Wert Außenwand des nachzuweisenden Gebäudes: $U_{AW} \leq 0,28 \cdot 70\% \leq 0,196$ W/(m$^2 \cdot$ K)

Die Außenwand-U-Werte des nachzuweisenden Gebäudes dürfen beim Effizienzhaus-55-Standard max. 0,196 W/(m$^2 \cdot$ K) betragen, damit das KfW-Wärmebrückenkurzverfahren angewandt werden darf.

„5. *Am Gebäude sind maximal 70 % der vorhandenen Fensterstürze mit Rollladenkästen gemäß den Vorgaben des Beiblatts 2 der DIN 4108 ausgestattet oder es werden die entsprechenden KfW-Wärmebrückenempfehlungen komplett umgesetzt.*

6. *Pro Gebäude, Dachfläche und Nutzungseinheit ist maximal ein Dachflächenfenster vorhanden. Bei einer größeren Anzahl von Dachflächenfenstern dürfen die ψ-Werte der Anschlussdetails maximal 65 % des Referenzwerts gemäß Beiblatt 2 der DIN 4108 betragen.“*
(Infoblatt KfW-Wärmebrückenbewertung [Stand 11/2015], S. 7)

Das heißt: Wird mehr als ein Dachflächenfenster eingebaut, ist nachzuweisen, dass der ψ-Wert des Anschlussdetails zwischen Dachfläche und Dachflächenfenster max. 65 % des ψ-Werts eines entsprechenden Details aus DIN 4108 Beiblatt 2 beträgt. Ist das Detail nicht in DIN 4108 Beiblatt 2 enthalten, darf das Wärmebrückenkurzverfahren nicht angewendet werden.

Beispiel

Der zulässige ψ-Wert ist für den unteren und oberen Anschluss eines Dachflächenfenster im Referenzbild aus DIN 4108 Beiblatt 2 mit $ψ \leq 0,16$ W/(m $\cdot$ K) und im Referenzbild für den seitlichen Anschluss mit $ψ \leq 0,11$ W/(m $\cdot$ K) angegeben (vgl. DIN 4108 Beiblatt 2:2006-03, Bild 90 und Bild 91). Daraus ergibt sich für die ψ-Werte:

0,16 W/(m $\cdot$ K) $\cdot$ 65 % = 0,104 W/(m $\cdot$ K)

0,11 W/(m $\cdot$ K) $\cdot$ 65 % = 0,072 W/(m $\cdot$ K)

Damit das Wärmebrückenkurzverfahren angewendet werden darf, muss das Detail für den oberen und unteren Dachflächenfenster-Anschluss so geplant werden, dass der ψ-Wert nicht größer als 0,104 W/(m $\cdot$ K) ist. Der ψ-Wert für den seitlichen Anschluss darf nicht größer als 0,072 W/(m $\cdot$ K) sein.

„7. Ein vorhandener Keller ist komplett als beheizte Zone berücksichtigt oder der beheizte Bereich beschränkt sich auf den Raum des Kellerabgangs.

8. Das Gebäude besitzt nicht mehr als eine Dachgaube pro Dachseite. Die Dachfläche der Gaube ist auf 20 % der Hauptdachfläche beschränkt.

9. Am Gebäude sind keine Geschoss- oder Dachloggien vorhanden.

10. Der Grundriss des Gebäudes ist rechteckig oder quadratisch."
(Infoblatt KfW-Wärmebrückenbewertung [Stand 11/2015], S. 8)

Werden alle 10 Kriterien erfüllt, so darf mit einem ΔU_{WB} von 0,035 W/(m² · K) gerechnet werden.

Berücksichtigung eines Gebäudeparameters

Unter Punkt 3 in Formblatt D sind verschiedene Gebäudetypen mit dazugehörigen ΔU_{WB}-Werten dargestellt (vgl. Abb. 7.4). Der dem Gebäude entsprechende ΔU_{WB}-Wert zwischen 0,000 und 0,005 W/(m² · K) darf von dem ΔU_{WB} von 0,035 W/(m² · K) abgezogen werden. Tabelle 7.2 listet Gebäudeparameter für entsprechende Haustypen auf.

Tabelle 7.2: Nach Formblatt D der KfW-Wärmebrückenbewertung zu berücksichtigende Wärmebrückenabschläge in Abhängigkeit von der Gebäudeart und der Konstruktion

Haustyp	Wärmebrückenabschlag in W/(m² · K)
Reihenmittelhaus	0,000
Doppel-/Reihenendhaus (mindestens 2 Fassadenaußenecken)	0,002
frei stehendes Wohngebäude (mindestens 4 Fassadenaußenecken)	0,005
Holzbau[1)]	0,005

1) Voraussetzung: Ab Oberkante Bodenplatte muss ausschließlich eine Holzleichtbaukonstruktion vorhanden sein. Jedes Holzbauteil muss von einer homogenen Dämmebene mit einem Wärmedurchlasswiderstand von mindestens 1,1 m² · K/W überdeckt sein.

Erläuterungen zu Tabelle 7.2:

Gebäudeaußenecken haben in der Regel negative ψ-Werte. Je mehr Außenecken ein Gebäude hat, umso mehr negative Wärmebrückenverluste können bei der detaillierten Wärmebrückenberechnung erfasst werden:

- Reihenmittelhäuser haben keine Außenecken, darum gibt es hier keinen zusätzlichen Abzug auf den Basiswert von 0,035 W/(m² · K).
- Doppelhaushälften und Reiheneckhäuser haben 2 Außenecken, weswegen es hier einen Abzug von 0,002 W/(m² · K) gibt.
- Frei stehende Häuser haben mindestens 4 Außenecken, weswegen hier ein Abzug von 0,005 W/(m² · K) angesetzt werden darf.
- Holzhäuser in Leichtbauweise haben nur geringe zusätzliche Wärmeverluste über Wärmebrücken; aus diesem Grund gibt es hier noch einmal einen Abzug von 0,005 W/(m² · K).

Der anzusetzende Wärmebrückenzuschlag ΔU_{WB} berechnet sich dann wie folgt:

$$\Delta U_{WB} = \text{Basiswert} - \text{Gebäudeparameter} - \text{Holzbaubonus} \quad \text{in } W/(m^2 \cdot K) \text{ (7.3)}$$

mit
Basiswert   0,035 W/(m² · K) gemäß „Infoblatt KfW-Wärmebrückenbewertung" (Stand 11/2015)

Beispiel 1

Ein Reihenendhaus erfüllt alle Kriterien für das Wärmebrückenkurzverfahren. Es handelt sich um ein Gebäude in Massivbauweise. Der Wärmebrückenzuschlag ΔU_{WB} berechnet sich folgendermaßen:

$$\Delta U_{WB} = 0,035 \text{ W/(m}^2 \cdot \text{K)} - 0,002 \text{ W/(m}^2 \cdot \text{K)} - 0,000 \text{ W/(m}^2 \cdot \text{K)}$$

$$\Delta U_{WB} = 0,033 \text{ W/(m}^2 \cdot \text{K)}$$

In der energetischen Berechnung darf ein Wärmebrückenzuschlag ΔU_{WB} von 0,033 W/(m² · K) angesetzt werden.

Beispiel 2

Bei einem frei stehenden Gebäude in Holzleichtbauweise, das alle Kriterien für das Wärmebrückenkurzverfahren erfüllt, berechnet sich der Wärmebrückenzuschlag ΔU_{WB} wie folgt:

$$\Delta U_{WB} = 0,035 \text{ W/(m}^2 \cdot \text{K)} - 0,005 \text{ W/(m}^2 \cdot \text{K)} - 0,005 \text{ W/(m}^2 \cdot \text{K)}$$

$$\Delta U_{WB} = 0,025 \text{ W/(m}^2 \cdot \text{K)}$$

In der energetischen Berechnung darf hier ein Wärmebrückenzuschlag ΔU_{WB} von 0,025 W/(m² · K) angesetzt werden.

KfW-Wärmebrückenbewertung, Formblatt D

KfW-Wärmebrückenkurzverfahren (151, 153, 430)

Bauherr   **Bauvorhaben**

Name   Objekt   Baujahr

Straße   Nr.   Straße   Nr.

PLZ   Ort   PLZ   Ort

Beantragtes KfW-Effizienzhaus (EH)

☐ EH Denkmal   ☐ EH 115   ☐ EH 100   ☐ EH 85   ☐ EH 70   ☐ EH 55   ☐ EH 40

1. Das KfW Wärmebrückenkurzverfahren wurde erstellt auf Basis

☐ von Planungsdaten im Rahmen des KfW-Effizienzhausantrages

☐ der vorhandenen Konstruktion im Rahmen der KfW-Bestätigung nach Durchführung

2. Das beantragte Effizienzhaus weist folgende konstruktiven und technischen Eigenschaften auf

1. Die Vorgaben oder Konstruktionsdetails der KfW-Wärmebrückenempfehlungen (WBE) sind berücksichtigt und umgesetzt

2. Durchdringungen der Wärmedämmebene von Außenbauteilen sind nicht vorhanden bzw. thermisch getrennt

3. Vorhandene Dämmschichten bei Außenwänden oder Flachdächern liegen grundsätzlich auf der Kaltseite

4. Die Dämmmaßnahmen an den einzelnen Bauteilen sind einheitlich und erreichen alle das angestrebte Effizienzniveau

5. Am Gebäude sind nur 70% der Fensterstürze mit Rolladenkästen ausgestattet oder die WBE sind entsprechend umgesetzt

6. Ein Keller liegt komplett innerhalb der termischen Hülle oder der beheizte Bereich beschränkt sich auf den Kellerabgang

7. Pro Gebäude, Dachfläche und Nutzungseinheit ist maximal ein Dachflächenfenster vorhanden

8. Pro Dachfläche ist höchstens eine Dachgaube vorhanden, deren Dachfläche max. 20% der Hauptdachfläche beträgt.

9. Am Gebäude sind keine Geschoss- oder Dachloggien vorhanden.

10. Der Grundriss des Gebäudes ist rechteckig oder quadratisch.
    (Eine detailliertere Beschreibung der erforderlichen technischen Vorraussetzungen für die Anwendung des KfW-Wärmebrückenkurzverfahrens sind im Infoblatt KfW-Wärmebrückenbewertung beschrieben)

3. Auf die Hüllfläche zu berücksichtigender Wärmebrückenzuschlag

Gebäudeparameter für entsprechenden Haustyp

☐ Reihenmittelhaus: **0,000** W/(m²)K

☐ Doppel-/Reihenendhaus (min. 2 Fassadenaußenecken):   **0,002** W/(m²)K

☐ Freistehendes Wohngebäude (min. 4 Fassadenaußenecken): **0,005** W/(m²)K

Holzbaubonus

☐ Eine Reduzierung des Wärmebrückenzuschlags in Höhe von 0,005 W/(m²K) kann für das beantragte Effizienzhaus gewährt werden, da ab Oberkante Kellerdecke/Bodenplatte ausschließlich eine Holzleichtbaukonstruktion vorhanden ist. Beim Konstruktionsaufbau der thermischen Hülle wird jedes Holzbauteil von einer homogenen Dämmebene mit einem Wärmedurchlasswiderstand von mindestens 1,1 (m²K)/W überdeckt.

Basiswert	–	Gebäudeparameter	–	Holzbaubonus	=	Δ-UWB
0,035 W/(m²)K	–	W/(m²)K	–	W/(m²)K	=	W/(m²)K

Bestätigung Sachverständiger

Ich versichere, dass die obigen Angaben zum KfW-Wärmebrückenkurzverfahren und zur Konstruktion des beantragten Effizienzhauses vollständig und richtig sind und dass ich sie durch geeignete Unterlagen belegen kann. Ich bin bereit, diese Unterlagen auf Anforderung der KfW zur Verfügung zu stellen. Die Hinweise und Erläuterungen des Infoblatts "KfW-Wärmebrückenbewertung" sind berücksichtigt. Neben der Wärmebrückendokumentation ist auch die Konstruktionsbeschreibung aus der U-Wert-Berechnung diesem Formular beigefügt.

Ort, Datum   Unterschrift Sachverständiger

Abb. 7.4:   Formblatt D – Wärmebrückenkurzverfahren nach KfW-Wärmebrückenbewertung
(Quelle: KfW [Stand 09/2015])

8 Anwendung des Isothermen-Programms Therm zur Berechnung von Oberflächentemperaturen und ψ-Werten +

Das vom Lawrence Berkeley National Laboratory (LBNL) entwickelte Softwareprogramm Therm kann kostenfrei heruntergeladen werden (http://windows.lbl.gov/software/therm/therm.html). Die Software eignet sich zur Berechnung von Wärmebrücken und rechnet korrekt nach DIN EN ISO 10211.

Therm ist nur in englischer bzw. amerikanischer Fassung erhältlich. Zur hier besprochenen Version 7.4 ist kein Handbuch verfügbar. Empfehlenswert ist das Handbuch der Version 2.0 (Therm 2.0 User's Manual); an der Benutzeroberfläche hat sich seit dieser Version nichts geändert.

In diesem Kapitel werden die wichtigsten Befehle des Programms erläutert, um die Oberflächentemperaturen und die ψ-Werte an gezeichneten Details bestimmen zu können.

Anmerkungen zu den Lizenzbedingungen

LBNL erteilt eine gebührenfreie und unbefristete Lizenz gegen Angabe persönlicher Daten. Dazu wurde von Bruno Stubenrauch eine schriftliche Stellungnahme von LBNL eingeholt. Hierzu wurden folgende Fragen gestellt:

- Darf Therm in einem Ingenieurbüro zur Entwicklung realer Baukonstruktionsdetails und ihrer Optimierung hinsichtlich Wärmebrücken und Oberflächentemperaturen eingesetzt werden?
- Dürfen die Ergebnisse aus Therm wie z. B. Isothermendarstellungen zu Werbezwecken verwendet werden?
- Dürfen Therm-Berechnungen an Dritte verkauft werden, z. B. im Rahmen von Gutachten zur Oberflächentemperatur mangelhafter Baukonstruktionen?

Alle Fragen wurden seitens LBNL mit „ja" beantwortet. Die letzte Verantwortung für die Richtigkeit der Ergebnisse bleibt jedoch beim Anwender. Die Kernaussage der Nutzungsbedingungen ist laut LBNL, dass lediglich das Programm selbst nicht verkauft werden darf.

8.1 Vorbereitungen mit dem Programm Therm

Wenn das Programm Therm auf dem Rechner installiert ist, sollten als Erstes die amerikanischen Bibliotheken durch deutsche Bibliotheken ersetzt werden.

Folgende deutsche Bibliotheken stehen zum Download bereit (vgl. die Hinweise zum Download-Angebot auf S. 6):

- bc.lib,
- material.lib,
- Ufaktor.lib.

Diese Dateien können direkt in das Explorer-Verzeichnis kopiert werden unter: Computer → Lokaler Datenträger (C:) → Benutzer → Öffentlich → LBNL → Therm7.4 → Lib. Wenn die alten Dateien erhalten bleiben sollen, können diese in einen eigenen Ordner verschoben werden. Das Programm Therm wird in der Regel in folgendes Verzeichnis installiert: Computer → Lokaler Datenträger (C:) → Programme (x86) → LBNL.

Bevor mit dem Zeichnen begonnen wird, sind im Programm Therm noch einige Einstellungen vorzunehmen. Dazu muss das Menü → Options → Preferences (Voreinstellungen) geöffnet werden.

Einstellen des Fangmodus

Es ist sinnvoll, zum Zeichnen ein Gitternetz mit Fangpunkten von 5 mm als Unterlage zu verwenden. Das erleichtert das Zeichnen, da Therm immer einen Gitterpunkt beim Zeichnen „fängt". Wenn kleinteiligere Flächen als 5 mm gezeichnet werden sollen, muss das Gitternetz entsprechend kleiner eingestellt werden.

Der Menüpfad lautet: Options → Preferences → Snap Settings (Fangmodus).

Alternativ führt auch der folgende Button zu diesem Menüpunkt:

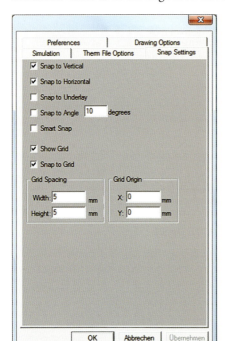

Snap to Vertical:
Punkt vertikal finden

Snap to Horizontal:
Punkt horizontal finden

Snap to Underlay:
Punkt einer untergelegten Zeichnung finden. Nur notwendig, wenn ein DXF untergelegt wird (vgl. Kapitel 8.2.1)

Snap to Angle:
Punkt vertikal finden (wenn ein Punkt auf einen bestimmten Winkel gefunden werden soll; 1 degree = 1 °)

Show Grid:
Gitterpunkte anzeigen

Snap to Grid:
Gitterpunkte finden

Grid Spacing:
Rasterabstand
- Width (Breite) – empfohlen 5 mm
- Height (Höhe) – empfohlen 5 mm

Grid Origin:
Anfangspunkt
X und Y = 0 mm

Abb. 8.1:   Menü Snap Settings; Einstellen des Fangmodus

Es sollten die in Abb. 8.1 dargestellten Voreinstellungen getroffen werden. Wenn das Gitternetz beim Zeichnen stört (Show Grid), kann es auch ausgeblendet werden.

Einstellen der Rechengenauigkeit

Der Menüpfad lautet: Options → Preferences → Therm File Options (Rechengenauigkeit).

In diesem Menü wird die Rechengenauigkeit definiert (vgl. Abb. 8.2). Diese muss nach DIN EN ISO 10211 auf 1 % Genauigkeit erfolgen. Da Therm aber bei komplexeren Details mit dieser Genauigkeit Probleme bekommt, ist es sinnvoll, hier 2 % einzustellen. Nachdem Therm das Detail einmal berechnet hat, kann die Genauigkeit dann auf 1 % verringert werden. Wenn Therm bei dieser Einstellung die Berechnung abbricht, muss die Genauigkeit wieder hochgestellt werden.

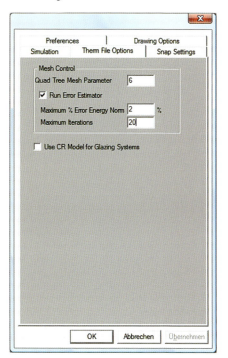

Quad Tree Mesh Parameter:
Finite-Elemente-Netz – empfohlen 6

Maximum % Error Energy Norm:
max. Fehler = 1 % bzw. 2 %

Bei sehr komplexen Zeichnungen kann es vorkommen, dass Therm auch mit 2 % Genauigkeit nicht rechnen kann und nach einer bestimmten Zeit abbricht. In diesem Fall muss die Genauigkeit verringert werden, indem auf 3 % oder mehr erhöht wird.

Maximum Iterations:
max. Iterationsschritte = 20

Abb. 8.2:   Einstellen der Rechengenauigkeit

Weitere Voreinstellungen

In allen anderen Menüpunkten müssen keine weiteren Änderungen vorgenommen werden.

Hinweis: Die Voreinstelllungen sind jedes Mal beim Öffnen eines neuen Arbeitsblattes neu einzustellen, da Therm diese Einstellungen nicht speichert.

8.2   Zeichnen von Details (Menüpunkt Draw)

Das Zeichnen mit Therm funktioniert ähnlich wie bei anderen CAD-Zeichenprogrammen. Die Details bestehen aus verschiedenen, meist rechteckigen Flächen, denen die entsprechenden Materialien zuzuordnen sind. Die einzelnen Flächen können sowohl als Rechtecke als auch als Polygonzug gezeichnet werden.

Zu beachten ist, dass

- die Flächen und Polygonzüge geschlossen sind,
- die Flächen sich nicht überlappen,
- die Flächen sauber aneinanderliegen.

Wenn von einem bestimmten Punkt aus mit dem Zeichnen begonnen werden soll, ist mit dem Mauszeiger dieser Punkt mit „Return" zu markieren. Dann kann über die Eingabe der Länge in mm und anschließend der Richtung über die Pfeiltaste (→↑) ein Rechteck oder Polygonzug gezeichnet werden.

8.2.1   Unterlegen einer Zeichnung

Über das Menü → File → Underlay → Import kann eine Zeichnung als DXF importiert werden. Es können aber nur DXF-Files der Version R12 und R13 eingelesen werden (vgl. Abb. 8.3). Das Einlesen eines DXF-Files zur direkten Übernahme funktioniert in der Regel nicht, da hier die einzelnen Flächen aus geschlossenen Polygonen bestehen müssen.

Browse:
Durchsuchen des Explorers nach dem DXF-File, das eingelesen werden soll

Remove:
Über diesen Button wird das DXF wieder ausgeblendet.

Scaling:
Skalieren der Datei

Hier muss die Skalierung in % eingegeben werden, damit die Zeichnung im richtigen Maßstab eingelesen wird. Dies muss oft ausprobiert werden.

DXF Filter:
Hier kann ausgewählt werden, welche Objekte des DXF-Files angezeigt werden sollen.

Abb. 8.3: Einstellungen für das Unterlegen von Zeichnungen

Das Unterlegen eines DXF-Files über das Menü → File → Underlay funktioniert in der Regel sehr gut. Diese Vorgehensweise ist insbesondere dann sinnvoll, wenn schräge Flächen dargestellt werden sollen wie z. B. bei Dachanschlüssen. Im Menüpunkt → Options → Preferences → Snap Settings muss die Option „Snap to Underlay" aktiviert werden, damit die Punkte der Unterlage für das Nachzeichnen gefunden werden.

8.2.2   Ablauf des Zeichnens

Als Erstes ist in der Menüleiste das Zeichnen

- eines Rechtecks (Rectangle) ☐ oder

- eines Polygons (Polygon) ∟⌐

durch Klicken auf die dargestellten Buttons auszuwählen. Dies kann auch über den Menüpunkt → Draw (Zeichnen) → Polygon (F2) oder → Rectangle (Rechteck [F3]) erfolgen.

Rechtecke und Polygone zeichnen

Zeichnen eines Rechtecks:
- Anfangspunkt bestimmen und mit Return bestätigen
- Entfernung (z. B. Breite) in mm eingeben und über die Pfeiltaste die Richtung bestimmen (z. B. →), nicht Return drücken
- zweite Entfernung (z. B. Höhe) in mm eingeben und über die Pfeiltaste die Richtung bestimmen (z. B. ↑)
- anschließend mit Return bestätigen

Zeichnen eines Polygons:
- Anfangspunkt bestimmen und mit Return bestätigen
- Entfernung zum nächsten Punkt in mm eingeben und über die Pfeiltaste die Richtung bestimmen (z. B. →), Punkt mit Return bestätigen
- Entfernung zum nächsten Punkt in mm eingeben und über die Pfeiltaste die Richtung bestimmen (z. B. ↑)
- wenn nächste Linie schräg ist, erst die Entfernung in x-Richtung und anschließend die Entfernung in y-Richtung eingeben, Punkt anschließend mit Return bestätigen

Das Polygon muss am Schluss wieder am Anfangspunkt enden.

Mit diesen 2 Befehlen können alle notwendigen Flächen eines Details gezeichnet werden.

Hinweis: Falls nicht von einem bestimmten Punkt aus, sondern in einem bestimmten Abstand von einem Punkt mit dem Zeichnen begonnen werden soll, ist der Mauszeiger an diesen Punkt zu stellen (nicht Return drücken) und anschließend die Entfernung des Anfangspunktes von diesem Punkt in mm einzugeben (über Tastatur). Anschließend ist mit der Pfeiltaste die Richtung einzugeben (→↑) und mit Return zu bestätigen. Nun kann von diesem Punkt aus eine Fläche eingegeben werden.

Mehrere Flächen zeichnen ▣

Wenn mehrere Flächen hintereinander gezeichnet werden sollen, ist dies über den Befehl → Draw many möglich. Wenn dieser Button in der Menüleiste markiert ist, können mehrere Flächen hintereinander gezeichnet werden, ohne dass der Rechteck-Button neu ausgewählt werden muss.

8.2.3   Bearbeiten der gezeichneten Flächen

Zoomen

Wenn das Gezeichnete auf dem Bildschirm größer oder kleiner dargestellt werden soll, kann dies über folgende Kombinationen erfolgen:

- Zoom-In: mit der rechten Maustaste klicken,
- Zoom-Out: Shift + rechte Maustaste klicken,
- komplette Zeichnung anzeigen: Strg + rechte Maustaste klicken.

Messen

Die Längen der gezeichneten Flächen können über ein Maßband kontrolliert werden:

 Durch Klicken auf diesen Button kann die Entfernung von 2 Punkten gemessen werden.

Kopieren (Copy and Paste)

Unter dem Menüpunkt → Edit (Bearbeiten) gibt es die Befehle → Copy (Kopieren) und → Paste (Einfügen). Flächen können aber auch mit den Tastenkombinationen Strg + C (Kopieren) und Strg + V (Einfügen) kopiert und eingefügt werden. Dazu muss die zu kopierende Fläche markiert werden.

Nach Einfügen der Fläche liegt diese genau über der kopierten Fläche. Sie muss nun an die gewünschte Stelle verschoben werden.

Verschieben von Flächen (Move Polygon) ⌷⃗

Über den Menüpunkt → Draw → Move Polygon oder durch Klicken auf den Button in der Menüleiste können Flächen verschoben werden. Nach dem Markieren der Fläche und Auswahl des Befehls → Move Polygon kann entweder durch Anklicken der Fläche mit der Maus die Fläche verschoben oder über die Eingabe der Länge in mm und der Richtungstaste (→↑) die gewünschte Distanz eingegeben werden. Anschließend ist die Verschiebung mit Return zu bestätigen.

Verschieben von Zeichnungspunkten oder Kanten (Move Points) ⋅↕

Unter dem Menüpunkt → Draw → Move Points oder über den Button in der Menüleiste können Punkte oder Kanten einer markierten Fläche verschoben werden. Dies ist z. B. dann notwendig, wenn eine Fläche an eine andere angepasst oder diese vergrößert oder verkleinert werden soll.

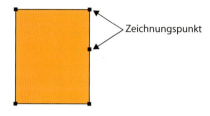
Zeichnungspunkt

Nach Auswahl des Befehls → Move Points ist die Kante oder der Punkt einer Fläche mit dem Mauszeiger zu markieren (nicht mit Return bestätigen). Der Mauszeiger verwandelt sich anschließend in einen Pfeil (bei einem

Punkt) oder in ein Kreuz (bei einer Kante). Nun kann die Kante oder der
Punkt durch Anklicken mit der Maus verschoben werden. Die Distanz
kann aber auch über die Eingabe der Länge in mm und die Richtungstaste
(→↑) eingegeben werden. Hierbei muss der Punkt oder die Kante nicht an-
geklickt, sondern nur markiert werden.

Zeichnungspunkte hinzufügen (Insert Point) →¦

Wenn an einer bestimmten Stelle in einer Fläche ein Zeichnungspunkt benötigt wird, um die Fläche an dieser Stelle zu verändern, kann ein Zeichnungspunkt eingefügt werden.

Unter dem Menüpunkt → Draw → Insert Point oder über den Button in der
Menüleiste können zusätzliche Punkte in einem Polygonzug eingefügt werden. Hierzu ist die Fläche zu markieren. Nach Auswahl des Befehls → Insert
Point kann an einer Kante an beliebiger Stelle durch Klicken mit der Maus
ein Punkt eingefügt werden. Dies kann auch über Eingabe der Entfernung
und die Richtungstasten (→↑) erfolgen. Hierfür muss der Mauszeiger an
einen Ausgangspunkt gestellt werden, von dem die Distanz bekannt ist.

Zeichnungspunkte löschen · ¦

Mit dem Befehl → Move Points oder über den Button in der Menüleiste kön-
nen Punkte auch wieder gelöscht werden. Mit Auswahl des Befehls und
Bewegen des Mauszeigers kann ein so markierter Punkt durch Drücken der
Entf-Taste (bzw. der DELETE-Taste) entfernt werden.

Spiegeln der Zeichnung (Flip)

Unter dem Menüpunkt → Draw → Flip kann die gesamte Zeichnung vertikal oder horizontal gespiegelt werden. Die Spiegelung erfolgt immer über
den Nullpunkt.

Hierfür muss ein Bezugspunkt eingefügt werden, über den dann die gesamte Zeichnung gedreht oder gespiegelt wird. Der Bezugspunkt kann über das
Menü → Draw → Set Origin an die gewünschte Stelle gesetzt werden. Wenn
nur ein Teil der Zeichnung gespiegelt oder gedreht werden soll, muss dieser
zuerst in ein neues Arbeitsblatt kopiert werden (mit Strg + C und Strg + V).
Dort kann das Eingefügte gedreht und gespiegelt werden, um es dann wieder in das Originalarbeitsblatt zurückzukopieren.

Drehen der Zeichnung (Rotate)

Unter dem Menüpunkt → Draw → Rotate kann die gesamte Zeichnung
gedreht werden. Zur Auswahl stehen hier: Left 90°, Right 90°, 180° oder die
Eingabe des Drehwinkels (Degree). Hier ist das Gleiche zu beachten wie
beim Spiegeln einer Fläche.

Schnittebenen

Wie groß ein Detail gezeichnet werden muss und was dabei zu beachten
ist, ist in der DIN EN ISO 10211 erläutert. Die Regelungen zur Schnittebene
gemäß DIN EN ISO 10211 werden in Kapitel 2.3.1 genauer erläutert.

8.3   Zuordnen von Materialien

Vor dem Zeichnen einer Fläche kann ein Material für diese Fläche ausgewählt werden. Das Material kann nachträglich auch geändert werden. Ausgewählt werden kann das Material entweder direkt aus der Menüleiste oder über den Menüpunkt → Libraries → Material Library (Tastenkombination Shift + F4).

Auswahl des Materials vor dem Zeichnen `u | ⅟c ‖Leichtbeton 1600                ▾`

Nach Auswahl der Zeichenbefehle → Draw Rectangle oder → Draw Polygon erscheint ein Material im Auswahlfenster in der Menüleiste.

Abb. 8.4: Menüfeld der
Materialien

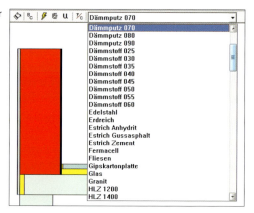

Durch Klicken auf das Auswahlfenster erscheint die Liste aller Materialien aus der Baustoffbibliothek (vgl. Abb. 8.4). Dort kann das gewünschte Material ausgesucht werden.

Ändern einer Materialeigenschaft

Wenn nach dem Zeichnen einer Fläche die Materialeigenschaft verändert werden soll, kann nach Markieren der Fläche das Material im Auswahlfenster nachträglich geändert werden.

Dies ist auch durch Doppelklick auf eine Fläche möglich. In dem sich dann öffnenden Fenster werden die Materialeigenschaften mit angezeigt (vgl. Abb. 8.5).

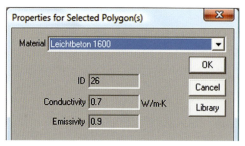

Abb. 8.5: Menüfeld Materialeigenschaften

Properties for Selected Polygon(s):
Eigenschaften für ausgewähltes Polygon

ID:
Nummer der gezeichneten Fläche

Conductivity:
Leitfähigkeit (Wärmeleitfähigkeit λ der Bauteile)

Emissivity:
Emissionsvermögen (Strahlungsvermögen)
- alle Feststoffe = ca. 0,9
- Schwarz = 1,0

Baustoffdatenbank (Material Definitions)

Unter dem Menüpunkt → Libraries → Material Library können Baustoffe für die Zuordnung von Materialien in den Zeichnungen ausgesucht, angelegt oder vorhandene verändert werden (vgl. Abb. 8.6).

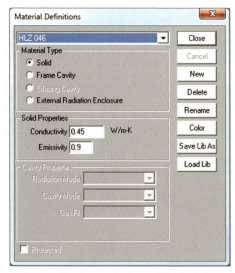

Solid:
massiv (alle Baustoffe ohne Hohlräume)

Frame Cavity:
Bauteile mit Hohlräumen

External Radiation Enclosure:
Gehäuse

Solid Properties:
Materialeigenschaften

Conductivity:
Leitfähigkeit (Wärmeleitfähigkeit λ der Bauteile)

Emissivity:
Emissionsvermögen (Strahlungsvermögen)
- alle Feststoffe = ca. 0,9
- Schwarz = 1,0
- Aluminium = ca. 0,2 (je heller, umso kleiner der Wert)

Abb. 8.6: Bearbeiten der Baustoffbibliothek

Erläuterung des Menüfelds Material Definitions (Baustoffdatenbank)

- Über den Button → Close wird die Datenbank geschlossen und gespeichert.
- Über den Button → New kann ein neues Material angelegt werden.
  - Vorgehensweise: Durch Klicken auf den Button wird ein Fenster geöffnet, in das ein Name eingetragen werden kann (Bestätigung über OK). Anschließend muss die Wärmeleitfähigkeit λ des Materials bei → Conductivity und das Emissionsvermögen unter → Emissivity eingegeben werden. Bei normalen, nicht glänzenden Bauteilen liegt das Emissionsvermögen in der Regel bei 0,9. Durch Klicken auf den Button → Color kann dem Material noch eine Farbe zugeordnet werden.
  - Hinweis: Da es sich bei Therm um ein englisches bzw. amerikanisches Programm handelt, erkennt es keine Kommata. Statt des Kommas muss immer ein Punkt eingegeben werden.
- Mit dem Button → Save Lib As kann die vorhandene Datenbank in einem Ordner abgespeichert und auf einem anderen Computer wieder eingelesen werden.
- Mit dem Button → Load Lib kann eine abgespeicherte Datenbank eingelesen werden.

Übernahme von Eigenschaften (Select Material/BC)

Mit dem Befehl → Select Material/BC können Materialeigenschaften oder auch Randbedingungen übernommen werden. Nach Auswahl des Befehls in der Menüleiste ist zuerst die Fläche zu markieren, deren Eigenschaften übernommen werden, und anschließend die Fläche, auf die die Eigenschaften übertragen werden sollen.

8.4   Eingabe der Randbedingungen

Wenn die Zeichnung fertiggestellt ist, kann über den Befehl → Show Voids/ Overlaps im Menüpunkt → View überprüft werden, ob alle Flächen sauber aneinanderliegen. Das gezeichnete Detail wird weiß dargestellt, alles andere blau. Befinden sich innerhalb des Details blaue Flächen oder Linien, sind hier Ungenauigkeiten vorhanden, die beseitigt werden müssen.

Damit das Detail wieder normal dargestellt wird, ist der Befehl auszuschalten. Nun können die Randbedingungen festgelegt werden.

Die Randbedingungen für die Berechnung von Oberflächentemperaturen und die Berechnung von ψ-Werten sind in Kapitel 2 dargestellt und erläutert. Die dort dargestellten Randbedingungen sind den Rändern der Zeichnung zuzuweisen. Die Schnittebenen bleiben adiabatisch (Grundeinstellung). Adiabatisch heißt, dass über diese Kante kein Wärmestrom fließt.

Die Randbedingungen sind über den Button ^{B}C zu aktivieren.

Wenn eine neue Zeichnung erstellt wurde, erscheint beim erstmaligen Klicken auf den Button keine Meldung.

Nachdem Änderungen durchgeführt wurden, muss der Button noch einmal geklickt werden. Anschließend erscheint dann das in Abb. 8.7 dargestellte Menüfenster. Wenn die Randbedingungen neu definiert werden, kann jede der im Folgenden beschriebenen 3 Menüoptionen ausgewählt werden.

Abb. 8.7: Aktivieren der Randbedingungen (Boundary Conditions)

- „*Use the same library type as any existing or deleted boundary conditions, but assign new emissivities based on material properties.*" Hier werden dieselben Bibliothekstypen und dieselben Randbedingungen, die bereits vorhanden waren oder gelöscht wurden, verwendet – jedoch mit der Zuweisung von neuen Materialeigenschaften und darauf basierenden Emissionsvermögen. Das heißt, diese Option ist auszuwählen, wenn nur die Materialeigenschaften geändert wurden.
- „*Use all of the properties of any existing or deleted boundary conditions.*" Hier werden alle Eigenschaften der vorhandenen oder gelöschten Randbedingungen verwendet.

- *„Ignore all of the properties of any existing or deleted boundary conditions.“*
  Diese Option wird gewählt, wenn bereits Randbedingungen eingestellt
  wurden und diese gelöscht werden sollen. Die bereits vorhandenen oder
  gelöschten Randbedingungen werden ignoriert.

Nach getroffener Auswahl können die Randbedingungen durch Doppelklick auf die entsprechende Kante oder über das Markieren einer oder
mehrerer Kanten und den Befehl im Menü → Libraries → Set Boundary
Condition Library zugewiesen werden (vgl. Abb. 8.8).

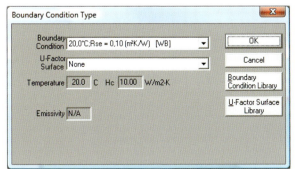

Abb. 8.8: Menüfeld – Auswahl der Randbedingungen für die einzelnen Bauteilkanten

Erläuterung des Menüfelds Boundary Condition Type (vgl. Abb. 8.8):
- **Boundary Condition (Randbedingungen):** Hier kann aus einer Vielzahl
  von Randbedingungen die entsprechende ausgewählt oder eine neue angelegt werden.
- *U*-**Factor Surface (Name des *U*-Faktors):** Hier können die einzelnen
  Bereiche für die Ausgabe des *U*-Faktors benannt werden.
  - Jeder wärmeübertragenden Kante muss ein Name zugeordnet werden.
    Alle Kanten, über die ein Wärmestrom berechnet werden soll, müssen
    den gleichen Namen bekommen. Sollen Wärmeströme über verschiedene Kanten differenziert berechnet werden, sind für diese unterschiedliche Namen zu vergeben.
  - Unterschiedlich beheizte Bereiche können mit verschiedenen Namen
    definiert werden. Für jeden Namen wird ein *U*-Faktor (Wärmestrom)
    berechnet.
  - Wenn nur ein *U*-Faktor für das zu berechnende Detail benötigt wird
    (das ist die Regel) kann für alle warmen Kanten der gleiche Name vergeben werden.
  - Welcher Name vergeben wird, ist an sich unbedeutend, der berechnete
    U-Faktor wird mit dem vergebenen Namen versehen.
  - Hinweis: Allen Kanten, die keine Wärme aus dem beheizten Bereich
    übertragen, ist der Name „none“ zuzuordnen.
- **Temperature:** Hier wird die angrenzende Temperatur angegeben.
- **Hc:** Hier wird der Wärmeübergangswiderstand in $1/R$ angegeben.

Unter → Bourdary Condition Library kann die Bibliothek bearbeitet und neue Randbedingungen können angelegt werden (vgl. Abb. 8.9).

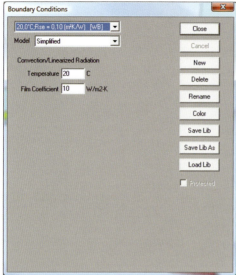

In dem Feld oben links kann eine Randbedingung ausgewählt werden.

Close:
Schließen des Fensters

New:
Über diesen Button kann eine neue Randbedingung festgelegt werden. Dieser muss ein Name und anschließend eine Temperatur und ein Wärmeübergangskoeffizient (Film Coefficient) zugewiesen werden.

Temperature:
Hier wird die Temperatur angegeben, die an der Kante des Details vorhanden ist.

Film Coefficient:
Wärmeübergangskoeffizient in $1/R_{si}$ bzw. $1/R_{se}$
- $1 : 0{,}13\ \mathrm{m^2 \cdot K/W} = 7{,}69\ \mathrm{W/(m^2 \cdot K)}$
- $1 : 0{,}25\ \mathrm{m^2 \cdot K/W} = 4\ \mathrm{W/(m^2 \cdot K)}$
- $1 : 0{,}04\ \mathrm{m^2 \cdot K/W} = 25\ \mathrm{W/(m^2 \cdot K)}$
- $1 : 0{,}17\ \mathrm{m^2 \cdot K/W} = 5{,}88\ \mathrm{W/(m^2 \cdot K)}$

Abb. 8.9:   Menüfeld – Bibliothek zur Auswahl von Randbedingungen oder zum Neuanlegen von Randbedingungen

8.5   Oberflächentemperaturen

8.5.1   Einstellen der Randbedingungen

Nachfolgend wird an 2 Beispielen dargestellt, wie die Randbedingungen für die Berechnung von Oberflächentemperaturen einzustellen sind. Die anzusetzenden Randbedingungen werden in Kapitel 2.1 genau erläutert.

Beispiel 1 – Außenecke

Für eine Außenecke soll die niedrigste innere Oberflächentemperatur für den Nachweis der Schimmelpilzfreiheit berechnet werden. In Abb. 8.10 sind die einzustellenden Randbedingungen dargestellt.

- Innenkanten: Die Innenkanten sind mit 20 °C und einem inneren Wärmeübergangswiderstand von 0,25 m² · K/W definiert. Sie erhalten den Namen „innen" (*U*-Factor Surface). Durch die Vergabe eines Namens an der Innenkante wird für Therm festgelegt, dass diese Kante eine Innenkante ist, über die Wärme in das Bauteil nach außen übertragen wird. Der berechnete *U*-Faktor für diese Kanten erhält dann auch den Namen „innen".
- Außenkanten: Die Außenkanten sind mit –5 °C und einem äußeren Wärmeübergangswiderstand von 0,04 m² · K/W definiert. Sie erhalten den Namen „none" (*U*-Factor Surface). Alle Kanten, die sich nicht im beheizten Bereich befinden, erhalten den Namen „none".

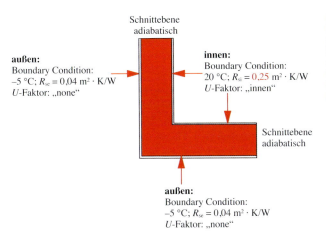

Abb. 8.10: Beispieldetail – Darstellung der Randbedingungen für den Nachweis der Schimmelpilzfreiheit einer Außenecke. Die Eingabe der Wärmeübergangswiderstände R erfolgt in Therm über das Feld Hc in $1/R$.

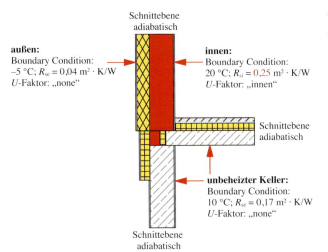

Abb. 8.11: Beispieldetail – Darstellung der Randbedingungen für den Nachweis der Schimmelpilzfreiheit für ein Sockeldetail mit unbeheiztem Keller. Die Eingabe der Wärmeübergangswiderstände R erfolgt in Therm über das Feld Hc in $1/R$.

Beispiel 2 – Sockelanschluss

Abb. 8.11 zeigt die anzusetzenden Randbedingungen für den Nachweis der Schimmelpilzfreiheit für ein Sockeldetail.

Die Innenkanten des unbeheizten Kellers sind nach DIN 4108 Beiblatt 2 mit 10 °C und einem inneren Wärmeübergangswiderstand von 0,17 m² · K/W zu definieren. Sie erhalten ebenfalls den Namen „none" (*U*-Factor Surface), da sie sich nicht im beheizten Bereich befinden.

8.5.2 Berechnung der Oberflächentemperaturen

Wenn alle Randbedingungen definiert sind, können die Isothermen mit Therm berechnet werden. Vor der Berechnung sollte noch einmal geprüft werden, ob alle Randbedingungen richtig eingegeben sind. Anschließend sollte die Datei zur Sicherheit unbedingt gespeichert werden.

Durch Klicken auf den Button ⚡ (Calc) oder über das Menü → Calculation → Calculation wird der Isothermenverlauf im Bauteil berechnet und angezeigt. Dies kann je nach Komplexität des Details einige Sekunden dauern.

Nach Fertigstellung der Berechnung zeigt Therm den Isothermenverlauf im gezeichneten Detail an. Wenn die genaue Temperatur an einer bestimmten Stelle angezeigt werden soll, wie z. B. in der Innenecke der Außenwand, kann über das Menü → View → Temperature at Cursor ein Fenster für die Temperaturanzeige geöffnet werden (vgl. Abb. 8.12). In diesem Fenster wird immer die Temperatur an der Stelle angezeigt, an der sich gerade der Cursor befindet.

Beispiel – Berechnung der Oberflächentemperatur in einer Außenecke

Abb. 8.12: Beispiel – Darstellung des Isothermenverlaufs in einer Außenecke (Randbedingungen gemäß Abb. 8.10)

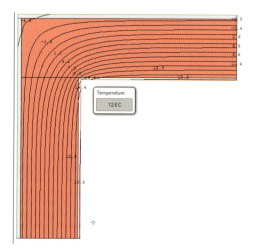

Durch Platzierung des Cursors in der Innenecke des Bauteils wird für das in Abb. 8.12 dargestellte Detail die Oberflächentemperatur von 12,6 °C angezeigt. Mit dieser Innentemperatur kann nun der f-Wert zur Kontrolle der Schimmelpilzfreiheit berechnet werden (vgl. Kapitel 1.2.3, Formel 1.3 und Formel 1.4):

$$f_{Rsi} = \frac{\theta_{si} - \theta_e}{\theta_i - \theta_e}$$

$f_{Rsi} = (12,6\ °C - (-5\ °C)) : (20\ °C - (-5\ °C))$
$f_{Rsi} = 17,5\ °C : 25\ °C = 0,7$

Das Detail entspricht gerade noch den Anforderungen der DIN 4108-2 zur Sicherstellung der Schimmelpilzfreiheit bei genormten Klimabedingungen.

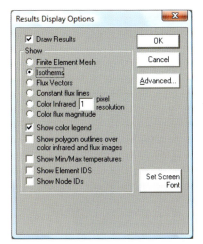

Draw Results: Ergebnisse darstellen

Finite Element Mesh: zeigt das Netz von Punkten an, an denen Temperaturen berechnet werden

Isotherms: zeigt den Isothermenverlauf an

Flux Vectors: zeigt die Wärmestromrichtung mit Pfeilen an (ggf. starke Vergrößerung der Zeichnung notwendig, um Pfeile erkennen zu können)

Constant flux lines: zeigt die Linien mit gleichem Wärmestrom an

Color Infrared: zeigt die Infrarotfarben der Temperatur an (empfohlene Auflösung: 1 pixel resolution)

Color flux magnitude: zeigt die Wärmeströme farbig an

Show color legend: zeigt die Legende der Farben an.

Show polygon outlines over color infrared and flux images: zeigt die Polygonlinien der Materialien an

Show Min/Max temperatures: zeigt die niedrigste und höchste Temperatur im Bauteil an

Show Element IDS: bezeichnet die Zellen im Finite-Elemente-Netz

Show Node IDs: bezeichnet die Knotenpunkte im Finite-Elemente-Netz

Abb. 8.13:   Anzeigemöglichkeiten (Displayoptionen)

Anzeigemöglichkeiten zum Isothermenverlauf

Mit dem Button ⊯ (Show results [Ergebnisse anzeigen]) kann der Isothermenverlauf ein- und ausgeblendet werden.

Unter dem Menüpunkt → Calculation → Display Optionen (Shift + F9) steht eine Vielzahl von Möglichkeiten zur Verfügung, wie der Temperaturverlauf und die Wärmeströme im Bauteil angezeigt werden können (vgl. Abb. 8.13).

Über den Button → Advanced im Menüfeld können noch die in Abb. 8.14 sichtbaren Einstellungen vorgenommen werden. Für die einzelnen Einstellungen kann jeweils der Temperaturbereich eingestellt werden, in dem die Isothermen, die Wärmestrompfeile, die Infrarotfarben oder der konstante Wärmestrom angezeigt werden sollen. Außerdem kann der Intervallbereich definiert werden. Der Intervallbereich kann entweder automatisch (empfohlen) oder individuell eingestellt werden. Abb. 8.15 zeigt an einem Beispiel die Einstellung für die Anzeige des Isothermenverlaufs bei 12,5 °C.

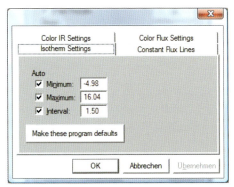

Color IR Settings:
Einstellung der Anzeige für die Infrarotfarben

Isotherm Settings:
Einstellung der Anzeige für die Isothermen

Colur Flux Settings:
Einstellung der Anzeige für die Wärmestrompfeile

Constant Flux Lines:
Einstellung für die Linien mit konstantem Wärmestrom

Abb. 8.14:   Benutzerdefinierte Anzeige (Advanced); hier Einstellung der Anzeige für die Isothermen

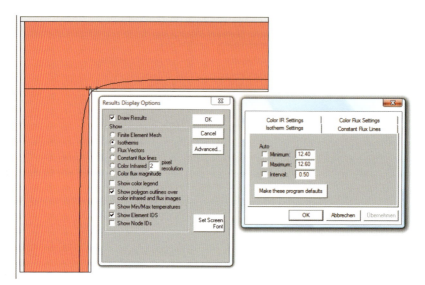

Abb. 8.15:   Anzeige der Isotherme mit 12,5 °C (Randbedingungen gemäß Abb. 8.10)

8.6 ψ-Wert

Wie bereits erläutert, ist der gewählte Temperaturunterschied für die ψ-Wert-Ermittlung unbedeutend, weil sich der ψ-Wert immer auf 1 K bezieht (vgl. Kapitel 1.2.4 und 2.2). Wenn gleichzeitig auch der Nachweis auf Schimmelpilzfreiheit geprüft werden soll, bietet es sich an, für die ψ-Wert-Ermittlung die gleiche Außentemperatur anzusetzen wie für die Untersuchung der Schimmelpilzfreiheit.

8.6.1   Einstellen der Randbedingungen

Nachfolgend wird an 3 Beispielen (Außenecke, Sockeldetail mit unbeheiztem Keller, Sockeldetail mit beheiztem Keller) erläutert, wie die Randbedingungen für die Berechnung eines ψ-Werts eingestellt werden können.

Beispiel Außenecke

Für eine Außenecke soll der ψ-Wert berechnet werden. In Abb. 8.16 sind die einzustellenden Randbedingungen dargestellt (vgl. auch Kapitel 2.2).

- Innenkanten: Die Innenkanten sind mit 20 °C und einem inneren Wärmeübergangswiderstand von 0,13 m² · K/W für die ψ-Wert-Berechnung definiert. Sie erhalten den Namen „innen" (*U*-Factor Surface). Durch die Vergabe eines Namens an der Innenkante wird für Therm festgelegt, dass diese Kante eine Innenkante ist, über die Wärme in das Bauteil nach außen übertragen wird. Der berechnete *U*-Faktor für den Wärmestrom, der über diese Kanten übertragen wird, erhält dann auch den Namen „innen".
- Außenkanten: Die Außenkanten sind mit –5 °C und einem äußeren Wärmeübergangswiderstand von 0,04 m² · K/W definiert. Sie erhalten den Namen „none" (*U*-Factor Surface). Alle Kanten, die sich nicht im beheizten Bereich befinden, erhalten den Namen „none".

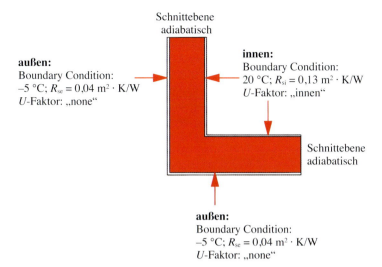

außen:
Boundary Condition:
−5 °C; R_{se} = 0,04 m² · K/W
U-Faktor: „none"

Schnittebene
adiabatisch

innen:
Boundary Condition:
20 °C; R_{si} = 0,13 m² · K/W
U-Faktor: „innen"

Schnittebene
adiabatisch

außen:
Boundary Condition:
−5 °C; R_{se} = 0,04 m² · K/W
U-Faktor: „none"

Abb. 8.16:   Beispieldetail – Darstellung der Randbedingungen für die ψ-Wert-Berechnung einer Außenecke. Die Eingabe der Wärmeübergangswiderstände R erfolgt in Therm über das Feld Hc in 1/R.

Randbedingungen für die ψ-Wert-Berechnung eines Sockeldetails mit unbeheiztem Keller

Bei Wärmebrückendetails, die an 2 unterschiedliche Temperaturbereiche grenzen, ist es sinnvoll, die Wärmeströme getrennt in jedem einzelnen Temperaturbereich zu berechnen. Das hat den Vorteil, dass den einzelnen Bauteilen wie z. B. Außenwand und Kellerdecke jeweils ein eigener ψ-Wert zugeordnet werden kann.

Bei Therm ist diese Vorgehensweise auch deshalb notwendig, weil das Programm immer den berechneten Wärmestrom in W/m² Wandfläche zur Bestimmung des U-Faktors in W/(m² · K) durch den größten vorhandenen Temperaturunterschied teilt. Für ein Sockeldetail, bei dem die Außenwand gegen Außenluft und die Kellerdecke gegen den unbeheizten Keller grenzt, sind aber 2 unterschiedliche Temperaturbereiche vorhanden.

Um für solche Details einen exakten ψ-Wert bestimmen zu können, ist es notwendig, die Wärmeströme durch die Außenwand und die Wärmeströme durch die Kellerdecke getrennt zu betrachten. Nachfolgend wird dieses Berechnungsverfahren beispielhaft an einem Sockeldetail dargestellt.

Beispiel Sockeldetail mit unbeheiztem Keller

Wärmestrom durch die Außenwand an die Außenluft

Bei einen Sockeldetail wird als Erstes der Wärmestrom über die Wand zur Außenluft bestimmt (vgl. Abb. 8.17). Hierbei wird dem Keller die gleiche Innentemperatur (20 °C) wie dem beheizten Bereich zugewiesen. Somit wird bei der Berechnung nur der Wärmestrom über die Innenkanten an die Außenluft berechnet (–5 °C). Dieser ψ-Wert ist der Außenwand zuzuordnen.

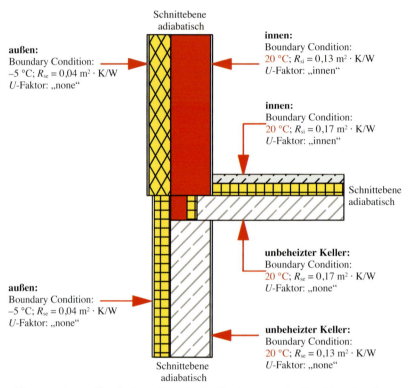

Abb. 8.17:   Beispieldetail – Darstellung der Randbedingungen für die ψ-Wert-Berechnung eines Sockeldetails; Wärmestrom durch die Außenwand. Die Eingabe der Wärmeübergangswiderstände R erfolgt in Therm über das Feld Hc in 1/R.

Wärmestrom durch die Kellerdecke zum unbeheizten Keller

Anschließend wird der Wärmestrom über die Kellerdecke zum unbeheizten Keller berechnet (vgl. Abb. 8.18). Hierbei erhält der Keller die über den Temperaturkorrekturfaktor F_G berechnete Kellertemperatur und die Außenluft die gleiche Temperatur wie der beheizte Bereich (20 °C). Somit wird bei der Berechnung nur der Wärmestrom über die Innenkanten zum unbeheizten Keller berechnet. Dieser ψ-Wert ist der Kellerdecke zuzuordnen.

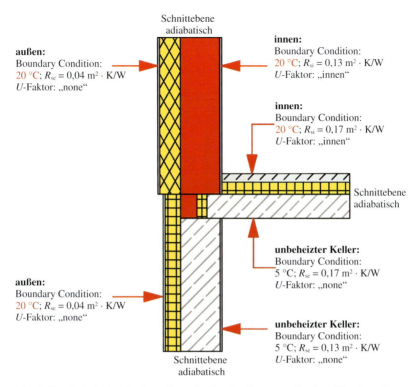

außen:
Boundary Condition:
20 °C; R_{se} = 0,04 m² · K/W
U-Faktor: „none"

innen:
Boundary Condition:
20 °C; R_{si} = 0,13 m² · K/W
U-Faktor: „innen"

Schnittebene
adiabatisch

innen:
Boundary Condition:
20 °C; R_{si} = 0,17 m² · K/W
U-Faktor: „innen"

Schnittebene
adiabatisch

unbeheizter Keller:
Boundary Condition:
5 °C; R_{se} = 0,17 m² · K/W
U-Faktor: „none"

außen:
Boundary Condition:
20 °C; R_{se} = 0,04 m² · K/W
U-Faktor: „none"

unbeheizter Keller:
Boundary Condition:
5 °C; R_{se} = 0,13 m² · K/W
U-Faktor: „none"

Schnittebene
adiabatisch

Abb. 8.18:   Beispieldetail – Darstellung der Randbedingungen für die ψ-Wert-Berechnung eines Sockeldetails; Wärmestrom durch die Kellerdecke. Die Eingabe der Wärmeübergangswiderstände R erfolgt in Therm über das Feld Hc in $1/R$.

Berechnung des Temperaturfaktors f_G aus dem Temperaturkorrekturfaktor F_G (vgl. Formel 2.1):

$$f_G = 1 - 0,6 = 0,4$$

Berechnung der Kellertemperatur (vgl. Formel 2.2):

$$\theta_{Keller} = -5\ °C + 0,4 \cdot (20\ °C - (-5\ °C)) = 5\ °C$$

Bei einem Temperaturkorrekturfaktor F_G von 0,6 für die Kellerdecke ergibt sich eine Kellertemperatur von 5 °C, bezogen auf eine Innentemperatur von 20 °C und einer Außentemperatur von –5 °C.

Als wärmeübertragende Kanten werden nur die Innenkanten im beheizten Bereich angegeben.

Randbedingungen für die ψ-Wert-Berechnung eines Sockeldetails mit beheiztem Keller

Grenzen an eine Wärmebrücke 2 oder mehrere beheizte Bereiche, so kann entweder für jeden einzelnen beheizten Bereich der Wärmestrom (U-Faktor) berechnet werden oder ein Wärmestrom für alle Bereiche zusammen. Mit beiden Berechnungsvarianten kann der ψ-Wert berechnet werden.

Beispiel Sockeldetail mit beheiztem Keller (2 *U*-Faktoren)

In Abb. 8.19 werden die einzugebenden Randbedingungen dargestellt, wenn für jeden beheizten Bereich einzeln ein *U*-Faktor berechnet werden soll; für das dargestellte Sockeldetail berechnet Therm 2 *U*-Faktoren: einen für „innen oben" und einen für „innen unten".

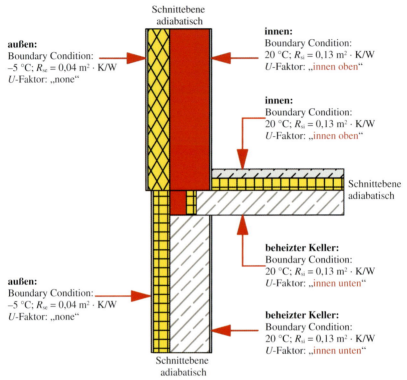

Schnittebene
adiabatisch

außen:
Boundary Condition:
−5 °C; R_{se} = 0,04 m² · K/W
U-Faktor: „none"

innen:
Boundary Condition:
20 °C; R_{si} = 0,13 m² · K/W
U-Faktor: „innen oben"

innen:
Boundary Condition:
20 °C; R_{si} = 0,13 m² · K/W
U-Faktor: „innen oben"

Schnittebene
adiabatisch

beheizter Keller:
Boundary Condition:
20 °C; R_{si} = 0,13 m² · K/W
U-Faktor: „innen unten"

außen:
Boundary Condition:
−5 °C; R_{se} = 0,04 m² · K/W
U-Faktor: „none"

beheizter Keller:
Boundary Condition:
20 °C; R_{si} = 0,13 m² · K/W
U-Faktor: „innen unten"

Schnittebene
adiabatisch

Abb. 8.19:   Beispieldetail – Darstellung der Randbedingungen für die Berechnung der ψ-Werte mit 2 beheizten Bereichen; Ermittlung von 2 *U*-Faktoren (für jeden einzelnen beheizten Bereich). Die Eingabe der Wärmeübergangswiderstände *R* erfolgt in Therm über das Feld Hc in 1/*R*.

Beispiel Sockeldetail mit beheiztem Keller (1 *U*-Faktor)

Wenn für beide Bereiche nur ein *U*-Faktor (Wärmestrom) benötigt wird, sind die Randbedingungen wie in Abb. 8.20 dargestellt einzugeben.

Für das dargestellte Sockeldetail berechnet Therm einen *U*-Faktor.

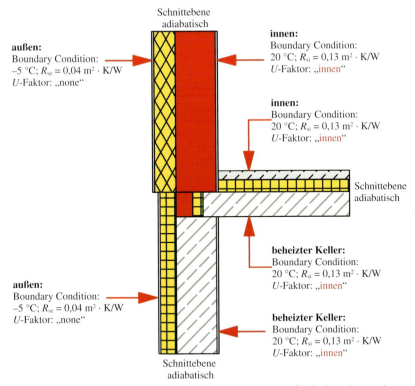

Abb. 8.20: Beispieldetail – Darstellung der Randbedingungen für die Berechnung der ψ-Werte mit 2 beheizten Bereichen; Ermittlung von einem *U*-Faktor für beide Bereiche. Die Eingabe der Wärmeübergangswiderstände *R* erfolgt in Therm über das Feld Hc in 1/*R*.

8.6.2   Berechnung des ψ-Werts

Die Berechnung der ψ-Werte erfolgt identisch wie die Berechnung der Oberflächentemperaturen.

Nach der Berechnung der Isothermen von dem in der Abb. 8.10 dargestellten Detail über den Befehl ⚡ kann der *U*-Faktor über den Button U (Show *U*-Factors) in der Menüleiste oder über das Menü → Calculation → Show *U*-Factors angezeigt werden.

In den nun erscheinenden Fenster → *U*-Factors werden folgende Werte angezeigt (vgl. auch Abb. 8.21):

- *U*-factor: gibt den gesamten Wärmestrom in W/(m² · K) über die Innenkante des gezeichneten Bauteils an; in Abb. 8.21: 0,7555 W/(m² · K),
  delta T: gibt den Temperaturunterschied an; in Abb. 8.21: 25 °C,
  Length: gibt die Länge der inneren wärmeübertragenden Fläche an; in Abb. 8.21: 2.210 mm.

Des Weiteren kann ausgewählt werden, über welche Achse der Wärmestrom berechnet werden soll:

- **Total Length:** Die wärmetauschende Fläche ist die gesamte Länge der Innenkante.

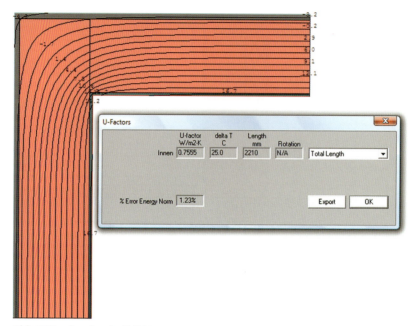

Abb. 8.21:   Anzeige des *U*-Faktors

- **Projected X:** Es wird der Wärmestrom senkrecht über die Innenkanten in *x*-Richtung (horizontal) berechnet.
- **Projected Y:** Es wird der Wärmestrom senkrecht über die Innenkanten in *y*-Richtung berechnet.
- **Custom Length:** Hier kann der Wärmestrom auf eine vom Nutzer gewünschte Länge bezogen werden.

Die Eingabe der Wärmestromrichtung ist von Bedeutung, wenn sich ein Wärmebrückendetail nur in eine Richtung erstreckt. Hier muss der Wärmestrom senkrecht zum Detail eingestellt werden.

Bei Wärmebrückendetails, bei denen über beide Richtungsachsen ein Wärmestrom vorhanden ist, ist für die Berechnung des ψ-Werts die Angabe der Richtung unbedeutend. Die Summe aus dem *U*-Faktor und der wärmeübertragenden Länge (Length) bleibt immer gleich groß.

Berechnung des ψ-Werts aus dem *U*-Faktor

Der ψ-Wert wird ermittelt, indem von dem gesamten zweidimensionalen Wärmestrom durch ein Wärmebrückendetail (L_{2D}) der eindimensionale Wärmestrom L_0 abgezogen wird (vgl. Formel 1.16; vgl. dazu ausführlich Kapitel 1.2.4):

$$\psi = L_{2D} - \Sigma L_0 \qquad \text{in W/(m} \cdot \text{K)}$$

mit

L_{2D} zweidimensionaler Wärmestrom im Bereich einer Wärmebrücke in W/(m · K)

L_0 eindimensionaler Wärmestrom über Außenbauteile in W/(m · K)

Berechnung des längenbezogenen Wärmestroms L_{2D} im Bereich der Wärmebrücke

Der längenbezogene Wärmestrom L_{2D} gibt an, wie viel Wärme (in W) durch das gezeichnete Detail bezogen auf 1 m Länge der Wärmebrücke bei 1 K Temperaturunterschied verloren geht. Er kann über den U-Faktor und die dazugehörige Innenkante berechnet werden:

$$L_{2D} = U_{factor} \cdot l \qquad \text{in W/(m} \cdot \text{K)} \tag{8.1}$$

mit

L_{2D} längenbezogener Wärmestrom einer zweidimensionalen Wärmebrücke in W/(m · K)

U_{factor} gesamter Wärmestrom über die gezeichnete Wärmebrücke (U-Faktor) in W/(m² · K)

l Länge der wärmeübertragenden Innenkante des gezeichneten Wärmebrückendetails (Length) in m

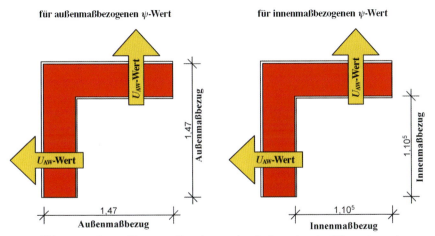

Abb. 8.22: Bezugslängen zur Berechnung des eindimensionalen Wärmestroms L_0 am Beispiel einer Außenecke

Berechnung des längenbezogenen Wärmestroms L_0 im ungestörten Bereich

Der längenbezogene eindimensionale Wärmestrom L_0 wird über die U-Werte der Bauteile multipliziert mit den dazugehörigen Bezugslängen berechnet (vgl. Abb. 8.22):

$$L_0 = U_{AW} \cdot l \qquad \text{in W/(m} \cdot \text{K)} \tag{8.2}$$

mit

L_0 längenbezogener Wärmestrom über die Außenbauteile in W/(m · K)

U_{AW} Wärmedurchgangskoeffizient der Außenbauteile im ungestörten Bereich der Gebäudehülle in W/(m² · K)

l Bezugslänge (Innenmaßbezug oder Außenmaßbezug) in m

Bei der Bezugslänge ist zu unterscheiden, ob der ψ-Wert außenmaßbezogen oder innenmaßbezogen ermittelt werden soll, was wiederum von der Lage der Systemgrenze abhängig ist (vgl. Kapitel 1.3).

Nachfolgend wird die Berechnung des ψ-Werts aus dem U-Faktor an mehreren Beispielen erläutert.

Beispiel 1 – Berechnung des ψ-Werts für eine Mauerecke (Innenmaßbezug)

Für die Mauerecke aus Abb. 6.10 soll der innenmaßbezogene ψ-Wert berechnet werden. Hierfür wurde mit dem Programm Therm ein U-Faktor von 0,7555 W/(m² · K) berechnet, bezogen auf eine Innenkantenlänge (Length) von 2,21 m (vgl. Abb. 8.21).

Erster Schritt: Berechnung des längenbezogenen Wärmestroms L_{2D} aus dem U-Faktor (nach Formel 8.1)

$$L_{2D} = 0,7555 \text{ W/(m² · K)} \cdot 2,210 \text{ m} = 1,670 \text{ W/(m · K)}$$

Der gesamte Wärmestrom L_{2D} über die Mauerecke beträgt 1,670 W/(m · K).

Zweiter Schritt: Berechnung des längenbezogenen Wärmestroms L_0 aus den U-Werten der Außenbauteile (Außenwand) mit Innenmaßbezug

Für die Berechnung des längenbezogenen eindimensionalen Wärmestroms werden der U-Wert der Außenbauteile und die innenmaßbezogenen Längen benötigt.

Der U-Wert der Außenwand kann entweder berechnet oder mit Therm bestimmt werden.

Rechnerische Ermittlung des U-Werts (vgl. Volland/Volland, 2014, Kapitel 3):

$$U = \frac{1}{R_{si} + \Sigma R_i + R_{se}} \qquad \text{in W/(m² · K)} \qquad (8.3)$$

mit
R_{si} Wärmeübergangswiderstand innen in m² · K/W
R_{se} Wärmeübergangswiderstand außen in m² · K/W
R_i Wärmedurchgangswiderstand in m² · K/W; $R_i = \Sigma \dfrac{d_i}{\lambda_i}$
d_i Schichtdicke in m
λ_i Wärmeleitfähigkeit in W/(m · K)

U-Wert Außenwand:
- R_{si} = 0,130 m² · K/W
- R-Wert Innenputz: $R_{I\text{-Putz}}$ = 0,015 m : 0,700 W/(m · K) = 0,021 m² · K/W
- R-Wert Ziegel: R_{Ziegel} = 0,365 m : 0,330 W/(m · K) = 1,106 m² · K/W
- R-Wert Außenputz: $R_{A\text{-Putz}}$ = 0,025 m : 0,250 W/(m · K) = 0,100 m² · K/W
- R_{se} = 0,040 m² · K/W
- Summe R-Werte der Außenwand: R_{AW} = 0,130 m² · K/W + 0,021 m² · K/W + 1,106 m² · K/W + 0,100 m² · K/W + 0,040 m² · K/W = 1,397 m² · K/W
- U-Wert Außenwand: U_{AW} = 1 : 1,397 m² · K/W = 0,716 W/(m² · K)

Der U-Wert der Außenwand beträgt 0,716 W/(m² · K).

Hinweis: Die Schichtdicken und λ-Werte der Berechnung müssen mit denen des gezeichneten Bauteils genau übereinstimmen.

Abb. 8.23 zeigt die Bestimmung des U-Werts für die Außenwand mit dem Programm Therm. Wenn nur die Außenwand ohne Wärmebrücke gezeichnet wird, entspricht der berechnete Wärmestrom dem U-Wert der Außenwand in W/(m² · K). Diese Methode liefert die genauere U-Wert-Bestimmung, da der berechnete U-Wert immer mit dem gezeichneten Bauteil übereinstimmt.

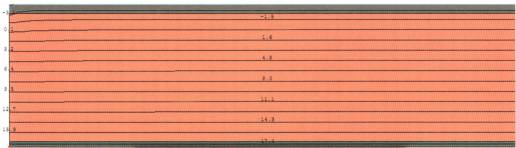

Abb. 8.23: Bestimmung des *U*-Werts der Außenwand mit Therm

Der über Therm bestimmte *U*-Wert beträgt 0,716 W/(m² · K). Er ist identisch mit dem berechneten Wert.

Berechnung des längenbezogenen Wärmestroms L_0 nach Formel 8.2 (Bezugslänge innen gemäß Abb. 8.22):

$$L_0 = 0{,}716 \text{ W/(m}^2 \cdot \text{K)} \cdot (1{,}105 \text{ m} + 1{,}105 \text{ m}) = 1{,}582 \text{ W/(m} \cdot \text{K)}$$

Der Wärmestrom L_0 über die Außenbauteile ohne Wärmebrückeneinfluss beträgt 1,582 W/(m · K).

Dritter Schritt: Berechnung des ψ-Werts nach Formel 1.16

$$\psi = 1{,}668 \text{ W/(m} \cdot \text{K)} - 1{,}582 \text{ W/(m} \cdot \text{K)} = 0{,}086 \text{ W/(m} \cdot \text{K)}$$

Der innenmaßbezogene ψ-Wert für die Außenecke aus Abb. 8.21 beträgt 0,086 W/(m · K).

Beispiel 2 – Berechnung des ψ-Werts für eine Mauerecke (Außenmaßbezug)

Für die Mauerecke aus Abb. 8.21 soll nun der außenmaßbezogene ψ-Wert berechnet werden.

Erster Schritt: Berechnung des längenbezogenen Wärmestroms L_{2D} aus dem *U*-Wert (nach Formel 8.1)

$$L_{2D} = 0{,}7555 \text{ W/(m}^2 \cdot \text{K)} \cdot 2{,}210 \text{ m} = 1{,}670 \text{ W/(m} \cdot \text{K)}$$

Zweiter Schritt: Berechnung des längenbezogenen Wärmestroms L_0 aus den *U*-Werten der Außenbauteile (Außenwand) mit Außenmaßbezug

Für die Berechnung des längenbezogenen eindimensionalen Wärmestroms nach Formel 8.2 werden die außenmaßbezogenen Längen gemäß Abb. 8.22 angesetzt:

$$L_0 = 0{,}716 \text{ W/(m}^2 \cdot \text{K)} \cdot (1{,}47 \text{ m} + 1{,}47 \text{ m}) = 2{,}105 \text{ W/(m} \cdot \text{K)}$$

Dritter Schritt: Berechnung des ψ-Werts nach Formel 1.16

$$\psi = 1{,}670 \text{ W/(m} \cdot \text{K)} - 2{,}105 \text{ W/(m} \cdot \text{K)} = -0{,}435 \text{ W/(m} \cdot \text{K)}$$

Der außenmaßbezogene ψ-Wert für die Außenecke aus Abb. 8.21 beträgt $-0{,}435 \text{ W/(m} \cdot \text{K)}$.

Der Wert ist negativ, weil der über den Außenmaßbezug zu viel berücksichtigte Wärmestrom L_0 in der Mauerecke größer ist als der tatsächlich durch die geometrische Wärmebrücke zusätzlich verursachte Wärmestrom (vgl. Kapitel 1.3).

Beispiel 3 – Berechnung des ψ-Werts für ein Sockeldetail mit unbeheiztem Keller (Außenmaßbezug)

Für das in Abb. 8.24 und 8.26 dargestellte Sockeldetail soll der ψ-Wert bestimmt werden. Da es sich hier um ein Detail mit 2 unterschiedlichen Außentemperaturen handelt (Außenluft $-5\,°C$ und Kellertemperatur $5\,°C$ [vgl. Kapitel 2.2]), ist es sinnvoll, die Wärmeströme durch die Außenwand zur Außenluft und durch die Kellerdecke zum unbeheizten Keller getrennt zu berechnen.

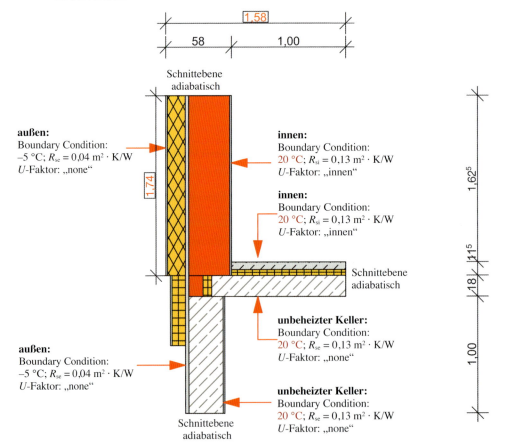

Abb. 8.24:   Beispieldetail – Darstellung der Randbedingungen für die ψ-Wert-Berechnung eines Sockeldetails mit unbeheiztem Keller; Wärmestrom über die Außenwand. Die Eingabe der Wärmeübergangswiderstände R erfolgt in Therm über das Feld Hc in 1/R.

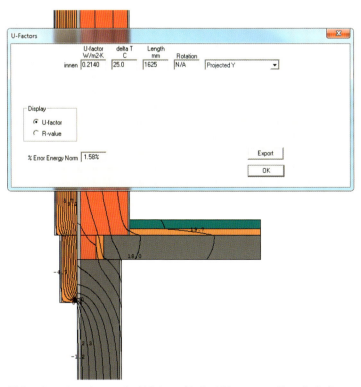

Abb. 8.25: Berechnung des U-Faktors für den Wärmestrom über die Außenwand mit dem Programm Therm

Bestimmung der U-Werte für die Außenbauteile zur Berechnung der ungestörten Wärmeströme L_0 durch die Außenbauteile:

- Außenwand:
  - 1,5 cm Außenputz: $\lambda = 0{,}250$ W/(m · K)
  - 16,0 cm Wärmedämmung: $\lambda = 0{,}035$ W/(m · K)
  - 2,5 cm Putz: $\lambda = 0{,}870$ W/(m · K)
  - 36,5 cm Mauerstein: $\lambda = 0{,}330$ W/(m · K)
  - 1,5 cm Innenputz: $\lambda = 0{,}870$ W/(m · K)
  - $U_{AW} = \mathbf{0{,}168}$ **W/(m² · K)**
- Kellerdecke:
  - 18 cm Betondecke: $\lambda = 2{,}100$ W/(m · K)
  - 5,0 cm Wärmedämmung: $\lambda = 0{,}035$ W/(m · K)
  - 6,5 cm Estrich: $\lambda = 1{,}400$ W/(m · K)
  - $U_{GU} = \mathbf{0{,}5288}$ **W/(m² · K)**

Berechnung des zusätzlichen Wärmestroms ψ über die Außenwand zur Außenluft

Für die Berechnung der Wärmeverluste über die Außenwand zur Außenluft wird der unbeheizte Keller mit 20 °C angesetzt (vgl. Abb. 8.24).

In Abb. 8.25 ist der mit dem Programm Therm berechnete U-Faktor abzulesen: Der U-Faktor beträgt 0,2140 W/(m² · K), bezogen auf eine wärmeübertragende Innenkantenlänge (Außenwand) von 1,625 m.

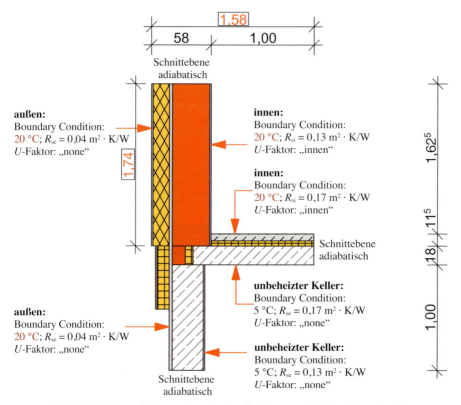

Abb. 8.26:   Beispieldetail – Darstellung der Randbedingungen für die ψ-Wert-Berechnung eines Sockeldetails mit unbeheiztem Keller; Wärmestrom über die Kellerdecke. Die Eingabe der Wärmeübergangswiderstände R erfolgt in Therm über das Feld Hc in 1/R.

Erster Schritt – Berechnung des längenbezogenen Wärmestroms $L_{2D,AW}$ über die Außenwand nach Formel 8.1:

$$L_{2D,AW} = 0{,}2140 \text{ W/(m}^2 \cdot \text{K)} \cdot 1{,}625 \text{ m} = 0{,}3477 \text{ W/(m} \cdot \text{K)}$$

Zweiter Schritt – Berechnung des längenbezogenen Wärmestroms $L_{0,AW}$ über die Außenwand nach Formel 8.2 (Bezugslänge außen gemäß Abb. 8.24):

$$L_{0,AW} = 0{,}168 \text{ W/(m}^2 \cdot \text{K)} \cdot 1{,}74 \text{ m} = 0{,}2923 \text{ W/(m} \cdot \text{K)}$$

Dritter Schritt – Berechnung des ψ-Werts nach Formel 1.16:

$$\psi_{AW} = 0{,}3477 \text{ W/(m} \cdot \text{K)} - 0{,}2923 \text{ W/(m} \cdot \text{K)} = 0{,}0554 \text{ W/(m} \cdot \text{K)}$$

Der ψ-Wert für den zusätzlichen Wärmestrom über die Außenwand an der Wärmebrücke beträgt 0,0554 W/(m · K).

Berechnung des zusätzlichen Wärmestroms ψ über die Kellerdecke zum unbeheizten Keller

Für die Berechnung der Wärmeverluste über die Kellerdecke zum unbeheizten Keller wird die Außenluft mit 20 °C angesetzt. Die Kellertemperatur wird über Formel 2.2 (vgl. Kapitel 2.2) berechnet. Bei einem Temperaturkorrekturfaktor F_G von 0,6 ergibt sich bei einer Außentemperatur von –5 °C eine Kellertemperatur von 5 °C (vgl. Abb. 8.26 zu den Randbedingungen).

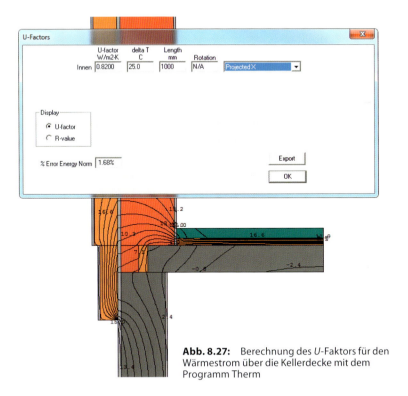

Abb. 8.27:   Berechnung des *U*-Faktors für den Wärmestrom über die Kellerdecke mit dem Programm Therm

In Abb. 8.27 ist der mit dem Programm Therm berechnete *U*-Faktor abzulesen: Der berechnete *U*-Faktor beträgt 0,820 W/(m² · K), bezogen auf eine wärmeübertragende Innenkantenlänge (Kellerdecke) von 1,00 m.

Erster Schritt – Berechnung des längenbezogenen Wärmestroms $L_{2D,G}$ über die Kellerdecke nach Formel 8.1:

$$L_{2D,G} = 0{,}8200 \text{ W/(m}^2 \cdot \text{K)} \cdot 1{,}00 \text{ m} = 0{,}8200 \text{ W/(m} \cdot \text{K)}$$

Zweiter Schritt – Berechnung des längenbezogenen Wärmestroms $L_{0,G}$ über die Kellerdecke nach Formel 8.2 (Bezugslänge außen gemäß Abb. 8.26)

$$L_{0,G} = 0{,}5288 \text{ W/(m}^2 \cdot \text{K)} \cdot 1{,}58 \text{ m} = 0{,}8355 \text{ W/(m} \cdot \text{K)}$$

Dritter Schritt – Berechnung des ψ-Werts nach Formel 1.16:

$$\psi_G = 0{,}8200 \text{ W/(m} \cdot \text{K)} - 0{,}8355 \text{ W/(m} \cdot \text{K)} = -0{,}0155 \text{ W/(m} \cdot \text{K)}$$

Der ψ-Wert für den zusätzlichen Wärmestrom über die Kellerdecke an der Wärmebrücke beträgt –0,0155 W/(m · K).

Bildung des ψ_{gesamt}-Werts für das Beispieldetail

Wenn nun aus den beiden ψ-Werten für die Außenwand und die Kellerdecke ein ψ-Wert (ψ_{gesamt}) gebildet werden soll, so sind die beiden ψ-Werte in Abhängigkeit ihrer Temperaturkorrekturfaktoren F_x zu addieren:

$$\psi_{gesamt} = \psi_{AW} \cdot F_{AW} + \psi_G \cdot F_G \qquad \text{in W/(m} \cdot \text{K)} \tag{8.4}$$

$$\psi_{gesamt} = 0{,}0554 \text{ W/(m} \cdot \text{K)} \cdot 1 + -0{,}0155 \text{ W/(m} \cdot \text{K)} \cdot 0{,}6 = 0{,}0461 \text{ W/(m} \cdot \text{K)}$$

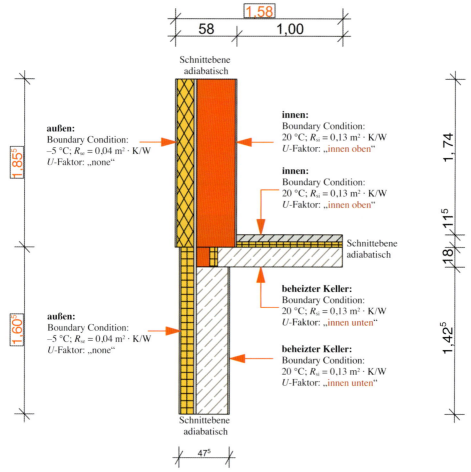

Abb. 8.28:   Beispieldetail – Darstellung der Randbedingungen für die ψ-Wert-Berechnung eines Sockeldetails mit beheiztem Keller. Die Eingabe der Wärmeübergangswiderstände R erfolgt in Therm über das Feld Hc in $1/R$.

Beispiel 4 – Berechnung des ψ-Werts für ein Sockeldetail mit beheiztem Keller (Außenmaßbezug)

Für das in Abb. 8.28 dargestellte Sockeldetail soll der ψ-Wert bestimmt werden. Da es sich hier um ein Detail mit 2 beheizten Bereichen handelt, kann entweder ein ψ-Wert für den Wärmestrom aus beiden beheizten Bereichen bestimmt werden oder für jeden beheizten Bereich ein eigener ψ-Wert.

Bestimmung der U-Werte für die Außenbauteile zur Berechnung der ungestörten Wärmeströme L_0 durch die Außenbauteile:

- Außenwand:
  - 1,5 cm Außenputz: $\lambda = 0{,}25$ W/(m · K)
  - 16,0 cm Wärmedämm-Verbundsystem: $\lambda = 0{,}035$ W/(m · K)
  - 2,5 cm Putz: $\lambda = 0{,}87$ W/(m · K)
  - 36,5 cm Mauerstein: $\lambda = 0{,}33$ W/(m · K)
  - 1,5 cm Innenputz: $\lambda = 0{,}87$ W/(m · K)
  - **$U_{AW} = 0{,}168$ W/(m² · K)**

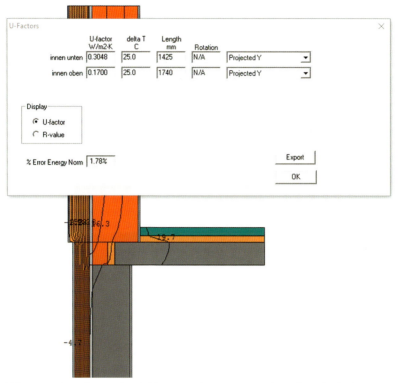

Abb. 8.29:   Berechnung des *U*-Faktors mit dem Programm Therm für jeden beheizten Bereich einzeln

- Kelleraußenwand:
  - 1,5 cm Außenputz: $\lambda = 0{,}25$ W/(m · K)
  - 12,0 cm Wärmedämm-Verbundsystem: $\lambda = 0{,}035$ W/(m · K)
  - 2,5 cm Putz: $\lambda = 0{,}87$ W/(m · K)
  - 30 cm Stahlbeton: $\lambda = 2{,}10$ W/(m · K)
  - $U_{AW,G} = 0{,}261$ **W/(m² · K)**

Berechnung des zusätzlichen Wärmestroms ψ für jeden beheizten Bereich einzeln (vgl. auch Kapitel 8.4)

Therm berechnet für den Bereich „innen unten" und „innen oben" jeweils einen *U*-Faktor (vgl. Abb. 8.29). Durch Multiplikation der *U*-Faktoren mit den dazugehörigen Längen (Length) wird jeweils der Wärmestrom L_{2D} über die Innenkanten der beiden Bereiche berechnet.

Erster Schritt – Berechnung des längenbezogenen Wärmestroms L_{2D} im oberen und im unteren Bereich nach Formel 8.1 (verwendete *U*-Faktoren aus der Berechnung mit Therm gemäß Abb. 8.29):

$$L_{2D,unten} = 0{,}3048 \text{ W/(m}^2 \cdot \text{K)} \cdot 1{,}425 \text{ m} = 0{,}4343 \text{ W/(m} \cdot \text{K)}$$

$$L_{2D,oben} = 0{,}1700 \text{ W/(m}^2 \cdot \text{K)} \cdot 1{,}74 \text{ m} = 0{,}2958 \text{ W/(m} \cdot \text{K)}$$

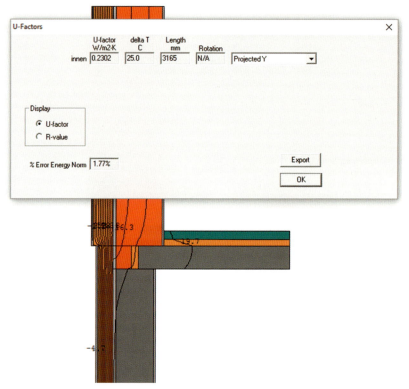

Abb. 8.30:   Berechnung des *U*-Faktors mit dem Programm Therm für beide beheizten Bereiche zusammen

Zweiter Schritt – Berechnung des längenbezogenen Wärmestroms L_0 über die Außenwand und die Kelleraußenwand nach Formel 8.2 (Bezugslängen gemäß Abb. 8.28):

$$L_{0,\text{unten}} = 0{,}261 \text{ W/(m}^2 \cdot \text{K)} \cdot 1{,}605 \text{ m} = 0{,}4189 \text{ W/(m} \cdot \text{K)}$$

$$L_{0,\text{oben}} = 0{,}168 \text{ W/(m}^2 \cdot \text{K)} \cdot 1{,}85^5 \text{ m} = 0{,}3116 \text{ W/(m} \cdot \text{K)}$$

Dritter Schritt – Berechnung der ψ-Werte nach Formel 1.16 und Bestimmung des gesamten ψ-Werts für das Detail:

$$\psi_{\text{unten}} = 0{,}4343 \text{ W/(m} \cdot \text{K)} - 0{,}4189 \text{ W/(m} \cdot \text{K)} = 0{,}0154 \text{ W/(m} \cdot \text{K)}$$

$$\psi_{\text{oben}} = 0{,}2958 \text{ W/(m} \cdot \text{K)} - 0{,}3116 \text{ W/(m} \cdot \text{K)} = -0{,}0158 \text{ W/(m} \cdot \text{K)}$$

Der ψ_{unten}-Wert ist mit 0,0154 W/(m · K) der Kellerwand zuzuschlagen und der ψ_{oben}-Wert mit –0,0158 W/(m · K) der Außenwand. Durch Addition beider Werte errechnet sich für das Detail der Gesamtwert ψ_{gesamt}:

$$\psi_{\text{gesamt}} = 0{,}0154 \text{ W/(m} \cdot \text{K)} + -0{,}0158 \text{ W/(m} \cdot \text{K)} = \mathbf{-0{,}0004 \text{ W/(m} \cdot \text{K)}}$$

Berechnung des zusätzlichen Wärmestroms ψ für beide beheizten Bereiche zusammen (vgl. auch Kapitel 8.4)

Abb. 8.30 zeigt das Ergebnis der mit Therm durchgeführten *U*-Faktor-Berechnung für die beiden beheizten Bereiche zusammen.

Erster Schritt – Berechnung des längenbezogenen Wärmestroms L_{2D} nach Formel 8.1:

$$L_{2D} = 0{,}2302 \text{ W/(m}^2 \cdot \text{K)} \cdot 3{,}165 \text{ m} = 0{,}7286 \text{ W/(m} \cdot \text{K)}$$

Zweiter Schritt – Berechnung des längenbezogenen Wärmestroms L_0 über die Außenwand und die Kelleraußenwand nach Formel 8.2 (Bezugslängen gemäß Abb. 8.28):

$$L_{0,\text{unten}} = 0{,}261 \text{ W/(m}^2 \cdot \text{K)} \cdot 1{,}604 \text{ m} = 0{,}4186 \text{ W/(m} \cdot \text{K)}$$

$$L_{0,\text{oben}} = 0{,}168 \text{ W/(m}^2 \cdot \text{K)} \cdot 1{,}855 \text{ m} = 0{,}3116 \text{ W/(m} \cdot \text{K)}$$

$$L_{0,\text{gesamt}} = 0{,}4186 \text{ W/(m} \cdot \text{K)} + 0{,}3116 \text{ W/(m} \cdot \text{K)} = 0{,}7302 \text{ W/(m} \cdot \text{K)}$$

Dritter Schritt – Berechnung des ψ-Werts ψ_{gesamt} nach Formel 1.16:

$$\psi_{\text{gesamt}} = 0{,}7286 \text{ W/(m} \cdot \text{K)} - 0{,}7302 \text{ W/(m} \cdot \text{K)} = -0{,}0016 \text{ W/(m} \cdot \text{K)}$$

Auch bei dieser Berechnung ergibt sich ein Wert von $-0{,}0016$ W/(m $\cdot$ K) für ψ_{gesamt}.

8.7   Anwendung der Excel-Berechnungshilfen

Für die Berechnung der ψ-Werte kann auch eine Excel-Tabelle verwendet werden, die zum Download bereitsteht (vgl. die Hinweise zum Download-Angebot auf S. 6).

Mithilfe dieser Tabelle

- können ψ-Werte berechnet werden,
- kann ein Gleichwertigkeitsnachweis nach KfW geführt werden,
- kann der erweiterte Gleichwertigkeitsnachweis nach KfW geführt werden,
- kann der Wärmebrückenzuschlag ΔU_{WB} für ein ganzes Gebäude berechnet werden.

Die Excel-Tabelle besteht aus folgenden Arbeitsblättern:

- **Projektdaten:** Hier können die Projektdaten eingegeben werden. Diese werden auf die nachfolgenden Arbeitsblätter übertragen.
- **Gleichwertigkeit:** Mit dieser Tabelle kann der Gleichwertigkeitsnachweis geführt werden (Formblatt in Anlehnung an das Formblatt A der KfW-Wärmebrückenbewertung [vgl. auch Kapitel 6.4.1]).
- **Erweiterter Gleichwertigkeitsnachweis:** Mit dieser Tabelle kann der erweiterte Gleichwertigkeitsnachweis nach KfW geführt werden (Formblatt in Anlehnung an das Formblatt B der KfW-Wärmebrückenbewertung [vgl. auch Kapitel 6.4.3]).
- **Zusammenstellung:** In dieser Tabelle können alle Wärmebrückendetails aufgelistet und deren Transmissionswärmeverluste H_{T} berechnet werden. Aus der Summe aller Transmissionswärmeverluste über die Wärmebrücken dividiert durch die Hüllfläche des Gebäudes wird der Wärmebrückenzuschlag ΔU_{WB} berechnet, der für die EnEV-Berechnung verwendet werden kann (Formblatt in Anlehnung an das Formblatt C der KfW-Wärmebrückenbewertung [vgl. auch Kapitel 7.6]).
- **Kurzverfahren:** In dieser Tabelle ist ein Formblatt in Anlehnung an das Formblatt D der KfW-Wärmebrückenbewertung enthalten (vgl. auch Kapitel 7.7).

- **Muster:** In diesem Arbeitsblatt ist beispielhaft dargestellt, wie der ψ-Wert für ein Wärmebrückendetail berechnet werden kann.
- **WB 1:** Dieses Arbeitsblatt steht für eine ψ-Wert-Berechnung zur Verfügung. Mit Kopien dieses Arbeitsblattes können weitere ψ-Werte berechnet werden.

Auf jedem Arbeitsblatt findet sich eine ausführliche Anleitung zur Verwendung desselben.

9 Beispiel 1: Einfamilienhaus als Holztafelbau

In diesem Kapitel wird beispielhaft dargestellt, wie die detaillierte Wärmebrückenberechnung und der Gleichwertigkeitsnachweis für ein Wohngebäude durchgeführt werden können. Als Beispiel wird ein Einfamilienhaus ohne Keller berechnet. Es entspricht den Anforderungen eines KfW-Effizienzhauses 40 nach EnEV 2014. Es wurde in Holztafelbauweise konzipiert. Die Pläne mit den Berechnungstabellen stehen als Download zur Verfügung (vgl. die Hinweise zum Download-Angebot auf S. 6).

Alle Wärmebrückendetails wurden mit dem Isothermen-Programm Therm (Version 7.3) berechnet.

9.1 Detaillierte Berechnung des Wärmebrückenfaktors ΔU_{WB}

9.1.1 Kennzeichnung der Wärmebrückendetails in den Plänen

Für die Kennzeichnung der Wärmebrücken in den Plänen wird bei diesem Beispiel von unten nach oben durchnummeriert:

- 1.0 – alle Wärmebrücken der Bodenplatte,
- 2.0 – alle Wärmebrücken der Außenwände,
- 3.0 – alle Wärmebrücken der Geschossdecke,
- 4.0 – alle Wärmebrücken der obersten Geschossdecke,
- 5.0 – alle Fensteranschlüsse unten,
- 6.0 – alle Fensteranschlüsse oben,
- 7.0 – alle Fensteranschlüsse seitlich.

Die Abb. 9.1 bis 9.8 zeigen Pläne des Beispielgebäudes, in denen die vorhandenen Wärmebrücken gekennzeichnet und nummeriert sind. Wenn eine Wärmebrücke an 2 unterschiedliche Temperaturzonen grenzt, wird diese in 2 Wärmebrücken aufgeteilt (vgl. dazu Kapitel 7.1).

Im vorliegenden Beispiel werden Wärmebrücken mit unterschiedlichen Außentemperaturbereichen aufgegliedert und diese mit dem Zusatz „a", „b" oder „c" gekennzeichnet.

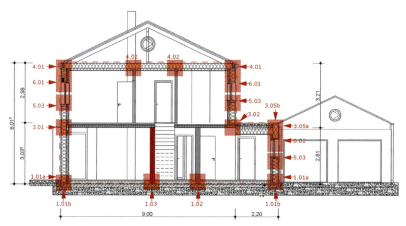

Abb. 9.1:   Beispielgebäude – Schnitt A-A

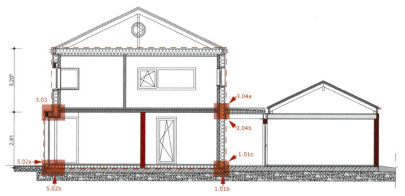

Abb. 9.2:   Beispielgebäude – Schnitt B-B

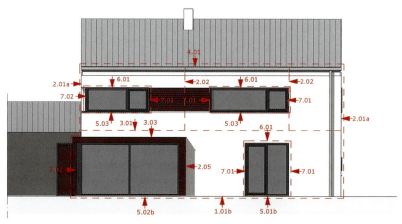

Abb. 9.3:   Beispielgebäude – Ansicht Süd

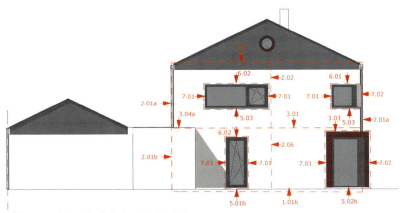

Abb. 9.4:   Beispielgebäude – Ansicht West

Abb. 9.5:   Beispielgebäude – Ansicht Nord

Abb. 9.6:   Beispielgebäude – Ansicht Ost

Abb. 9.7: Beispielgebäude – Grundriss Erdgeschoss

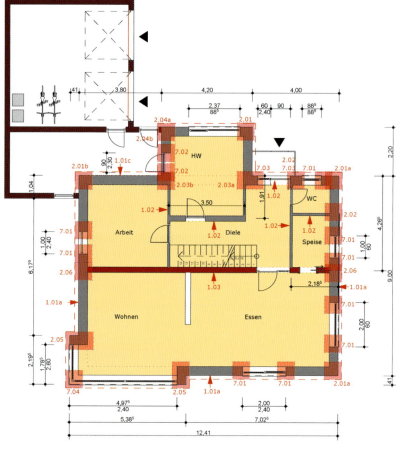

Abb. 9.8: Beispielgebäude – Grundriss Obergeschoss

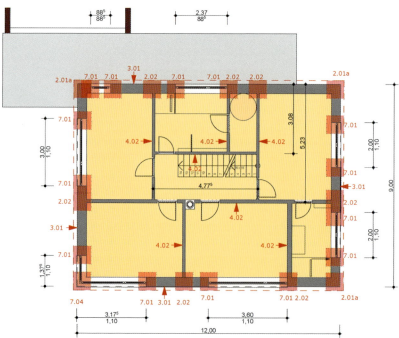

9.1.2   Bestimmung der *U*-Werte für die Außenbauteile

Die Abb. 9.9 bis 9.13 stellen die Außenbauteile mit den einzelnen Schichtungen dar.

Bei Fachwerken wird der ψ-Wert immer durch die Gefache bestimmt. Der *U*-Wert ist dann auch ohne die Holzständer zu bestimmen. Die *U*-Werte der Bauteile wurden mit dem Programm Therm (Version 7.3) berechnet.

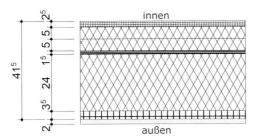

Außenwand

Aufbau:
- 2,5 cm Gipskartonplatten
- 10 cm Wärmedämmung 035
- 1,5 cm OSB-Platten
- 24 cm Wärmedämmung 040
- 3,5 cm Holzwolleplatten 090
- 2,0 cm Außenputz

U-Wert = 0,103 W/(m² · K)

Abb. 9.9:   Beispielhaus – Schichtaufbau Außenwand

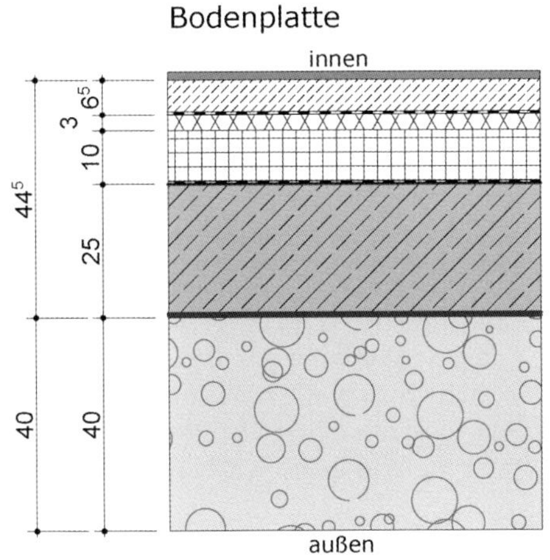

Bodenplatte

Aufbau:
- 6,5 cm Z-Estrich
- 3,0 cm Trittschalldämmung 040
- 10 cm Wärmedämmung 040
- 25 cm Stahlbeton
- 40 cm Glasschotterschicht

U-Wert = 0,115 W/(m² · K)

Abb. 9.10:   Beispielhaus – Schichtaufbau Bodenplatte

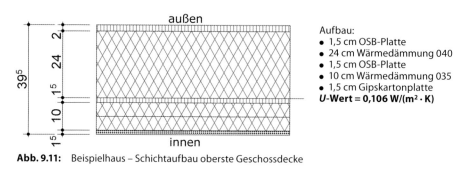

Aufbau:
- 1,5 cm OSB-Platte
- 24 cm Wärmedämmung 040
- 1,5 cm OSB-Platte
- 10 cm Wärmedämmung 035
- 1,5 cm Gipskartonplatte

U-Wert = 0,106 W/(m² · K)

Abb. 9.11: Beispielhaus – Schichtaufbau oberste Geschossdecke

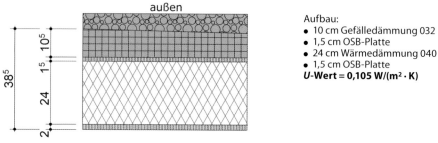

Aufbau:
- 10 cm Gefälledämmung 032
- 1,5 cm OSB-Platte
- 24 cm Wärmedämmung 040
- 1,5 cm OSB-Platte

U-Wert = 0,105 W/(m² · K)

Abb. 9.12: Beispielhaus – Schichtaufbau Flachdach Anbau

Aufbau:
- 7,8 cm Holzriegel

U-Wert = 1,299 W/(m² · K)

Abb. 9.13: Beispielhaus – Fenster; vereinfacht dargestellt nach DIN 4108 Beiblatt 2

9.1.3   Berechnung der ψ-Werte

In den nachfolgenden Abbildungen und Tabellen wird dargestellt, wie der ψ-Wert für die einzelnen Details mit den Ergebnissen aus dem Programm Therm zu berechnen ist. In den Detailplänen sind alle notwendigen Maße für die Berechnung rot gekennzeichnet. Wie mit dem U-Faktor aus dem Programm Therm ein ψ-Wert berechnet werden kann, wird auch in Kapitel 8.6.2 erläutert.

9.1.3.1   Wärmebrückendetails der Bodenplatte

Detail 1.01 (Abb. 9.14) – Anschluss Außenwand auf Bodenplatte

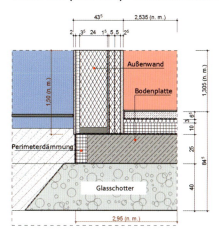

Abb. 9.14:   Detail 1.01 – Anschluss Außenwand auf Bodenplatte. Die Abmessungen in roter Schriftfarbe kennzeichnen den Außenmaßbezug (n. m. = nicht maßstäblich).

Detail 1.01a – Berechnung des Wärmestroms zur Außenluft

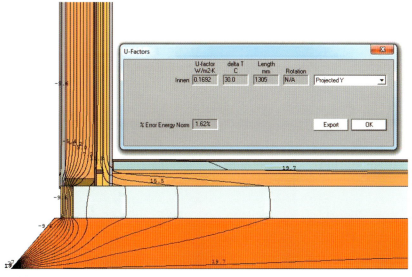

Abb. 9.15:   Detail 1.01a – Wärmestrom zur Außenluft über die y-Achse; Berechnung des U-Faktors mit dem Programm Therm

Tabelle 9.1:   Berechnungstabelle für den ψ-Wert des Details 1.01a (Wärmestrom zur Außenluft über die y-Achse); Berechnung nach DIN 4108 Beiblatt 2 und DIN EN ISO 10211

Bauteil 1:	Außenwand
U_1-Wert:	0,103 W/(m² · K)
Länge L_1:	1,5 m
$F_1 =$	1 –
$U_1 \cdot L_1 \cdot F_1 =$	0,155 W/(m · K)

Bauteil 2:	
U_2-Wert:	W/(m² · K)
Länge L_2:	m
$F_2 =$	–
$U_2 \cdot L_2 \cdot F_2 =$	0,000 W/(m · K)

Bauteil 3:	
U_3-Wert:	W/(m² · K)
Länge L_3:	m
$F_3 =$	–
$U_3 \cdot L_3 \cdot F_3 =$	0,000 W/(m · K)

Therm 1	
U_{Faktor1}:	0,169 W/(m² · K)
Länge L_{Therm1}:	1,305 m
$F_{\text{Therm1}} =$	1 –
$U_{\text{Faktor1}} \cdot L_{\text{Therm1}} \cdot F =$	0,221 W/(m · K)

Therm 2	
U_{Faktor2}:	W/(m² · K)
Länge L_{Therm2}:	m
$F_{\text{Therm2}} =$	–
$U_{\text{Faktor2}} \cdot L_{\text{Therm2}} \cdot F =$	0,000 W/(m · K)

Länge gesamt		Σ m	29,74
Lage	Länge	Anzahl	gesamt
Süd	12,41	1,00	12,41
West	2,19	1,00	2,19
	6,18	1,00	6,18
	0,41	1,00	0,41
Nord	4,20	1,00	4,20
	4,00	1,00	4,00
Ost	2,20	1,00	2,20
	9,00	1,00	9,00
	0,41	1,00	0,41
Abzug Fenster			
Süd	2,00	−1,00	−2,00
	4,98	−1,00	−4,98
West	1,79	−1,00	−1,79
	1,00	−1,00	−1,00
Nord	1,50	−1,00	−1,50

$$\psi\text{-Wert} = (U_{\text{Faktor1}} \cdot L_{\text{Therm1}} + U_{\text{Faktor2}} \cdot L_{\text{Therm2}}) - (U_1 \cdot L_1 \cdot F_1 + U_2 \cdot L_2 \cdot F_2 + U_3 \cdot L_3 \cdot F_3)$$

$$\psi\text{-Wert} = \mathbf{0{,}066 \ W/(m \cdot K)}$$

Der ψ-Wert für das Detail 1.01a (Wärmestrom gegen Außenluft) beträgt 0,066 W/(m · K). Die gesamte Länge der Wärmebrücke beläuft sich auf 29,74 m.

Detail 1.01b – Berechnung des Wärmestroms zum Erdreich

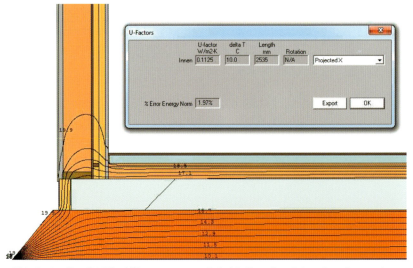

Abb. 9.16:   Detail 1.01b – Wärmestrom zum Erdreich über die x-Achse; Berechnung des U-Faktors mit dem Programm Therm

Tabelle 9.2:   Berechnungstabelle für den ψ-Wert des Details 1.01b (Wärmestrom zum Erdreich über die x-Achse); Berechnung nach DIN 4108 Beiblatt 2 und DIN EN ISO 10211

Bauteil 1:	Bodenplatte
U_1-Wert:	0,115 W/(m²·K)
Länge L_1:	2,950 m
$F_1 =$	1 –
$U_1 \cdot L_1 \cdot F_1 =$	0,340 W/(m·K)

Bauteil 2:	
U_2-Wert:	W/(m²·K)
Länge L_2:	m
$F_2 =$	–
$U_2 \cdot L_2 \cdot F_2 =$	0,000 W/(m·K)

Bauteil 3:	
U_3-Wert:	W/(m²·K)
Länge L_3:	m
$F_3 =$	–
$U_3 \cdot L_3 \cdot F_3 =$	0,000 W/(m·K)

Therm 1	
$U_{Faktor1}$:	0,113 W/(m²·K)
Länge L_{Therm1}:	2,535 m
$F_{Therm1} =$	1 –
$U_{Faktor1} \cdot L_{Therm1} \cdot F =$	0,285 W/(m·K)

Therm 2	
$U_{Faktor2}$:	W/(m²·K)
Länge L_{Therm2}:	m
$F_{Therm2} =$	–
$U_{Faktor2} \cdot L_{Therm2} \cdot F =$	0,000 W/(m·K)

Länge gesamt		Σ m	36,78
Lage	Länge	Anzahl	gesamt
Süd	12,41	1,00	12,41
West	2,19	1,00	2,19
	6,18	1,00	6,18
	1,04	1,00	1,04
	0,41	1,00	0,41
	2,20	1,00	2,20
Nord	3,80	1,00	3,80
	4,20	1,00	4,20
	4,00	1,00	4,00
Ost	2,20	1,00	2,20
	9,00	1,00	9,00
	0,41	1,00	0,41
Abzug Fenster			
Süd	2,00	–1,00	–2,00
	4,98	–1,00	–4,98
West	1,79	–1,00	–1,79
	1,00	–1,00	–1,00
Nord	1,50	–1,00	–1,50

ψ-Wert = $(U_{Faktor1} \cdot L_{Therm1} + U_{Faktor2} \cdot L_{Therm2}) - (U_1 \cdot L_1 \cdot F_1 + U_2 \cdot L_2 \cdot F_2 + U_3 \cdot L_3 \cdot F_3)$

ψ-Wert =   –0,054 W/(m·K)

Der ψ-Wert für das Detail 1.01b (Wärmestrom gegen Erdreich) beträgt –0,054 W/(m · K). Die gesamte Länge der Wärmebrücke beläuft sich auf 36,78 m.

Detail 1.01c – Berechnung des Wärmestroms zum unbeheizten Raum

Der ψ-Wert für das Detail 1.01c (Wärmestrom gegen unbeheizten Raum) beträgt 0,066 W/(m · K). Die gesamte Länge der Wärmebrücke beläuft sich auf 7,04 m.

Der ψ-Wert für das Detail 1.01c ist der gleiche wie der ψ-Wert gegen Außenluft (Detail 1.01a), allerdings kann der ψ-Wert für das Detail 1.01c bei der Berechnung der Transmissionswärmeverluste über den Temperaturkorrekturfaktor F abgemindert werden (vgl. Tabelle 9.32).

Detail 1.02 (Abb. 9.17) – Anschluss Innenwand auf Bodenplatte (Holzständer)

Abb. 9.17: Detail 1.02 – Anschluss Innenwand auf Bodenplatte (Holzständer). Die Abmessungen in roter Schriftfarbe kennzeichnen den Außenmaßbezug (n. m. = nicht maßstäblich).

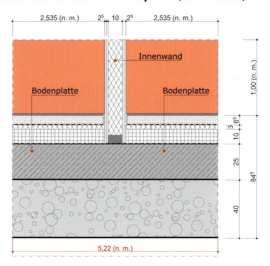

Berechnung des Wärmestroms zum Erdreich

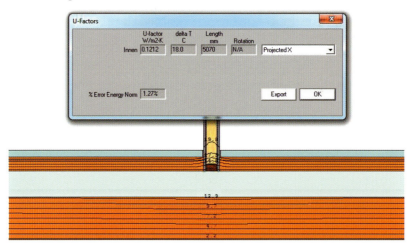

Abb. 9.18: Detail 1.02 – Wärmestrom zum Erdreich über die *x*-Achse; Berechnung des *U*-Faktors mit dem Programm Therm

Tabelle 9.3:   Berechnungstabelle für den ψ-Wert des Details 1.02 (Wärmestrom zum Erdreich über die x-Achse); Berechnung nach DIN 4108 Beiblatt 2 und DIN EN ISO 10211

Bauteil 1:	Bodenplatte
U_1-Wert:	0,115 W/(m² · K)
Länge L_1:	5,220 m
$F_1 =$	1 –
$U_1 \cdot L_1 \cdot F_1 =$	0,601 W/(m · K)

Bauteil 2:	
U_2-Wert:	W/(m² · K)
Länge L_2:	m
$F_2 =$	–
$U_2 \cdot L_2 \cdot F_2 =$	0,000 W/(m · K)

Bauteil 3:	
U_3-Wert:	W/(m² · K)
Länge L_3:	m
$F_3 =$	–
$U_3 \cdot L_3 \cdot F_3 =$	0,000 W/(m · K)

Therm 1	
U_{Faktor1}:	0,121 W/(m² · K)
Länge L_{Therm1}:	5,070 m
$F_{\mathrm{Therm1}} =$	1 –
$U_{\mathrm{Faktor1}} \cdot L_{\mathrm{Therm1}} \cdot F =$	0,614 W/(m · K)

Therm 2	
U_{Faktor2}:	W/(m² · K)
Länge L_{Therm2}:	m
$F_{\mathrm{Therm2}} =$	–
$U_{\mathrm{Faktor2}} \cdot L_{\mathrm{Therm2}} \cdot F =$	0,000 W/(m · K)

Länge gesamt		∑ m	16,13
Lage	Länge	Anzahl	gesamt
EG	4,265	2,00	8,53
	1,910	1,00	1,91
	3,500	1,00	3,50
	2,185	1,00	2,19

ψ-Wert $= (U_{\mathrm{Faktor1}} \cdot L_{\mathrm{Therm1}} + U_{\mathrm{Faktor2}} \cdot L_{\mathrm{Therm2}}) - (U_1 \cdot L_1 \cdot F_1 + U_2 \cdot L_2 \cdot F_2 + U_3 \cdot L_3 \cdot F_3)$

ψ-Wert $=$ 0,014 W/(m · K)

Der ψ-Wert für das Detail 1.02 beträgt 0,014 W/(m · K). Die gesamte Länge der Wärmebrücke beläuft sich auf 16,13 m.

Detail 1.03 (Abb. 9.19) – Anschluss Innenwand auf Bodenplatte (Ziegel)

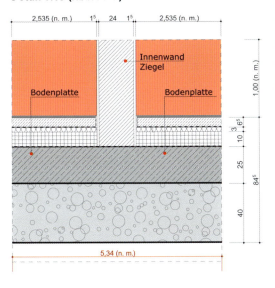

Abb. 9.19:   Detail 1.03 – Anschluss Innenwand auf Bodenplatte (Ziegel). Die Abmessungen in roter Schriftfarbe kennzeichnen den Außenmaßbezug (n. m. = nicht maßstäblich).

Berechnung des Wärmestroms zum Erdreich

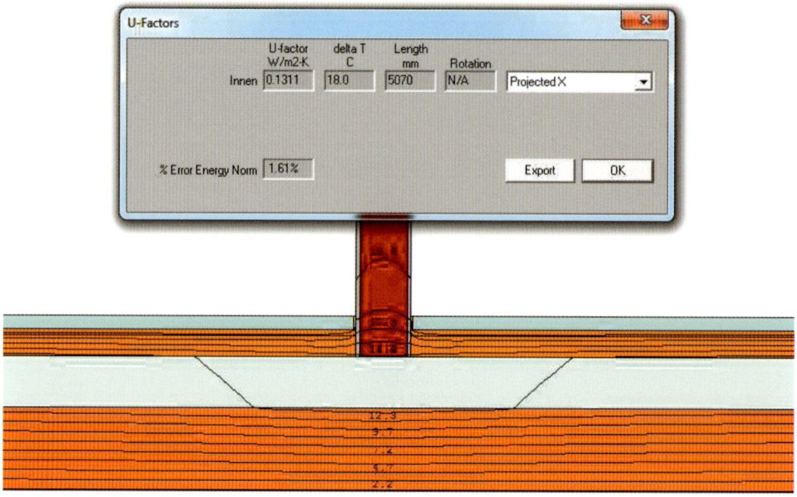

Abb. 9.20:   Detail 1.03 – Wärmestrom zum Erdreich über die x-Achse; Berechnung des U-Faktors mit dem Programm Therm

Tabelle 9.4:   Berechnungstabelle für den ψ-Wert des Details 1.03 (Wärmestrom zum Erdreich über die x-Achse); Berechnung nach DIN 4108 Beiblatt 2 und DIN EN ISO 10211

Bauteil 1:	Bodenplatte
U_1-Wert:	0,115 W/(m² · K)
Länge L_1:	5,340 m
$F_1 =$	1 –
$U_1 \cdot L_1 \cdot F_1 =$	0,615 W/(m · K)

Bauteil 2:	
U_2-Wert:	W/(m² · K)
Länge L_2:	m
$F_2 =$	–
$U_2 \cdot L_2 \cdot F_2 =$	0,000 W/(m · K)

Bauteil 3:	
U_3-Wert:	W/(m² · K)
Länge L_3:	m
$F_3 =$	–
$U_3 \cdot L_3 \cdot F_3 =$	0,000 W/(m · K)

Therm 1	
$U_{Faktor1}$:	0,131 W/(m² · K)
Länge L_{Therm1}:	5,070 m
$F_{Therm1} =$	1 –
$U_{Faktor1} \cdot L_{Therm1} \cdot F =$	0,665 W/(m · K)

Therm 2	
$U_{Faktor2}$:	W/(m² · K)
Länge L_{Therm2}:	m
$F_{Therm2} =$	–
$U_{Faktor2} \cdot L_{Therm2} \cdot F =$	0,000 W/(m · K)

ψ-Wert $= (U_{Faktor1} \cdot L_{Therm1} + U_{Faktor2} \cdot L_{Therm2}) - (U_1 \cdot L_1 \cdot F_1 + U_2 \cdot L_2 \cdot F_2 + U_3 \cdot L_3 \cdot F_3)$
ψ-Wert $=$ 0,050 W/(m · K)

Länge gesamt		Σ m	12,41
Lage	Länge	Anzahl	gesamt
EG	12,410	1,00	12,41

Der ψ-Wert für das Detail 1.03 beträgt 0,050 W/(m · K). Die gesamte Länge der Wärmebrücke beläuft sich auf 12,41 m.

9.1.3.2 Wärmebrückendetails der Außenwand

Detail 2.01a (Abb. 9.21) – Außenecke gegen Außenluft

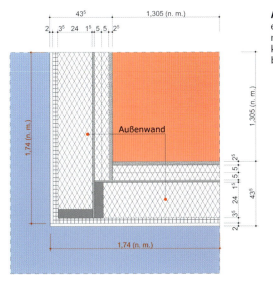

Abb. 9.21: Detail 2.01a – Außenecke gegen Außenluft. Die Abmessungen in roter Schriftfarbe kennzeichnen den Außenmaßbezug (n. m. = nicht maßstäblich).

Berechnung des Wärmestroms zur Außenluft

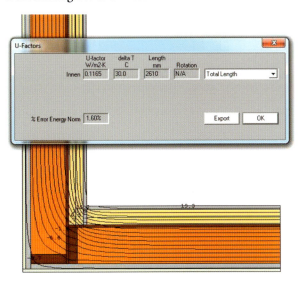

Abb. 9.22: Detail 2.01a – Wärmestrom zur Außenluft über die x- und die y-Achse; Berechnung des U-Faktors mit dem Programm Therm

Tabelle 9.5:   Berechnungstabelle für den ψ-Wert des Details 2.01a (Wärmestrom zur Außenluft über die x- und y-Achse); Berechnung nach DIN 4108 Beiblatt 2 und DIN EN ISO 10211

Bauteil 1:	Außenwand
U_1-Wert:	0,103 W/(m² · K)
Länge L_1:	1,740 m
$F_1 =$	1 –
$U_1 \cdot L_1 \cdot F_1 =$	0,180 W/(m · K)

Bauteil 2:	Außenwand
U_2-Wert:	0,103 W/(m² · K)
Länge L_2:	1,740 m
$F_2 =$	1 –
$U_2 \cdot L_2 \cdot F_2 =$	0,180 W/(m · K)

Länge gesamt		Σ m	21,26
Lage	Länge	Anzahl	gesamt
Süd	6,02	2,00	12,03
Abzug F.	2,81	−1,00	−2,81
Nord	6,02	1,00	6,02
	3,21	1,00	3,21
Anbau			0,00
Nord/Ost	2,81	1,00	2,81

Bauteil 3:	
U_3-Wert:	W/(m² · K)
Länge L_3:	m
$F_3 =$	–
$U_3 \cdot L_3 \cdot F_3 =$	0,000 W/(m · K)

Therm 1	
$U_{Faktor1}$:	0,117 W/(m² · K)
Länge L_{Therm1}:	2,610 m
$F_{Therm1} =$	1 –
$U_{Faktor1} \cdot L_{Therm1} \cdot F =$	0,304 W/(m · K)

Therm 2	
$U_{Faktor2}$:	W/(m² · K)
Länge L_{Therm2}:	m
$F_{Therm2} =$	–
$U_{Faktor2} \cdot L_{Therm2} \cdot F =$	0,000 W/(m · K)

ψ-Wert $= (U_{Faktor1} \cdot L_{Therm1} + U_{Faktor2} \cdot L_{Therm2}) - (U_1 \cdot L_1 \cdot F_1 + U_2 \cdot L_2 \cdot F_2 + U_3 \cdot L_3 \cdot F_3)$
ψ-Wert $=$ **−0,055 W/(m · K)**

Der ψ-Wert für das Detail 2.01a (Wärmestrom gegen Außenluft) beträgt −0,055 W/(m · K). Die gesamte Länge der Wärmebrücke beläuft sich auf 21,26 m.

Detail 2.01b (Abb. 9.23) – Außenecke gegen unbeheizten Anbau

Abb. 9.23:   Detail 2.01b – Außenecke gegen unbeheizten Raum. Die Abmessungen in roter Schriftfarbe kennzeichnen den Außenmaßbezug (n. m. = nicht maßstäblich).

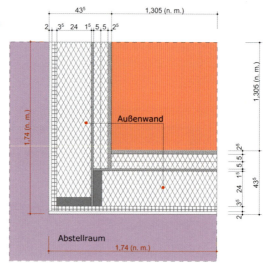

Da der ψ-Wert temperaturunabhängig ist, bleibt der ψ-Wert mit
–0,055 W/(m · K) gegenüber dem ψ-Wert des Details 2.01a unverändert.
Bei der Berechnung der Transmissionswärmeverluste kann dieser
jedoch über den Temperaturkorrekturfaktor F abgemindert werden (vgl.
Tabelle 9.32). Die gesamte Länge der Wärmebrücke beläuft sich auf 2,81 m.

Detail 2.02 (Abb. 9.24) – Innenwandanschluss Holzwand

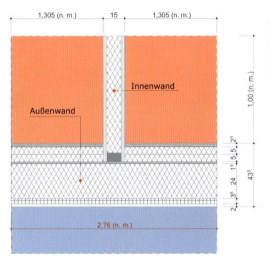

Abb. 9.24: Detail 2.02 – Innenwand an Holzwand. Die Abmessungen in roter Schriftfarbe kennzeichnen den Außenmaßbezug (n.m. = nicht maßstäblich).

Berechnung des Wärmestroms zur Außenluft

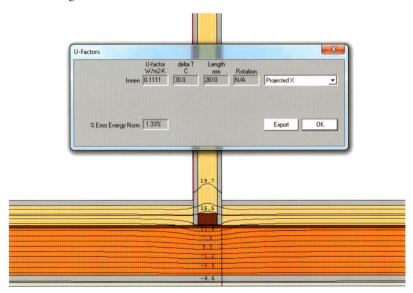

Abb. 9.25: Detail 2.02 – Wärmestrom zur Außenluft über die x-Achse; Berechnung des U-Faktors mit dem Programm Therm

Tabelle 9.6:   Berechnungstabelle für den ψ-Wert des Details 2.02 (Wärmestrom zur Außenluft über die x-Achse); Berechnung nach DIN 4108 Beiblatt 2 und DIN EN ISO 10211

Bauteil 1:	Außenwand
U_1-Wert:	0,103 W/(m² · K)
Länge L_1:	2,760 m
$F_1 =$	1 –
$U_1 \cdot L_1 \cdot F_1 =$	0,285 W/(m · K)

Bauteil 2:	Außenwand
U_2-Wert:	W/(m² · K)
Länge L_2:	m
$F_2 =$	–
$U_2 \cdot L_2 \cdot F_2 =$	0,000 W/(m · K)

Länge gesamt		Σ m	26,93
Lage	Länge	Anzahl	gesamt
Süd	2,98	2,00	5,96
West	2,98	1,00	2,98
Nord	3,04	1,00	3,04
	2,98	3,00	8,94
Ost	3,04	1,00	3,04
	2,98	1,00	2,98

Bauteil 3:	
U_3-Wert:	W/(m² · K)
Länge L_3:	m
$F_3 =$	–
$U_3 \cdot L_3 \cdot F_3 =$	0,000 W/(m · K)

Therm 1	
U_{Faktor1}:	0,111 W/(m² · K)
Länge L_{Therm1}:	2,610 m
$F_{\text{Therm1}} =$	1 –
$U_{\text{Faktor1}} \cdot L_{\text{Therm1}} \cdot F =$	0,290 W/(m · K)

Therm 2	
U_{Faktor2}:	W/(m² · K)
Länge L_{Therm2}:	m
$F_{\text{Therm2}} =$	–
$U_{\text{Faktor2}} \cdot L_{\text{Therm2}} \cdot F =$	0,000 W/(m · K)

$$\psi\text{-Wert} = (U_{\text{Faktor1}} \cdot L_{\text{Therm1}} + U_{\text{Faktor2}} \cdot L_{\text{Therm2}}) - (U_1 \cdot L_1 \cdot F_1 + U_2 \cdot L_2 \cdot F_2 + U_3 \cdot L_3 \cdot F_3)$$

ψ-**Wert =**   **0,005 W/(m · K)**

Der ψ-Wert für das Detail 2.02 (Wärmestrom gegen Außenluft) beträgt 0,005 W/(m · K). Die gesamte Länge der Wärmebrücke beläuft sich auf 26,93 m.

Detail 2.03 (Abb. 9.26) – Innenecke

Abb. 9.26:   Detail 2.03 – Innenecke. Die Abmessungen in roter Schriftfarbe kennzeichnen den Außenmaßbezug (n.m. = nicht maßstäblich).

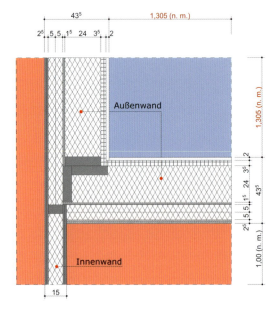

Detail 2.03a – Berechnung des Wärmestroms zur Außenluft

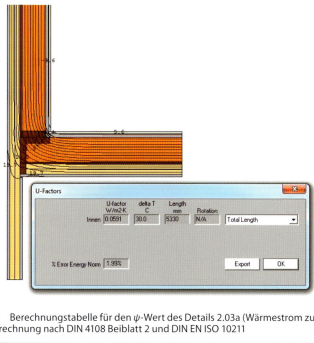

Abb. 9.27: Detail 2.03a – Wärmestrom zur Außenluft über die x- und die y-Achse; Berechnung des U-Faktors mit dem Programm Therm

Tabelle 9.7: Berechnungstabelle für den ψ-Wert des Details 2.03a (Wärmestrom zur Außenluft über die x- und die y-Achse); Berechnung nach DIN 4108 Beiblatt 2 und DIN EN ISO 10211

Bauteil 1:	Außenwand
U_1-Wert:	0,103 W/(m² · K)
Länge L_1:	1,305 m
$F_1 =$	1 –
$U_1 \cdot L_1 \cdot F_1 =$	0,135 W/(m · K)

Bauteil 2:	Außenwand
U_2-Wert:	0,103 W/(m² · K)
Länge L_2:	1,305 m
$F_2 =$	1 –
$U_2 \cdot L_2 \cdot F_2 =$	0,135 W/(m · K)

Bauteil 3:	
U_3-Wert:	W/(m² · K)
Länge L_3:	m
$F_3 =$	–
$U_3 \cdot L_3 \cdot F_3 =$	0,000 W/(m · K)

Therm 1	
U_{Faktor1}:	0,059 W/(m² · K)
Länge L_{Therm1}:	5,330 m
$F_{\mathrm{Therm1}} =$	1 –
$U_{\mathrm{Faktor1}} \cdot L_{\mathrm{Therm1}} \cdot F =$	0,315 W/(m · K)

Therm 2	
U_{Faktor2}:	W/(m² · K)
Länge L_{Therm2}:	m
$F_{\mathrm{Therm2}} =$	–
$U_{\mathrm{Faktor2}} \cdot L_{\mathrm{Therm2}} \cdot F =$	0,000 W/(m · K)

Länge gesamt		Σ m	3,04
Lage	Länge	Anzahl	gesamt
EG Anbau	3,04	1,00	3,04

ψ-Wert $= (U_{\mathrm{Faktor1}} \cdot L_{\mathrm{Therm1}} + U_{\mathrm{Faktor2}} \cdot L_{\mathrm{Therm2}}) - (U_1 \cdot L_1 \cdot F_1 + U_2 \cdot L_2 \cdot F_2 + U_3 \cdot L_3 \cdot F_3)$

ψ-Wert =   0,045 W/(m · K)

Der ψ-Wert für das Detail 2.03a (Wärmestrom gegen Außenluft) beträgt 0,045 W/(m · K). Die gesamte Länge der Wärmebrücke beläuft sich auf 3,04 m.

Detail 2.03b – Berechnung des Wärmestroms zum unbeheizten Anbau

Da der ψ-Wert temperaturunabhängig ist, bleibt der ψ-Wert mit 0,045 W/(m · K) gegenüber dem ψ-Wert des Details 2.03a gegen Außenluft unverändert. Bei der Berechnung der Transmissionswärmeverluste kann dieser jedoch über den Temperaturkorrekturfaktor F abgemindert werden (vgl. Tabelle 9.32). Die gesamte Länge der Wärmebrücke beläuft sich auf 3,04 m.

Detail 2.04 (Abb. 9.28) – Außenecke Anbau, eine Seite zur Außenluft

Diese Außenecke grenzt sowohl an Außenluft als auch an den unbeheizten Anbau. Somit wird der Wärmestrom einmal durch die Außenwand zur Außenluft berechnet und einmal zum unbeheizten Anbau.

Abb. 9.28: Detail 2.04 – Außenecke Anbau. Die Abmessungen in roter Schriftfarbe kennzeichnen den Außenmaßbezug (n.m. = nicht maßstäblich).

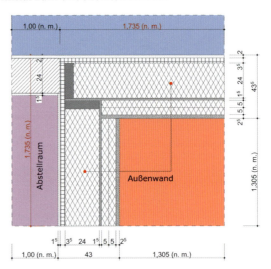

Detail 2.04a – Berechnung des Wärmestroms zur Außenluft

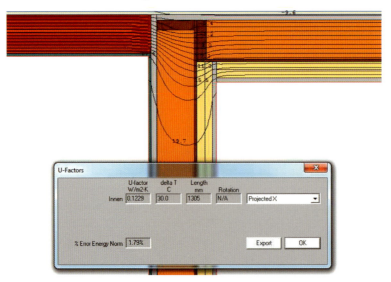

Abb. 9.29: Detail 2.04a – Wärmestrom zur Außenluft über die x-Achse; Berechnung des U-Faktors mit dem Programm Therm

Tabelle 9.8:   Berechnungstabelle für den ψ-Wert des Details 2.04a (Wärmestrom zur Außenluft über die x-Achse); Berechnung nach DIN 4108 Beiblatt 2 und DIN EN ISO 10211

Bauteil 1:	Außenwand
U_1-Wert:	0,103 W/(m² · K)
Länge L_1:	1,735 m
$F_1 =$	1 –
$U_1 \cdot L_1 \cdot F_1 =$	0,179 W/(m · K)

Bauteil 2:	
U_2-Wert:	W/(m² · K)
Länge L_2:	m
$F_2 =$	–
$U_2 \cdot L_2 \cdot F_2 =$	0,000 W/(m · K)

Länge gesamt		Σ m	2,81
Lage	Länge	Anzahl	gesamt
Anbau/West	2,81	1,00	2,81

Bauteil 3:	
U_3-Wert:	W/(m² · K)
Länge L_3:	m
$F_3 =$	–
$U_3 \cdot L_3 \cdot F_3 =$	0,000 W/(m · K)

Therm 1	
$U_{Faktor1}$:	0,123 W/(m² · K)
Länge L_{Therm1}:	1,305 m
$F_{Therm1} =$	1 –
$U_{Faktor1} \cdot L_{Therm1} \cdot F =$	0,160 W/(m · K)

Therm 2	
$U_{Faktor2}$:	W/(m² · K)
Länge L_{Therm2}:	m
$F_{Therm2} =$	–
$U_{Faktor2} \cdot L_{Therm2} \cdot F =$	0,000 W/(m · K)

ψ-Wert $= (U_{Faktor1} \cdot L_{Therm1} + U_{Faktor2} \cdot L_{Therm2}) - (U_1 \cdot L_1 \cdot F_1 + U_2 \cdot L_2 \cdot F_2 + U_3 \cdot L_3 \cdot F_3)$

ψ-Wert $=$ $-0{,}019$ W/(m · K)

Der ψ-Wert für das Detail 2.04a (Wärmestrom gegen Außenluft) beträgt $-0{,}019$ W/(m · K). Die gesamte Länge der Wärmebrücke beläuft sich auf 2,81 m.

Detail 2.04b – Berechnung des Wärmestroms zum unbeheizten Raum

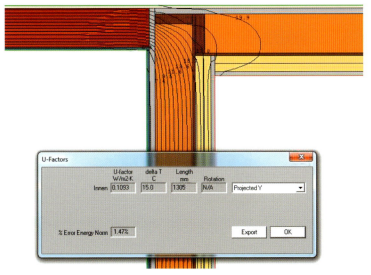

Abb. 9.30:   Detail 2.04b – Wärmestrom zum unbeheizten Raum über die y-Achse; Berechnung des U-Faktors mit dem Programm Therm

Tabelle 9.9: Berechnungstabelle für den ψ-Wert des Details 2.04b (Wärmestrom zum unbeheizten Raum über die y-Achse); Berechnung nach DIN 4108 Beiblatt 2 und DIN EN ISO 10211

Bauteil 1:	Außenwand
U_1-Wert:	0,103 W/(m² · K)
Länge L_1:	1,735 m
$F_1 =$	1 –
$U_1 \cdot L_1 \cdot F_1 =$	0,179 W/(m · K)

Bauteil 2:	
U_2-Wert:	W/(m² · K)
Länge L_2:	m
$F_2 =$	–
$U_2 \cdot L_2 \cdot F_2 =$	0,000 W/(m · K)

Länge gesamt		Σ m	2,81
Lage	Länge	Anzahl	gesamt
Anbau West	2,81	1,00	2,81

Bauteil 3:	
U_3-Wert:	W/(m² · K)
Länge L_3:	m
$F_3 =$	–
$U_3 \cdot L_3 \cdot F_3 =$	0,000 W/(m · K)

Therm 1	
$U_{Faktor1}$:	0,109 W/(m² · K)
Länge L_{Therm1}:	1,305 m
$F_{Therm1} =$	1 –
$U_{Faktor1} \cdot L_{Therm1} \cdot F =$	0,143 W/(m · K)

Therm 2	
$U_{Faktor2}$:	W/(m² · K)
Länge L_{Therm2}:	m
$F_{Therm2} =$	–
$U_{Faktor2} \cdot L_{Therm2} \cdot F =$	0,000 W/(m · K)

ψ-Wert $= (U_{Faktor1} \cdot L_{Therm1} + U_{Faktor2} \cdot L_{Therm2}) - (U_1 \cdot L_1 \cdot F_1 + U_2 \cdot L_2 \cdot F_2 + U_3 \cdot L_3 \cdot F_3)$
ψ-**Wert =**   **–0,037 W/(m · K)**

Der ψ-Wert für das Detail 2.04b (Wärmestrom zum unbeheizten Raum) beträgt –0,037 W/(m · K). Die gesamte Länge der Wärmebrücke beläuft sich auf 2,81 m.

Detail 2.05 (Abb. 9.31) – Anschluss Erker an Fenster

Abb. 9.31: Detail 2.05 – Anschluss Erker an Fenster. Die Abmessungen in roter Schriftfarbe kennzeichnen den Außenmaßbezug (n. m. = nicht maßstäblich).

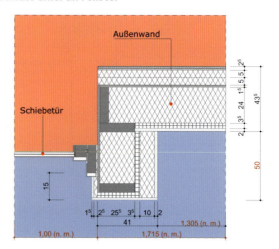

Berechnung des Wärmestroms zur Außenluft

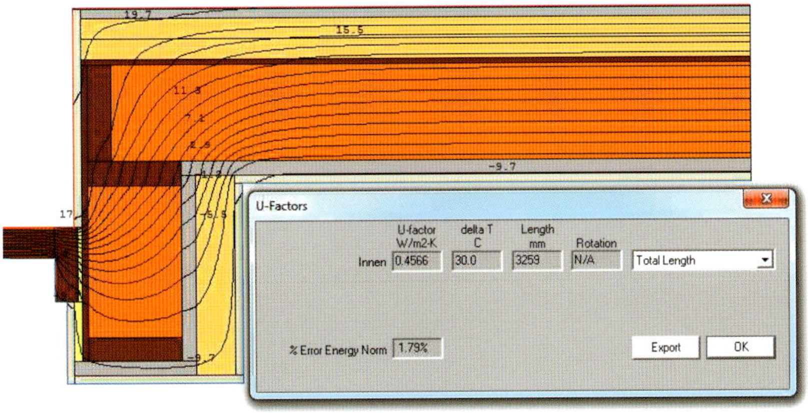

Abb. 9.32: Detail 2.05 – Wärmestrom zur Außenluft über die x- und die y-Achse; Berechnung des U-Faktors mit dem Programm Therm

Tabelle 9.10: Berechnungstabelle für den ψ-Wert des Details 2.05 (Wärmestrom zur Außenluft über die x- und die y-Achse); Berechnung nach DIN 4108 Beiblatt 2 und DIN EN ISO 10211

Bauteil 1:	Außenwand
U_1-Wert:	0,103 W/(m² · K)
Länge L_1:	1,715 m
$F_1 =$	1 –
$U_1 \cdot L_1 \cdot F_1 =$	0,177 W/(m · K)

Bauteil 2:	Fenster
U_2-Wert:	1,298 W/(m² · K)
Länge L_2:	1,000 m
$F_2 =$	1 –
$U_2 \cdot L_2 \cdot F_2 =$	1,298 W/(m · K)

Länge gesamt		Σ m	6,07
Lage	Länge	Anzahl	gesamt
Süd	3,035	1,00	3,04
West	3,035	1,00	3,04

Bauteil 3:	Außenwand
U_3-Wert:	0,103 W/(m² · K)
Länge L_3:	0,500 m
$F_3 =$	1 –
$U_3 \cdot L_3 \cdot F_3 =$	0,052 W/(m · K)

Therm 1	
$U_{Faktor1}$:	0,457 W/(m² · K)
Länge L_{Therm1}:	3,259 m
$F_{Therm1} =$	1 –
$U_{Faktor1} \cdot L_{Therm1} \cdot F =$	1,488 W/(m · K)

Therm 2	
$U_{Faktor2}$:	W/(m² · K)
Länge L_{Therm2}:	m
$F_{Therm2} =$	–
$U_{Faktor2} \cdot L_{Therm2} \cdot F =$	0,000 W/(m · K)

ψ-Wert $= (U_{Faktor1} \cdot L_{Therm1} + U_{Faktor2} \cdot L_{Therm2}) - (U_1 \cdot L_1 \cdot F_1 + U_2 \cdot L_2 \cdot F_2 + U_3 \cdot L_3 \cdot F_3)$
ψ-Wert $=$ **−0,039 W/(m · K)**

Der ψ-Wert für das Detail 2.05 (Wärmestrom gegen Außenluft) beträgt −0,039 W/(m · K). Die gesamte Länge der Wärmebrücke beläuft sich auf 6,07 m.

Detail 2.06 (Abb. 9.33) – Innenwandanschluss Ziegelwand

Abb. 9.33: Detail 2.06 – Innenwand Ziegel an Außenwand. Die Abmessungen in roter Schriftfarbe kennzeichnen den Außenmaßbezug (n. m. = nicht maßstäblich).

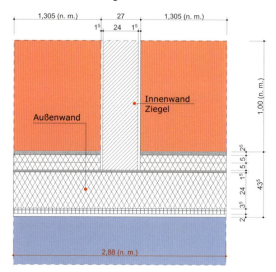

Berechnung des Wärmestroms zur Außenluft

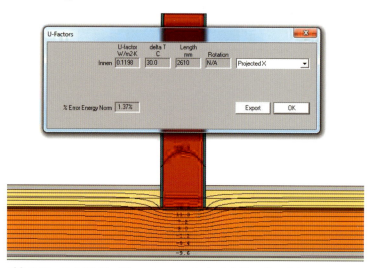

Abb. 9.34: Detail 2.06 – Wärmestrom zur Außenluft über die *x*-Achse; Berechnung des *U*-Faktors mit dem Programm Therm

Tabelle 9.11:   Berechnungstabelle für den ψ-Wert des Details 2.06 (Wärmestrom zur Außenluft über die x-Achse); Berechnung nach DIN 4108 Beiblatt 2 und DIN EN ISO 10211

Bauteil 1:	Außenwand
U_1-Wert:	0,103 W/(m² · K)
Länge L_1:	2,880 m
$F_1 =$	1 –
$U_1 \cdot L_1 \cdot F_1 =$	0,298 W/(m · K)

Bauteil 2:	
U_2-Wert:	W/(m² · K)
Länge L_2:	m
$F_2 =$	–
$U_2 \cdot L_2 \cdot F_2 =$	0,000 W/(m · K)

Bauteil 3:	
U_3-Wert:	W/(m² · K)
Länge L_3:	m
$F_3 =$	–
$U_3 \cdot L_3 \cdot F_3 =$	0,000 W/(m · K)

Therm 1	
$U_{Faktor1}$:	0,120 W/(m² · K)
Länge L_{Therm1}:	2,610 m
$F_{Therm1} =$	1 –
$U_{Faktor1} \cdot L_{Therm1} \cdot F =$	0,313 W/(m · K)

Therm 2	
$U_{Faktor2}$:	W/(m² · K)
Länge L_{Therm2}:	m
$F_{Therm2} =$	–
$U_{Faktor2} \cdot L_{Therm2} \cdot F =$	0,000 W/(m · K)

Länge gesamt		Σ m	6,07
Lage	Länge	Anzahl	gesamt
West	3,035	1,00	3,04
Ost	3,035	1,00	3,04

ψ-Wert $= (U_{Faktor1} \cdot L_{Therm1} + U_{Faktor2} \cdot L_{Therm2}) - (U_1 \cdot L_1 \cdot F_1 + U_2 \cdot L_2 \cdot F_2 + U_3 \cdot L_3 \cdot F_3)$

ψ-Wert $=$ **0,015 W/(m · K)**

Der ψ-Wert für das Detail 2.06 (Wärmestrom gegen Außenluft) beträgt 0,015 W/(m · K). Die gesamte Länge der Wärmebrücke beläuft sich auf 6,07 m.

9.1.3.3 Wärmebrückendetails der Geschossdecke

Detail 3.01 (Abb. 9.35) – Auflager Geschossdecke auf der Außenwand

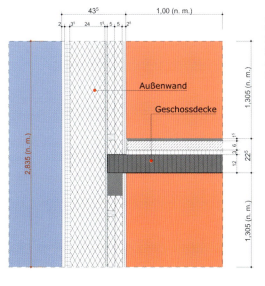

Abb. 9.35:   Detail 3.01 – Geschossdecke an Außenwand. Die Abmessungen in roter Schriftfarbe kennzeichnen den Außenmaßbezug (n. m. = nicht maßstäblich).

Berechnung des Wärmestroms zur Außenluft

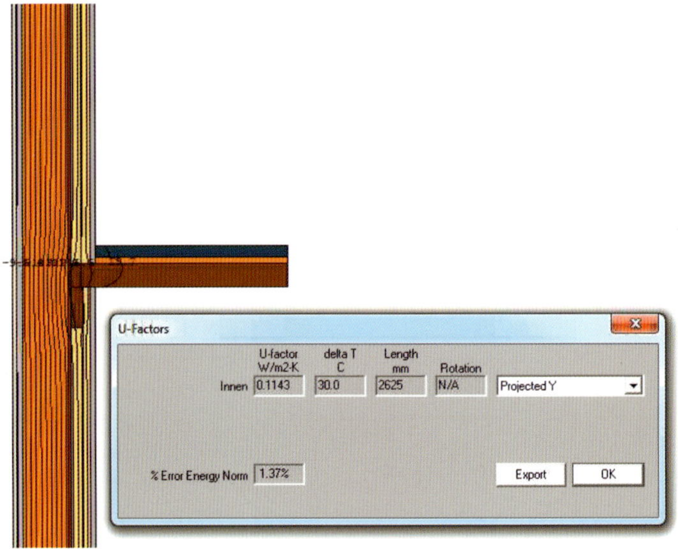

Abb. 9.36:   Detail 3.01 – Wärmestrom zur Außenluft über die y-Achse; Berechnung des U-Faktors mit dem Programm Therm

Tabelle 9.12:   Berechnungstabelle für den ψ-Wert des Details 3.01 (Wärmestrom zur Außenluft über die y-Achse); Berechnung nach DIN 4108 Beiblatt 2 und DIN EN ISO 10211

Bauteil 1:	Außenwand
U_1-Wert:	0,103 W/(m² · K)
Länge L_1:	2,835 m
$F_1 =$	1 –
$U_1 \cdot L_1 \cdot F_1 =$	0,293 W/(m · K)

Bauteil 2:	
U_2-Wert:	W/(m² · K)
Länge L_2:	m
$F_2 =$	–
$U_2 \cdot L_2 \cdot F_2 =$	0,000 W/(m · K)

Länge gesamt		Σ m	26,20
Lage	Länge	Anzahl	gesamt
Süd	7,025	1,00	7,03
West	6,175	1,00	6,18
Nord	4,000	1,00	4,00
Ost	9,000	1,00	9,00

Bauteil 3:	
U_3-Wert:	W/(m² · K)
Länge L_3:	m
$F_3 =$	–
$U_3 \cdot L_3 \cdot F_3 =$	0,000 W/(m · K)

Therm 1	
U_{Faktor1}:	0,114 W/(m² · K)
Länge L_{Therm1}:	2,625 m
$F_{\text{Therm1}} =$	1 –
$U_{\text{Faktor1}} \cdot L_{\text{Therm1}} \cdot F =$	0,300 W/(m · K)

Therm 2	
U_{Faktor2}:	W/(m² · K)
Länge L_{Therm2}:	m
$F_{\text{Therm2}} =$	–
$U_{\text{Faktor2}} \cdot L_{\text{Therm2}} \cdot F =$	0,000 W/(m · K)

ψ-Wert $= (U_{\text{Faktor1}} \cdot L_{\text{Therm1}} + U_{\text{Faktor2}} \cdot L_{\text{Therm2}}) - (U_1 \cdot L_1 \cdot F_1 + U_2 \cdot L_2 \cdot F_2 + U_3 \cdot L_3 \cdot F_3)$
ψ-Wert $=$ **0,007 W/(m · K)**

Der ψ-Wert für das Detail 3.01 (Wärmestrom gegen Außenluft) beträgt 0,007 W/(m · K). Die gesamte Länge der Wärmebrücke beläuft sich auf 26,20 m.

Detail 3.02 (Abb. 9.37) – Auflager Geschossdecke (Anschluss Anbau)

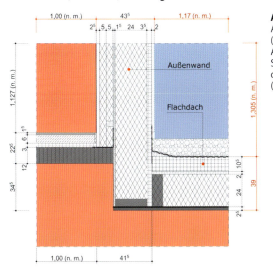

Abb. 9.37: Detail 3.02 – Auflager Geschossdecke (Anschluss Anbau). Die Abmessungen in roter Schriftfarbe kennzeichnen den Außenmaßbezug (n. m. = nicht maßstäblich).

Berechnung des Wärmestroms zur Außenluft

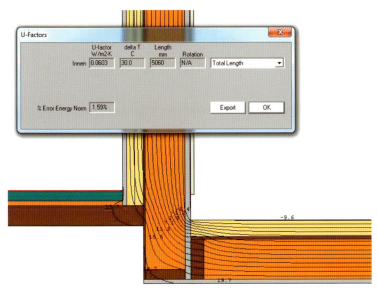

Abb. 9.38: Detail 3.02 – Wärmestrom zur Außenluft über die x- und die y-Achse; Berechnung des U-Faktors mit dem Programm Therm

Tabelle 9.13:   Berechnungstabelle für den ψ-Wert des Details 3.02 (Wärmestrom zur Außenluft über die x- und die y-Achse); Berechnung nach DIN 4108 Beiblatt 2 und DIN EN ISO 10211

Bauteil 1:	Außenwand
U_1-Wert:	0,103 W/(m² · K)
Länge L_1:	1,305 m
$F_1 =$	1 –
$U_1 \cdot L_1 \cdot F_1 =$	0,135 W/(m · K)

Bauteil 2:	Flachdach
U_2-Wert:	0,105 W/(m² · K)
Länge L_2:	1,17 m
$F_2 =$	1 –
$U_2 \cdot L_2 \cdot F_2 =$	0,123 W/(m · K)

Länge gesamt		Σ m	4,20
Lage	Länge	Anzahl	gesamt
Anbau Nord	4,20	1,00	4,20

Bauteil 3:	
U_3-Wert:	W/(m² · K)
Länge L_3:	m
$F_3 =$	–
$U_3 \cdot L_3 \cdot F_3 =$	0,000 W/(m · K)

Therm 1	
U_{Faktor1}:	0,060 W/(m² · K)
Länge L_{Therm1}:	5,060 m
$F_{\text{Therm1}} =$	1 –
$U_{\text{Faktor1}} \cdot L_{\text{Therm1}} \cdot F =$	0,305 W/(m · K)

Therm 2	
U_{Faktor2}:	W/(m² · K)
Länge L_{Therm2}:	m
$F_{\text{Therm2}} =$	–
$U_{\text{Faktor2}} \cdot L_{\text{Therm2}} \cdot F =$	0,000 W/(m · K)

ψ-Wert $= (U_{\text{Faktor1}} \cdot L_{\text{Therm1}} + U_{\text{Faktor2}} \cdot L_{\text{Therm2}}) - (U_1 \cdot L_1 \cdot F_1 + U_2 \cdot L_2 \cdot F_2 + U_3 \cdot L_3 \cdot F_3)$

ψ-Wert $=$ **0,048 W/(m · K)**

Der ψ-Wert für das Detail 3.02 (Wärmestrom gegen Außenluft) beträgt 0,048 W/(m · K). Die gesamte Länge der Wärmebrücke beläuft sich auf 4,20 m.

Detail 3.03 (Abb. 9.39) – Auflager Geschossdecke (Anschluss Erker)

Abb. 9.39:   Detail 3.03 – Auflager Geschossdecke (Anschluss Erker). Die Abmessungen in roter Schriftfarbe kennzeichnen den Außenmaßbezug (n. m. = nicht maßstäblich).

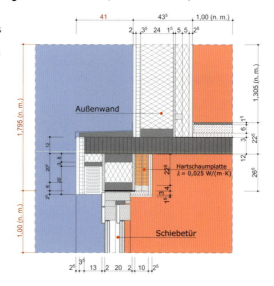

Berechnung des Wärmestroms zur Außenluft

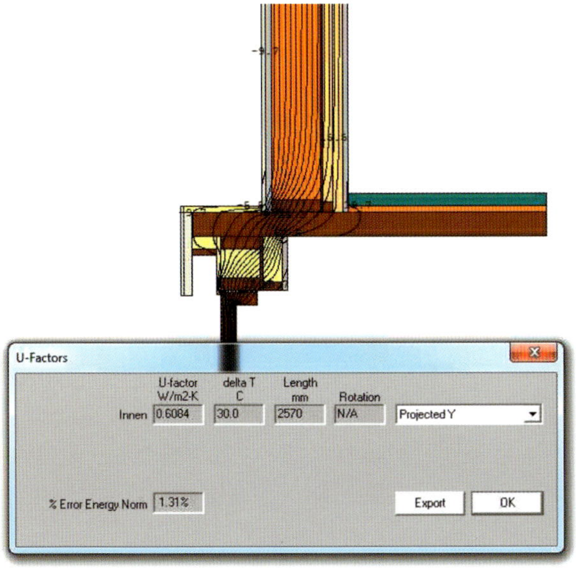

Abb. 9.40: Detail 3.03 – Wärmestrom zur Außenluft über die
y-Achse; Berechnung des U-Faktors mit dem Programm Therm

Tabelle 9.14: Berechnungstabelle für den ψ-Wert des Details 3.03 (Wärmestrom zur Außenluft über die y-Achse);
Berechnung nach DIN 4108 Beiblatt 2 und DIN EN ISO 10211

Bauteil 1:	Außenwand		Bauteil 2:	Flachdach		Länge gesamt		Σ m	7,58
U_1-Wert:	0,103 W/(m²·K)		U_2-Wert:	0,105 W/(m²·K)		Lage	Länge	Anzahl	gesamt
Länge L_1:	1,795 m		Länge L_2:	0,410 m		Süd	5,385	1,00	5,39
$F_1 =$	1 –		$F_2 =$	1 –			2,195	1,00	2,20
$U_1 \cdot L_1 \cdot F_1 =$	0,185 W/(m·K)		$U_2 \cdot L_2 \cdot F_2 =$	0,043 W/(m·K)					
Bauteil 3:	Fenster								
U_3-Wert:	1,298 W/(m²·K)								
Länge L_3:	1,00 m								
$F_3 =$	1 –								
$U_3 \cdot L_3 \cdot F_3 =$	1,298 W/(m·K)								
Therm 1			Therm 2						
$U_{Faktor1}$:	0,608 W/(m²·K)		$U_{Faktor2}$:	W/(m²·K)					
Länge L_{Therm1}:	2,570 m		Länge L_{Therm2}:	m					
$F_{Therm1} =$	1 –		$F_{Therm2} =$	–					
$U_{Faktor1} \cdot L_{Therm1} \cdot F =$	1,564 W/(m·K)		$U_{Faktor2} \cdot L_{Therm2} \cdot F =$	0,000 W/(m·K)					

ψ-Wert $= (U_{Faktor1} \cdot L_{Therm1} + U_{Faktor2} \cdot L_{Therm2}) - (U_1 \cdot L_1 \cdot F_1 + U_2 \cdot L_2 \cdot F_2 + U_3 \cdot L_3 \cdot F_3)$
ψ-Wert =   **0,037 W/(m·K)**

Der ψ-Wert für das Detail 3.03 (Wärmestrom gegen Außenluft) beträgt
0,037 W/(m·K). Die gesamte Länge der Wärmebrücke beläuft sich auf
7,58 m.

Detail 3.04 (Abb. 9.41) – Auflager Geschossdecke (Anschluss unbeheizter Anbau)

Abb. 9.41: Detail 3.04 – Auflager Geschossdecke (Anschluss unbeheizter Anbau). Die Abmessungen in roter Schriftfarbe kennzeichnen den Außenmaßbezug (n. m. = nicht maßstäblich).

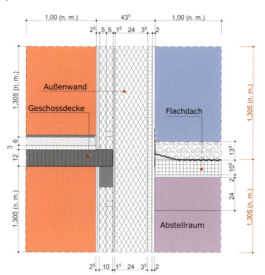

Detail 3.04a – Berechnung des Wärmestroms zur Außenluft

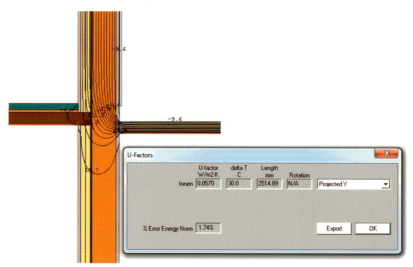

Abb. 9.42: Detail 3.04a – Wärmestrom zur Außenluft über die y-Achse; Berechnung des U-Faktors mit dem Programm Therm

Tabelle 9.15:   Berechnungstabelle für den ψ-Wert des Details 3.04a (Wärmestrom zur Außenluft über die y-Achse); Berechnung nach DIN 4108 Beiblatt 2 und DIN EN ISO 10211

Bauteil 1:	Außenwand
U_1-Wert:	0,103 W/(m² · K)
Länge L_1:	1,305 m
$F_1 =$	1 –
$U_1 \cdot L_1 \cdot F_1 =$	0,135 W/(m · K)

Bauteil 2:	
U_2-Wert:	W/(m² · K)
Länge L_2:	m
$F_2 =$	–
$U_2 \cdot L_2 \cdot F_2 =$	0,000 W/(m · K)

Länge gesamt		Σ m	7,04
Lage	Länge	Anzahl	gesamt
Anbau	2,20	1,00	2,20
	3,80	1,00	3,80
	1,04	1,00	1,04

Bauteil 3:	
U_3-Wert:	W/(m² · K)
Länge L_3:	m
$F_3 =$	–
$U_3 \cdot L_3 \cdot F_3 =$	0,000 W/(m · K)

Therm 1	
U_{Faktor1}:	0,057 W/(m² · K)
Länge L_{Therm1}:	2,515 m
$F_{\text{Therm1}} =$	1 –
$U_{\text{Faktor1}} \cdot L_{\text{Therm1}} \cdot F =$	0,143 W/(m · K)

Therm 2	
U_{Faktor2}:	W/(m² · K)
Länge L_{Therm2}:	m
$F_{\text{Therm2}} =$	–
$U_{\text{Faktor2}} \cdot L_{\text{Therm2}} \cdot F =$	0,000 W/(m · K)

ψ-Wert $= (U_{\text{Faktor1}} \cdot L_{\text{Therm1}} + U_{\text{Faktor2}} \cdot L_{\text{Therm2}}) - (U_1 \cdot L_1 \cdot F_1 + U_2 \cdot L_2 \cdot F_2 + U_3 \cdot L_3 \cdot F_3)$
ψ-Wert $=$ **0,009 W/(m · K)**

Der ψ-Wert für das Detail 3.04a (Wärmestrom gegen Außenluft) beträgt 0,009 W/(m · K). Die gesamte Länge der Wärmebrücke beläuft sich auf 7,04 m.

Detail 3.04b – Berechnung des Wärmestroms zum unbeheizten Abstellraum

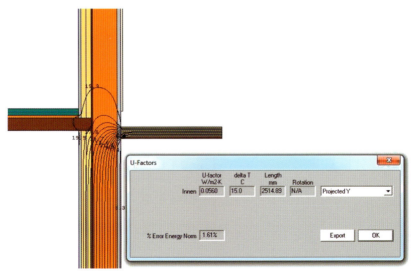

Abb. 9.43:   Detail 3.04b – Wärmestrom zum unbeheizten Abstellraum über die y-Achse; Berechnung des U-Faktors mit dem Programm Therm

Tabelle 9.16:   Berechnungstabelle für den ψ-Wert des Details 3.04b (Wärmestrom zum unbeheizten Abstellraum über die y-Achse); Berechnung nach DIN 4108 Beiblatt 2 und DIN EN ISO 10211

Bauteil 1:	Außenwand		Bauteil 2:			Länge gesamt		Σ m	7,04
U_1-Wert:	0,103 W/(m² · K)		U_2-Wert:	W/(m² · K)		Lage	Länge	Anzahl	gesamt
Länge L_1:	1,305 m		Länge L_2:	m		Anbau	2,20	1,00	2,20
$F_1 =$	1 –		$F_2 =$	–			3,80	1,00	3,80
$U_1 \cdot L_1 \cdot F_1 =$	0,135 W/(m · K)		$U_2 \cdot L_2 \cdot F_2 =$	0,000 W/(m · K)			1,04	1,00	1,04

Bauteil 3:	
U_3-Wert:	W/(m² · K)
Länge L_3:	m
$F_3 =$	–
$U_3 \cdot L_3 \cdot F_3 =$	0,000 W/(m · K)

Therm 1			Therm 2	
$U_{Faktor1}$:	0,056 W/(m² · K)		$U_{Faktor2}$:	W/(m² · K)
Länge L_{Therm1}:	2,515 m		Länge L_{Therm2}:	m
$F_{Therm1} =$	1 –		$F_{Therm2} =$	–
$U_{Faktor1} \cdot L_{Therm1} \cdot F =$	0,141 W/(m · K)		$U_{Faktor2} \cdot L_{Therm2} \cdot F =$	0,000 W/(m · K)

ψ-Wert $= (U_{Faktor1} \cdot L_{Therm1} + U_{Faktor2} \cdot L_{Therm2}) - (U_1 \cdot L_1 \cdot F_1 + U_2 \cdot L_2 \cdot F_2 + U_3 \cdot L_3 \cdot F_3)$

ψ-Wert $=$ **0,006 W/(m · K)**

Der ψ-Wert für das Detail 3.04b (Wärmestrom zum unbeheizten Abstellraum) beträgt 0,006 W/(m · K). Die gesamte Länge der Wärmebrücke beläuft sich auf 7,04 m.

Detail 3.05 (Abb. 9.44) – Auflager Geschossdecke (Anschluss Flachdach/Außenwand)

Abb. 9.44:   Detail 3.05 – Auflager Geschossdecke (Anschluss Flachdach/Außenwand). Die Abmessungen in roter Schriftfarbe kennzeichnen den Außenmaßbezug (n. m. = nicht maßstäblich).

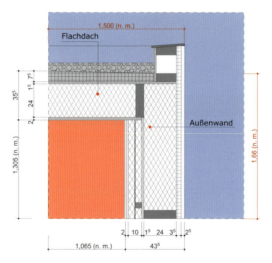

Detail 3.05a – Berechnung des Wärmestroms über die Außenwand zur Außenluft

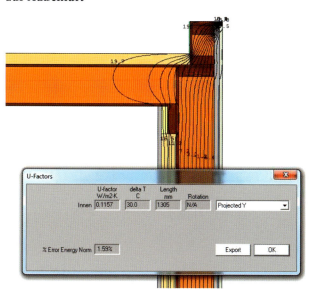

Abb. 9.45: Detail 3.05a – Wärmestrom über die Außenwand zur Außenluft über die y-Achse; Berechnung des U-Faktors mit dem Programm Therm

Tabelle 9.17: Berechnungstabelle für den ψ-Wert des Details 3.05a (Wärmestrom über die Außenwand zur Außenluft über die y-Achse); Berechnung nach DIN 4108 Beiblatt 2 und DIN EN ISO 10211

Bauteil 1:	Außenwand	Bauteil 2:		Länge gesamt		Σ m	6,40
U_1-Wert:	0,103 W/(m²·K)	U_2-Wert:	W/(m²·K)	Lage	Länge	Anzahl	gesamt
Länge L_1:	1,660 m	Länge L_2:	m	Anbau			
$F_1 =$	1 –	$F_2 =$	–	Ost	2,20	1,00	2,20
$U_1 \cdot L_1 \cdot F_1 =$	0,171 W/(m·K)	$U_2 \cdot L_2 \cdot F_2 =$	0,000 W/(m·K)	Nord	4,20	1,00	4,20

Bauteil 3:	
U_3-Wert:	W/(m²·K)
Länge L_3:	m
$F_3 =$	–
$U_3 \cdot L_3 \cdot F_3 =$	0,000 W/(m·K)

Therm 1		Therm 2	
$U_{Faktor1}$:	0,116 W/(m²·K)	$U_{Faktor2}$:	W/(m²·K)
Länge L_{Therm1}:	1,305 m	Länge L_{Therm2}:	m
$F_{Therm1} =$	1 –	$F_{Therm2} =$	–
$U_{Faktor1} \cdot L_{Therm1} \cdot F =$	0,151 W/(m·K)	$U_{Faktor2} \cdot L_{Therm2} \cdot F =$	0,000 W/(m·K)

ψ-Wert $= (U_{Faktor1} \cdot L_{Therm1} + U_{Faktor2} \cdot L_{Therm2}) - (U_1 \cdot L_1 \cdot F_1 + U_2 \cdot L_2 \cdot F_2 + U_3 \cdot L_3 \cdot F_3)$
ψ-Wert $=$ **–0,020 W/(m·K)**

Der ψ-Wert für das Detail 3.05a (Wärmestrom über die Außenwand zur Außenluft) beträgt –0,020 W/(m·K). Die gesamte Länge der Wärmebrücke beläuft sich auf 6,40 m.

Detail 3.05b – Berechnung des Wärmestroms über die Dachfläche zur Außenluft

Abb. 9.46: Detail 3.05b – Wärmestrom über die Dachfläche zur Außenluft über die x-Achse; Berechnung des U-Faktors mit dem Programm Therm

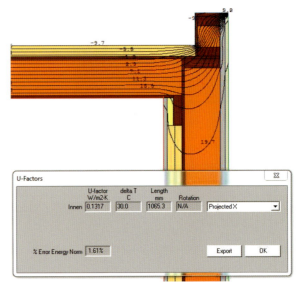

Tabelle 9.18: Berechnungstabelle für den ψ-Wert des Details 3.05b (Wärmestrom über die Dachfläche zur Außenluft über die x-Achse); Berechnung nach DIN 4108 Beiblatt 2 und DIN EN ISO 10211

Bauteil 1:	Dach
U_1-Wert:	0,105 W/(m² · K)
Länge L_1:	1,500 m
$F_1 =$	1 –
$U_1 \cdot L_1 \cdot F_1 =$	0,157 W/(m · K)

Bauteil 2:	
U_2-Wert:	W/(m² · K)
Länge L_2:	m
$F_2 =$	–
$U_2 \cdot L_2 \cdot F_2 =$	0,000 W/(m · K)

Bauteil 3:	
U_3-Wert:	W/(m² · K)
Länge L_3:	m
$F_3 =$	–
$U_3 \cdot L_3 \cdot F_3 =$	0,000 W/(m · K)

Therm 1	
$U_{Faktor1}$:	0,132 W/(m² · K)
Länge L_{Therm1}:	1,065 m
$F_{Therm1} =$	1 –
$U_{Faktor1} \cdot L_{Therm1} \cdot F =$	0,140 W/(m · K)

Therm 2	
$U_{Faktor2}$:	W/(m² · K)
Länge L_{Therm2}:	m
$F_{Therm2} =$	–
$U_{Faktor2} \cdot L_{Therm2} \cdot F =$	0,000 W/(m · K)

Länge gesamt		Σ m	8,60
Lage	Länge	Anzahl	gesamt
Anbau			
Ost	2,20	1,00	2,20
Nord	4,20	1,00	4,20
West	2,20	1,00	2,20

ψ-Wert $= (U_{Faktor1} \cdot L_{Therm1} + U_{Faktor2} \cdot L_{Therm2}) - (U_1 \cdot L_1 \cdot F_1 + U_2 \cdot L_2 \cdot F_2 + U_3 \cdot L_3 \cdot F_3)$

ψ-Wert $=$ **–0,017 W/(m · K)**

Der ψ-Wert für das Detail 3.05b (Wärmestrom über die Dachfläche zur Außenluft) beträgt –0,017 W/(m · K). Die gesamte Länge der Wärmebrücke beläuft sich auf 8,60 m.

Detail 3.05c – Berechnung des Wärmestroms über die Außenwand zum unbeheizten Abstellraum

Da der ψ-Wert temperaturunabhängig ist, bleibt der ψ-Wert mit −0,020 W/(m · K) gegenüber dem ψ-Wert des Details 3.05a gegen Außenluft unverändert. Bei der Berechnung der Transmissions-wärmeverluste kann dieser jedoch über den Temperaturkorrektur-faktor F abgemindert werden (vgl. Tabelle 9.32). Die gesamte Länge der Wärmebrücke beläuft sich auf 2,20 m

9.1.3.4 Wärmebrückendetails der obersten Geschossdecke

Detail 4.01 (Abb. 9.47) – Anschluss Außenwand/Traufe

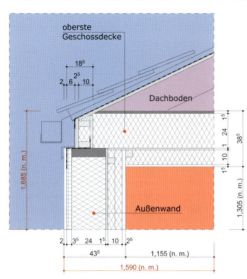

Abb. 9.47:   Detail 4.01 – Anschluss Außenwand/Traufe. Die Abmessungen in roter Schriftfarbe kennzeichnen den Außenmaßbezug (n. m. = nicht maßstäblich).

Berechnung des Wärmestroms zur Außenluft

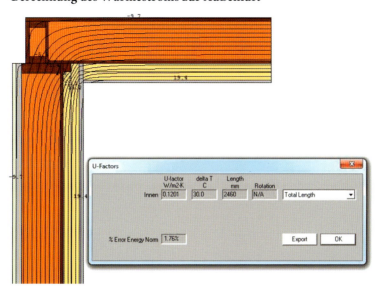

Abb. 9.48:   Detail 4.01 – Wärmestrom zur Außenluft über die x- und die y-Achse; Berechnung des U-Faktors mit dem Programm Therm

Tabelle 9.19:   Berechnungstabelle für den ψ-Wert des Details 4.01 (Wärmestrom zur Außenluft über die x- und die y-Achse); Berechnung nach DIN 4108 Beiblatt 2 und DIN EN ISO 10211

Bauteil 1:	Außenwand
U_1-Wert:	0,103 W/(m² · K)
Länge L_1:	1,685 m
$F_1 =$	1 –
$U_1 \cdot L_1 \cdot F_1 =$	0,174 W/(m · K)

Bauteil 2:	Geschossdecke
U_2-Wert:	0,106 W/(m² · K)
Länge L_2:	1,590 m
$F_2 =$	1 –
$U_2 \cdot L_2 \cdot F_2 =$	0,169 W/(m · K)

Länge gesamt		Σ m	24,82
Lage	Länge	Anzahl	gesamt
Süd	12,41	1,00	12,41
Nord	12,41	1,00	12,41

Bauteil 3:	
U_3-Wert:	W/(m² · K)
Länge L_3:	m
$F_3 =$	–
$U_3 \cdot L_3 \cdot F_3 =$	0,000 W/(m · K)

Therm 1	
$U_{Faktor1}$:	0,120 W/(m² · K)
Länge L_{Therm1}:	2,460 m
$F_{Therm1} =$	1 –
$U_{Faktor1} \cdot L_{Therm1} \cdot F =$	0,295 W/(m · K)

Therm 2	
$U_{Faktor2}$:	W/(m² · K)
Länge L_{Therm2}:	m
$F_{Therm2} =$	–
$U_{Faktor2} \cdot L_{Therm2} \cdot F =$	0,000 W/(m · K)

ψ-Wert = $(U_{Faktor1} \cdot L_{Therm1} + U_{Faktor2} \cdot L_{Therm2}) - (U_1 \cdot L_1 \cdot F_1 + U_2 \cdot L_2 \cdot F_2 + U_3 \cdot L_3 \cdot F_3)$
ψ-Wert =   **−0,048 W/(m · K)**

Der ψ-Wert für das Detail 4.01 (Wärmestrom gegen Außenluft) beträgt −0,048 W/(m · K). Die gesamte Länge der Wärmebrücke beläuft sich auf 24,82 m.

Detail 4.02 (Abb. 9.49) – Anschluss Innenwand an Geschossdecke

Abb. 9.49:   Detail 4.02 – Anschluss Innenwand an Geschossdecke. Die Abmessungen in roter Schriftfarbe kennzeichnen den Außenmaßbezug (n. m. = nicht maßstäblich).

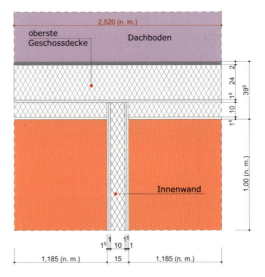

Berechnung des Wärmestroms zum unbeheizten Dachgeschoss

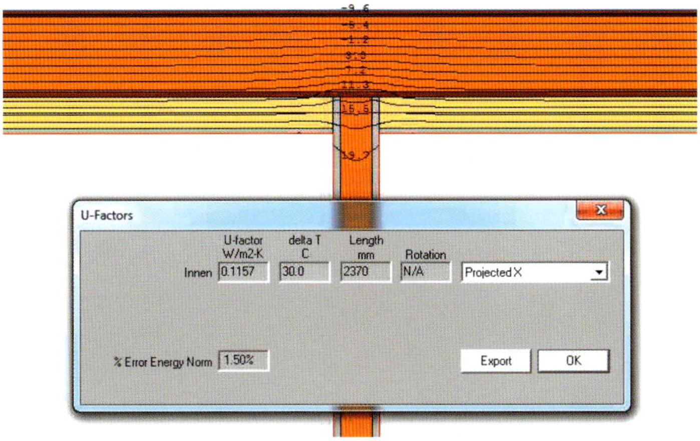

Abb. 9.50: Detail 4.02 – Wärmestrom zum unbeheizten Dachgeschoss über die x-Achse; Berechnung des U-Faktors mit dem Programm Therm

Tabelle 9.20: Berechnungstabelle für den ψ-Wert des Details 4.02 (Wärmestrom zum unbeheizten Dachgeschoss über die x-Achse); Berechnung nach DIN 4108 Beiblatt 2 und DIN EN ISO 10211

Bauteil 1:	Geschossdecke
U_1-Wert:	0,106 W/(m² · K)
Länge L_1:	2,520 m
$F_1 =$	1 –
$U_1 \cdot L_1 \cdot F_1 =$	0,268 W/(m · K)

Bauteil 2:	
U_2-Wert:	W/(m² · K)
Länge L_2:	m
$F_2 =$	–
$U_2 \cdot L_2 \cdot F_2 =$	0,000 W/(m · K)

Bauteil 3:	
U_3-Wert:	W/(m² · K)
Länge L_3:	m
$F_3 =$	–
$U_3 \cdot L_3 \cdot F_3 =$	0,000 W/(m · K)

Therm 1	
$U_{Faktor1}$:	0,116 W/(m² · K)
Länge L_{Therm1}:	2,370 m
$F_{Therm1} =$	1 –
$U_{Faktor1} \cdot L_{Therm1} \cdot F =$	0,274 W/(m · K)

Therm 2	
$U_{Faktor2}$:	W/(m² · K)
Länge L_{Therm2}:	m
$F_{Therm2} =$	–
$U_{Faktor2} \cdot L_{Therm2} \cdot F =$	0,000 W/(m · K)

Länge gesamt		$\sum$ m	20,27
Lage	Länge	Anzahl	gesamt
OG	12,41	1,00	12,41
	4,775	1,00	4,78
	3,08	1,00	3,08

ψ-Wert $= (U_{Faktor1} \cdot L_{Therm1} + U_{Faktor2} \cdot L_{Therm2}) - (U_1 \cdot L_1 \cdot F_1 + U_2 \cdot L_2 \cdot F_2 + U_3 \cdot L_3 \cdot F_3)$

ψ-Wert =   **0,006 W/(m · K)**

Der ψ-Wert für das Detail 4.02 (Wärmestrom zum unbeheizten Dachgeschoss) beträgt 0,006 W/(m · K). Die gesamte Länge der Wärmebrücke beläuft sich auf 20,27 m.

Detail 4.03 (Abb. 9.51) – Anschluss Außenwand/Ortgang

Abb. 9.51:   Detail 4.03 – Anschluss Außenwand/Ortgang. Die Abmessungen in roter Schriftfarbe kennzeichnen den Außenmaßbezug (n. m. = nicht maßstäblich).

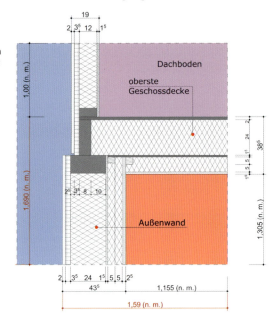

Detail 4.03a – Berechnung des Wärmestroms zur Außenluft

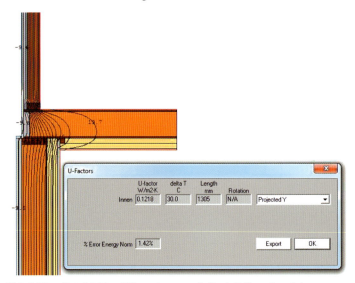

Abb. 9.52:   Detail 4.03a – Wärmestrom zur Außenluft über die *y*-Achse; Berechnung des *U*-Faktors mit dem Programm Therm

Tabelle 9.21:   Berechnungstabelle für den ψ-Wert des Details 4.03a (Wärmestrom zur Außenluft über die y-Achse); Berechnung nach DIN 4108 Beiblatt 2 und DIN EN ISO 10211

Bauteil 1:	Außenwand
U_1-Wert:	0,103 W/(m² · K)
Länge L_1:	1,690 m
$F_1 =$	1 –
$U_1 \cdot L_1 \cdot F_1 =$	0,175 W/(m · K)

Bauteil 2:	
U_2-Wert:	W/(m² · K)
Länge L_2:	m
$F_2 =$	–
$U_2 \cdot L_2 \cdot F_2 =$	0,000 W/(m · K)

Länge gesamt		$\sum$ m	18,00
Lage	Länge	Anzahl	gesamt
Ost	9,00	1,00	9,00
West	9,00	1,00	9,00

Bauteil 3:	
U_3-Wert:	W/(m² · K)
Länge L_3:	m
$F_3 =$	–
$U_3 \cdot L_3 \cdot F_3 =$	0,000 W/(m · K)

Therm 1	
U_{Faktor1}:	0,122 W/(m² · K)
Länge L_{Therm1}:	1,305 m
$F_{\text{Therm1}} =$	1 –
$U_{\text{Faktor1}} \cdot L_{\text{Therm1}} \cdot F =$	0,159 W/(m · K)

Therm 2	
U_{Faktor2}:	W/(m² · K)
Länge L_{Therm2}:	m
$F_{\text{Therm2}} =$	–
$U_{\text{Faktor2}} \cdot L_{\text{Therm2}} \cdot F =$	0,000 W/(m · K)

ψ-Wert $= (U_{\text{Faktor1}} \cdot L_{\text{Therm1}} + U_{\text{Faktor2}} \cdot L_{\text{Therm2}}) - (U_1 \cdot L_1 \cdot F_1 + U_2 \cdot L_2 \cdot F_2 + U_3 \cdot L_3 \cdot F_3)$

ψ-Wert $=$ **−0,016 W/(m · K)**

Der ψ-Wert für das Detail 4.03a (Wärmestrom gegen Außenluft) beträgt −0,016 W/(m · K). Die gesamte Länge der Wärmebrücke beläuft sich auf 18,00 m.

Detail 4.03b – Berechnung des Wärmestroms zum unbeheizten Dachraum

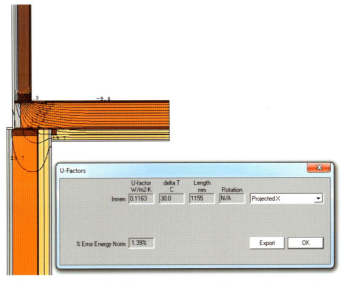

Abb. 9.53:   Detail 4.03b – Wärmestrom zum unbeheizten Dachraum über die x-Achse; Berechnung des U-Faktors mit dem Programm Therm

Tabelle 9.22:   Berechnungstabelle für den ψ-Wert des Details 4.03b (Wärmestrom zum unbeheizten Dachraum über die x-Achse); Berechnung nach DIN 4108 Beiblatt 2 und DIN EN ISO 10211

Bauteil 1:	Geschossdecke
U_1-Wert:	0,106 W/(m² · K)
Länge L_1:	1,590 m
$F_1 =$	1 –
$U_1 \cdot L_1 \cdot F_1 =$	0,169 W/(m · K)

Bauteil 2:	
U_2-Wert:	W/(m² · K)
Länge L_2:	m
$F_2 =$	–
$U_2 \cdot L_2 \cdot F_2 =$	0,000 W/(m · K)

Länge gesamt		Σ m	18,00
Lage	Länge	Anzahl	gesamt
Ost	9,00	1,00	9,00
West	9,00	1,00	9,00

Bauteil 3:	
U_3-Wert:	W/(m² · K)
Länge L_3:	m
$F_3 =$	–
$U_3 \cdot L_3 \cdot F_3 =$	0,000 W/(m · K)

Therm 1	
$U_{Faktor1}$:	0,116 W/(m² · K)
Länge L_{Therm1}:	1,155 m
$F_{Therm1} =$	1 –
$U_{Faktor1} \cdot L_{Therm1} \cdot F =$	0,134 W/(m · K)

Therm 2	
$U_{Faktor2}$:	W/(m² · K)
Länge L_{Therm2}:	m
$F_{Therm2} =$	–
$U_{Faktor2} \cdot L_{Therm2} \cdot F =$	0,000 W/(m · K)

ψ-Wert $= (U_{Faktor1} \cdot L_{Therm1} + U_{Faktor2} \cdot L_{Therm2}) - (U_1 \cdot L_1 \cdot F_1 + U_2 \cdot L_2 \cdot F_2 + U_3 \cdot L_3 \cdot F_3)$

ψ-Wert $=$ **−0,035 W/(m · K)**

Der ψ-Wert für das Detail 4.03b (Wärmestrom zum unbeheizten Dachraum) beträgt –0,035 W/(m · K). Die gesamte Länge der Wärmebrücke beläuft sich auf 18,00 m.

9.1.3.5 Wärmebrückendetails Fenster (unterer Anschluss)

Detail 5.01 (Abb. 9.54) – Anschluss auf Bodenplatte (Sockeldetail)

Abb. 9.54:   Detail 5.01 – Anschluss auf Bodenplatte (Sockeldetail). Die Abmessungen in roter Schriftfarbe kennzeichnen den Außenmaßbezug (n. m. = nicht maßstäblich).

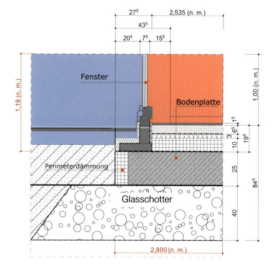

Detail 5.01a – Berechnung des Wärmestroms zur Außenluft

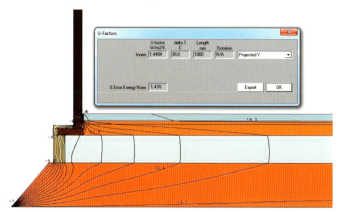

Abb. 9.55:   Detail 5.01a – Wärmestrom zur Außenluft über die y-Achse; Berechnung des U-Faktors mit dem Programm Therm

Tabelle 9.23:   Berechnungstabelle für den ψ-Wert des Details 5.01a (Wärmestrom zur Außenluft über die y-Achse); Berechnung nach DIN 4108 Beiblatt 2 und DIN EN ISO 10211

Bauteil 1:	Fenster
U_1-Wert:	1,298 W/(m² · K)
Länge L_1:	1,000 m
$F_1 =$	1 –
$U_1 \cdot L_1 \cdot F_1 =$	1,298 W/(m · K)

Bauteil 3:	
U_3-Wert:	W/(m² · K)
Länge L_3:	m
$F_3 =$	–
$U_3 \cdot L_3 \cdot F_3 =$	0,000 W/(m · K)

Bauteil 2:	Außenwand
U_2-Wert:	0,103 W/(m² · K)
Länge L_2:	0,190 m
$F_2 =$	1 –
$U_2 \cdot L_2 \cdot F_2 =$	0,020 W/(m · K)

Therm 1	
U_{Faktor1}:	1,448 W/(m² · K)
Länge L_{Therm1}:	1,000 m
$F_{\mathrm{Therm1}} =$	1 –
$U_{\mathrm{Faktor1}} \cdot L_{\mathrm{Therm1}} \cdot F =$	1,448 W/(m · K)

Therm 2	
U_{Faktor2}:	W/(m² · K)
Länge L_{Therm2}:	m
$F_{\mathrm{Therm2}} =$	–
$U_{\mathrm{Faktor2}} \cdot L_{\mathrm{Therm2}} \cdot F =$	0,000 W/(m · K)

ψ-Wert $= (U_{\mathrm{Faktor1}} \cdot L_{\mathrm{Therm1}} + U_{\mathrm{Faktor2}} \cdot L_{\mathrm{Therm2}}) - (U_1 \cdot L_1 \cdot F_1 + U_2 \cdot L_2 \cdot F_2 + U_3 \cdot L_3 \cdot F_3)$

ψ-Wert =   **0,131 W/(m · K)**

Länge gesamt		Σ m	4,50
Lage	Länge	Anzahl	gesamt
Süd	2,00	1,00	2,00
West	1,00	1,00	1,00
Nord	1,50	1,00	1,50

Der ψ-Wert für das Detail 5.01a (Wärmestrom gegen Außenluft) beträgt 0,131 W/(m · K). Die gesamte Länge der Wärmebrücke beläuft sich auf 4,50 m.

Detail 5.01b – Berechnung des Wärmestroms zum Erdreich

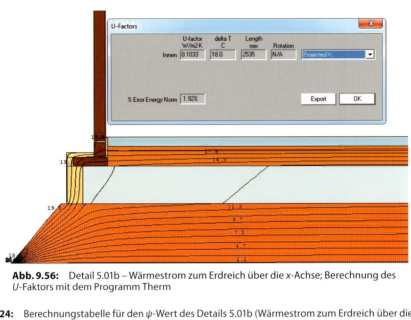

Abb. 9.56:   Detail 5.01b – Wärmestrom zum Erdreich über die x-Achse; Berechnung des
U-Faktors mit dem Programm Therm

Tabelle 9.24:   Berechnungstabelle für den ψ-Wert des Details 5.01b (Wärmestrom zum Erdreich über die x-Achse);
Berechnung nach DIN 4108 Beiblatt 2 und DIN EN ISO 10211

Bauteil 1:	Bodenplatte
U_1-Wert:	0,115 W/(m² · K)
Länge L_1:	2,800 m
$F_1 =$	1 –
$U_1 \cdot L_1 \cdot F_1 =$	0,322 W/(m · K)

Bauteil 2:	
U_2-Wert:	W/(m² · K)
Länge L_2:	m
$F_2 =$	–
$U_2 \cdot L_2 \cdot F_2 =$	0,000 W/(m · K)

Länge gesamt		$\sum$ m	4,50
Lage	Länge	Anzahl	gesamt
Süd	2,00	1,00	2,00
West	1,00	1,00	1,00
Nord	1,50	1,00	1,50

Bauteil 3:	
U_3-Wert:	W/(m² · K)
Länge L_3:	m
$F_3 =$	–
$U_3 \cdot L_3 \cdot F_3 =$	0,000 W/(m · K)

Therm 1	
U_{Faktor1}:	0,103 W/(m² · K)
Länge L_{Therm1}:	2,535 m
$F_{\text{Therm1}} =$	1 –
$U_{\text{Faktor1}} \cdot L_{\text{Therm1}} \cdot F =$	0,262 W/(m · K)

Therm 2	
U_{Faktor2}:	W/(m² · K)
Länge L_{Therm2}:	m
$F_{\text{Therm2}} =$	–
$U_{\text{Faktor2}} \cdot L_{\text{Therm2}} \cdot F =$	0,000 W/(m · K)

ψ-Wert $= (U_{\text{Faktor1}} \cdot L_{\text{Therm1}} + U_{\text{Faktor2}} \cdot L_{\text{Therm2}}) - (U_1 \cdot L_1 \cdot F_1 + U_2 \cdot L_2 \cdot F_2 + U_3 \cdot L_3 \cdot F_3)$
ψ-Wert =   **−0,060 W/(m · K)**

Der ψ-Wert für das Detail 5.01b (Wärmestrom zum Erdreich) beträgt
−0,060 W/(m · K). Die gesamte Länge der Wärmebrücke beläuft sich auf
4,50 m.

Detail 5.02 (Abb. 9.57) – Anschluss auf Bodenplatte (Sockeldetail – Schiebetür)

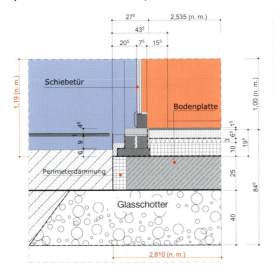

Abb. 9.57:   Detail 5.02 – Anschluss auf Bodenplatte (Sockeldetail). Die Abmessungen in roter Schriftfarbe kennzeichnen den Außenmaßbezug (n. m. = nicht maßstäblich).

Detail 5.02a – Berechnung des Wärmestroms zur Außenluft

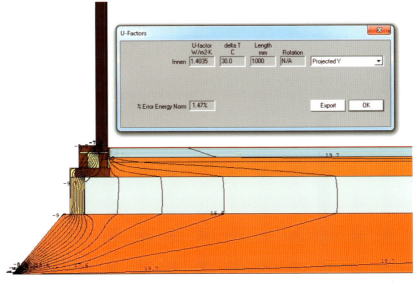

Abb. 9.58:   Detail 5.02a – Wärmestrom zur Außenluft über die *y*-Achse; Berechnung des *U*-Faktors mit dem Programm Therm

Tabelle 9.25: Berechnungstabelle für den ψ-Wert des Details 5.02a (Wärmestrom zur Außenluft über die y-Achse); Berechnung nach DIN 4108 Beiblatt 2 und DIN EN ISO 10211

Bauteil 1:	Fenster
U_1-Wert:	1,298 W/(m²·K)
Länge L_1:	1,000 m
$F_1 =$	1 –
$U_1 \cdot L_1 \cdot F_1 =$	1,298 W/(m·K)

Bauteil 2:	Außenwand
U_2-Wert:	0,103 W/(m²·K)
Länge L_2:	0,190 m
$F_2 =$	1 –
$U_2 \cdot L_2 \cdot F_2 =$	0,020 W/(m·K)

Länge gesamt		Σ m	7,17
Lage	Länge	Anzahl	gesamt
Süd	4,98	1,00	4,98
West	2,20	1,00	2,20

Bauteil 3:	
U_3-Wert:	W/(m²·K)
Länge L_3:	m
$F_3 =$	–
$U_3 \cdot L_3 \cdot F_3 =$	0,000 W/(m·K)

Therm 1	
$U_{Faktor1}$:	1,404 W/(m²·K)
Länge L_{Therm1}:	1,000 m
$F_{Therm1} =$	1 –
$U_{Faktor1} \cdot L_{Therm1} \cdot F =$	1,404 W/(m·K)

Therm 2	
$U_{Faktor2}$:	W/(m²·K)
Länge L_{Therm2}:	m
$F_{Therm2} =$	–
$U_{Faktor2} \cdot L_{Therm2} \cdot F =$	0,000 W/(m·K)

ψ-Wert $= (U_{Faktor1} \cdot L_{Therm1} + U_{Faktor2} \cdot L_{Therm2}) - (U_1 \cdot L_1 \cdot F_1 + U_2 \cdot L_2 \cdot F_2 + U_3 \cdot L_3 \cdot F_3)$

ψ-Wert $=$ **0,086 W/(m·K)**

Der ψ-Wert für das Detail 5.02a (Wärmestrom gegen Außenluft) beträgt 0,086 W/(m·K). Die gesamte Länge der Wärmebrücke beläuft sich auf 7,17 m.

Detail 5.02b – Berechnung des Wärmestroms zum Erdreich

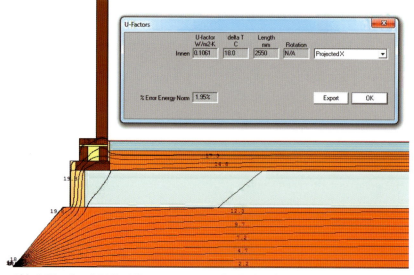

Abb. 9.59: Detail 5.02b – Wärmestrom zum Erdreich über die x-Achse; Berechnung des U-Faktors mit dem Programm Therm

Tabelle 9.26: Berechnungstabelle für den ψ-Wert des Details 5.02b (Wärmestrom zum Erdreich über die x-Achse); Berechnung nach DIN 4108 Beiblatt 2 und DIN EN ISO 10211

Bauteil 1:	Bodenplatte
U_1-Wert:	0,115 W/(m² · K)
Länge L_1:	2,810 m
$F_1 =$	1 –
$U_1 \cdot L_1 \cdot F_1 =$	0,323 W/(m · K)

Bauteil 2:	
U_2-Wert:	W/(m² · K)
Länge L_2:	m
$F_2 =$	–
$U_2 \cdot L_2 \cdot F_2 =$	0,000 W/(m · K)

Länge gesamt		Σ m	7,17
Lage	Länge	Anzahl	gesamt
Süd	4,98	1,00	4,98
West	2,20	1,00	2,20

Bauteil 3:	
U_3-Wert:	W/(m² · K)
Länge L_3:	m
$F_3 =$	–
$U_3 \cdot L_3 \cdot F_3 =$	0,000 W/(m · K)

Therm 1	
U_{Faktor1}:	0,106 W/(m² · K)
Länge L_{Therm1}:	2,550 m
$F_{\text{Therm1}} =$	1 –
$U_{\text{Faktor1}} \cdot L_{\text{Therm1}} \cdot F =$	0,271 W/(m · K)

Therm 2	
U_{Faktor2}:	W/(m² · K)
Länge L_{Therm2}:	m
$F_{\text{Therm2}} =$	–
$U_{\text{Faktor2}} \cdot L_{\text{Therm2}} \cdot F =$	0,000 W/(m · K)

ψ-Wert $= (U_{\text{Faktor1}} \cdot L_{\text{Therm1}} + U_{\text{Faktor2}} \cdot L_{\text{Therm2}}) - (U_1 \cdot L_1 \cdot F_1 + U_2 \cdot L_2 \cdot F_2 + U_3 \cdot L_3 \cdot F_3)$

ψ-Wert $=$ **−0,053 W/(m · K)**

Der ψ-Wert für das Detail 5.02b (Wärmestrom gegen Erdreich) beträgt −0,053 W/(m · K). Die gesamte Länge der Wärmebrücke beläuft sich auf 7,17 m.

Detail 5.03 (Abb. 9.60) – Anschluss Fensterbrüstung

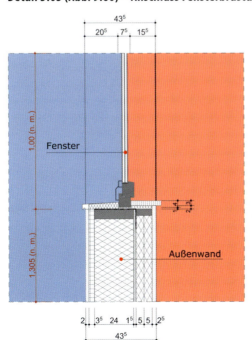

Abb. 9.60: Detail 5.03 – Anschluss Fensterbrüstung. Die Abmessungen in roter Schriftfarbe kennzeichnen den Außenmaßbezug (n. m. = nicht maßstäblich).

Berechnung des Wärmestroms zur Außenluft

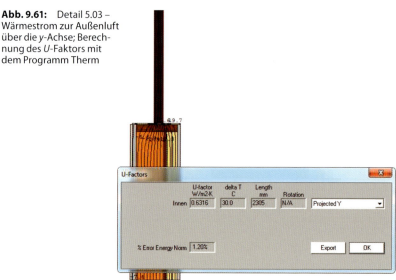

Abb. 9.61: Detail 5.03 – Wärmestrom zur Außenluft über die y-Achse; Berechnung des U-Faktors mit dem Programm Therm

Tabelle 9.27: Berechnungstabelle für den ψ-Wert des Details 5.03 (Wärmestrom zur Außenluft über die y-Achse); Berechnung nach DIN 4108 Beiblatt 2 und DIN EN ISO 10211

Bauteil 1:	Außenwand
U_1-Wert:	0,103 W/(m² · K)
Länge L_1:	1,305 m
$F_1 =$	1 –
$U_1 \cdot L_1 \cdot F_1 =$	0,135 W/(m · K)

Bauteil 2:	Fenster
U_2-Wert:	1,298 W/(m² · K)
Länge L_2:	1,000 m
$F_2 =$	1 –
$U_2 \cdot L_2 \cdot F_2 =$	1,298 W/(m · K)

Bauteil 3:	
U_3-Wert:	W/(m² · K)
Länge L_3:	m
$F_3 =$	–
$U_3 \cdot L_3 \cdot F_3 =$	0,000 W/(m · K)

Therm 1	
$U_{Faktor1}$:	0,631 W/(m² · K)
Länge L_{Therm1}:	2,305 m
$F_{Therm1} =$	1 –
$U_{Faktor1} \cdot L_{Therm1} \cdot F =$	1,455 W/(m · K)

Therm 2	
$U_{Faktor2}$:	W/(m² · K)
Länge L_{Therm2}:	m
$F_{Therm2} =$	–
$U_{Faktor2} \cdot L_{Therm2} \cdot F =$	0,000 W/(m · K)

Länge gesamt		Σ m	22,29
Lage	Länge	Anzahl	gesamt
Süd	3,175	1,00	3,18
	3,600	1,00	3,60
West	1,375	1,00	1,38
	3,000	1,00	3,00
Nord	0,885	2,00	1,77
	2,370	1,00	2,37
Ost	2,000	3,00	6,00
	1,000	1,00	1,00

ψ-Wert $= (U_{Faktor1} \cdot L_{Therm1} + U_{Faktor2} \cdot L_{Therm2}) - (U_1 \cdot L_1 \cdot F_1 + U_2 \cdot L_2 \cdot F_2 + U_3 \cdot L_3 \cdot F_3)$

ψ-Wert $=$ **0,022 W/(m · K)**

Der ψ-Wert für das Detail 5.03 (Wärmestrom gegen Außenluft) beträgt 0,022 W/(m · K). Die gesamte Länge der Wärmebrücke beläuft sich auf 22,29 m.

9.1.3.6 Wärmebrückendetails Fenster (oberer Anschluss)

Detail 6.01 (Abb. 9.62) – Fenstersturz mit Jalousien

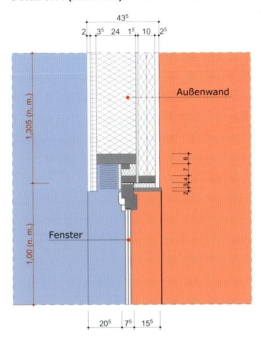

Abb. 9.62:   Detail 6.01 – Anschluss Fenstersturz mit Jalousien. Die Abmessungen in roter Schriftfarbe kennzeichnen den Außenmaßbezug (n.m. = nicht maßstäblich).

Berechnung des Wärmestroms zur Außenluft

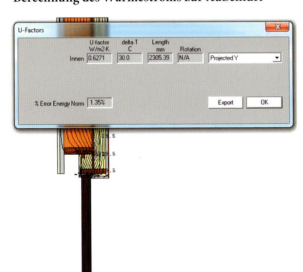

Abb. 9.63:   Detail 6.01 – Wärmestrom zur Außenluft über die y-Achse; Berechnung des U-Faktors mit dem Programm Therm

Tabelle 9.28:   Berechnungstabelle für den ψ-Wert des Details 6.01 (Wärmestrom zur Außenluft über die y-Achse); Berechnung nach DIN 4108 Beiblatt 2 und DIN EN ISO 10211

Bauteil 1:		Bauteil 2:		Länge gesamt		Σ m	16,53
U_1-Wert:	0,103 W/(m² · K)	U_2-Wert:	1,298 W/(m² · K)	Lage	Länge	Anzahl	gesamt
Länge L_1:	1,305 m	Länge L_2:	1,000 m	Süd	3,600	1,00	3,60
$F_1 =$	1 –	$F_2 =$	1 –		3,175	1,00	3,18
$U_1 \cdot L_1 \cdot F_1 =$	0,135 W/(m · K)	$U_2 \cdot L_2 \cdot F_2 =$	1,298 W/(m · K)	West	1,375	2,00	2,75
				Ost	2,000	3,00	6,00
Bauteil 3:					1,000	1,00	1,00
U_3-Wert:	W/(m² · K)						
Länge L_3:	m						
$F_3 =$	–						
$U_3 \cdot L_3 \cdot F_3 =$	0,000 W/(m · K)						
Therm 1		**Therm 2**					
$U_{Faktor1}$:	0,627 W/(m² · K)	$U_{Faktor2}$:	W/(m² · K)				
Länge L_{Therm1}:	2,305 m	Länge L_{Therm2}:	m				
$F_{Therm1} =$	1 –	$F_{Therm2} =$	–				
$U_{Faktor1} \cdot L_{Therm1} \cdot F =$	1,445 W/(m · K)	$U_{Faktor2} \cdot L_{Therm2} \cdot F =$	0,000 W/(m · K)				

ψ-Wert $= (U_{Faktor1} \cdot L_{Therm1} + U_{Faktor2} \cdot L_{Therm2}) - (U_1 \cdot L_1 \cdot F_1 + U_2 \cdot L_2 \cdot F_2 + U_3 \cdot L_3 \cdot F_3)$
ψ-Wert $=$ **0,013 W/(m · K)**

Der ψ-Wert für das Detail 6.01 (Wärmestrom gegen Außenluft) beträgt 0,013 W/(m · K). Die gesamte Länge der Wärmebrücke beläuft sich auf 16,53 m.

Detail 6.02 (Abb. 9.64) – Fenstersturz ohne Jalousien

Abb. 9.64:   Detail 6.02 – Anschluss Fenstersturz ohne Jalousien. Die Abmessungen in roter Schriftfarbe kennzeichnen den Außenmaßbezug (n. m. = nicht maßstäblich).

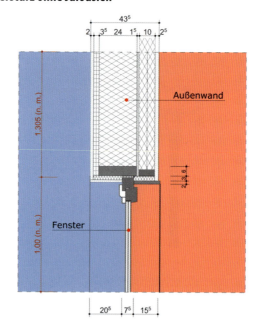

Berechnung des Wärmestroms zur Außenluft

Abb. 9.65: Detail 6.02 – Wärmestrom zur Außenluft über die y-Achse; Berechnung des U-Faktors mit dem Programm Therm

Tabelle 9.29: Berechnungstabelle für den ψ-Wert des Details 6.02 (Wärmestrom zur Außenluft über die y-Achse); Berechnung nach DIN 4108 Beiblatt 2 und DIN EN ISO 10211

Bauteil 1:	Außenwand
U_1-Wert:	0,103 W/(m² · K)
Länge L_1:	1,305 m
$F_1 =$	1 –
$U_1 \cdot L_1 \cdot F_1 =$	0,135 W/(m · K)

Bauteil 2:	Fenster
U_2-Wert:	1,298 W/(m² · K)
Länge L_2:	1,000 m
$F_2 =$	1 –
$U_2 \cdot L_2 \cdot F_2 =$	1,298 W/(m · K)

Länge gesamt		Σ m	12,01
Lage	Länge	Anzahl	gesamt
West	3,00	1,00	3,00
	1,00	1,00	1,00
Nord	0,89	2,00	1,77
	2,37	2,00	4,74
	1,50	1,00	1,50

Bauteil 3:	
U_3-Wert:	W/(m² · K)
Länge L_3:	m
$F_3 =$	–
$U_3 \cdot L_3 \cdot F_3 =$	0,000 W/(m · K)

Therm 1	
U_{Faktor1}:	0,625 W/(m² · K)
Länge L_{Therm1}:	2,305 m
$F_{\mathrm{Therm1}} =$	1 –
$U_{\mathrm{Faktor1}} \cdot L_{\mathrm{Therm1}} \cdot F =$	1,441 W/(m · K)

Therm 2	
U_{Faktor2}:	W/(m² · K)
Länge L_{Therm2}:	m
$F_{\mathrm{Therm2}} =$	–
$U_{\mathrm{Faktor2}} \cdot L_{\mathrm{Therm2}} \cdot F =$	0,000 W/(m · K)

ψ-Wert $= (U_{\mathrm{Faktor1}} \cdot L_{\mathrm{Therm1}} + U_{\mathrm{Faktor2}} \cdot L_{\mathrm{Therm2}}) - (U_1 \cdot L_1 \cdot F_1 + U_2 \cdot L_2 \cdot F_2 + U_3 \cdot L_3 \cdot F_3)$

ψ-Wert $=$ **0,008 W/(m · K)**

Der ψ-Wert für das Detail 6.02 (Wärmestrom gegen Außenluft) beträgt 0,008 W/(m · K). Die gesamte Länge der Wärmebrücke beläuft sich auf 12,01 m.

9.1.3.7 Wärmebrückendetails Fenster (seitlicher Anschluss)

Detail 7.01 (Abb. 9.66) – Anschluss Fensterlaibung

Abb. 9.66: Detail 7.01 –
Anschluss Fensterlaibung.
Die Abmessungen in roter
Schriftfarbe kennzeichnen
den Außenmaßbezug
(n. m. = nicht maßstäblich).

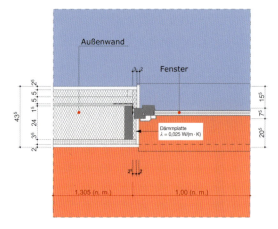

Berechnung des Wärmestroms zur Außenluft

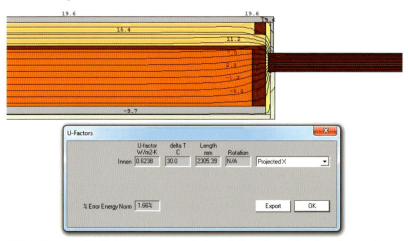

Abb. 9.67: Detail 7.01 – Wärmestrom zur Außenluft über die *x*-Achse; Berechnung des
U-Faktors mit dem Programm Therm

Tabelle 9.30: Berechnungstabelle für den ψ-Wert des Details 7.01 (Wärmestrom zur Außenluft über die x-Achse); Berechnung nach DIN 4108 Beiblatt 2 und DIN EN ISO 10211

Bauteil 1:	Außenwand
U_1-Wert:	0,103 W/(m²·K)
Länge L_1:	1,305 m
$F_1 =$	1 –
$U_1 \cdot L_1 \cdot F_1 =$	0,135 W/(m·K)

Bauteil 2:	Fenster
U_2-Wert:	1,298 W/(m²·K)
Länge L_2:	1,000 m
$F_2 =$	1 –
$U_2 \cdot L_2 \cdot F_2 =$	1,298 W/(m·K)

Länge gesamt		Σ m	34,88
Lage	Länge	Anzahl	gesamt
Süd	2,40	2,00	4,80
	1,10	3,00	3,30
West	2,40	2,00	4,80
	1,10	3,00	3,30
Nord	0,89	8,00	7,08
	2,40	2,00	4,80
Ost	1,10	4,00	4,40
	0,60	4,00	2,40

Bauteil 3:	
U_3-Wert:	W/(m²·K)
Länge L_3:	m
$F_3 =$	–
$U_3 \cdot L_3 \cdot F_3 =$	0,000 W/(m·K)

Therm 1	
$U_{Faktor1}$:	0,624 W/(m²·K)
Länge L_{Therm1}:	2,305 m
$F_{Therm1} =$	1 –
$U_{Faktor1} \cdot L_{Therm1} \cdot F =$	1,438 W/(m·K)

Therm 2	
$U_{Faktor2}$:	W/(m²·K)
Länge L_{Therm2}:	m
$F_{Therm2} =$	–
$U_{Faktor2} \cdot L_{Therm2} \cdot F =$	0,000 W/(m·K)

ψ-Wert $= (U_{Faktor1} \cdot L_{Therm1} + U_{Faktor2} \cdot L_{Therm2}) - (U_1 \cdot L_1 \cdot F_1 + U_2 \cdot L_2 \cdot F_2 + U_3 \cdot L_3 \cdot F_3)$

ψ-Wert $=$ **0,005 W/(m·K)**

Der ψ-Wert für das Detail 7.01 (Wärmestrom gegen Außenluft) beträgt 0,005 W/(m·K). Die gesamte Länge der Wärmebrücke beläuft sich auf 34,88 m.

Detail 7.02 (Abb. 9.68) – Fensterecke

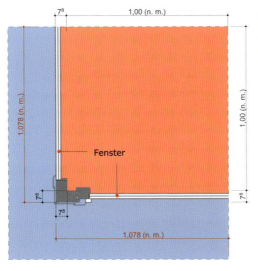

Abb. 9.68: Detail 7.02 – Anschluss Fensterecke. Die Abmessungen in roter Schriftfarbe kennzeichnen den Außenmaßbezug (n.m. = nicht maßstäblich).

Berechnung des Wärmestroms zur Außenluft

Abb. 9.69:   Detail 7.02 – Wärmestrom zur Außenluft über die x- und die y-Achse; Berechnung des U-Faktors mit dem Programm Therm

Tabelle 9.31:   Berechnungstabelle für den ψ-Wert des Details 7.02 (Wärmestrom zur Außenluft über die x- und die y-Achse); Berechnung nach DIN 4108 Beiblatt 2 und DIN EN ISO 10211

Bauteil 1:	Fenster
U_1-Wert:	1,298 W/(m² · K)
Länge L_1:	1,078 m
$F_1 =$	1 –
$U_1 \cdot L_1 \cdot F_1 =$	1,399 W/(m · K)

Bauteil 2:	Fenster
U_2-Wert:	1,298 W/(m² · K)
Länge L_2:	1,078 m
$F_2 =$	1 –
$U_2 \cdot L_2 \cdot F_2 =$	1,399 W/(m · K)

Länge gesamt		∑ m	3,50
Lage	Länge	Anzahl	gesamt
Süd/West	2,40	1,00	2,40
	1,10	1,00	1,10

Bauteil 3:	
U_3-Wert:	W/(m² · K)
Länge L_3:	m
$F_3 =$	–
$U_3 \cdot L_3 \cdot F_3 =$	0,000 W/(m · K)

Therm 1	
$U_{Faktor1}$:	1,322 W/(m² · K)
Länge L_{Therm1}:	2,000 m
$F_{Therm1} =$	1 –
$U_{Faktor1} \cdot L_{Therm1} \cdot F =$	2,643 W/(m · K)

Therm 2	
$U_{Faktor2}$:	W/(m² · K)
Länge L_{Therm2}:	m
$F_{Therm2} =$	–
$U_{Faktor2} \cdot L_{Therm2} \cdot F =$	0,000 W/(m · K)

ψ-Wert $= (U_{Faktor1} \cdot L_{Therm1} + U_{Faktor2} \cdot L_{Therm2}) - (U_1 \cdot L_1 \cdot F_1 + U_2 \cdot L_2 \cdot F_2 + U_3 \cdot L_3 \cdot F_3)$
ψ-Wert $=$ −0,155 W/(m · K)

Der ψ-Wert für das Detail 7.02 (Wärmestrom gegen Außenluft) beträgt −0,155 W/(m · K). Die gesamte Länge der Wärmebrücke beläuft sich auf 3,50 m.

9.1.4   Berechnung des Wärmebrückenfaktors ΔU_{WB}

Tabelle 9.32 zeigt alle Wärmebrücken des Beispielgebäudes im Überblick; auf Grundlage der Berechnungsergebnisse aus Kapitel 9.1.3 werden hier die Transmissionswärmeverluste $H_{\mathrm{T,WB}}$ nach der folgenden Formel berechnet.

$$H_{\mathrm{T,WB}} = \Sigma\, l_i \cdot \psi_i \cdot F_i \qquad \text{in W/K} \tag{9.1}$$

mit
l_i Länge der Wärmebrücke in m
ψ_i längenbezogener Wärmedurchgangskoeffizient in W/(m · K)
F_i Temperaturkorrekturkoeffizient F_x aus DIN 4108-6 oder DIN V 18599

Dieser Berechnungsweg liegt auch den Formblättern C und C-1 der KfW-Wärmebrückenbewertung zugrunde (vgl. dazu ausführlich Kapitel 7.6).

Tabelle 9.32:   Zusammenstellung der Wärmebrücken mit den Ergebnissen der ψ-Wert-Berechnung aus den Berechnungen gemäß Kapitel 9.1.3

Wärme-brücke	Bezeichnung	Länge in m	ψ-Wert in W/(m · K)	F_x-Wert	Transmissionswärmeverluste $H_{\mathrm{T,WB}}$ nach Formel 9.1 in W/K
1.0	**Bodenplatte**				
1.01a	Anschluss Außenwand (gegen Außenluft)	29,74	0,066	1,0	1,958
1.01b	Anschluss Außenwand (gegen Erdreich)	36,78	−0,054	0,25	−0,500
1.01c	Anschluss Außenwand (gegen unbeheizten Raum)	7,04	0,066	0,5	0,232
1.02	Anschluss Innenwand (Holzwand)	16,13	0,014	1,0	0,220
1.03	Anschluss Innenwand (Ziegel)	12,41	0,050	1,0	0,621
2.0	**Außenwände**				
2.01a	Außenecke gegen Außenluft	21,26	−0,055	1,0	−1,178
2.01b	Außenecke gegen unbeheizten Anbau	2,81	−0,055	0,5	−0,078
2.02	Innenwandanschluss Holzwand	26,93	0,005	1,0	0,131
2.03a	Innenecke gegen Außenluft	3,04	0,045	1,0	0,138
2.03b	Innenecke gegen unbeheizten Anbau	3,04	0,045	0,5	0,069
2.04a	Außenecke zu Anbau (gegen Außenluft)	2,81	−0,019	1,0	−0,053
2.04b	Außenecke zu Anbau (gegen unbeheizten Raum)	2,81	−0,037	0,5	−0,051
2.05	Anschluss Erker an Fenster	6,07	−0,039	1,0	−0,235
2.06	Innenwandanschluss Ziegelwand	6,07	0,015	1,0	0,092
3.0	**Geschossdecke**				
3.01	Auflager Außenwand	26,20	0,007	1,0	0,195
3.02	Anschluss Anbau	4,20	0,048	1,0	0,200
3.03	Anschluss Erker	7,58	0,037	1,0	0,282
3.04a	Anschluss Anbau unbeheizt (gegen Außenluft)	7,04	0,009	1,0	0,060

Fortsetzung Tabelle 9.32:   Zusammenstellung der Wärmebrücken mit den Ergebnissen der ψ-Wert-Berechnung aus den Berechnungen gemäß Kapitel 9.1.3

Wärme-brücke	Bezeichnung	Länge in m	ψ-Wert in W/(m · K)	F_x-Wert	Transmissionswär-meverluste $H_{T,WB}$ nach Formel 9.1 in W/K
3.04b	Anschluss Anbau unbeheizt (gegen unbeheizten Abstellraum)	7,04	0,006	0,5	0,021
3.05a	Anschluss Flachdach (Außenwand gegen Außen-luft)	6,40	–0,020	1,0	–0,131
3.05b	Anschluss Flachdach (Außenwand gegen Dach-fläche)	8,60	–0,017	1,0	–0,147
3.05c	Anschluss Flachdach (Außenwand gegen unbe-heizten Abstellraum)	2,20	–0,020	0,5	–0,023
4.0	Oberste Geschossdecke				
4.01	Anschluss Außenwand/Traufe	24,82	–0,048	1,0	–1,186
4.02	Anschluss Innenwand	20,27	0,006	0,8	0,099
4.03a	Anschluss Außenwand/Ortgang (gegen Außenluft)	18,00	–0,016	1,0	–0,281
4.03b	Anschluss Außenwand/Ortgang (gegen unbeheiz-ten Dachraum)	18,00	–0,035	0,8	–0,502
5.0	Fensteranschluss unten				
5.01a	Anschluss auf Bodenplatte (gegen Außenluft)	4,50	0,131	1,0	0,588
5.01b	Anschluss auf Bodenplatte (gegen Erdreich)	4,50	–0,060	0,25	–0,068
5.02a	Schiebetür (gegen Außenluft)	7,17	0,086	1,0	0,616
5.02b	Schiebetür (gegen Erdreich)	7,17	–0,053	0,25	–0,095
5.03	Brüstung	22,29	0,022	1,0	0,498
6.0	Fensteranschluss oben				
6.01	Fenstersturz mit Jalousien	16,53	0,013	1,0	0,209
6.02	Fenstersturz ohne Jalousien	12,01	0,008	1,0	0,097
7.0	Fensteranschluss Seite				
7.01	Fensterlaibung	34,88	0,005	1,0	0,176
7.02	Fensterecke	3,50	–0,155	1,0	–0,544
		Summe			1,430

Die zusätzlichen Transmissionswärmeverluste über die Wärmebrücken summieren sich für das Beispielgebäude auf insgesamt 1,430 W/K.

Berechnung von ΔU_{WB}

Die Hüllfläche des Gebäudes beträgt 517 m². Mit der Division der Transmissionswärmeverluste über die Wärmebrücken durch die Hüllfläche errechnen sich die Wärmebrückenverluste pro m² Hüllfläche:

$$\Delta U_{WB} = 1,430 \text{ W/K} : 517 \text{ m}^2 = 0,003 \text{ W/(m}^2 \cdot \text{K)}$$

Der tatsächliche spezifische Wärmebrückenzuschlag ΔU_{WB} hat – bei einer Rundung auf 3 Nachkommastellen – einen Wert von 0,003 W/(m² · K). Somit geht über die Wärmebrücken nur geringfügig mehr Wärme verloren, als über den Außenmaßbezug schon berücksichtigt wurde.

> **Hinweis:** Wenn kein detaillierter Wärmebrückennachweis durchgeführt wird, muss ein Wärmebrückenzuschlag ΔU_{WB} von 0,10 W/(m² · K) angesetzt werden.

9.2   Gleichwertigkeitsnachweis

Nachfolgend wird für das Beispiel aus Kapitel 9.1 ein Gleichwertigkeitsnachweis nach DIN 4108 Beiblatt 2 und dem „Infoblatt KfW-Wärmebrückenbewertung" (Stand 11/2015) durchgeführt (vgl. auch Kapitel 6). Die im „Infoblatt KfW-Wärmebrückenbewertung" enthaltenen KfW-Wärmebrückenempfehlungen dürfen bei Gleichwertigkeitsnachweisen für KfW-Effizienzhäuser verwendet werden.

Für den Gleichwertigkeitsnachweis muss den einzelnen Details ein konstruktiv ähnliches Bild aus DIN 4108 Beiblatt 2 oder den KfW-Wärmebrückenempfehlungen zugeordnet werden. Anschließend ist zu überprüfen, ob das vorhandene Detail gleichwertig ist. Zur Feststellung der Gleichwertigkeit werden bei diesem Beispiel nur die ψ-Werte der Details mit den zulässigen ψ-Werten gemäß DIN 4108 Beiblatt 2 oder den KfW-Wärmebrückenempfehlungen verglichen. Der vorhandene ψ-Wert muss kleiner oder gleich dem jeweils zulässigen Wert sein. Die ψ-Wert-Berechnung der einzelnen Details wird in Kapitel 9.1.3 nachvollziehbar dargestellt.

Bei Details, die an unterschiedliche Temperaturbereiche grenzen, ist, falls die ψ-Werte getrennt für beide Bereiche berechnet wurden, ein ψ-Wert aus den beiden ψ-Werten zu berechnen.

> **Hinweis:** Ein Gleichwertigkeitsnachweis für ein Gebäude in Holzbauweise ist nur eingeschränkt möglich, da in DIN 4108 Beiblatt 2 nur bedingt Holzbaudetails vorhanden sind. Es wurde aber bewusst ein Gebäude in Holzbauweise als Beispiel gewählt, um die Problematik des Gleichwertigkeitsnachweises darzustellen.

9.2.1   Auflistung der nachzuweisenden Details

Da beim Gleichwertigkeitsnachweis nicht alle Details überprüft werden müssen (vgl. Kapitel 6.2), sind als Erstes die Details zu definieren, die nach DIN 4108 Beiblatt 2 nachgewiesen werden müssen.

In Tabelle 9.33 sind alle Wärmebrückendetails des Beispielhauses aufgelistet; für jedes Detail wurde definiert, ob es nach DIN 4108 Beiblatt 2 nachzuweisen ist oder vernachlässigt werden darf. In der Praxis ist es ausreichend, wenn nur die Details aufgelistet werden, die auch nachzuweisen sind.

Tabelle 9.33:   Auflistung aller Wärmebrückendetails aus Kapitel 9.1 mit Festlegung der Nachweisführung nach DIN 4108 Beiblatt 2

Wärme-brücke	Bezeichnung	nachzuweisen nach DIN 4108 Beiblatt 2	Begründung
1.0	**Bodenplatte**		
1.01a	Anschluss Außenwand (gegen Außenluft)		
1.01b	Anschluss Außenwand (gegen Erdreich)	ja	
1.01c	Anschluss Außenwand (gegen unbeheizten Raum)		
1.02	Anschluss Innenwand (Holzwand)	nicht notwendig	außen liegende Dämmebene R-Wert > 2,5 m² · K/W
1.03	Anschluss Innenwand (Ziegel)	nicht notwendig	außen liegende Dämmebene R-Wert > 2,5 m² · K/W
2.0	**Außenwände**		
2.01a	Außenecke gegen Außenluft	nicht notwendig	Außenecke
2.01b	Außenecke gegen unbeheizten Anbau		
2.02	Innenwandanschluss Holzwand	nicht notwendig	außen liegende Dämmebene R-Wert > 2,5 m² · K/W
2.03a	Innenecke gegen Außenluft	nicht notwendig	Innenecke
2.03b	Innenecke gegen unbeheizten Anbau		
2.04a	Außenecke zu Anbau (gegen Außenluft)	nicht notwendig	Außenecke
2.04b	Außenecke zu Anbau (gegen unbeheizten Raum)		
2.05	Anschluss Erker an Fenster	ja	
2.06	Innenwandanschluss Ziegelwand	nicht notwendig	außen liegende Dämmebene R-Wert > 2,5 m² · K/W
3.0	**Geschossdecke**		
3.01	Auflager Außenwand	nicht notwendig	außen liegende Dämmebene R-Wert > 2,5 m² · K/W
3.02	Anschluss Anbau	ja	
3.03	Anschluss Erker	ja	
3.04a	Anschluss Anbau unbeheizt (gegen Außenluft)	nicht notwendig	außen liegende Dämmebene R-Wert > 2,5 m² · K/W
3.04b	Anschluss Anbau unbeheizt (gegen unbeheizten Abstellraum)		
3.05a	Anschluss Flachdach (Außenwand gegen Außenluft)	ja	
3.05b	Anschluss Flachdach (Außenwand gegen Dachfläche)		
3.05c	Anschluss Flachdach (Außenwand gegen unbeheizten Abstellraum)	ja	

Fortsetzung Tabelle 9.33:   Auflistung aller Wärmebrückendetails aus Kapitel 9.1 mit Festlegung der Nachweisführung nach DIN 4108 Beiblatt 2

Wärme-brücke	Bezeichnung	nachzuweisen nach DIN 4108 Beiblatt 2	Begründung
4.0	Oberste Geschossdecke		
4.01	Anschluss Außenwand/Traufe	ja	
4.02	Anschluss Innenwand	nicht notwendig	außen liegende Dämmebene R-Wert $> 2{,}5\ m^2 \cdot K/W$
4.03a	Anschluss Außenwand/Ortgang (gegen Außenluft)	ja	
4.03b	Anschluss Außenwand/Ortgang (gegen unbeheizten Dachraum)		
5.0	Fensteranschluss unten		
5.01a	Anschluss auf Bodenplatte (gegen Außenluft)	ja	
5.01b	Anschluss auf Bodenplatte (gegen Erdreich)		
5.02a	Schiebetür (gegen Außenluft)	ja	
5.02b	Schiebetür (gegen Erdreich)		
5.03	Brüstung	ja	
6.0	Fensteranschluss oben		
6.01	Fenstersturz mit Jalousien	ja	
6.02	Fenstersturz ohne Jalousien	ja	
7.0	Fensteranschluss Seite		
7.01	Fensterlaibung	ja	
7.02	Fensterecke	nicht notwendig	Außenecke

9.2.2   Kennzeichnung der Wärmebrückendetails in den Plänen

Alle Details aus der Tabelle 9.33 sind in den Plänen zu kennzeichnen. An dieser Stelle wird auf die Darstellung der Details verzichtet, da dies schon in Kapitel 9.1.1 erfolgt ist (vgl. Abb. 9.1 bis 9.8); von den in den dort abgebildeten Plänen gekennzeichneten Details dürfen nun diejenigen Details weggelassen werden, für die kein Gleichwertigkeitsnachweis geführt werden muss.

9.2.3   Überprüfung der nachzuweisenden Details

Nachfolgend wird für die in Tabelle 9.33 aufgelisteten Details die Gleichwertigkeit gemäß dem in Kapitel 6 angeführten Verfahren geprüft.

9.2.3.1 Wärmebrückendetails der Bodenplatte

Detail 1.01 (a, b, c) – Anschluss Außenwand an Bodenplatte (Abb. 9.70)

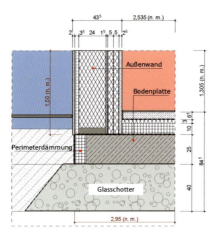

Abb. 9.70: Detail 1.01 aus Kapitel 7 (n. m. = nicht maßstäblich)

Da es in DIN 4108 Beiblatt 2 kein Detail mit Glasschotterschicht gibt, wurde ein Detail gewählt, bei dem unterhalb der Bodenplatte eine Dämmschicht vorhanden ist.

- zulässiger ψ-Wert nach DIN 4108 Beiblatt 2 (Bild 23): $\psi \leq 0,11$ W/(m · K)
- vorhandener ψ-Wert aus Kapitel 9.1.3:
  - ψ-Wert gegen Außenluft = 0,066 W/(m · K)
  - ψ-Wert gegen Erdreich = –0,054 W/(m · K) · 0,25 = –0,0135 W/(m · K)
  - ψ-Wert gesamt = 0,0525 W/(m · K)
- vorhandener ψ-Wert < zulässiger ψ-Wert

Das Detail ist somit gleichwertig.

Detail 1.02 – Anschluss Innenwand; Holzwand auf Bodenplatte (Abb. 9.71)

Anschlüsse von Innenwänden an durchlaufende Außenbauteile wie die Bodenplatte können nach DIN 4108 Beiblatt 2, Abschnitt 4, vernachlässigt werden, wenn eine durchlaufende Dämmschicht mit einem λ-Wert von 0,04 W/(m · K) und einer Dicke d von $\geq$ 10 cm vorhanden ist. Dies entspricht einem R-Wert $\geq$ 2,5 m² · K/W.

- zulässiger R-Wert nach DIN 4108 Beiblatt 2:
  - $R_{soll} \geq d : \lambda$
  - $R_{soll} \geq 0{,}10$ m : 0,04 W/(m · K)
  - $R_{soll} \geq 2{,}5$ m² · K/W
- R-Wert der durchlaufenden Glasschotterschicht unter der Bodenplatte:
  - $R_{ist} = d : \lambda$
  - $R_{ist} = 0{,}40$ m : 0,09 W/(m · K)
  - $R_{ist} = 4{,}44$ m² · K/W
- vorhandener R-Wert R_{ist} > zulässiger R-Wert R_{soll}

Es ist somit kein Gleichwertigkeitsnachweis notwendig.

Detail 1.03 – Anschluss Innenwand; Ziegel auf Bodenplatte (Abb. 9.72)

Für das Detail 1.03 gilt wie für das Detail 1.02 (vgl. dort): Aufgrund der durchlaufenden wärmedämmenden Glasschotterschicht unter der Bodenplatte muss hier keine Gleichwertigkeit untersucht werden.

Es ist somit kein Gleichwertigkeitsnachweis notwendig.

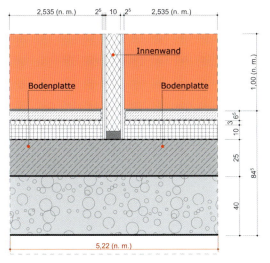

Abb. 9.71: Detail 1.02 aus Kapitel 9.1.3 (n. m. = nicht maßstäblich)

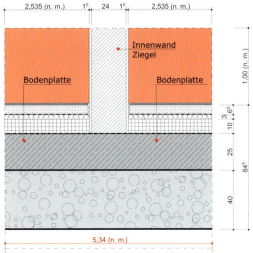

Abb. 9.72: Detail 1.03 aus Kapitel 9.1.3 (n. m. = nicht maßstäblich)

9.2.3.2 Wärmebrückendetails der Außenwand

Detail 2.01 (a, b) – Außenecke (Abb. 9.73)

Nach DIN 4108 Beiblatt 2, Abschnitt 4, sind Außenecken vom Nachweis auf Gleichwertigkeit befreit.

Es ist somit kein Gleichwertigkeitsnachweis notwendig.

Detail 2.02 – Innenwandanschluss; Holzwand an Außenwand (Abb. 9.74)

Da hier eine durchlaufende Dämmschicht mit einem λ-Wert von 0,04 W/(m · K) und einer Dicke von 24 cm vorhanden ist, kann der Nachweis auf Gleichwertigkeit nach DIN 4108 Beiblatt 2, Abschnitt 4, entfallen.

Es ist somit kein Gleichwertigkeitsnachweis notwendig.

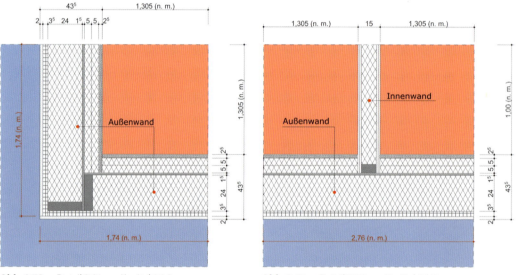

Abb. 9.73: Detail 2.01 aus Kapitel 9.1.3
(n. m. = nicht maßstäblich)

Abb. 9.74: Detail 2.02 aus Kapitel 9.1.3
(n. m. = nicht maßstäblich)

Detail 2.03 (a, b) – Innenecke (Abb. 9.75)

Nach DIN 4108 Beiblatt 2, Abschnitt 4, sind Innenecken vom Nachweis auf Gleichwertigkeit befreit.

Es ist somit kein Gleichwertigkeitsnachweis notwendig.

Detail 2.04 (a, b) – Außenecke zu Anbau (Abb. 9.76)

Nach DIN 4108 Beiblatt 2, Abschnitt 4, sind Außenecken vom Nachweis auf Gleichwertigkeit befreit.

Es ist somit kein Gleichwertigkeitsnachweis notwendig.

Detail 2.05 – Anschluss Erker an Fenster; Innenecke (Abb. 9.77)

Hier handelt es sich sowohl um eine Innenecke als auch um einen Fensteranschluss. Da Innenecken vom Gleichwertigkeitsnachweis befreit sind, wird der Fensteranschluss auf Gleichwertigkeit betrachtet.

Das einzige Detail in DIN 4108 Beiblatt 2, das einen seitlichen Fenster-anschluss in einer Holzwand darstellt, ist das Bild 53.

- zulässiger ψ-Wert nach DIN 4108 Beiblatt 2 (Bild 53): $\psi \leq 0{,}03$ W/(m · K)
- vorhandener ψ-Wert aus Kapitel 9.1.3: $\psi = -0{,}039$ W/(m · K)
- vorhandener ψ-Wert < zulässiger ψ-Wert

Das Detail ist somit gleichwertig.

Alternativ kann auch nur der Fensteranschluss für sich betrachtet werden (vgl. Detail 7.01).

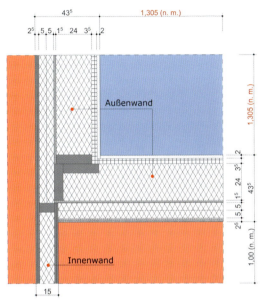

Abb. 9.75:   Detail 2.03 aus Kapitel 9.1.3
(n. m. = nicht maßstäblich)

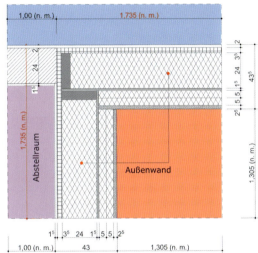

Abb. 9.76:   Detail 2.04 aus Kapitel 9.1.3
(n. m. = nicht maßstäblich)

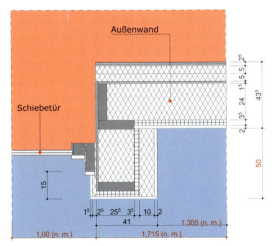

Abb. 9.77:   Detail 2.05 aus Kapitel 9.1.3
(n. m. = nicht maßstäblich)

Detail 2.06 – Innenwandanschluss; Ziegelwand an Außenwand (Abb. 9.78)

Da hier eine durchlaufende Dämmschicht mit einem λ-Wert von 0,04 W/(m · K) und einer Dicke von 24 cm vorhanden ist, kann der Nachweis auf Gleichwertigkeit nach DIN 4108 Beiblatt 2, Abschnitt 4, entfallen.

Es ist somit kein Gleichwertigkeitsnachweis notwendig.

9.2.3.3 Wärmebrückendetails der Geschossdecke

Detail 3.01 – Auflager Außenwand (Abb. 9.79)

Nach DIN 4108 Beiblatt 2, Abschnitt 4, sind Anschlüsse von Geschossdecken, die eine durchlaufende Dämmschicht mit einem R-Wert $\geq 2,5$ m² · K/W aufweisen, vom Gleichwertigkeitsnachweis befreit.

- zulässiger R-Wert nach DIN 4108 Beiblatt 2: $R_{soll} = 2,5$ m² · K/W
- R-Wert der durchlaufenden Wärmedämmung in der Holzwand:
  - $R_{ist} = d : \lambda$
  - $R_{ist} = 0,24$ m $: 0,04$ W/(m · K)
  - $R_{ist} = 6,00$ m² · K/W
- vorhandener R-Wert R_{ist} > zulässiger R-Wert R_{soll}

Es ist somit kein Gleichwertigkeitsnachweis notwendig.

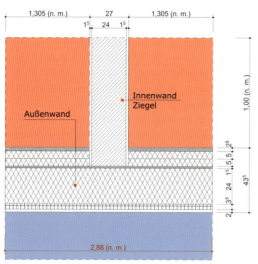

Abb. 9.78:   Detail 2.06 aus Kapitel 9.1.3
(n. m. = nicht maßstäblich)

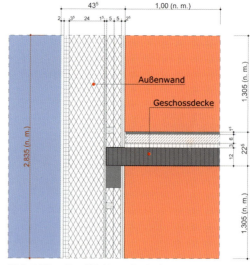

Abb. 9.79:   Detail 3.01 aus Kapitel 9.1.3
(n. m. = nicht maßstäblich)

Detail 3.02 – Anschluss Geschossdecke; Anbau (Abb. 9.80)

Dieses Detail kann nicht eindeutig einem Bild aus DIN 4108 Beiblatt 2 zugeordnet werden. Das Bild 92 „Gaubenanschluss" kommt dem Detail konstruktiv am nächsten.

- zulässiger ψ-Wert nach DIN 4108 Beiblatt 2 (Bild 92): $\psi \leq 0,06$ W/(m · K)
- vorhandener ψ-Wert aus Kapitel 9.1.3: $\psi = 0,048$ W/(m · K)
- vorhandener ψ-Wert < zulässiger ψ-Wert

Das Detail ist somit gleichwertig.

Detail 3.03 – Anschluss Geschossdecke mit Erker und Fensteranschluss (Abb. 9.81)

Bei diesem Detail handelt es sich sowohl um einen Decken- als auch um einen Fensteranschluss. Ein solches Detail ist in DIN 4108 Beiblatt 2 nicht enthalten. Das Detail ist nur mit dem Bild 64 „Fensteranschluss mit Rollladenkasten" zu vergleichen.

- zulässiger ψ-Wert nach DIN 4108 Beiblatt 2 (Bild 64): $\psi \leq 0,30$ W/(m · K)
- vorhandener ψ-Wert aus Kapitel 9.1.3: $\psi = 0,037$ W/(m · K)
- vorhandener ψ-Wert < zulässiger ψ-Wert

Das Detail ist somit gleichwertig.

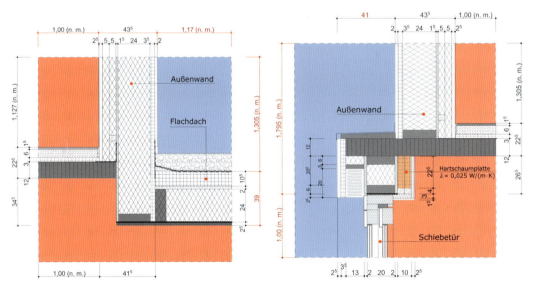

Abb. 9.80:   Detail 3.02 aus Kapitel 9.1.3
(n. m. = nicht maßstäblich)

Abb. 9.81:   Detail 3.03 aus Kapitel 9.1.3
(n. m. = nicht maßstäblich)

Detail 3.04 (a, b) – Auflager Geschossdecke mit Anbau (Abb. 9.82)

Die Dämmschicht des Geschossdeckenanschlusses läuft außen durch und wird nicht unterbrochen. Das Flachdach hat keinen negativen Einfluss auf die Wärmeverluste. Somit kann das Detail mit dem Detail 3.01 gleichgesetzt werden. Bei einem R-Wert der Dämmschicht $\geq 2,5$ m² · K/W ist es vom Gleichwertigkeitsnachweis befreit.

- zulässiger R-Wert nach DIN 4108 Beiblatt 2: $R_{soll} = 2,5$ m² · K/W
- R-Wert der durchlaufenden Wärmedämmung in der Holzwand:
  - $R_{ist} = d : \lambda$
  - $R_{ist} = 0,24$ m : 0,04 W/(m · K)
  - $R_{ist} = 6,00$ m² · K/W
- vorhandener R-Wert R_{ist} > zulässiger R-Wert R_{soll}

Es ist somit kein Gleichwertigkeitsnachweis notwendig.

Detail 3.05 (a, b, c) – Anschluss Flachdach an Außenwand (Abb. 9.83)

Ein Flachdachanschluss mit einer Holzaußenwand ist in DIN 4108 Beiblatt 2 nicht enthalten. Somit kann nur ein Bild mit einer massiven Wand als Vergleich herangezogen werden. Das Bild 88 in DIN 4108 Beiblatt 2 zeigt eine außen durchlaufende Dämmschicht und entspricht somit noch am ehesten dem Detail 3.05.

Der ψ-Wert für dieses Detail ist in Kapitel 9.1.3 aufgeteilt in einen ψ-Wert für den Wärmestrom durch die Außenwand und einen durch das Dach. Der Grund dafür ist, dass dieses Detail sowohl gegen Außenluft als auch zum unbeheizten Anbau vorhanden ist. Der ψ-Wert durch die Außenwand zum unbeheizten Anbau kann mit dem Temperaturfaktor F_x abgemindert werden. Betrachtet wird hier der Anschluss zur Außenluft.

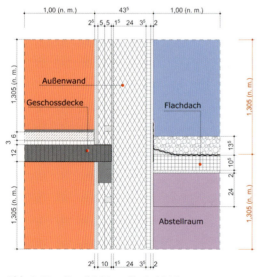

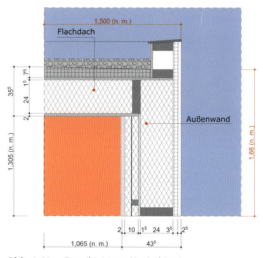

Abb. 9.82: Detail 3.04 aus Kapitel 9.1.3
(n. m. = nicht maßstäblich)

Abb. 9.83: Detail 3.05 aus Kapitel 9.1.3
(n. m. = nicht maßstäblich)

- zulässiger ψ-Wert nach DIN 4108 Beiblatt 2 (Bild 88): $\psi \leq 0{,}16$ W/(m · K)
- vorhandener ψ-Wert aus Kapitel 9.1.3:
  - ψ-Wert für die Außenwand: $\psi = -0{,}0205$ W/(m · K)
  - ψ-Wert für das Dach: $\psi = -0{,}0171$ W/(m · K)
  - ψ-Wert gesamt: $\psi = -0{,}038$ W/(m · K)
- vorhandener ψ-Wert < zulässiger ψ-Wert

Das Detail ist somit gleichwertig.

9.2.3.4 Wärmebrückendetails der obersten Geschossdecke

Detail 4.01 – Anschluss Traufe (Abb. 9.84)

Auch für dieses Detail ist in DIN 4108 Beiblatt 2 kein Anschluss mit einer Holzaußenwand vorhanden. Somit kann wieder nur ein Bild mit einer massiven Wand als Vergleich herangezogen werden. Dabei entspricht das Bild 77 aus DIN 4108 Beiblatt 2 am ehesten dem Detail 4.01.

- zulässiger ψ-Wert nach DIN 4108 Beiblatt 2 (Bild 77): $\psi \leq -0{,}060$ W/(m · K)
- vorhandener ψ-Wert aus Kapitel 9.1.3: $\psi = -0{,}048$ W/(m · K)

Der vorhandene ψ-Wert ist größer als der zulässige ψ-Wert für das Bild 77.

Auch über die R-Werte kann die Gleichwertigkeit nicht nachgewiesen werden.

Somit ist hier keine Gleichwertigkeit vorhanden.

Entweder muss das Detail verbessert werden oder es darf nicht mit dem abgeminderten Wärmebrückenfaktor von $\Delta U_{\mathrm{WB}} = 0{,}05$ W/(m² · K) gerechnet werden.

Abb. 9.84: Detail 4.01 aus Kapitel 9.1.3 (n.m. = nicht maßstäblich)

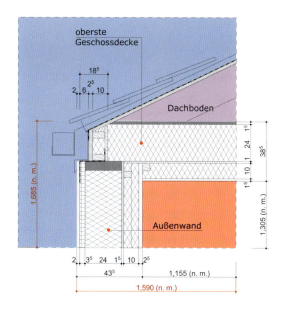

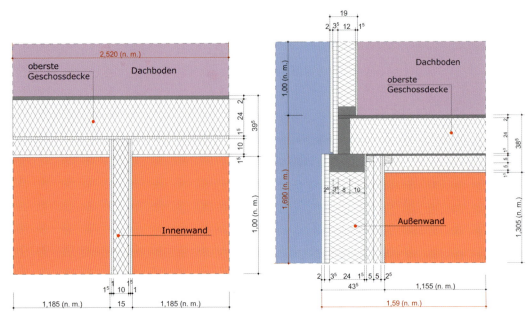

Abb. 9.85:   Detail 4.02 aus Kapitel 9.1.3
(n. m. = nicht maßstäblich)

Abb. 9.86:   Detail 4.03 aus Kapitel 9.1.3
(n. m. = nicht maßstäblich)

Detail 4.02 – Innenwandanschluss an oberste Geschossdecke (Abb. 9.85)

Da hier eine durchlaufende Dämmschicht mit einem λ-Wert von
0,04 W/(m · K) und einer Dicke von 24 cm vorhanden ist, kann der Nachweis auf Gleichwertigkeit nach DIN 4108 Beiblatt 2, Abschnitt 4, entfallen.

Es ist kein Gleichwertigkeitsnachweis notwendig.

Detail 4.03 (a, b) – Anschluss Ortgang (Abb. 9.86)

In DIN 4108 Beiblatt 2 gibt es kein Bild mit einem Anschluss für eine
Geschossdecke an eine Außenwand mit unbeheiztem Dachgeschoss.

In den KfW-Wärmebrückenempfehlungen ist mit Bild Nr. 1.10.1 ein vergleichbares Detail abgebildet (vgl. Abb. 9.87). Dieses darf als Ersatz für
DIN 4108 Beiblatt 2 verwendet werden (vgl. „Infoblatt KfW-Wärmebrückenbewertung" [Stand 11/2015] sowie Kapitel 6.4.2).

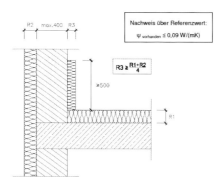

Abb. 9.87: KfW-Wärmebrückenempfehlungen – Referenzbild 1.10.1
(Quelle: Infoblatt KfW-Wärmebrückenbewertung [Stand 11/2015], Bild 1.10.1)

Die in Abb. 9.87 dargestellten Dämmschichten sind in Detail 4.03 so nicht
vorhanden. Also kann der Vergleich über die *R*-Werte nicht durchgeführt
werden. Der Vergleich für die Gleichwertigkeit kann nur über den ψ-Wert
erfolgen.

- zulässiger ψ-Wert nach Abb. 9.87: $\psi \leq 0{,}090$ W/(m · K)
- vorhandener ψ-Wert aus Kapitel 9.1.3:
  - ψ-Wert für die Außenwand: $\psi = -0{,}016$ W/(m · K)
  - ψ-Wert zum unbeheizten Dach: $\psi = -0{,}035$ W/(m · K) · 0,8
  - ψ-Wert gesamt: $\psi = -0{,}044$ W/(m · K)
- vorhandener ψ-Wert < zulässiger ψ-Wert

Der vorhandene ψ-Wert ist kleiner als der zulässige ψ-Wert nach Abb. 9.87.

Das Detail ist somit gleichwertig.

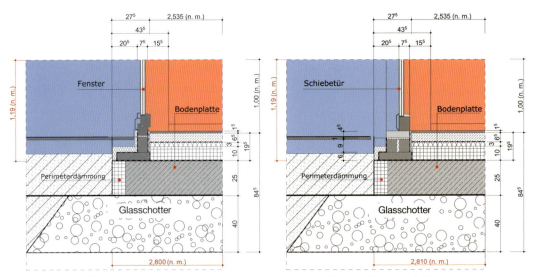

Abb. 9.88:   Detail 5.01 aus Kapitel 9.1.3
(n. m. = nicht maßstäblich)

Abb. 9.89:   Detail 5.02 aus Kapitel 9.1.3
(n. m. = nicht maßstäblich)

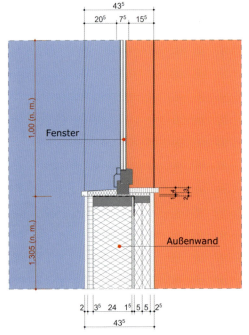

Abb. 9.90:   Detail 5.03 aus Kapitel 9.1.3
(n. m. = nicht maßstäblich)

9.2.3.5 Wärmebrückendetails Fenster (unterer Anschluss)

Detail 5.01 (a, b) – Fensteranschluss Bodenplatte (Abb. 9.88)

In DIN 4108 Beiblatt 2 sind keine Anschlüsse für Fenster auf Bodenplatte ohne Keller vorhanden. Hier kann nur das Bild 67 aus DIN 4108 Beiblatt 2 verwendet werden, das einen unteren Fensteranschluss zum unbeheizten Keller mit Dämmung unterhalb der Kellerdecke darstellt.

- zulässiger ψ-Wert nach DIN 4108 Beiblatt 2 (Bild 67): $\psi \leq 0{,}090$ W/(m · K)
- vorhandener ψ-Wert aus Kapitel 9.1.3:
  - ψ-Wert für die Außenwand: $\psi = 0{,}131$ W/(m · K)
  - ψ-Wert für die Bodenplatte: $\psi = -0{,}06$ W/(m · K) · 0,25
  - ψ-Wert gesamt: $\psi = 0{,}116$ W/(m · K)
- vorhandener ψ-Wert > zulässiger ψ-Wert

Auch über die R-Werte kann die Gleichwertigkeit nicht nachgewiesen werden.

Somit ist hier keine Gleichwertigkeit vorhanden.

Entweder muss das Detail verbessert werden oder es darf nicht mit dem abgeminderten Wärmebrückenfaktor von $\Delta U_{\mathrm{WB}} = 0{,}05$ W/(m² · K) gerechnet werden.

Detail 5.02 (a, b) – Fensteranschluss Bodenplatte (Abb. 9.89)

Bei diesem Detail ist zu verfahren wie beim Detail 5.01 (Vergleich mit Bild 67 aus DIN 4108 Beiblatt 2).

- zulässiger ψ-Wert nach DIN 4108 Beiblatt 2 (Bild 67): $\psi \leq 0{,}090$ W/(m · K)
- vorhandener ψ-Wert aus Kapitel 9.1.3:
  - ψ-Wert für die Außenwand: $\psi = 0{,}086$ W/(m · K)
  - ψ-Wert für die Bodenplatte: $\psi = -0{,}053$ W/(m · K) · 0,25
  - ψ-Wert gesamt: $\psi = 0{,}077$ W/(m · K)
- vorhandener ψ-Wert < zulässiger ψ-Wert

Das Detail ist somit gleichwertig.

Detail 5.03 – Anschluss Fensterbrüstung (Abb. 9.90)

Dieses Detail entspricht Bild 47 aus DIN 4108 Beiblatt 2.

- zulässiger ψ-Wert nach DIN 4108 Beiblatt 2 (Bild 47): $\psi \leq 0{,}040$ W/(m · K)
- vorhandener ψ-Wert aus Kapitel 9.1.3: $\psi = 0{,}022$ W/(m · K)
- vorhandener ψ-Wert < zulässiger ψ-Wert

Das Detail ist somit gleichwertig.

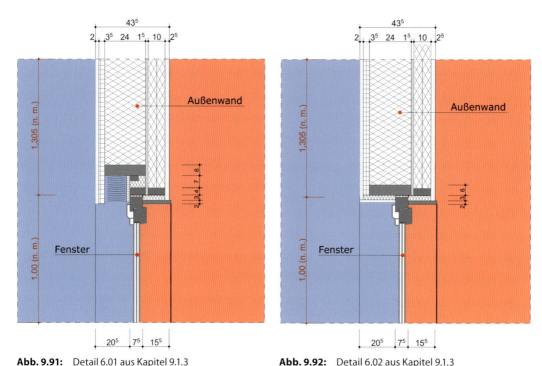

Abb. 9.91: Detail 6.01 aus Kapitel 9.1.3
(n.m. = nicht maßstäblich)

Abb. 9.92: Detail 6.02 aus Kapitel 9.1.3
(n.m. = nicht maßstäblich)

9.2.3.6 Wärmebrückendetails Fenster (oberer Anschluss)

Detail 6.01 – Fenstersturz mit Jalousien (Abb. 9.91)

Ein Anschlussdetail mit Jalousien oder Rollladenkasten in einer Holzwand
ist in DIN 4108 Beiblatt 2 nicht enthalten. Hier kann nur das Bild 59
verwendet werden, das einen Anschluss ohne Rollladenkasten darstellt.

- zulässiger ψ-Wert nach DIN 4108 Beiblatt 2 (Bild 59): $\psi \leq 0{,}080$ W/(m · K)
- vorhandener ψ- Wert aus Kapitel 9.1.3: $\psi = 0{,}013$ W/(m · K)
- vorhandener ψ-Wert < zulässiger ψ-Wert

Das Detail ist somit gleichwertig.

Detail 6.02 – Fenstersturz ohne Jalousien (Abb. 9.92)

Hier kann das Bild 59 aus DIN 4108 Beiblatt 2 mit Deckenanschluss zugeordnet werden.

- zulässiger ψ-Wert nach DIN 4108 Beiblatt 2 (Bild 59): $\psi \leq 0{,}080$ W/(m · K)
- vorhandener ψ-Wert aus Kapitel 9.1.3: $\psi = 0{,}008$ W/(m · K)
- vorhandener ψ-Wert < zulässiger ψ-Wert

Das Detail ist somit gleichwertig.

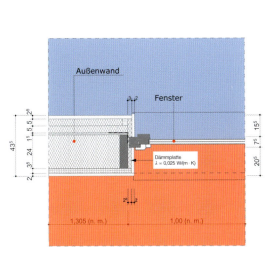

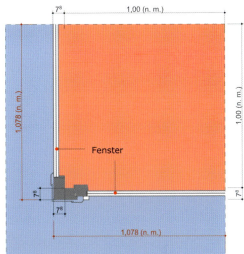

Abb. 9.93: Detail 7.01 aus Kapitel 9.1.3
(n. m. = nicht maßstäblich)

Abb. 9.94: Detail 7.02 aus Kapitel 9.1.3
(n. m. = nicht maßstäblich)

9.2.3.7 Wärmebrückendetails Fenster (seitlicher Anschluss)

Detail 7.01 – Fensterlaibung (Abb. 9.93)

Hier kann das Bild 53 aus DIN 4108 Beiblatt 2 eindeutig zugeordnet werden.

- zulässiger ψ-Wert nach DIN 4108 Beiblatt 2 (Bild 53): $\psi \leq 0{,}030$ W/(m · K)
- vorhandener ψ-Wert aus Kapitel 9.1.3: $\psi = 0{,}005$ W/(m · K)
- vorhandener ψ-Wert < zulässiger ψ-Wert

Das Detail ist somit gleichwertig.

Detail 7.02 – Fensterecke (Abb. 9.94)

Da es sich hier um eine Außenecke von 2 Fensterrahmen handelt, kann auf einen Gleichwertigkeitsnachweis nach DIN 4108 Beiblatt 2, Abschnitt 4, verzichtet werden. Der vorhandene ψ-Wert dieser Ecke ist negativ.

Es ist somit kein Gleichwertigkeitsnachweis notwendig.

9.2.4 Gleichwertigkeitsnachweis nach Formblatt A der KfW-Wärmebrückenbewertung

In Tabelle 9.34 sind alle Details mit den Ergebnissen des Gleichwertigkeitsnachweises in Anlehnung an das Formblatt A der KfW-Wärmebrückenbewertung zusammengestellt (vgl. dazu ausführlich Kapitel 6.4.1).

Da nicht für alle Details eine Gleichwertigkeit nachgewiesen werden konnte, darf auch nicht der halbierte Wärmebrückenzuschlag von 0,05 W/(m² · K) angesetzt werden. Nun muss entweder mit dem pauschalen Wärmebrückenzuschlag von 0,10 W/(m² · K) gerechnet oder ein detaillierter Nachweis durchgeführt werden (vgl. das Beispiel für einen detaillierten Wärmebrückennachweis in Kapitel 9.1.3).

Das Beispiel zeigt, dass das Verfahren zum Nachweis der Gleichwertigkeit nur für Gebäude mit Standarddetails nach DIN 4108 Beiblatt 2 angewendet werden kann.

Tabelle 9.34:   Zusammenstellung der Details für den Gleichwertigkeitsnachweis in Anlehnung an das Formblatt A der KfW-Wärmebrückenbewertung

relevante Wärmebrücken für den Gleichwertigkeitsnachweis		Nummer des Vergleichs-beispiels aus DIN 4108 Beiblatt 2 oder den KfW-Wärme-brücken-empfeh-lungen	Nachweis der Gleichwertigkeit nach Verfahren					gleich-wertig (ja/nein)
			1 kons-truktives Grund-prinzip DIN 4108 Beiblatt 2	2 Wärme-durch-lass-wider-stand	3 ψ-Wert nach eigener Berech-nung	4 ψ-Wert aus Veröf-fent-lichung	5 KfW-Wärme-brücken-empfeh-lungen	
1.0	**Bodenplatte**							
1.01a	Anschluss Außenwand (gegen Außenluft)	23			X			ja
1.01b	Anschluss Außenwand (gegen Erdreich)							
1.01c	Anschluss Außenwand (gegen unbeheizten Raum)	23			X			ja
2.0	**Außenwände**							
2.05	Anschluss Erker an Fenster	53			X			ja
3.0	**Geschossdecke**							
3.02	Anschluss Anbau	92			X			ja
3.03	Anschluss Erker	64			X			ja
3.05a	Anschluss Flachdach (Außenwand gegen Außenluft)	88			X			ja
3.05b	Anschluss Flachdach (Außenwand gegen Dachfläche)							
3.05c	Anschluss Flachdach (Außenwand gegen unbeheizten Abstellraum)	88			X			ja
4.0	**Oberste Geschossdecke**							
4.01	Anschluss Außenwand/Traufe	77			X			nein
4.03a	Anschluss Außenwand/Ortgang (gegen Außenluft)	1.10.1					X	ja
4.03b	Anschluss Außenwand/Ortgang (gegen unbeheizten Dachraum)							
5.0	**Fensteranschluss unten**							
5.01a	Anschluss auf Bodenplatte (gegen Außenluft)	67			X			nein
5.01b	Anschluss auf Bodenplatte (gegen Erdreich)							
5.02a	Schiebetür (gegen Außenluft)	67			X			ja
5.02b	Schiebetür (gegen Erdreich)							
5.03	Brüstung	47			X			ja

Fortsetzung Tabelle 9.34:   Zusammenstellung der Details für den Gleichwertigkeitsnachweis in Anlehnung an das Formblatt A der KfW-Wärmebrückenbewertung

relevante Wärmebrücken für den Gleichwertigkeitsnachweis		Nummer des Vergleichs-beispiels aus DIN 4108 Beiblatt 2 oder den KfW-Wärme-brücken-empfeh-lungen	Nachweis der Gleichwertigkeit nach Verfahren					gleich-wertig (ja/nein)
			1 kons-truktives Grund-prinzip DIN 4108 Beiblatt 2	2 Wärme-durch-lass-wider-stand	3 ψ-Wert nach eigener Berech-nung	4 ψ-Wert aus Veröf-fent-lichung	5 KfW-Wärme-brücken-empfeh-lungen	
6.0	Fensteranschluss oben							
6.01	Fenstersturz mit Jalousien	59			X			ja
6.02	Fenstersturz ohne Jalousien	59			X			ja
7.0	Fensteranschluss Seite							
7.01	Fensterlaibung	53			X			ja

10 Beispiel 2: Einfamilienhaus als Massivbau

Nachfolgend wird die detaillierte Berechnung der Wärmebrücken und der Gleichwertigkeitsnachweis an einem Massivbau in Ziegelbauweise dargestellt. Es handelt sich im Prinzip um das gleiche Gebäude wie das in Kapitel 9 beschriebene, allerdings wurde hier anstelle der Holzkonstruktion ein monolithisches Mauerwerk mit hochwärmedämmenden Ziegeln und einem λ-Wert von 0,07 W/(m · K) gewählt. Die Pläne mit den Berechnungstabellen stehen als Download zur Verfügung (vgl. die Hinweise zum Download-Angebot auf S. 6)

Alle Wärmebrückendetails wurden mit dem Isothermen-Programm Therm (Version 7.3) berechnet.

10.1 Detaillierte Berechnung des Wärmebrückenfaktors ΔU_{WB}

10.1.1 Kennzeichnung der Wärmebrückendetails in den Plänen

Für die Kennzeichnung der Wärmebrücken in den Plänen wird wie in Kapitel 9.1 auch bei diesem Beispiel von unten nach oben durchnummeriert:

- 1.0 – alle Wärmebrücken der Bodenplatte,
- 2.0 – alle Wärmebrücken der Außenwände,
- 3.0 – alle Wärmebrücken der Geschossdecke,
- 4.0 – alle Wärmebrücken der obersten Geschossdecke,
- 5.0 – alle Fensteranschlüsse unten,
- 6.0 – alle Fensteranschlüsse oben,
- 7.0 – alle Fensteranschlüsse seitlich.

Die Abb. 10.1 bis 10.8 zeigen Pläne des Beispielgebäudes, in denen die vorhandenen Wärmebrücken gekennzeichnet und nummeriert sind. Wenn eine Wärmebrücke an 2 unterschiedliche Temperaturzonen grenzt, wird diese in 2 Wärmebrücken aufgeteilt (vgl. dazu Kapitel 7.1).

Auch im vorliegenden Beispiel werden Wärmebrücken mit unterschiedlichen Außentemperaturbereichen aufgegliedert und mit den Zusätzen „a", „b" oder „c" gekennzeichnet.

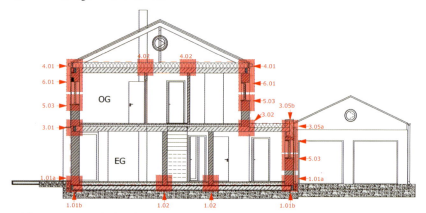

Abb. 10.1:   Beispielgebäude – Schnitt A-A

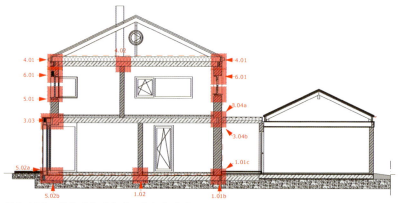

Abb. 10.2:   Beispielgebäude – Schnitt B-B

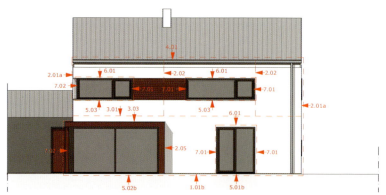

Abb. 10.3:   Beispielgebäude – Ansicht Süd

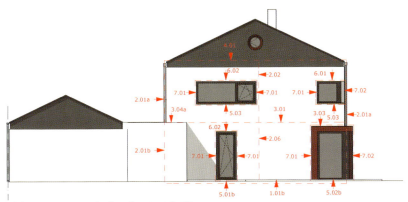

Abb. 10.4:   Beispielgebäude – Ansicht West

Abb. 10.5:   Beispielgebäude – Ansicht Nord

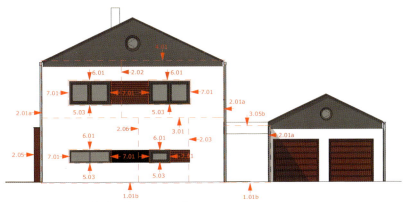

Abb. 10.6:   Beispielgebäude – Ansicht Ost

Abb. 10.7: Beispiel-
gebäude – Grundriss
Erdgeschoss

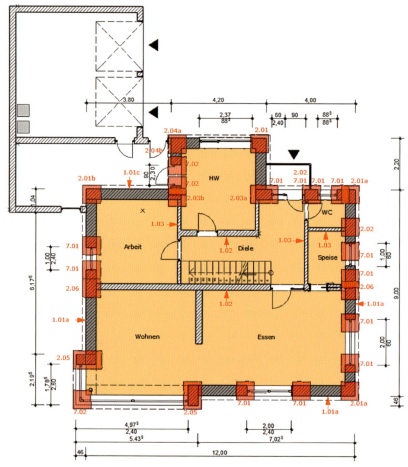

Abb. 10.8: Beispiel-
gebäude – Grundriss
Obergeschoss

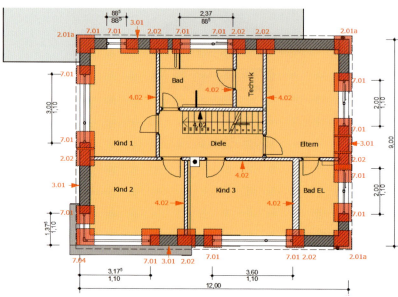

10.1.2   Bestimmung der *U*-Werte für die Außenbauteile

Die Abb. 10.9 bis 10.13 stellen die Außenbauteile mit den einzelnen Schichtungen dar.

Bei Fachwerken wird der ψ-Wert immer durch die Gefache bestimmt. Die *U*-Werte der Bauteile wurden mit dem Programm Therm (Version 7.3) berechnet.

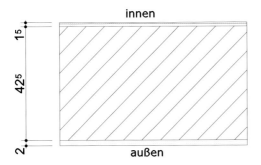

Aufbau:
- 1,5 cm Innenputz
- 42,5 cm HLZ 007 (T7)
- 2,0 cm Außenputz
U-Wert = 0,159 W/(m² · K)

Abb. 10.9:   Beispielgebäude – Schichtaufbau Außenwand

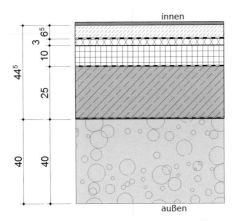

Aufbau:
- 6,5 cm Z-Estrich
- 3,0 cm Trittschalldämmung 040
- 10,0 cm Wärmedämmung 040
- 25,0 cm Stahlbeton
- 40,0 cm Glasschotterschicht 080
U-Wert = 0,115 W/(m² · K)

Abb. 10.10:   Beispielgebäude – Schichtaufbau Bodenplatte

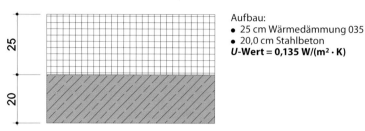

Aufbau:
- 25 cm Wärmedämmung 035
- 20,0 cm Stahlbeton
- **U-Wert = 0,135 W/(m² · K)**

Abb. 10.11:   Beispielgebäude – oberste Geschossdecke

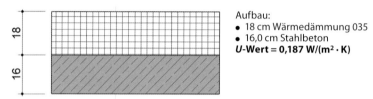

Aufbau:
- 18 cm Wärmedämmung 035
- 16,0 cm Stahlbeton
- **U-Wert = 0,187 W/(m² · K)**

Abb. 10.12:   Beispielgebäude – Schichtaufbau Flachdach Anbau

Aufbau:
- 7,8 cm Holzriegel
- **U-Wert = 1,299 W/(m² · K)**

Abb. 10.13:   Beispielgebäude – Fenster; vereinfacht dargestellt nach DIN 4108 Beiblatt 2

10.1.3 Berechnung der ψ-Werte

In den nachfolgenden Abbildungen und Tabellen wird dargestellt, wie der ψ-Wert für die einzelnen Details mit den Ergebnissen aus dem Programm Therm zu berechnen ist. In den Detailplänen sind alle notwendigen Maße für die Berechnung rot gekennzeichnet. Wie mit dem U-Faktor aus dem Programm Therm ein ψ-Wert berechnet werden kann, wird auch in Kapitel 8.6.2 erläutert.

10.1.3.1 Wärmebrückendetails der Bodenplatte

Detail 1.01 (Abb. 10.14) – Anschluss Außenwand auf Bodenplatte

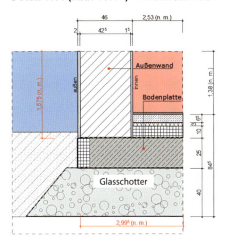

Abb. 10.14: Detail 1.01 – Anschluss Außenwand auf Bodenplatte. Die Abmessungen in roter Schriftfarbe kennzeichnen den Außenmaßbezug (n. m. = nicht maßstäblich).

Detail 1.01a – Berechnung des Wärmestroms zur Außenluft

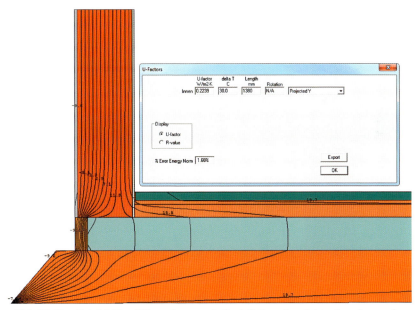

Abb. 10.15: Detail 1.01a – Wärmestrom zur Außenluft über die y-Achse; Berechnung des U-Faktors mit dem Programm Therm

Tabelle 10.1:   Berechnungstabelle für den ψ-Wert des Details 1.01a (Wärmestrom zur Außenluft über die y-Achse); Berechnung nach DIN 4108 Beiblatt 2 und DIN EN ISO 10211

Bauteil 1:	Außenwand	Bauteil 2:		Länge gesamt		Σ m	29,74
U_1-Wert:	0,159 W/(m²·K)	U_2-Wert:	W/(m²·K)	Lage	Länge	Anzahl	gesamt
Länge L_1:	1,575 m	Länge L_2:	m	Süd	12,41	1,00	12,41
$F_1 =$	1 –	$F_2 =$	–	West	2,19	1,00	2,19
$U_1 \cdot L_1 \cdot F_1 =$	0,250 W/(m·K)	$U_2 \cdot L_2 \cdot F_2 =$	0,000 W/(m·K)		6,18	1,00	6,18
					0,46	1,00	0,46
Bauteil 3:				Nord	4,20	1,00	4,20
U_3-Wert:	W/(m²·K)				4,00	1,00	4,00
Länge L_3:	m			Ost	2,20	1,00	2,20
$F_3 =$	–				9,00	1,00	9,00
$U_3 \cdot L_3 \cdot F_3 =$	0,000 W/(m·K)				0,46	1,00	0,46
				Abzug Fenster			
Therm 1		**Therm 2**		Süd	2,00	−1,00	−2,00
$U_{Faktor1}$:	0,2239 W/(m²·K)	$U_{Faktor2}$:	W/(m²·K)		4,98	−1,00	−4,98
Länge L_{Therm1}:	1,38 m	Länge L_{Therm2}:	m	West	1,79	−1,00	−1,79
$F_{Therm1} =$	1 –	$F_{Therm2} =$	–		1,00	−1,00	−1,00
$U_{Faktor1} \cdot L_{Therm1} \cdot F =$	0,309 W/(m·K)	$U_{Faktor2} \cdot L_{Therm2} \cdot F =$	0,000 W/(m·K)	Nord	1,50	−1,00	−1,50

ψ-Wert $= (U_{Faktor1} \cdot L_{Therm1} + U_{Faktor2} \cdot L_{Therm2}) - (U_1 \cdot L_1 \cdot F_1 + U_2 \cdot L_2 \cdot F_2 + U_3 \cdot L_3 \cdot F_3)$
ψ**-Wert =**   **0,059 W/(m · K)**

Der ψ-Wert für das Detail 1.01a (Wärmestrom gegen Außenluft) beträgt 0,059 W/(m · K). Die gesamte Länge der Wärmebrücke beläuft sich auf 29,83 m.

Detail 1.01b – Berechnung des Wärmestroms zum Erdreich

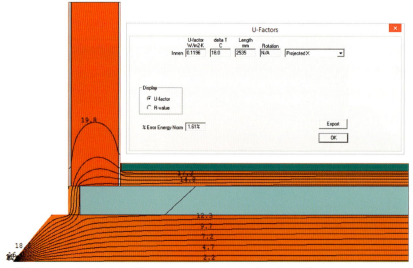

Abb. 10.16:   Detail 1.01b – Wärmestrom zum Erdreich über die x-Achse; Berechnung des U-Faktors mit dem Programm Therm

Tabelle 10.2: Berechnungstabelle für den ψ-Wert des Details 1.01b (Wärmestrom zum Erdreich über die x-Achse); Berechnung nach DIN 4108 Beiblatt 2 und DIN EN ISO 10211

Bauteil 2:	
U_2-Wert:	W/(m² · K)
Länge L_2:	m
$F_2 =$	–
$U_2 \cdot L_2 \cdot F_2 =$	0,000 W/(m · K)

Bauteil 3:	
U_3-Wert:	W/(m² · K)
Länge L_3:	m
$F_3 =$	–
$U_3 \cdot L_3 \cdot F_3 =$	0,000 W/(m · K)

Bauteil 1:	Bodenplatte
U_1-Wert:	0,115 W/(m² · K)
Länge L_1:	2,995 m
$F_1 =$	1 –
$U_1 \cdot L_1 \cdot F_1 =$	0,345 W/(m · K)

Therm 1	
$U_{Faktor1}$:	0,1196 W/(m² · K)
Länge L_{Therm1}:	2,535 m
$F_{Therm1} =$	1 –
$U_{Faktor1} \cdot L_{Therm1} \cdot F =$	0,303 W/(m · K)

Therm 2	
$U_{Faktor2}$:	W/(m² · K)
Länge L_{Therm2}:	m
$F_{Therm2} =$	–
$U_{Faktor2} \cdot L_{Therm2} \cdot F =$	0,000 W/(m · K)

ψ-Wert $= (U_{Faktor1} \cdot L_{Therm1} + U_{Faktor2} \cdot L_{Therm2}) - (U_1 \cdot L_1 \cdot F_1 + U_2 \cdot L_2 \cdot F_2 + U_3 \cdot L_3 \cdot F_3)$

ψ-Wert =   **−0,042 W/(m · K)**

Länge gesamt		Σ m	36,87
Lage	Länge	Anzahl	gesamt
Süd	12,41	1,00	12,41
West	2,19	1,00	2,19
	6,18	1,00	6,18
	1,04	1,00	1,04
	0,46	1,00	0,46
	2,20	1,00	2,20
Nord	3,80	1,00	3,80
	4,20	1,00	4,20
	4,00	1,00	4,00
Ost	2,20	1,00	2,20
	9,00	1,00	9,00
	0,46	1,00	0,46
Abzug Fenster			
Süd	2,00	−1,00	−2,00
	4,98	−1,00	−4,98
West	1,79	−1,00	−1,79
	1,00	−1,00	−1,00
Nord	1,50	−1,00	−1,50

Der ψ-Wert für das Detail 1.01b (Wärmestrom gegen Erdreich) beträgt −0,042 W/(m · K). Die gesamte Länge der Wärmebrücke beläuft sich auf 36,87 m.

Detail 1.01c – Berechnung des Wärmestroms zum unbeheizten Raum

Der ψ-Wert für das Detail 1.01c (Wärmestrom gegen unbeheizten Raum) beträgt 0,059 W/(m · K). Die gesamte Länge der Wärmebrücke beläuft sich auf 7,04 m.

Der ψ-Wert für das Detail 1.01c ist der gleiche wie der ψ-Wert gegen Außenluft (Detail 1.01a), allerdings kann der ψ-Wert für das Detail 1.01c bei der Berechnung der Transmissionswärmeverluste über den Temperaturkorrekturfaktor F abgemindert werden (vgl. Tabelle 10.32).

Detail 1.02 (Abb. 10.17) – Anschluss Innenwand (24 cm) auf Bodenplatte

Abb. 10.17: Detail 1.02 – Anschluss Innenwand (24 cm) auf Bodenplatte. Die Abmessungen in roter Schriftfarbe kennzeichnen den Außenmaßbezug (n. m. = nicht maßstäblich).

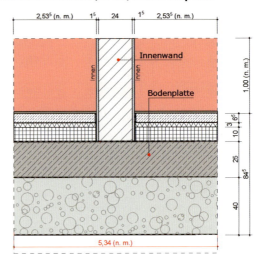

Berechnung des Wärmestroms zum Erdreich

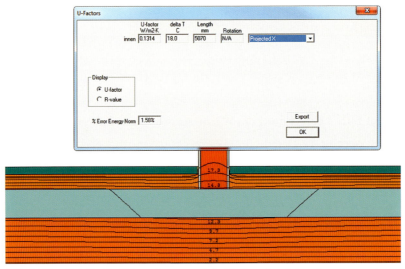

Abb. 10.18: Detail 1.02 – Wärmestrom zum Erdreich über die x-Achse; Berechnung des U-Faktors mit dem Programm Therm

Tabelle 10.3:   Berechnungstabelle für den ψ-Wert des Details 1.02 (Wärmestrom zum Erdreich über die x-Achse); Berechnung nach DIN 4108 Beiblatt 2 und DIN EN ISO 10211

Bauteil 1:			Bauteil 2:	Bodenplatte		Länge gesamt		Σ m	16,13
U_1-Wert:	W/(m²·K)		U_2-Wert:	0,115 W/(m²·K)		Lage	Länge	Anzahl	gesamt
Länge L_1:	m		Länge L_2:	5,34 m		EG	4,27	2,00	8,53
$F_1 =$	–		$F_2 =$	1 –			1,91	1,00	1,91
$U_1 \cdot L_1 \cdot F_1 =$	0,000 W/(m·K)		$U_2 \cdot L_2 \cdot F_2 =$	0,615 W/(m·K)			3,50	1,00	3,50
							2,19	1,00	2,19

Bauteil 3:	
U_3-Wert:	W/(m²·K)
Länge L_3:	m
$F_3 =$	–
$U_3 \cdot L_3 \cdot F_3 =$	0,000 W/(m·K)

Therm 1			Therm 2	
U_{Faktor1}:	0,1314 W/(m²·K)		U_{Faktor2}:	W/(m²·K)
Länge L_{Therm1}:	5,07 m		Länge L_{Therm2}:	m
$F_{\mathrm{Therm1}} =$	1 –		$F_{\mathrm{Therm2}} =$	–
$U_{\mathrm{Faktor1}} \cdot L_{\mathrm{Therm1}} \cdot F =$	0,666 W/(m·K)		$U_{\mathrm{Faktor2}} \cdot L_{\mathrm{Therm2}} \cdot F =$	0,000 W/(m·K)

ψ-Wert $= (U_{\mathrm{Faktor1}} \cdot L_{\mathrm{Therm1}} + U_{\mathrm{Faktor2}} \cdot L_{\mathrm{Therm2}}) - (U_1 \cdot L_1 \cdot F_1 + U_2 \cdot L_2 \cdot F_2 + U_3 \cdot L_3 \cdot F_3)$

ψ-Wert $=$ 0,052 W/(m·K)

Der ψ-Wert für das Detail 1.02 beträgt 0,052 W/(m · K). Die gesamte Länge der Wärmebrücke beläuft sich auf 16,13 m.

Detail 1.03 (Abb. 10.19) – Anschluss Innenwand (11,5 cm) auf Bodenplatte

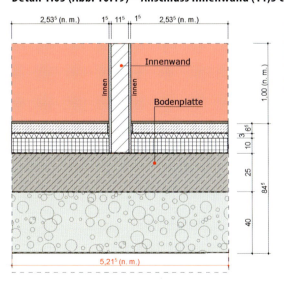

Abb. 10.19: Detail 1.03 – Anschluss Innenwand (11,5 cm) auf Bodenplatte). Die Abmessungen in roter Schriftfarbe kennzeichnen den Außenmaßbezug (n. m. = nicht maßstäblich).

Berechnung des Wärmestroms zum Erdreich

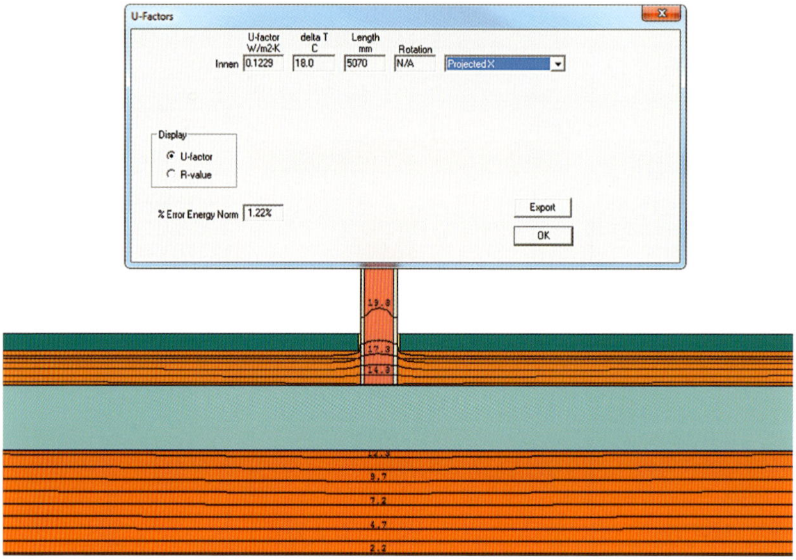

Abb. 10.20:   Detail 1.03 – Wärmestrom zum Erdreich über die x-Achse; Berechnung des U-Faktors mit dem Programm Therm

Tabelle 10.4:   Berechnungstabelle für den ψ-Wert des Details 1.03 (Wärmestrom zum Erdreich über die x-Achse); Berechnung nach DIN 4108 Beiblatt 2 und DIN EN ISO 10211

Bauteil 1:	
U_1-Wert:	W/(m² · K)
Länge L_1:	m
$F_2 =$	–
$U_1 \cdot L_1 \cdot F_1 =$	0,000 W/(m · K)

Bauteil 2:	Bodenplatte
U_2-Wert:	0,115 W/(m² · K)
Länge L_2:	5,215 m
$F_2 =$	1 –
$U_2 \cdot L_2 \cdot F_2 =$	0,615 W/(m · K)

Bauteil 3:	
U_3-Wert:	W/(m² · K)
Länge L_3:	m
$F_3 =$	–
$U_3 \cdot L_3 \cdot F_3 =$	0,000 W/(m · K)

Therm 1	
$U_{Faktor1}$:	0,1229 W/(m² · K)
Länge L_{Therm1}:	5,07 m
$F_{Therm1} =$	1 –
$U_{Faktor1} \cdot L_{Therm1} \cdot F =$	0,623 W/(m · K)

Therm 2	
$U_{Faktor2}$:	W/(m² · K)
Länge L_{Therm2}:	m
$F_{Therm2} =$	–
$U_{Faktor2} \cdot L_{Therm2} \cdot F =$	0,000 W/(m · K)

Länge gesamt		Σ m	12,41
Lage	Länge	Anzahl	gesamt
EG	12,41	1,00	12,41

ψ-Wert $= (U_{Faktor1} \cdot L_{Therm1} + U_{Faktor2} \cdot L_{Therm2}) - (U_1 \cdot L_1 \cdot F_1 + U_2 \cdot L_2 \cdot F_2 + U_3 \cdot L_3 \cdot F_3)$
ψ-Wert =   **0,023 W/(m · K)**

Der ψ-Wert für das Detail 1.03 beträgt 0,023 W/(m · K). Die gesamte Länge der Wärmebrücke beläuft sich auf 12,41 m.

10.1.3.2 Wärmebrückendetails der Außenwand

Detail 2.01a (Abb. 10.21) – Außenecke gegen Außenluft

Da es das Detail 2.01 einmal gegen Außenluft und einmal gegen unbeheizten Raum gibt, wird es in die Details 2.01a und 2.01b aufgeteilt.

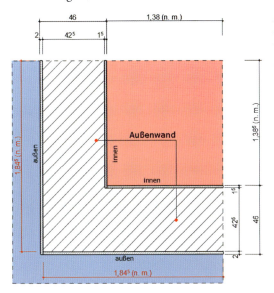

Abb. 10.21: Detail 2.01a – Außenwandecke gegen Außenluft. Die Abmessungen in roter Schriftfarbe kennzeichnen den Außenmaßbezug (n.m. = nicht maßstäblich).

Berechnung des Wärmestroms zur Außenluft

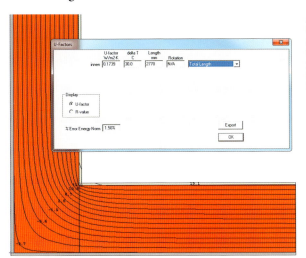

Abb. 10.22: Detail 2.01a – Wärmestrom zur Außenluft über die *x*- und die *y*-Achse; Berechnung des *U*-Faktors mit dem Programm Therm

Tabelle 10.5:   Berechnungstabelle für den ψ-Wert des Details 2.01a (Wärmestrom zur Außenluft über die x- und y-Achse); Berechnung nach DIN 4108 Beiblatt 2 und DIN EN ISO 10211

Bauteil 1:	Außenwand
U_1-Wert:	0,159 W/(m² · K)
Länge L_1:	1,845 m
$F_1 =$	1 –
$U_1 \cdot L_1 \cdot F_1 =$	0,293 W/(m · K)

Bauteil 2:	Außenwand
U_2-Wert:	0,159 W/(m² · K)
Länge L_2:	1,845 m
$F_2 =$	1 –
$U_2 \cdot L_2 \cdot F_2 =$	0,293 W/(m · K)

Bauteil 3:	
U_3-Wert:	W/(m² · K)
Länge L_3:	m
$F_3 =$	–
$U_3 \cdot L_3 \cdot F_3 =$	0,000 W/(m · K)

Therm 1	
$U_{Faktor1}$:	0,1739 W/(m² · K)
Länge L_{Therm1}:	2,77 m
$F_{Therm1} =$	1 –
$U_{Faktor1} \cdot L_{Therm1} \cdot F =$	0,482 W/(m · K)

Therm 2	
$U_{Faktor2}$:	W/(m² · K)
Länge L_{Therm2}:	m
$F_{Therm2} =$	–
$U_{Faktor2} \cdot L_{Therm2} \cdot F =$	0,000 W/(m · K)

Länge gesamt		Σ m	21,27
Lage	Länge	Anzahl	gesamt
Süd	6,02	2,00	12,04
Abzug F.	2,81	−1,00	−2,81
Nord	6,02	1,00	6,02
	3,21	1,00	3,21
Anbau			0,00
Nord/Ost	2,81	1,00	2,81

ψ-Wert $= (U_{Faktor1} \cdot L_{Therm1} + U_{Faktor2} \cdot L_{Therm2}) - (U_1 \cdot L_1 \cdot F_1 + U_2 \cdot L_2 \cdot F_2 + U_3 \cdot L_3 \cdot F_3)$
ψ-Wert =   −0,105 W/(m · K)

Der ψ-Wert für das Detail 2.01a beträgt −0,105 W/(m · K). Die gesamte Länge der Wärmebrücke beläuft sich auf 21,27 m.

Detail 2.01b (Abb. 10.23) – Außenecke gegen unbeheizten Anbau

Abb. 10.23:   Detail 2.01b – Außenwandecke gegen unbeheizten Anbau. Die Abmessungen in roter Schriftfarbe kennzeichnen den Außenmaßbezug (n. m. = nicht maßstäblich).

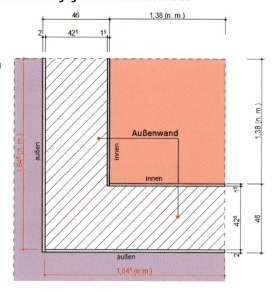

Da der ψ-Wert temperaturunabhängig ist, bleibt er mit –0,105 W/(m · K) gegenüber dem ψ-Wert des Details 2.01a unverändert. Bei der Berechnung der Transmissionswärmeverluste ist dieser Wert jedoch über den Temperaturkorrekturfaktor F abzumindern (vgl. Tabelle 10.32). Die gesamte Länge der Wärmebrücke beläuft sich auf 2,81 m.

Detail 2.02 (Abb. 10.24) – Anschluss Innenwand (11,5 cm) an Außenwand

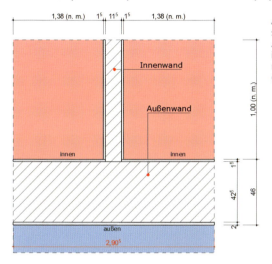

Abb. 10.24:   Detail 2.02 – Anschluss Innenwand (11,5 cm) an Außenwand. Die Abmessungen in roter Schriftfarbe kennzeichnen den Außenmaßbezug (n. m. = nicht maßstäblich).

Berechnung des Wärmestroms zur Außenluft

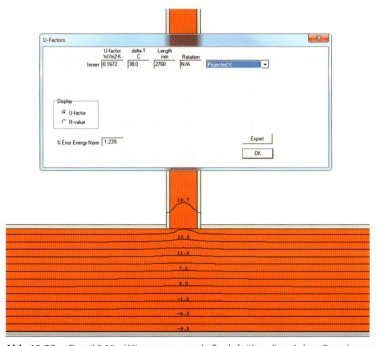

Abb. 10.25:   Detail 2.02 – Wärmestrom zur Außenluft über die *x*-Achse; Berechnung des *U*-Faktors mit dem Programm Therm

Tabelle 10.6: Berechnungstabelle für den ψ-Wert des Details 2.02 (Wärmestrom zur Außenluft über die x-Achse); Berechnung nach DIN 4108 Beiblatt 2 und DIN EN ISO 10211

Bauteil 1:	Außenwand
U_1-Wert:	0,159 W/(m² · K)
Länge L_1:	2,905 m
$F_1 =$	1 –
$U_1 \cdot L_1 \cdot F_1 =$	0,462 W/(m · K)

Bauteil 2:	
U_2-Wert:	W/(m² · K)
Länge L_2:	m
$F_2 =$	–
$U_2 \cdot L_2 \cdot F_2 =$	0,000 W/(m · K)

Länge gesamt		Σ m	26,94
Lage	Länge	Anzahl	gesamt
Süd	2,98	2,00	5,96
West	2,98	1,00	2,98
Nord	3,04	1,00	3,04
	2,98	3,00	8,94
Ost	3,04	1,00	3,04
	2,98	1,00	2,98

Bauteil 3:	
U_3-Wert:	W/(m² · K)
Länge L_3:	m
$F_3 =$	–
$U_3 \cdot L_3 \cdot F_3 =$	0,000 W/(m · K)

Therm 1	
U_{Faktor1}:	0,1672 W/(m² · K)
Länge L_{Therm1}:	2,76 m
$F_{\text{Therm1}} =$	1 –
$U_{\text{Faktor1}} \cdot L_{\text{Therm1}} \cdot F =$	0,461 W/(m · K)

Therm 2	
U_{Faktor2}:	W/(m² · K)
Länge L_{Therm2}:	m
$F_{\text{Therm2}} =$	–
$U_{\text{Faktor2}} \cdot L_{\text{Therm2}} \cdot F =$	0,000 W/(m · K)

$$\psi\text{-Wert} = (U_{\text{Faktor1}} \cdot L_{\text{Therm1}} + U_{\text{Faktor2}} \cdot L_{\text{Therm2}}) - (U_1 \cdot L_1 \cdot F_1 + U_2 \cdot L_2 \cdot F_2 + U_3 \cdot L_3 \cdot F_3)$$

$$\psi\text{-Wert} = \quad \textbf{0,000 W/(m · K)}$$

Der ψ-Wert für das Detail 2.02 beträgt 0,000 W/(m · K). Die gesamte Länge der Wärmebrücke beläuft sich auf 26,94 m.

Detail 2.03a (Abb. 10.26) – Innenecke gegen Außenluft

Da es das Detail 2.03 einmal gegen Außenluft und einmal gegen unbeheizten Raum gibt, wird es in die Details 2.03a und 2.03b aufgeteilt.

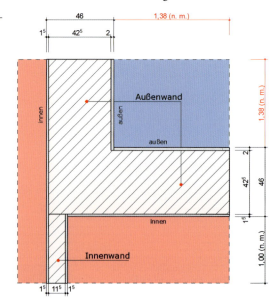

Abb. 10.26: Detail 2.03a – Innenecke. Die Abmessungen in roter Schriftfarbe kennzeichnen den Außenmaßbezug (n. m. = nicht maßstäblich).

Berechnung des Wärmestroms zur Außenluft

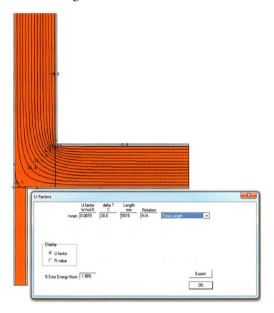

Abb. 10.27: Detail 2.03a – Wärmestrom zur Außenluft über die *x*- und die *y*-Achse; Berechnung des *U*-Faktors mit dem Programm Therm

Tabelle 10.7: Berechnungstabelle für den ψ-Wert des Details 2.03a (Wärmestrom zur Außenluft über die *x*- und die *y*-Achse); Berechnung nach DIN 4108 Beiblatt 2 und DIN EN ISO 10211

Bauteil 1:	Außenwand
U_1-Wert:	0,159 W/(m² · K)
Länge L_1:	1,38 m
$F_1 =$	1 –
$U_1 \cdot L_1 \cdot F_1 =$	0,219 W/(m · K)

Bauteil 2:	Außenwand
U_2-Wert:	0,159 W/(m² · K)
Länge L_2:	1,38 m
$F_2 =$	1 –
$U_2 \cdot L_2 \cdot F_2 =$	0,219 W/(m · K)

Bauteil 3:	
U_3-Wert:	W/(m² · K)
Länge L_3:	m
$F_3 =$	–
$U_3 \cdot L_3 \cdot F_3 =$	0,000 W/(m · K)

Therm 1	
U_{Faktor1}:	0,0879 W/(m² · K)
Länge L_{Therm1}:	5,515 m
$F_{\mathrm{Therm1}} =$	1 –
$U_{\mathrm{Faktor1}} \cdot L_{\mathrm{Therm1}} \cdot F =$	0,485 W/(m · K)

Therm 2	
U_{Faktor2}:	W/(m² · K)
Länge L_{Therm2}:	m
$F_{\mathrm{Therm2}} =$	–
$U_{\mathrm{Faktor2}} \cdot L_{\mathrm{Therm2}} \cdot F =$	0,000 W/(m · K)

Länge gesamt		Σ m	3,04
Lage	Länge	Anzahl	gesamt
EG Anbau	3,04	1,00	3,04

ψ-Wert $= (U_{\mathrm{Faktor1}} \cdot L_{\mathrm{Therm1}} + U_{\mathrm{Faktor2}} \cdot L_{\mathrm{Therm2}}) - (U_1 \cdot L_1 \cdot F_1 + U_2 \cdot L_2 \cdot F_2 + U_3 \cdot L_3 \cdot F_3)$

ψ-Wert =   **0,046 W/(m · K)**

Der ψ-Wert für das Detail 2.03a beträgt 0,046 W/(m · K). Die gesamte Länge der Wärmebrücke beläuft sich auf 3,04 m.

Detail 2.03b (Abb. 10.28) – Innenecke gegen unbeheizten Anbau

Abb. 10.28: Detail 2.03b – Innenecke zu Anbau. Die Abmessungen in roter Schriftfarbe kennzeichnen den Außenmaßbezug (n. m. = nicht maßstäblich).

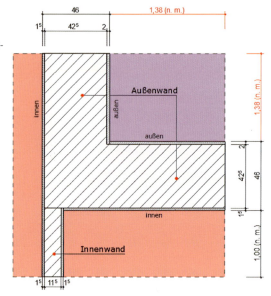

Da der ψ-Wert temperaturunabhängig ist, bleibt dieser mit 0,046 W/(m · K) gegenüber dem ψ-Wert des Details 2.03a gegen Außenluft unverändert. Bei der Berechnung der Transmissionswärmeverluste ist dieser Wert jedoch über den Temperaturkorrekturfaktor F abzumindern (vgl. Tabelle 10.32). Die gesamte Länge der Wärmebrücke beläuft sich auf 3,04 m.

Detail 2.04 (Abb. 10.29) – Außenecke Anbau, eine Seite zur Außenluft

Diese Außenecke grenzt sowohl an Außenluft als auch an den unbeheizten Anbau. Somit wird der Wärmestrom einmal durch die Außenwand zur Außenluft (Detail 2.04a) und einmal zum unbeheizten Anbau (Detail 2.04b) berechnet.

Abb. 10.29: Detail 2.04 – Außenecke Anbau. Die Abmessungen in roter Schriftfarbe kennzeichnen den Außenmaßbezug (n. m. = nicht maßstäblich).

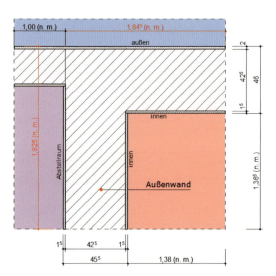

Detail 2.04a – Berechnung des Wärmestroms zur Außenluft

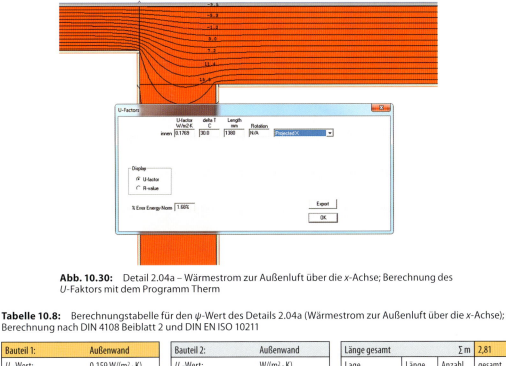

Abb. 10.30:   Detail 2.04a – Wärmestrom zur Außenluft über die *x*-Achse; Berechnung des *U*-Faktors mit dem Programm Therm

Tabelle 10.8:   Berechnungstabelle für den ψ-Wert des Details 2.04a (Wärmestrom zur Außenluft über die *x*-Achse); Berechnung nach DIN 4108 Beiblatt 2 und DIN EN ISO 10211

Bauteil 1:	Außenwand
U_1-Wert:	0,159 W/(m² · K)
Länge L_1:	1,845 m
$F_1 =$	1 –
$U_1 \cdot L_1 \cdot F_1 =$	0,293 W/(m · K)

Bauteil 2:	Außenwand
U_2-Wert:	W/(m² · K)
Länge L_2:	m
$F_2 =$	–
$U_2 \cdot L_2 \cdot F_2 =$	0,000 W/(m · K)

Länge gesamt		Σ m	2,81
Lage	Länge	Anzahl	gesamt
Anbau/West	2,81	1,00	2,81

Bauteil 3:	
U_3-Wert:	W/(m² · K)
Länge L_3:	m
$F_3 =$	–
$U_3 \cdot L_3 \cdot F_3 =$	0,000 W/(m · K)

Therm 1	
U_{Faktor1}:	0,1769 W/(m² · K)
Länge L_{Therm1}:	1,38 m
$F_{\mathrm{Therm1}} =$	1 –
$U_{\mathrm{Faktor1}} \cdot L_{\mathrm{Therm1}} \cdot F =$	0,244 W/(m · K)

Therm 2	
U_{Faktor2}:	W/(m² · K)
Länge L_{Therm2}:	m
$F_{\mathrm{Therm2}} =$	–
$U_{\mathrm{Faktor2}} \cdot L_{\mathrm{Therm2}} \cdot F =$	0,000 W/(m · K)

ψ-Wert $= (U_{\mathrm{Faktor1}} \cdot L_{\mathrm{Therm1}} + U_{\mathrm{Faktor2}} \cdot L_{\mathrm{Therm2}}) - (U_1 \cdot L_1 \cdot F_1 + U_2 \cdot L_2 \cdot F_2 + U_3 \cdot L_3 \cdot F_3)$
ψ-**Wert** =   **–0,049 W/(m · K)**

Der ψ-Wert für das Detail 2.04a beträgt –0,049 W/(m · K). Die gesamte Länge der Wärmebrücke beläuft sich auf 2,81 m.

Detail 2.04b – Berechnung des Wärmestroms zum unbeheizten Raum

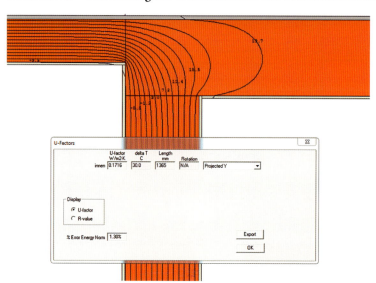

Abb. 10.31:   Detail 2.04b – Wärmestrom zum unbeheizten Raum über die
y-Achse; Berechnung des U-Faktors mit dem Programm Therm

Tabelle 10.9:   Berechnungstabelle für den ψ-Wert des Details 2.04b (Wärmestrom zum unbeheizten Raum über die y-Achse); Berechnung nach DIN 4108 Beiblatt 2 und DIN EN ISO 10211

Bauteil 1:	Außenwand		Bauteil 2:	Außenwand		Länge gesamt		Σ m	2,81
U_1-Wert:	0,159 W/(m² · K)		U_2-Wert:	W/(m² · K)		Lage	Länge	Anzahl	gesamt
Länge L_1:	1,825 m		Länge L_2:	m		Anbau West	2,81	1,00	2,81
$F_1 =$	1 –		$F_2 =$	–					
$U_1 \cdot L_1 \cdot F_1 =$	0,290 W/(m · K)		$U_2 \cdot L_2 \cdot F_2 =$	0,000 W/(m · K)					

Bauteil 3:	
U_3-Wert:	W/(m² · K)
Länge L_3:	m
$F_3 =$	–
$U_3 \cdot L_3 \cdot F_3 =$	0,000 W/(m · K)

Therm 1			Therm 2	
$U_{Faktor1}$:	0,1716 W/(m² · K)		$U_{Faktor2}$:	W/(m² · K)
Länge L_{Therm1}:	1,365 m		Länge L_{Therm2}:	m
$F_{Therm1} =$	1 –		$F_{Therm2} =$	–
$U_{Faktor1} \cdot L_{Therm1} \cdot F =$	0,234 W/(m · K)		$U_{Faktor2} \cdot L_{Therm2} \cdot F =$	0,000 W/(m · K)

ψ-Wert $= (U_{Faktor1} \cdot L_{Therm1} + U_{Faktor2} \cdot L_{Therm2}) - (U_1 \cdot L_1 \cdot F_1 + U_2 \cdot L_2 \cdot F_2 + U_3 \cdot L_3 \cdot F_3)$
ψ-Wert $=$ **−0,056 W/(m · K)**

Der ψ-Wert für das Detail 2.04b beträgt –0,056 W/(m · K). Die gesamte Länge der Wärmebrücke beläuft sich auf 2,81 m.

Detail 2.05 (Abb. 10.32) – Anschluss Erker an Fenster

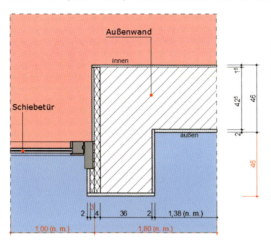

Abb. 10.32:   Detail 2.05 – Anschluss Erker an Fenster. Die Abmessungen in roter Schriftfarbe kennzeichnen den Außenmaßbezug (n. m. = nicht maßstäblich).

Berechnung des Wärmestroms zur Außenluft

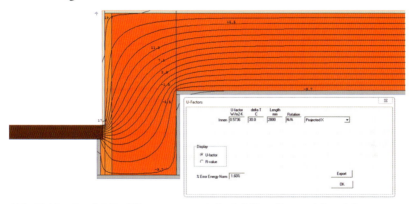

Abb. 10.33:   Detail 2.05 – Wärmestrom zur Außenluft über die *x*- und die *y*-Achse; Berechnung des *U*-Faktors mit dem Programm Therm

Tabelle 10.10:   Berechnungstabelle für den ψ-Wert des Details 2.05 (Wärmestrom zur Außenluft über die x- und die y-Achse); Berechnung nach DIN 4108 Beiblatt 2 und DIN EN ISO 10211

Bauteil 1:	Außenwand
U_1-Wert:	0,159 W/(m²·K)
Länge L_1:	1,80 m
$F_1 =$	1 –
$U_1 \cdot L_1 \cdot F_1 =$	0,286 W/(m·K)

Bauteil 2:	Fenster
U_2-Wert:	1,299 W/(m²·K)
Länge L_2:	1,00 m
$F_2 =$	1 –
$U_2 \cdot L_2 \cdot F_2 =$	1,299 W/(m·K)

Bauteil 3:	Außenwand
U_3-Wert:	0,154 W/(m²·K)
Länge L_3:	0,46 m
$F_3 =$	1 –
$U_3 \cdot L_3 \cdot F_3 =$	0,071 W/(m·K)

Therm 1	
$U_{Faktor1}$:	0,5736 W/(m²·K)
Länge L_{Therm1}:	2,8 m
$F_{Therm1} =$	1 –
$U_{Faktor1} \cdot L_{Therm1} \cdot F =$	1,606 W/(m·K)

Therm 2	
$U_{Faktor2}$:	W/(m²·K)
Länge L_{Therm2}:	m
$F_{Therm2} =$	–
$U_{Faktor2} \cdot L_{Therm2} \cdot F =$	0,000 W/(m·K)

Länge gesamt		Σ m	6,07
Lage	Länge	Anzahl	gesamt
Süd	3,04	1,00	3,04
West	3,04	1,00	3,04

ψ-Wert $= (U_{Faktor1} \cdot L_{Therm1} + U_{Faktor2} \cdot L_{Therm2}) - (U_1 \cdot L_1 \cdot F_1 + U_2 \cdot L_2 \cdot F_2 + U_3 \cdot L_3 \cdot F_3)$
ψ-Wert $=$ −0,050 W/(m·K)

Der ψ-Wert für das Detail 2.05 beträgt −0,050 W/(m · K). Die gesamte Länge der Wärmebrücke beläuft sich auf 6,07 m.

Detail 2.06 (Abb. 10.34) – Anschluss Innenwand (24 cm) an Außenwand

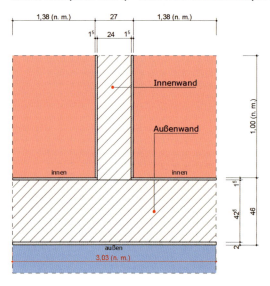

Abb. 10.34:   Detail 2.06 – Anschluss Innenwand (24 cm) an Außenwand. Die Abmessungen in roter Schriftfarbe kennzeichnen den Außenmaßbezug (n.m. = nicht maßstäblich).

Berechnung des Wärmestroms zur Außenluft

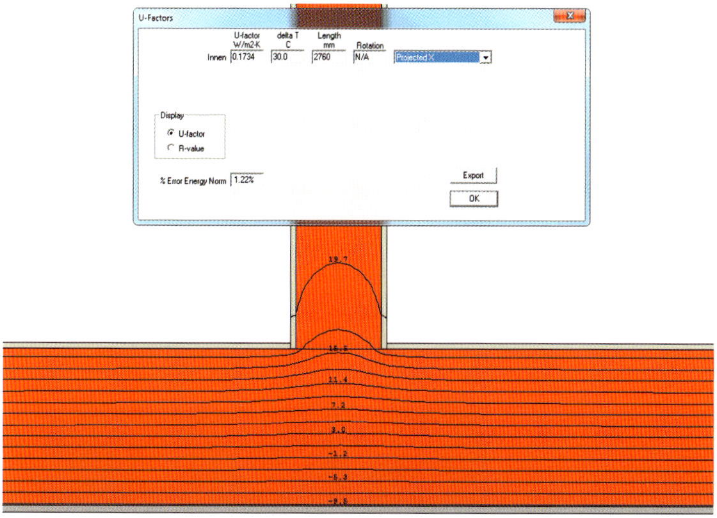

Abb. 10.35:   Detail 2.06 – Wärmestrom zur Außenluft über die x-Achse; Berechnung des U-Faktors mit dem Programm Therm

Tabelle 10.11:   Berechnungstabelle für den ψ-Wert des Details 2.06 (Wärmestrom zur Außenluft über die x-Achse); Berechnung nach DIN 4108 Beiblatt 2 und DIN EN ISO 10211

Bauteil 1:	Außenwand
U_1-Wert:	0,159 W/(m² · K)
Länge L_1:	3,03 m
$F_1 =$	1 –
$U_1 \cdot L_1 \cdot F_1 =$	0,482 W/(m · K)

Bauteil 2:		
U_2-Wert:		W/(m² · K)
Länge L_2:		m
$F_2 =$		–
$U_2 \cdot L_2 \cdot F_2 =$		0,000 W/(m · K)

Länge gesamt		Σ m	6,07
Lage	Länge	Anzahl	gesamt
West	3,04	1,00	3,04
Ost	3,04	1,00	3,04

Bauteil 3:	
U_3-Wert:	W/(m² · K)
Länge L_3:	m
$F_3 =$	–
$U_3 \cdot L_3 \cdot F_3 =$	0,000 W/(m · K)

Therm 1	
U_{Faktor1}:	0,1734 W/(m² · K)
Länge L_{Therm1}:	2,76 m
$F_{\mathrm{Therm1}} =$	1 –
$U_{\mathrm{Faktor1}} \cdot L_{\mathrm{Therm1}} \cdot F =$	0,479 W/(m · K)

Therm 2	
U_{Faktor2}:	W/(m² · K)
Länge L_{Therm2}:	m
$F_{\mathrm{Therm2}} =$	–
$U_{\mathrm{Faktor2}} \cdot L_{\mathrm{Therm2}} \cdot F =$	0,000 W/(m · K)

ψ-Wert $= (U_{\mathrm{Faktor1}} \cdot L_{\mathrm{Therm1}} + U_{\mathrm{Faktor2}} \cdot L_{\mathrm{Therm2}}) - (U_1 \cdot L_1 \cdot F_1 + U_2 \cdot L_2 \cdot F_2 + U_3 \cdot L_3 \cdot F_3)$
ψ-Wert =   0,003 W/(m · K)

Der ψ-Wert für das Detail 2.06 beträgt –0,003 W/(m · K). Die gesamte Länge der Wärmebrücke beläuft sich auf 6,07 m.

10.1.3.3 Wärmebrückendetails der Geschossdecke

Detail 3.01 (Abb. 10.36) – Auflager Geschossdecke auf der Außenwand

Abb. 10.36: Detail 3.01 –
Geschossdecke an Außenwand.
Die Abmessungen in roter
Schriftfarbe kennzeichnen den
Außenmaßbezug (n. m. = nicht
maßstäblich).

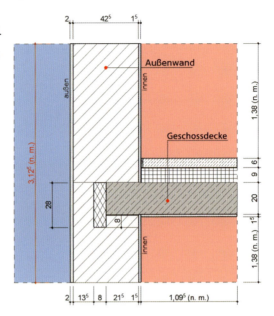

Berechnung des Wärmestroms zur Außenluft

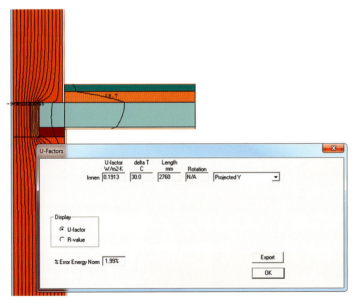

Abb. 10.37: Detail 3.01 – Wärmestrom zur Außenluft über die x-Achse; Berechnung des
U-Faktors mit dem Programm Therm

Tabelle 10.12:   Berechnungstabelle für den ψ-Wert des Details 3.01 (Wärmestrom zur Außenluft über die x-Achse); Berechnung nach DIN 4108 Beiblatt 2 und DIN EN ISO 10211

Bauteil 1:	Außenwand
U_1-Wert:	0,159 W/(m² · K)
Länge L_1:	3,125 m
$F_1 =$	1 –
$U_1 \cdot L_1 \cdot F_1 =$	0,497 W/(m · K)

Bauteil 2:	
U_2-Wert:	W/(m² · K)
Länge L_2:	m
$F_2 =$	–
$U_2 \cdot L_2 \cdot F_2 =$	0,000 W/(m · K)

Länge gesamt		Σ m	26,20
Lage	Länge	Anzahl	gesamt
Süd	7,03	1,00	7,03
West	6,18	1,00	6,18
Nord	4,00	1,00	4,00
Ost	9,00	1,00	9,00

Bauteil 3:	
U_3-Wert:	W/(m² · K)
Länge L_3:	m
$F_3 =$	–
$U_3 \cdot L_3 \cdot F_3 =$	0,000 W/(m · K)

Therm 1	
U_{Faktor1}:	0,1913 W/(m² · K)
Länge L_{Therm1}:	2,76 m
$F_{\mathrm{Therm1}} =$	1 –
$U_{\mathrm{Faktor1}} \cdot L_{\mathrm{Therm1}} \cdot F =$	0,528 W/(m · K)

Therm 2	
U_{Faktor2}:	W/(m² · K)
Länge L_{Therm2}:	m
$F_{\mathrm{Therm2}} =$	–
$U_{\mathrm{Faktor2}} \cdot L_{\mathrm{Therm2}} \cdot F =$	0,000 W/(m · K)

ψ-Wert $= (U_{\mathrm{Faktor1}} \cdot L_{\mathrm{Therm1}} + U_{\mathrm{Faktor2}} \cdot L_{\mathrm{Therm2}}) - (U_1 \cdot L_1 \cdot F_1 + U_2 \cdot L_2 \cdot F_2 + U_3 \cdot L_3 \cdot F_3)$

ψ-Wert $=$ 0,031 W/(m · K)

Der ψ-Wert für das Detail 3.01 beträgt 0,031 W/(m · K). Die gesamte Länge der Wärmebrücke beläuft sich auf 26,20 m.

Detail 3.02 (Abb. 10.38) – Auflager Geschossdecke (Anschluss Anbau)

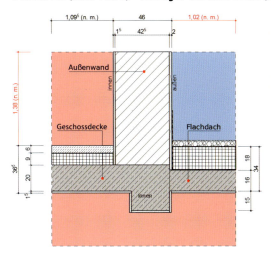

Abb. 10.38:   Detail 3.02 – Auflager Geschossdecke (Anschluss Anbau). Die Abmessungen in roter Schriftfarbe kennzeichnen den Außenmaßbezug (n. m. = nicht maßstäblich).

Berechnung des Wärmestroms zur Außenluft

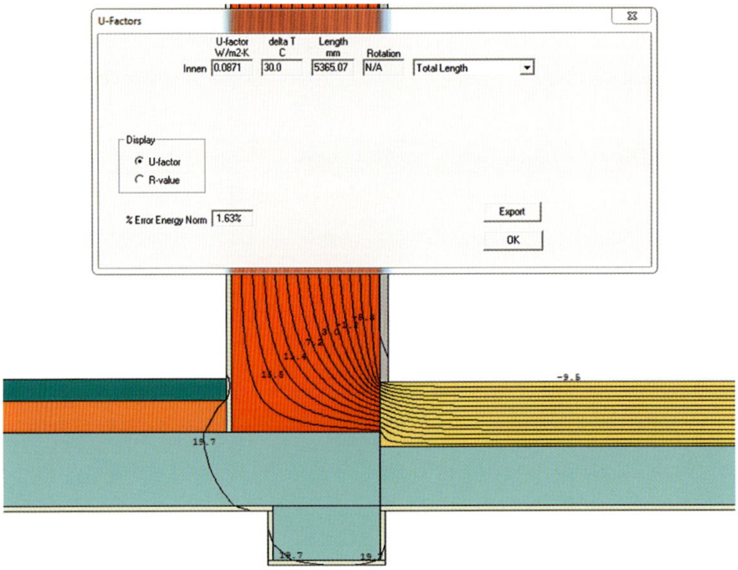

Abb. 10.39:   Detail 3.02 – Wärmestrom zur Außenluft über die x- und die y-Achse; Berechnung des U-Faktors mit dem Programm Therm

Tabelle 10.13:   Berechnungstabelle für den ψ-Wert des Details 3.02 (Wärmestrom zur Außenluft über die x- und die y-Achse); Berechnung nach DIN 4108 Beiblatt 2 und DIN EN ISO 10211

Bauteil 1:	Außenwand
U_1-Wert:	0,159 W/(m² · K)
Länge L_1:	1,38 m
$F_1 =$	1 –
$U_1 \cdot L_1 \cdot F_1 =$	0,219 W/(m · K)

Bauteil 2:	Flachdach
U_2-Wert:	0,187 W/(m² · K)
Länge L_2:	1,02 m
$F_2 =$	1 –
$U_2 \cdot L_2 \cdot F_2 =$	0,191 W/(m · K)

Länge gesamt		Σ m	4,20
Lage	Länge	Anzahl	gesamt
Anbau Nord	4,20	1,00	4,20

Bauteil 3:	
U_3-Wert:	W/(m² · K)
Länge L_3:	m
$F_3 =$	–
$U_3 \cdot L_3 \cdot F_3 =$	0,000 W/(m · K)

Therm 1	
U_{Faktor1}:	0,0871 W/(m² · K)
Länge L_{Therm1}:	5,365 m
$F_{\text{Therm1}} =$	1 –
$U_{\text{Faktor1}} \cdot L_{\text{Therm1}} \cdot F =$	0,467 W/(m · K)

Therm 2	
U_{Faktor2}:	W/(m² · K)
Länge L_{Therm2}:	m
$F_{\text{Therm2}} =$	–
$U_{\text{Faktor2}} \cdot L_{\text{Therm2}} \cdot F =$	0,000 W/(m · K)

ψ-Wert $= (U_{\text{Faktor1}} \cdot L_{\text{Therm1}} + U_{\text{Faktor2}} \cdot L_{\text{Therm2}}) - (U_1 \cdot L_1 \cdot F_1 + U_2 \cdot L_2 \cdot F_2 + U_3 \cdot L_3 \cdot F_3)$
ψ-Wert $=$ **0,057 W/(m · K)**

Der ψ-Wert für das Detail 3.02 beträgt 0,057 W/(m · K). Die gesamte Länge der Wärmebrücke beläuft sich auf 4,20 m.

Detail 3.03 (Abb. 10.40) – Auflager Geschossdecke (Anschluss Erker)

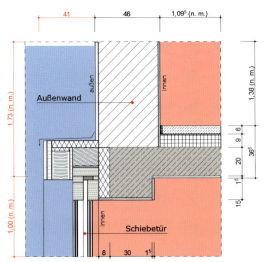

Abb. 10.40: Detail 3.03 – Auflager Geschossdecke (Anschluss Erker). Die Abmessungen in roter Schriftfarbe kennzeichnen den Außenmaßbezug (n. m. = nicht maßstäblich).

Berechnung des Wärmestroms zur Außenluft

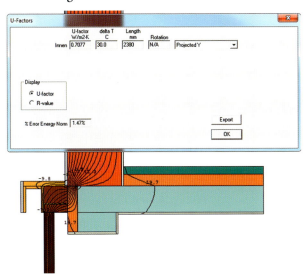

Abb. 10.41: Detail 3.03 – Wärmestrom zur Außenluft über die y-Achse; Berechnung des U-Faktors mit dem Programm Therm

Tabelle 10.14:   Berechnungstabelle für den ψ-Wert des Details 3.03 (Wärmestrom zur Außenluft über die y-Achse); Berechnung nach DIN 4108 Beiblatt 2 und DIN EN ISO 10211

Bauteil 1:	Außenwand		Bauteil 2:	Flachdach		Länge gesamt		Σ m	7,58
U_1-Wert:	0,159 W/(m² · K)		U_2-Wert:	0,135 W/(m² · K)		Lage	Länge	Anzahl	gesamt
Länge L_1:	1,73 m		Länge L_2:	0,41 m		Süd	5,39	1,00	5,39
$F_1 =$	1 –		$F_2 =$	1 –			2,20	1,00	2,20
$U_1 \cdot L_1 \cdot F_1 =$	0,275 W/(m · K)		$U_2 \cdot L_2 \cdot F_2 =$	0,055 W/(m · K)					

Bauteil 3:	Fenster
U_3-Wert:	1,299 W/(m² · K)
Länge L_3:	1,00 m
$F_3 =$	1 –
$U_3 \cdot L_3 \cdot F_3 =$	1,299 W/(m · K)

Therm 1			Therm 2	
U_{Faktor1}:	0,7077 W/(m² · K)		U_{Faktor2}:	W/(m² · K)
Länge L_{Therm1}:	2,38 m		Länge L_{Therm2}:	m
$F_{\text{Therm1}} =$	1 –		$F_{\text{Therm2}} =$	–
$U_{\text{Faktor1}} \cdot L_{\text{Therm1}} \cdot F =$	1,684 W/(m · K)		$U_{\text{Faktor2}} \cdot L_{\text{Therm2}} \cdot F =$	0,000 W/(m · K)

ψ-Wert $= (U_{\text{Faktor1}} \cdot L_{\text{Therm1}} + U_{\text{Faktor2}} \cdot L_{\text{Therm2}}) - (U_1 \cdot L_1 \cdot F_1 + U_2 \cdot L_2 \cdot F_2 + U_3 \cdot L_3 \cdot F_3)$
ψ-Wert $=$ **0,055 W/(m · K)**

Der ψ-Wert für das Detail 3.03 beträgt 0,055 W/(m · K). Die gesamte Länge der Wärmebrücke beläuft sich auf 7,58 m.

Detail 3.04 (Abb. 10.42) – Auflager Geschossdecke (Anschluss unbeheizter Anbau)

Dieser Anschluss grenzt sowohl an Außenluft als auch an den unbeheizten Abstellraum. Somit wird der Wärmestrom einmal durch die Außenwand zur Außenluft (Detail 3.04a) und einmal zum unbeheizten Abstellraum (Detail 3.04b) berechnet.

Abb. 10.42:   Detail 3.04 – Auflager Geschossdecke (Anschluss unbeheizter Anbau). Die Abmessungen in roter Schriftfarbe kennzeichnen den Außenmaßbezug (n. m. = nicht maßstäblich).

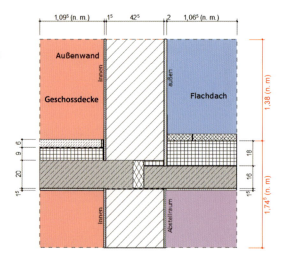

Detail 3.04a – Berechnung des Wärmestroms zur Außenluft

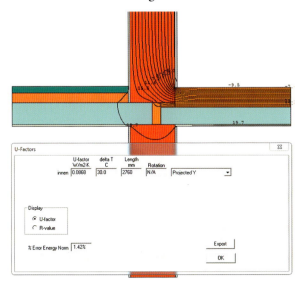

Abb. 10.43:   Detail 3.04a – Wärmestrom zur Außenluft über die y-Achse; Berechnung des U-Faktors mit dem Programm Therm

Tabelle 10.15:   Berechnungstabelle für den ψ-Wert des Details 3.04a (Wärmestrom zur Außenluft über die y-Achse); Berechnung nach DIN 4108 Beiblatt 2 und DIN EN ISO 10211

Bauteil 1:	Außenwand
U_1-Wert:	0,159 W/(m² · K)
Länge L_1:	1,38 m
$F_1 =$	1 –
$U_1 \cdot L_1 \cdot F_1 =$	0,219 W/(m · K)

Bauteil 2:	
U_2-Wert:	W/(m² · K)
Länge L_2:	m
$F_2 =$	–
$U_2 \cdot L_2 \cdot F_2 =$	0,000 W/(m · K)

Länge gesamt		Σ m	7,04
Lage	Länge	Anzahl	gesamt
Anbau	2,20	1,00	2,20
	3,80	1,00	3,80
	1,04	1,00	1,04

Bauteil 3:	
U_3-Wert:	W/(m² · K)
Länge L_3:	m
$F_3 =$	–
$U_3 \cdot L_3 \cdot F_3 =$	0,000 W/(m · K)

Therm 1	
$U_{Faktor1}$:	0,0868 W/(m² · K)
Länge L_{Therm1}:	2,76 m
$F_{Therm1} =$	1 –
$U_{Faktor1} \cdot L_{Therm1} \cdot F =$	0,240 W/(m · K)

Therm 2	
$U_{Faktor2}$:	W/(m² · K)
Länge L_{Therm2}:	m
$F_{Therm2} =$	–
$U_{Faktor2} \cdot L_{Therm2} \cdot F =$	0,000 W/(m · K)

ψ-Wert $= (U_{Faktor1} \cdot L_{Therm1} + U_{Faktor2} \cdot L_{Therm2}) - (U_1 \cdot L_1 \cdot F_1 + U_2 \cdot L_2 \cdot F_2 + U_3 \cdot L_3 \cdot F_3)$

ψ-Wert =   **0,020 W/(m · K)**

Der ψ-Wert für das Detail 3.04a beträgt 0,020 W/(m · K). Die gesamte Länge der Wärmebrücke beläuft sich auf 7,04 m.

Detail 3.04b – Berechnung des Wärmestroms zum unbeheizten Abstellraum

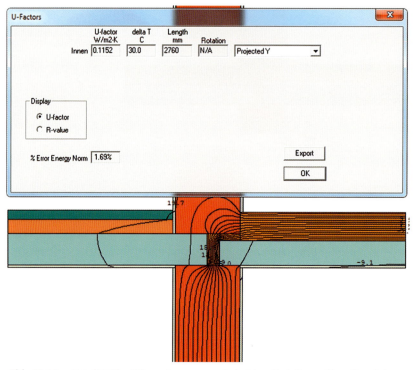

Abb. 10.44:   Detail 3.04b – Wärmestrom zum unbeheizten Abstellraum über die y-Achse; Berechnung des U-Faktors mit dem Programm Therm

Tabelle 10.16: Berechnungstabelle für den ψ-Wert des Details 3.04b (Wärmestrom zum unbeheizten Abstellraum über die y-Achse); Berechnung nach DIN 4108 Beiblatt 2 und DIN EN ISO 10211

Bauteil 1:	Außenwand
U_1-Wert:	0,159 W/(m² · K)
Länge L_1:	1,745 m
$F_1 =$	1 –
$U_1 \cdot L_1 \cdot F_1 =$	0,277 W/(m · K)

Bauteil 2:	
U_2-Wert:	W/(m² · K)
Länge L_2:	m
$F_2 =$	–
$U_2 \cdot L_2 \cdot F_2 =$	0,000 W/(m · K)

Bauteil 3:	
U_3-Wert:	W/(m² · K)
Länge L_3:	m
$F_3 =$	–
$U_3 \cdot L_3 \cdot F_3 =$	0,000 W/(m · K)

Therm 1	
$U_{Faktor1}$:	0,1152 W/(m² · K)
Länge L_{Therm1}:	2,76 m
$F_{Therm1} =$	1 –
$U_{Faktor1} \cdot L_{Therm1} \cdot F =$	0,318 W/(m · K)

Therm 2	
$U_{Faktor2}$:	W/(m² · K)
Länge L_{Therm2}:	m
$F_{Therm2} =$	–
$U_{Faktor2} \cdot L_{Therm2} \cdot F =$	0,000 W/(m · K)

Länge gesamt		Σ m	7,04
Lage	Länge	Anzahl	gesamt
Anbau	2,20	1,00	2,20
	3,80	1,00	3,80
	1,04	1,00	1,04

ψ-Wert $= (U_{Faktor1} \cdot L_{Therm1} + U_{Faktor2} \cdot L_{Therm2}) - (U_1 \cdot L_1 \cdot F_1 + U_2 \cdot L_2 \cdot F_2 + U_3 \cdot L_3 \cdot F_3)$

ψ-Wert $=$ 0,040 W/(m · K)

Der ψ-Wert für das Detail 3.04b beträgt 0,040 W/(m · K). Die gesamte Länge der Wärmebrücke beläuft sich auf 7,04 m.

Detail 3.05 (Abb. 10.45) – Auflager Geschossdecke (Anschluss Flachdach/Außenwand)

Dieser Anschluss grenzt sowohl an Außenluft als auch an den unbeheizten Anbau. Somit wird der Wärmestrom einmal durch die Außenwand (Detail 3.05a), einmal über die Dachfläche (Detail 3.05b) und einmal über die Außenwand zum unbeheizten Abstellraum (Detail 3.05c) berechnet.

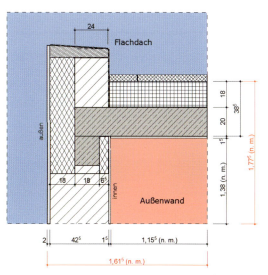

Abb. 10.45: Detail 3.05 – Auflager Geschossdecke (Anschluss Flachdach/Außenwand). Die Abmessungen in roter Schriftfarbe kennzeichnen den Außenmaßbezug (n. m. = nicht maßstäblich).

Detail 3.05a – Berechnung des Wärmestroms über die Außenwand

Abb. 10.46:
Detail 3.05a – Wärmestrom durch die Außenwand über die y-Achse; Berechnung des U-Faktors mit dem Programm Therm

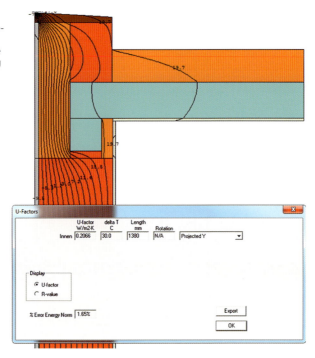

Tabelle 10.17: Berechnungstabelle für den ψ-Wert des Details 3.05a (Wärmestrom durch die Außenwand über die y-Achse); Berechnung nach DIN 4108 Beiblatt 2 und DIN EN ISO 10211

Bauteil 1:	Außenwand
U_1-Wert:	0,159 W/(m² · K)
Länge L_1:	1,775 m
$F_1 =$	1 –
$U_1 \cdot L_1 \cdot F_1 =$	0,282 W/(m · K)

Bauteil 2:		
U_2-Wert:		W/(m² · K)
Länge L_2:		m
$F_2 =$		–
$U_2 \cdot L_2 \cdot F_2 =$		0,000 W/(m · K)

Bauteil 3:	
U_3-Wert:	W/(m² · K)
Länge L_3:	m
$F_3 =$	–
$U_3 \cdot L_3 \cdot F_3 =$	0,000 W/(m · K)

Länge gesamt		Σ m	6,40
Lage	Länge	Anzahl	gesamt
Anbau			
Ost	2,20	1,00	2,20
Nord	4,20	1,00	4,20

Therm 1	
$U_{Faktor1}$:	0,2066 W/(m² · K)
Länge L_{Therm1}:	1,38 m
$F_{Therm1} =$	1 –
$U_{Faktor1} \cdot L_{Therm1} \cdot F =$	0,285 W/(m · K)

Therm 2		
$U_{Faktor2}$:		W/(m² · K)
Länge L_{Therm2}:		m
$F_{Therm2} =$		–
$U_{Faktor2} \cdot L_{Therm2} \cdot F =$		0,000 W/(m · K)

$$\psi\text{-Wert} = (U_{Faktor1} \cdot L_{Therm1} + U_{Faktor2} \cdot L_{Therm2}) - (U_1 \cdot L_1 \cdot F_1 + U_2 \cdot L_2 \cdot F_2 + U_3 \cdot L_3 \cdot F_3)$$

ψ-Wert =   0,003 W/(m · K)

Der ψ-Wert für das Detail 3.05a beträgt 0,003 W/(m · K). Die gesamte Länge der Wärmebrücke beläuft sich auf 6,40 m.

Detail 3.05b – Berechnung des Wärmestroms über die Dachfläche

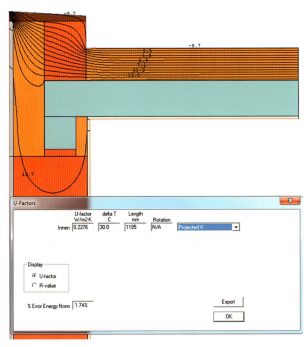

Abb. 10.47:
Detail 3.05b – Wärme-
strom über die Dach-
fläche (x-Achse);
Berechnung des
U-Faktors mit dem
Programm Therm

Tabelle 10.18:   Berechnungstabelle für den ψ-Wert des Details 3.05b (Wärmestrom über die Dachfläche [x-Achse]); Berechnung nach DIN 4108 Beiblatt 2 und DIN EN ISO 10211

Bauteil 1:	Dach	Bauteil 2:		Länge gesamt		$\sum$ m	8,60
U_1-Wert:	0,187 W/(m² · K)	U_2-Wert:	W/(m² · K)	Lage	Länge	Anzahl	gesamt
Länge L_1:	1,775 m	Länge L_2:	m	Anbau			
$F_1 =$	1 –	$F_2 =$	–	Ost	2,20	1,00	2,20
$U_1 \cdot L_1 \cdot F_1 =$	0,332 W/(m · K)	$U_2 \cdot L_2 \cdot F_2 =$	0,000 W/(m · K)	Nord	4,20	1,00	4,20
				West	2,20	1,00	2,20
Bauteil 3:							
U_3-Wert:	W/(m² · K)						
Länge L_3:	m						
$F_3 =$	–						
$U_3 \cdot L_3 \cdot F_3 =$	0,000 W/(m · K)						
Therm 1		Therm 2					
U_{Faktor1}:	0,2276 W/(m² · K)	U_{Faktor2}:	W/(m² · K)				
Länge L_{Therm1}:	1,185 m	Länge L_{Therm2}:	m				
$F_{\mathrm{Therm1}} =$	1 –	$F_{\mathrm{Therm2}} =$	–				
$U_{\mathrm{Faktor1}} \cdot L_{\mathrm{Therm1}} \cdot F =$	0,270 W/(m · K)	$U_{\mathrm{Faktor2}} \cdot L_{\mathrm{Therm2}} \cdot F =$	0,000 W/(m · K)				

ψ-Wert $= (U_{\mathrm{Faktor1}} \cdot L_{\mathrm{Therm1}} + U_{\mathrm{Faktor2}} \cdot L_{\mathrm{Therm2}}) - (U_1 \cdot L_1 \cdot F_1 + U_2 \cdot L_2 \cdot F_2 + U_3 \cdot L_3 \cdot F_3)$
ψ-Wert $=$ **−0,062 W/(m · K)**

Der ψ-Wert für das Detail 3.04b beträgt −0,062 W/(m · K). Die gesamte
Länge der Wärmebrücke beläuft sich auf 8,60 m.

Detail 3.05c – Berechnung des Wärmestroms über die Außenwand zum unbeheizten Abstellraum

Da der ψ-Wert temperaturunabhängig ist, bleibt dieser mit 0,003 W/(m · K) gegenüber dem ψ-Wert des Details 3.05a gegen Außenluft unverändert. Bei der Berechnung der Transmissionswärmeverluste ist dieser Wert jedoch über den Temperaturkorrekturfaktor F abzumindern (vgl. Tabelle 10.32). Die gesamte Länge der Wärmebrücke beläuft sich auf 2,20 m.

10.1.3.4 Wärmebrückendetails der obersten Geschossdecke

Detail 4.01 (Abb. 10.48) – Anschluss Außenwand/Traufe

Abb. 10.48: Detail 4.01 – Anschluss Außenwand/Traufe. Die Abmessungen in roter Schriftfarbe kennzeichnen den Außenmaßbezug (n. m. = nicht maßstäblich).

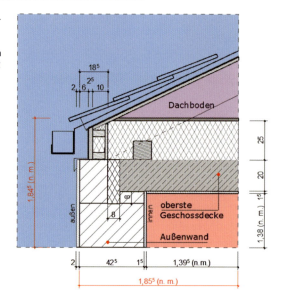

Berechnung des Wärmestroms zur Außenluft

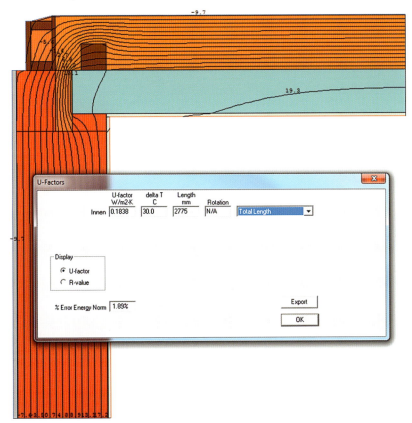

Abb. 10.49:   Detail 4.01 – Wärmestrom zur Außenluft über die *x*- und die *y*-Achse; Berechnung des *U*-Faktors mit dem Programm Therm

Tabelle 10.19:   Berechnungstabelle für den ψ-Wert des Details 4.01 (Wärmestrom zur Außenluft über die x- und die y-Achse); Berechnung nach DIN 4108 Beiblatt 2 und DIN EN ISO 10211

Bauteil 1:	Außenwand
U_1-Wert:	0,159 W/(m² · K)
Länge L_1:	1,845 m
$F_1 =$	1 –
$U_1 \cdot L_1 \cdot F_1 =$	0,293 W/(m · K)

Bauteil 2:	oberste Geschossdecke
U_2-Wert:	0,135 W/(m² · K)
Länge L_2:	1,855 m
$F_2 =$	1 –
$U_2 \cdot L_2 \cdot F_2 =$	0,250 W/(m · K)

Länge gesamt		Σ m	24,82
Lage	Länge	Anzahl	gesamt
Süd	12,41	1,00	12,41
Nord	12,41	1,00	12,41

Bauteil 3:	
U_3-Wert:	W/(m² · K)
Länge L_3:	m
$F_3 =$	–
$U_3 \cdot L_3 \cdot F_3 =$	0,000 W/(m · K)

Therm 1	
$U_{Faktor1}$:	0,1838 W/(m² · K)
Länge L_{Therm1}:	2,775 m
$F_{Therm1} =$	1 –
$U_{Faktor1} \cdot L_{Therm1} \cdot F =$	0,510 W/(m · K)

Therm 2	
$U_{Faktor2}$:	W/(m² · K)
Länge L_{Therm2}:	m
$F_{Therm2} =$	–
$U_{Faktor2} \cdot L_{Therm2} \cdot F =$	0,000 W/(m · K)

ψ-Wert $= (U_{Faktor1} \cdot L_{Therm1} + U_{Faktor2} \cdot L_{Therm2}) - (U_1 \cdot L_1 \cdot F_1 + U_2 \cdot L_2 \cdot F_2 + U_3 \cdot L_3 \cdot F_3)$
ψ-Wert = **−0,034 W/(m · K)**

Der ψ-Wert für das Detail 4.01 beträgt −0,034 W/(m · K). Die gesamte Länge der Wärmebrücke beläuft sich auf 24,82 m.

Detail 4.02 (Abb. 10.50) – Anschluss Innenwand an Geschossdecke

Abb. 10.50:   Detail 4.02 – Anschluss Innenwand an Geschossdecke. Die Abmessungen in roter Schriftfarbe kennzeichnen den Außenmaßbezug (n. m. = nicht maßstäblich).

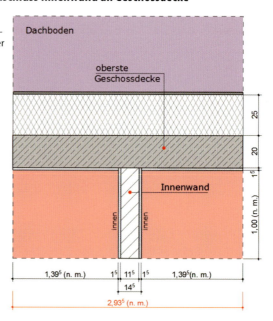

Berechnung des Wärmestroms zum unbeheizten Dachgeschoss

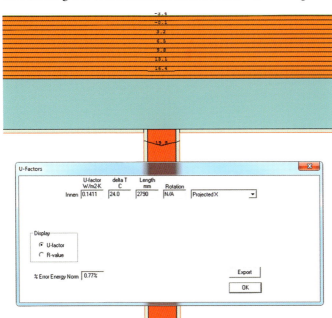

Abb. 10.51:   Detail 4.02 – Wärmestrom zum unbeheizten Dachgeschoss über die x-Achse; Berechnung des U-Faktors mit dem Programm Therm

Tabelle 10.20:   Berechnungstabelle für den ψ-Wert des Details 4.02 (Wärmestrom zum unbeheizten Dachgeschoss über die x-Achse); Berechnung nach DIN 4108 Beiblatt 2 und DIN EN ISO 10211

Bauteil 1:	Geschossdecke	Bauteil 2:		Länge gesamt		∑ m	20,27
U_1-Wert:	0,135 W/(m²·K)	U_2-Wert:	W/(m²·K)	Lage	Länge	Anzahl	gesamt
Länge L_1:	2,935 m	Länge L_2:	m	OG	12,41	1,00	12,41
$F_1 =$	1 –	$F_2 =$	–		4,78	1,00	4,78
$U_1 \cdot L_1 \cdot F_1 =$	0,395 W/(m·K)	$U_2 \cdot L_2 \cdot F_2 =$	0,000 W/(m·K)		3,08	1,00	3,08

Bauteil 3:	
U_3-Wert:	W/(m²·K)
Länge L_3:	m
$F_3 =$	–
$U_3 \cdot L_3 \cdot F_3 =$	0,000 W/(m·K)

Therm 1		Therm 2	
$U_{Faktor1}$:	0,1411 W/(m²·K)	$U_{Faktor2}$:	W/(m²·K)
Länge L_{Therm1}:	2,79 m	Länge L_{Therm2}:	m
$F_{Therm1} =$	1 –	$F_{Therm2} =$	–
$U_{Faktor1} \cdot L_{Therm1} \cdot F =$	0,394 W/(m·K)	$U_{Faktor2} \cdot L_{Therm2} \cdot F =$	0,000 W/(m·K)

ψ-Wert $= (U_{Faktor1} \cdot L_{Therm1} + U_{Faktor2} \cdot L_{Therm2}) - (U_1 \cdot L_1 \cdot F_1 + U_2 \cdot L_2 \cdot F_2 + U_3 \cdot L_3 \cdot F_3)$
ψ-Wert $=$ **−0,001 W/(m·K)**

Der ψ-Wert für das Detail 4.02 beträgt −0,001 W/(m · K). Die gesamte Länge der Wärmebrücke beläuft sich auf 20,27 m.

Detail 4.03 (Abb. 10.52) – Anschluss Außenwand/Ortgang

Dieser Anschluss grenzt sowohl an Außenluft als auch an den unbeheizten Dachraum. Somit wird der Wärmestrom einmal durch die Außenwand (Detail 4.03a) und einmal durch die Geschossdecke (Detail 4.03b) berechnet.

Abb. 10.52:   Detail 4.03 – Anschluss Außenwand/Ortgang. Die Abmessungen in roter Schriftfarbe kennzeichnen den Außenmaßbezug (n. m. = nicht maßstäblich).

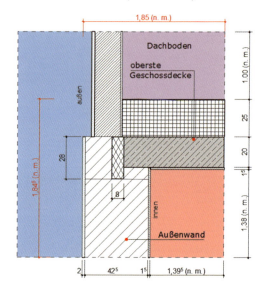

Detail 4.03a – Berechnung des Wärmestroms zur Außenluft

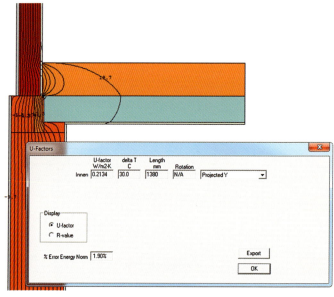

Abb. 10.53:   Detail 4.03a – Wärmestrom zur Außenluft über die y-Achse; Berechnung des U-Faktors mit dem Programm Therm

Tabelle 10.21: Berechnungstabelle für den ψ-Wert des Details 4.03a (Wärmestrom zur Außenluft über die y-Achse); Berechnung nach DIN 4108 Beiblatt 2 und DIN EN ISO 10211

Bauteil 1:	Außenwand
U_1-Wert:	0,159 W/(m² · K)
Länge L_1:	1,845 m
$F_1 =$	1 –
$U_1 \cdot L_1 \cdot F_1 =$	0,293 W/(m · K)

Bauteil 2:	
U_2-Wert:	W/(m² · K)
Länge L_2:	m
$F_2 =$	–
$U_2 \cdot L_2 \cdot F_2 =$	0,000 W/(m · K)

Länge gesamt		Σ m	18,00
Lage	Länge	Anzahl	gesamt
Ost	9,00	1,00	9,00
West	9,00	1,00	9,00

Bauteil 3:	
U_3-Wert:	W/(m² · K)
Länge L_3:	m
$F_3 =$	–
$U_3 \cdot L_3 \cdot F_3 =$	0,000 W/(m · K)

Therm 1	
U_{Faktor1}:	0,2134 W/(m² · K)
Länge L_{Therm1}:	1,38 m
$F_{\mathrm{Therm1}} =$	1 –
$U_{\mathrm{Faktor1}} \cdot L_{\mathrm{Therm1}} \cdot F =$	0,294 W/(m · K)

Therm 2	
U_{Faktor2}:	W/(m² · K)
Länge L_{Therm2}:	m
$F_{\mathrm{Therm2}} =$	–
$U_{\mathrm{Faktor2}} \cdot L_{\mathrm{Therm2}} \cdot F =$	0,000 W/(m · K)

ψ-Wert $= (U_{\mathrm{Faktor1}} \cdot L_{\mathrm{Therm1}} + U_{\mathrm{Faktor2}} \cdot L_{\mathrm{Therm2}}) - (U_1 \cdot L_1 \cdot F_1 + U_2 \cdot L_2 \cdot F_2 + U_3 \cdot L_3 \cdot F_3)$

ψ-Wert $=$ **0,001 W/(m · K)**

Der ψ-Wert für das Detail 4.03a beträgt 0,001 W/(m · K). Die gesamte Länge der Wärmebrücke beläuft sich auf 18,00 m.

Detail 4.03b – Berechnung des Wärmestroms zum unbeheizten Dachraum

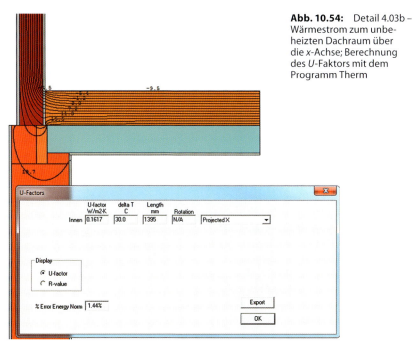

Abb. 10.54: Detail 4.03b – Wärmestrom zum unbeheizten Dachraum über die x-Achse; Berechnung des U-Faktors mit dem Programm Therm

Tabelle 10.22: Berechnungstabelle für den ψ-Wert des Details 4.03b (Wärmestrom zum unbeheizten Dachraum über die x-Achse); Berechnung nach DIN 4108 Beiblatt 2 und DIN EN ISO 10211

Bauteil 1:	Geschossdecke
U_1-Wert:	0,135 W/(m² · K)
Länge L_1:	1,85 m
$F_1 =$	1 –
$U_1 \cdot L_1 \cdot F_1 =$	0,250 W/(m · K)

Bauteil 2:	
U_2-Wert:	W/(m² · K)
Länge L_2:	m
$F_2 =$	–
$U_2 \cdot L_2 \cdot F_2 =$	0,000 W/(m · K)

Länge gesamt		Σ m	18,00
Lage	Länge	Anzahl	gesamt
Ost	9,00	1,00	9,00
West	9,00	1,00	9,00

Bauteil 3:	
U_3-Wert:	W/(m² · K)
Länge L_3:	m
$F_3 =$	–
$U_3 \cdot L_3 \cdot F_3 =$	0,000 W/(m · K)

Therm 1	
U_{Faktor1}:	0,1617 W/(m² · K)
Länge L_{Therm1}:	1,395 m
$F_{\text{Therm1}} =$	1 –
$U_{\text{Faktor1}} \cdot L_{\text{Therm1}} \cdot F =$	0,226 W/(m · K)

Therm 2	
U_{Faktor2}:	W/(m² · K)
Länge L_{Therm2}:	m
$F_{\text{Therm2}} =$	–
$U_{\text{Faktor2}} \cdot L_{\text{Therm2}} \cdot F =$	0,000 W/(m · K)

ψ-Wert $= (U_{\text{Faktor1}} \cdot L_{\text{Therm1}} + U_{\text{Faktor2}} \cdot L_{\text{Therm2}}) - (U_1 \cdot L_1 \cdot F_1 + U_2 \cdot L_2 \cdot F_2 + U_3 \cdot L_3 \cdot F_3)$

ψ-Wert =   –0,024 W/(m · K)

Der ψ-Wert für das Detail 4.03b beträgt –0,024 W/(m · K). Die gesamte Länge der Wärmebrücke beläuft sich auf 18,00 m.

10.1.3.5 Wärmebrückendetails Fenster (unterer Anschluss)

Detail 5.01 (Abb. 10.55) – Anschluss auf Bodenplatte (Sockeldetail)

Dieser Anschluss grenzt sowohl an Außenluft als auch an das Erdreich. Somit wird der Wärmestrom einmal durch die Außenwand zur Außenluft (Detail 5.01a) und einmal durch die Bodenplatte zum Erdreich (Detail 5.01b) berechnet.

Abb. 10.55: Detail 5.01 – Anschluss auf Bodenplatte (Sockeldetail). Die Abmessungen in roter Schriftfarbe kennzeichnen den Außenmaßbezug (n. m. = nicht maßstäblich).

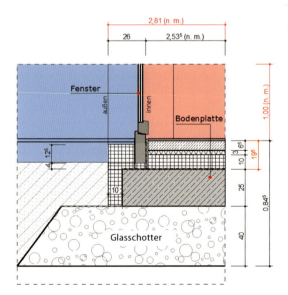

Detail 5.01a – Berechnung des Wärmestroms zur Außenluft

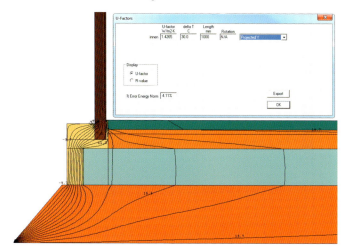

Abb. 10.56:   Detail 5.01a – Wärmestrom zur Außenluft über die y-Achse; Berechnung des *U*-Faktors mit dem Programm Therm

Tabelle 10.23:   Berechnungstabelle für den ψ-Wert des Details 5.01a (Wärmestrom zur Außenluft über die y-Achse); Berechnung nach DIN 4108 Beiblatt 2 und DIN EN ISO 10211

Bauteil 1:	Fenster
U_1-Wert:	1,299 W/(m² · K)
Länge L_1:	1 m
$F_1 =$	1 –
$U_1 \cdot L_1 \cdot F_1 =$	1,299 W/(m · K)

Bauteil 2:	Außenwand
U_2-Wert:	0,159 W/(m² · K)
Länge L_2:	0,195 m
$F_2 =$	1 –
$U_2 \cdot L_2 \cdot F_2 =$	0,031 W/(m · K)

Länge gesamt		∑ m	4,50
Lage	Länge	Anzahl	gesamt
Süd	2,00	1,00	2,00
West	1,00	1,00	1,00
Nord	1,50	1,00	1,50

Bauteil 3:	
U_3-Wert:	W/(m² · K)
Länge L_3:	m
$F_3 =$	–
$U_3 \cdot L_3 \cdot F_3 =$	0,000 W/(m · K)

Therm 1	
U_{Faktor1}:	1,4265 W/(m² · K)
Länge L_{Therm1}:	1 m
$F_{\mathrm{Therm1}} =$	1 –
$U_{\mathrm{Faktor1}} \cdot L_{\mathrm{Therm1}} \cdot F =$	1,427 W/(m · K)

Therm 2	
U_{Faktor2}:	W/(m² · K)
Länge L_{Therm2}:	m
$F_{\mathrm{Therm2}} =$	–
$U_{\mathrm{Faktor2}} \cdot L_{\mathrm{Therm2}} \cdot F =$	0,000 W/(m · K)

ψ-Wert = $(U_{\mathrm{Faktor1}} \cdot L_{\mathrm{Therm1}} + U_{\mathrm{Faktor2}} \cdot L_{\mathrm{Therm2}}) - (U_1 \cdot L_1 \cdot F_1 + U_2 \cdot L_2 \cdot F_2 + U_3 \cdot L_3 \cdot F_3)$
ψ-Wert =   0,096 W/(m · K)

Der ψ-Wert für das Detail 5.01a beträgt 0,096 W/(m · K). Die gesamte Länge der Wärmebrücke beläuft sich auf 4,50 m.

Detail 5.01b – Berechnung des Wärmestroms zum Erdreich

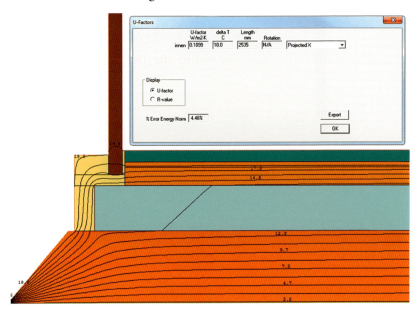

Abb. 10.57:   Detail 5.01b – Wärmestrom zum Erdreich über die x-Achse; Berechnung des U-Faktors mit dem Programm Therm

Tabelle 10.24:   Berechnungstabelle für den ψ-Wert des Details 5.01b (Wärmestrom zum Erdreich über die x-Achse); Berechnung nach DIN 4108 Beiblatt 2 und DIN EN ISO 10211

Bauteil 1:	Bodenplatte	Bauteil 2:		Länge gesamt		Σ m	4,50
U_1-Wert:	0,115 W/(m² · K)	U_2-Wert:	W/(m² · K)	Lage	Länge	Anzahl	gesamt
Länge L_1:	2,81 m	Länge L_2:	m	Süd	2,00	1,00	2,00
$F_1 =$	1 –	$F_2 =$	–	West	1,00	1,00	1,00
$U_1 \cdot L_1 \cdot F_1 =$	0,323 W/(m · K)	$U_2 \cdot L_2 \cdot F_2 =$	0,000 W/(m · K)	Nord	1,50	1,00	1,50

Bauteil 3:	
U_3-Wert:	W/(m² · K)
Länge L_3:	m
$F_3 =$	–
$U_3 \cdot L_3 \cdot F_3 =$	0,000 W/(m · K)

Therm 1		Therm 2	
$U_{Faktor1}$:	0,1099 W/(m² · K)	$U_{Faktor2}$:	W/(m² · K)
Länge L_{Therm1}:	2,535 m	Länge L_{Therm2}:	m
$F_{Therm1} =$	1 –	$F_{Therm2} =$	–
$U_{Faktor1} \cdot L_{Therm1} \cdot F =$	0,279 W/(m · K)	$U_{Faktor2} \cdot L_{Therm2} \cdot F =$	0,000 W/(m · K)

$$\psi\text{-Wert} = (U_{Faktor1} \cdot L_{Therm1} + U_{Faktor2} \cdot L_{Therm2}) - (U_1 \cdot L_1 \cdot F_1 + U_2 \cdot L_2 \cdot F_2 + U_3 \cdot L_3 \cdot F_3)$$

ψ-Wert =   **−0,045 W/(m · K)**

Der ψ-Wert für das Detail 5.01b beträgt −0,045 W/(m · K). Die gesamte Länge der Wärmebrücke beläuft sich auf 4,50 m.

Detail 5.02 (Abb. 10.58) – Anschluss auf Bodenplatte (Sockeldetail – Schiebetür)

Dieser Anschluss grenzt sowohl an Außenluft als auch an das Erdreich. Somit wird der Wärmestrom einmal durch die Außenwand zur Außenluft (Detail 5.02a) und einmal durch die Bodenplatte (Detail 5.02b) zum Erdreich berechnet.

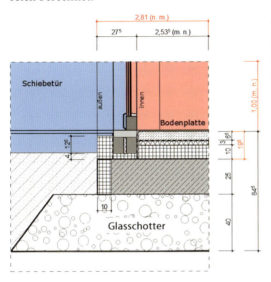

Abb. 10.58: Detail 5.02 – Anschluss auf Bodenplatte (Sockeldetail). Die Abmessungen in roter Schriftfarbe kennzeichnen den Außenmaßbezug (n.m. = nicht maßstäblich).

Detail 5.02a – Berechnung des Wärmestroms zur Außenluft

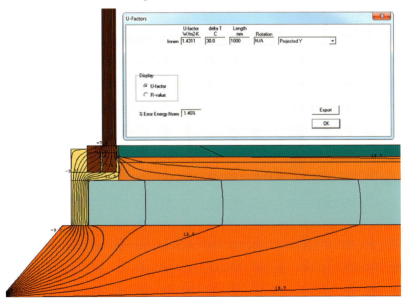

Abb. 10.59: Detail 5.02a – Wärmestrom zur Außenluft über die *y*-Achse; Berechnung des *U*-Faktors mit dem Programm Therm

Tabelle 10.25:   Berechnungstabelle für den ψ-Wert des Details 5.02a (Wärmestrom zur Außenluft über die y-Achse); Berechnung nach DIN 4108 Beiblatt 2 und DIN EN ISO 10211

Bauteil 1:	Fenster
U_1-Wert:	1,299 W/(m²·K)
Länge L_1:	1 m
$F_1 =$	1 –
$U_1 \cdot L_1 \cdot F_1 =$	1,299 W/(m·K)

Bauteil 2:	Außenwand
U_2-Wert:	0,159 W/(m²·K)
Länge L_2:	0,195 m
$F_2 =$	1 –
$U_2 \cdot L_2 \cdot F_2 =$	0,031 W/(m·K)

Länge gesamt		Σ m	7,18
Lage	Länge	Anzahl	gesamt
Süd	4,98	1,00	4,98
West	2,20	1,00	2,20

Bauteil 3:	
U_3-Wert:	W/(m²·K)
Länge L_3:	m
$F_3 =$	–
$U_3 \cdot L_3 \cdot F_3 =$	0,000 W/(m·K)

Therm 1	
$U_{Faktor1}$:	1,4311 W/(m²·K)
Länge L_{Therm1}:	1 m
$F_{Therm1} =$	1 –
$U_{Faktor1} \cdot L_{Therm1} \cdot F =$	1,431 W/(m·K)

Therm 2	
$U_{Faktor2}$:	W/(m²·K)
Länge L_{Therm2}:	m
$F_{Therm2} =$	–
$U_{Faktor2} \cdot L_{Therm2} \cdot F =$	0,000 W/(m·K)

ψ-Wert $= (U_{Faktor1} \cdot L_{Therm1} + U_{Faktor2} \cdot L_{Therm2}) - (U_1 \cdot L_1 \cdot F_1 + U_2 \cdot L_2 \cdot F_2 + U_3 \cdot L_3 \cdot F_3)$
ψ-Wert $=$ **0,101 W/(m·K)**

Der ψ-Wert für das Detail 5.02a beträgt 0,101 W/(m · K). Die gesamte Länge der Wärmebrücke beläuft sich auf 7,18 m.

Detail 5.02b – Berechnung des Wärmestroms zum Erdreich

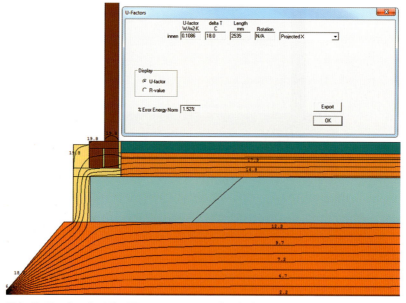

Abb. 10.60:   Detail 5.02b – Wärmestrom zum Erdreich über die x-Achse; Berechnung des U-Faktors mit dem Programm Therm

Tabelle 10.26:   Berechnungstabelle für den ψ-Wert des Details 5.02b (Wärmestrom zum Erdreich über die x-Achse); Berechnung nach DIN 4108 Beiblatt 2 und DIN EN ISO 10211

Bauteil 1:	Bodenplatte
U_1-Wert:	0,115 W/(m^2 · K)
Länge L_1:	2,81 m
$F_1 =$	1 –
$U_1 \cdot L_1 \cdot F_1 =$	0,323 W/(m · K)

Bauteil 2:	
U_2-Wert:	W/(m^2 · K)
Länge L_2:	m
$F_2 =$	–
$U_2 \cdot L_2 \cdot F_2 =$	0,000 W/(m · K)

Länge gesamt		Σ m	7,18
Lage	Länge	Anzahl	gesamt
Süd	4,98	1,00	4,98
West	2,20	1,00	2,20

Bauteil 3:	
U_3-Wert:	W/(m^2 · K)
Länge L_3:	m
$F_3 =$	–
$U_3 \cdot L_3 \cdot F_3 =$	0,000 W/(m · K)

Therm 1	
U_{Faktor1}:	0,1086 W/(m^2 · K)
Länge L_{Therm1}:	2,535 m
$F_{\mathrm{Therm1}} =$	1 –
$U_{\mathrm{Faktor1}} \cdot L_{\mathrm{Therm1}} \cdot F =$	0,275 W/(m · K)

Therm 2	
U_{Faktor2}:	W/(m^2 · K)
Länge L_{Therm2}:	m
$F_{\mathrm{Therm2}} =$	–
$U_{\mathrm{Faktor2}} \cdot L_{\mathrm{Therm2}} \cdot F =$	0,000 W/(m · K)

ψ-Wert $= (U_{\mathrm{Faktor1}} \cdot L_{\mathrm{Therm1}} + U_{\mathrm{Faktor2}} \cdot L_{\mathrm{Therm2}}) - (U_1 \cdot L_1 \cdot F_1 + U_2 \cdot L_2 \cdot F_2 + U_3 \cdot L_3 \cdot F_3)$

ψ-Wert $=$ **−0,048 W/(m · K)**

Der ψ-Wert für das Detail 5.02b beträgt −0,048 W/(m · K). Die gesamte Länge der Wärmebrücke beläuft sich auf 7,18 m.

Detail 5.03 (Abb. 10.61) – Anschluss Fenster/Brüstung

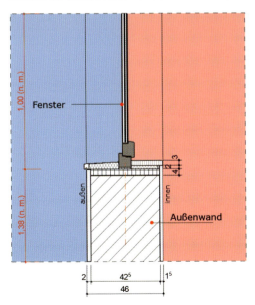

Abb. 10.61:   Detail 5.03 – Anschluss Fenster/Brüstung. Die Abmessungen in roter Schriftfarbe kennzeichnen den Außenmaßbezug (n. m. = nicht maßstäblich).

Berechnung des Wärmestroms zur Außenluft

Abb. 10.62: Detail 5.03 – Wärmestrom zur Außenluft über die y-Achse; Berechnung des U-Faktors mit dem Programm Therm

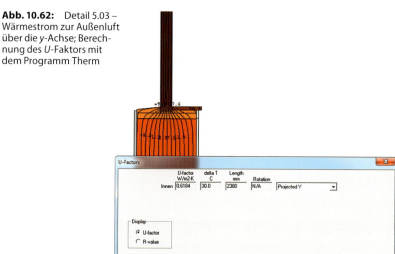

Tabelle 10.27: Berechnungstabelle für den ψ-Wert des Details 5.03 (Wärmestrom zur Außenluft über die y-Achse); Berechnung nach DIN 4108 Beiblatt 2 und DIN EN ISO 10211

Bauteil 1:	Außenwand
U_1-Wert:	0,159 W/(m²·K)
Länge L_1:	1,38 m
$F_1 =$	1 –
$U_1 \cdot L_1 \cdot F_1 =$	0,219 W/(m·K)

Bauteil 2:	Fenster
U_2-Wert:	1,299 W/(m²·K)
Länge L_2:	1 m
$F_2 =$	1 –
$U_2 \cdot L_2 \cdot F_2 =$	1,299 W/(m·K)

Bauteil 3:	
U_3-Wert:	W/(m²·K)
Länge L_3:	m
$F_3 =$	–
$U_3 \cdot L_3 \cdot F_3 =$	0,000 W/(m·K)

Therm 1	
$U_{Faktor1}$:	0,6184 W/(m²·K)
Länge L_{Therm1}:	2,38 m
$F_{Therm1} =$	1 –
$U_{Faktor1} \cdot L_{Therm1} \cdot F =$	1,472 W/(m·K)

Therm 2	
$U_{Faktor2}$:	W/(m²·K)
Länge L_{Therm2}:	m
$F_{Therm2} =$	–
$U_{Faktor2} \cdot L_{Therm2} \cdot F =$	0,000 W/(m·K)

ψ-Wert $= (U_{Faktor1} \cdot L_{Therm1} + U_{Faktor2} \cdot L_{Therm2}) - (U_1 \cdot L_1 \cdot F_1 + U_2 \cdot L_2 \cdot F_2 + U_3 \cdot L_3 \cdot F_3)$

ψ-Wert =   −0,047 W/(m·K)

Länge gesamt		Σ m	22,29
Lage	Länge	Anzahl	gesamt
Süd	3,18	1,00	3,18
	3,60	1,00	3,60
West	1,38	1,00	1,38
	3,00	1,00	3,00
Nord	0,89	2,00	1,77
	2,37	1,00	2,37
Ost	2,00	3,00	6,00
	1,00	1,00	1,00

Der ψ-Wert für das Detail 5.03 beträgt −0,047 W/(m·K). Die gesamte Länge der Wärmebrücke beläuft sich auf 22,29 m.

10.1.3.6 Wärmebrückendetails Fenster (oberer Anschluss)

Detail 6.01 (Abb. 10.63) – Fenstersturz mit Jalousien

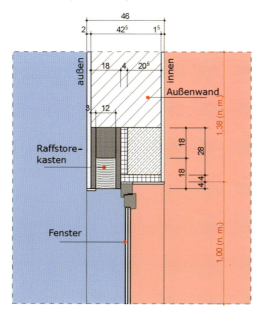

Abb. 10.63: Detail 6.01 – Anschluss Fenstersturz mit Jalousien. Die Abmessungen in roter Schriftfarbe kennzeichnen den Außenmaßbezug (n. m. = nicht maßstäblich).

Berechnung des Wärmestroms zur Außenluft

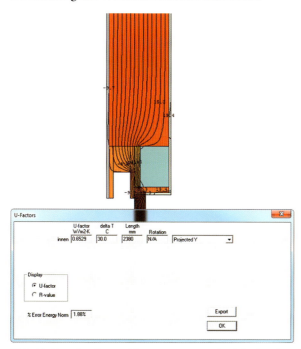

Abb. 10.64: Detail 6.01 – Wärmestrom zur Außenluft über die y-Achse; Berechnung des U-Faktors mit dem Programm Therm

Tabelle 10.28: Berechnungstabelle für den ψ-Wert des Details 6.01 (Wärmestrom zur Außenluft über die y-Achse); Berechnung nach DIN 4108 Beiblatt 2 und DIN EN ISO 10211

Bauteil 1:	Außenwand
U_1-Wert:	0,159 W/(m²·K)
Länge L_1:	1,38 m
$F_1 =$	1 –
$U_1 \cdot L_1 \cdot F_1 =$	0,219 W/(m·K)

Bauteil 2:	Fenster
U_2-Wert:	1,299 W/(m²·K)
Länge L_2:	1 m
$F_2 =$	1 –
$U_2 \cdot L_2 \cdot F_2 =$	1,299 W/(m·K)

Bauteil 3:	
U_3-Wert:	W/(m²·K)
Länge L_3:	m
$F_3 =$	–
$U_3 \cdot L_3 \cdot F_3 =$	0,000 W/(m·K)

Therm 1	
U_{Faktor1}:	0,6529 W/(m²·K)
Länge L_{Therm1}:	2,38 m
$F_{\text{Therm1}} =$	1 –
$U_{\text{Faktor1}} \cdot L_{\text{Therm1}} \cdot F =$	1,554 W/(m·K)

Therm 2	
U_{Faktor2}:	W/(m²·K)
Länge L_{Therm2}:	m
$F_{\text{Therm2}} =$	–
$U_{\text{Faktor2}} \cdot L_{\text{Therm2}} \cdot F =$	0,000 W/(m·K)

Länge gesamt		Σ m	16,53
Lage	Länge	Anzahl	gesamt
Süd	3,60	1,00	3,60
	3,18	1,00	3,18
West	1,38	2,00	2,75
Ost	2,00	3,00	6,00
	1,00	1,00	1,00

$\psi\text{-Wert} = (U_{\text{Faktor1}} \cdot L_{\text{Therm1}} + U_{\text{Faktor2}} \cdot L_{\text{Therm2}}) - (U_1 \cdot L_1 \cdot F_1 + U_2 \cdot L_2 \cdot F_2 + U_3 \cdot L_3 \cdot F_3)$

$\psi\text{-Wert} =$ **0,035 W/(m·K)**

Der ψ-Wert für das Detail 6.01 beträgt 0,035 W/(m · K). Die gesamte Länge der Wärmebrücke beläuft sich auf 16,53 m.

Detail 6.02 (Abb. 10.65) – Fenstersturz ohne Jalousien

Abb. 10.65: Detail 6.02 – Anschluss Fenstersturz ohne Jalousie. Die Abmessungen in roter Schriftfarbe kennzeichnen den Außenmaßbezug (n. m. = nicht maßstäblich).

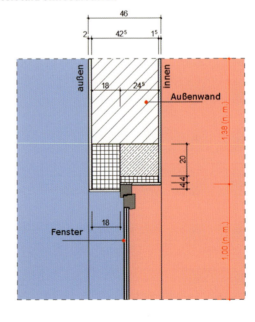

Berechnung des Wärmestroms zur Außenluft

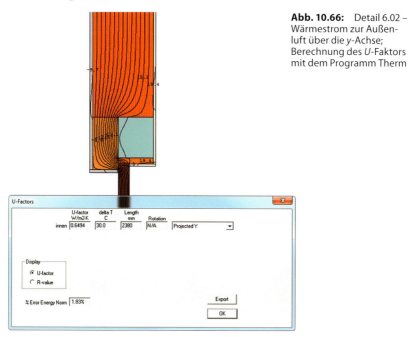

Abb. 10.66:   Detail 6.02 – Wärmestrom zur Außenluft über die y-Achse; Berechnung des U-Faktors mit dem Programm Therm

Tabelle 10.29:   Berechnungstabelle für den ψ-Wert des Details 6.02 (Wärmestrom zur Außenluft über die y-Achse); Berechnung nach DIN 4108 Beiblatt 2 und DIN EN ISO 10211

Bauteil 1:	Außenwand	Bauteil 2:	Fenster	Länge gesamt		Σ m	12,02
U_1-Wert:	0,159 W/(m² · K)	U_2-Wert:	1,299 W/(m² · K)	Lage	Länge	Anzahl	gesamt
Länge L_1:	1,38 m	Länge L_2:	1,00 m	West	3,00	1,00	3,00
$F_1 =$	1 –	$F_2 =$	1 –		1,00	1,00	1,00
$U_1 \cdot L_1 \cdot F_1 =$	0,219 W/(m · K)	$U_2 \cdot L_2 \cdot F_2 =$	1,299 W/(m · K)	Nord	0,89	2,00	1,78
					2,37	2,00	4,74
Bauteil 3:					1,50	1,00	1,50
U_3-Wert:	W/(m² · K)						
Länge L_3:	m						
$F_3 =$	–						
$U_3 \cdot L_3 \cdot F_3 =$	0,000 W/(m · K)						
Therm 1		Therm 2					
U_{Faktor1}:	0,6494 W/(m² · K)	U_{Faktor2}:	W/(m² · K)				
Länge L_{Therm1}:	2,38 m	Länge L_{Therm2}:	m				
$F_{\text{Therm1}} =$	1 –	$F_{\text{Therm2}} =$	–				
$U_{\text{Faktor1}} \cdot L_{\text{Therm1}} \cdot F =$	1,546 W/(m · K)	$U_{\text{Faktor2}} \cdot L_{\text{Therm2}} \cdot F =$	0,000 W/(m · K)				
ψ-Wert $= (U_{\text{Faktor1}} \cdot L_{\text{Therm1}} + U_{\text{Faktor2}} \cdot L_{\text{Therm2}}) - (U_1 \cdot L_1 \cdot F_1 + U_2 \cdot L_2 \cdot F_2 + U_3 \cdot L_3 \cdot F_3)$							
ψ-Wert $=$	**0,027 W/(m · K)**						

Der ψ-Wert für das Detail 6.02 beträgt 0,027 W/(m · K). Die gesamte Länge der Wärmebrücke beläuft sich auf 12,02 m.

10.1.3.7 Wärmebrückendetails Fenster (seitlicher Anschluss)

Detail 7.01 (Abb. 10.67) – Anschluss Fensterlaibung

Abb. 10.67: Detail 7.01 –
Anschluss Fensterlaibung.
Die Abmessungen in roter
Schriftfarbe kennzeichnen
den Außenmaßbezug
(n. m. = nicht maßstäblich).

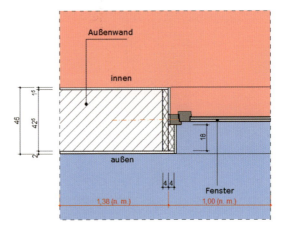

Berechnung des Wärmestroms zur Außenluft

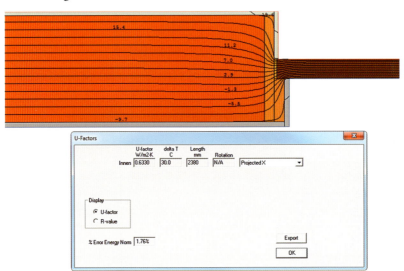

Abb. 10.68: Detail 7.01 – Wärmestrom zur Außenluft über die *x*-Achse; Berechnung des
U-Faktors mit dem Programm Therm

Tabelle 10.30: Berechnungstabelle für den ψ-Wert des Details 7.01 (Wärmestrom zur Außenluft über die x-Achse); Berechnung nach DIN 4108 Beiblatt 2 und DIN EN ISO 10211

Bauteil 1:	Außenwand
U_1-Wert:	0,159 W/(m² · K)
Länge L_1:	1,38 m
$F_1 =$	1 –
$U_1 \cdot L_1 \cdot F_1 =$	0,219 W/(m · K)

Bauteil 2:	Fenster
U_2-Wert:	1,299 W/(m² · K)
Länge L_2:	1,00 m
$F_2 =$	1 –
$U_2 \cdot L_2 \cdot F_2 =$	1,299 W/(m · K)

Bauteil 3:	
U_3-Wert:	W/(m² · K)
Länge L_3:	m
$F_3 =$	–
$U_3 \cdot L_3 \cdot F_3 =$	0,000 W/(m · K)

Therm 1	
U_{Faktor1}:	0,6330 W/(m² · K)
Länge L_{Therm1}:	2,38 m
$F_{\text{Therm1}} =$	1 –
$U_{\text{Faktor1}} \cdot L_{\text{Therm1}} \cdot F =$	1,507 W/(m · K)

Therm 2	
U_{Faktor2}:	W/(m² · K)
Länge L_{Therm2}:	m
$F_{\text{Therm2}} =$	–
$U_{\text{Faktor2}} \cdot L_{\text{Therm2}} \cdot F =$	0,000 W/(m · K)

Länge gesamt		Σ m	34,92
Lage	Länge	Anzahl	gesamt
Süd	2,40	2,00	4,80
	1,10	3,00	3,30
West	2,40	2,00	4,80
	1,10	3,00	3,30
Nord	0,89	8,00	7,12
	2,40	2,00	4,80
	1,10	4,00	4,40
	0,60	4,00	2,40

ψ-Wert $= (U_{\text{Faktor1}} \cdot L_{\text{Therm1}} + U_{\text{Faktor2}} \cdot L_{\text{Therm2}}) - (U_1 \cdot L_1 \cdot F_1 + U_2 \cdot L_2 \cdot F_2 + U_3 \cdot L_3 \cdot F_3)$

ψ-Wert $=$ **−0,012 W/(m · K)**

Der ψ-Wert für das Detail 7.01 beträgt −0,012 W/(m · K). Die gesamte Länge der Wärmebrücke beläuft sich auf 34,92 m.

Detail 7.02 (Abb. 10.69) – Fensterecke

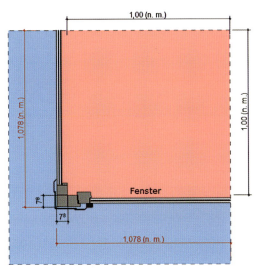

Abb. 10.69: Detail 7.02 – Anschluss Fensterecke. Die Abmessungen in roter Schriftfarbe kennzeichnen den Außenmaßbezug (n. m. = nicht maßstäblich).

Berechnung des Wärmestroms zur Außenluft

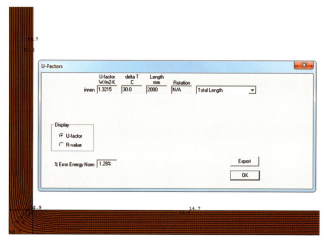

Abb. 10.70:   Detail 7.02 – Wärmestrom zur Außenluft über die *x*- und die *y*-Achse; Berechnung des *U*-Faktors mit dem Programm Therm

Tabelle 10.31:   Berechnungstabelle für den ψ-Wert des Details 7.02 (Wärmestrom zur Außenluft über die *x*- und die *y*-Achse); Berechnung nach DIN 4108 Beiblatt 2 und DIN EN ISO 10211

Bauteil 1:	Fenster		Bauteil 2:	Fenster		Länge gesamt		Σ m	3,50
U_1-Wert:	1,299 W/(m² · K)		U_2-Wert:	1,299 W/(m² · K)		Lage	Länge	Anzahl	gesamt
Länge L_1:	1,078 m		Länge L_2:	1,078 m		Süd/West	2,40	1,00	2,40
$F_1 =$	1 –		$F_2 =$	1 –			1,10	1,00	1,10
$U_1 \cdot L_1 \cdot F_1 =$	1,400 W/(m · K)		$U_2 \cdot L_2 \cdot F_2 =$	1,400 W/(m · K)					

Bauteil 3:	
U_3-Wert:	W/(m² · K)
Länge L_3:	m
$F_3 =$	–
$U_3 \cdot L_3 \cdot F_3 =$	0,000 W/(m · K)

Therm 1			Therm 2	
$U_{Faktor1}$:	1,3215 W/(m² · K)		$U_{Faktor2}$:	W/(m² · K)
Länge L_{Therm1}:	2 m		Länge L_{Therm2}:	m
$F_{Therm1} =$	1 –		$F_{Therm2} =$	–
$U_{Faktor1} \cdot L_{Therm1} \cdot F =$	2,643 W/(m · K)		$U_{Faktor2} \cdot L_{Therm2} \cdot F =$	0,000 W/(m · K)

ψ-Wert $= (U_{Faktor1} \cdot L_{Therm1} + U_{Faktor2} \cdot L_{Therm2}) - (U_1 \cdot L_1 \cdot F_1 + U_2 \cdot L_2 \cdot F_2 + U_3 \cdot L_3 \cdot F_3)$
ψ-Wert $=$ **−0,158 W/(m · K)**

Der ψ-Wert für das Detail 7.02 beträgt –0,158 W/(m · K). Die gesamte Länge der Wärmebrücke beläuft sich auf 3,50 m.

10.1.4   Berechnung des Wärmebrückenfaktors ΔU_{WB}

Tabelle 10.32 zeigt alle Wärmebrücken des Beispielgebäudes im Überblick; auf Grundlage der Berechnungsergebnisse aus Kapitel 10.1.3 werden hier die Transmissionswärmeverluste $H_{T,WB}$ nach der folgenden Formel 9.1 berechnet.

$$H_{T,WB} = \Sigma \, l_i \cdot \psi_i \cdot F_i \qquad \text{in W/K} \tag{9.1}$$

Dieser Berechnungsweg liegt auch den Formblättern C und C-1 der KfW-Wärmebrückenbewertung zugrunde (vgl. dazu ausführlich Kapitel 7.6).

Tabelle 10.32:   Zusammenstellung der Wärmebrücken mit den Ergebnissen der ψ-Wert-Berechnung aus den Berechnungen gemäß Kapitel 10.1.3

Wärme-brücke	Bezeichnung	Länge in m	ψ-Wert in W/(m · K)	F_x-Wert	Transmissionswär-meverluste $H_{T,WB}$ nach Formel 9.1 in W/K
1.0	**Bodenplatte**				
1.01a	Anschluss Außenwand (gegen Außenluft)	29,83	0,059	1,0	1,747
1.01b	Anschluss Außenwand (gegen Erdreich)	36,87	–0,042	0,25	–0,383
1.01c	Anschluss Außenwand (gegen unbeheizten Raum)	7,04	0,059	0,5	0,026
1.02	Anschluss Innenwand (24 cm)	16,13	0,052	1,0	0,831
1.03	Anschluss Innenwand (11,5 cm)	12,41	0,023	1,0	0,284
2.0	**Außenwände**				
2.01a	Außenecke gegen Außenluft	21,27	–0,105	1,0	–2,233
2.01b	Außenecke gegen unbeheizten Anbau	2,81	–0,105	0,5	–0,148
2.02	Innenwandanschluss (11,5 cm)	26,94	0,000	1,0	–0,011
2.03a	Innenecke gegen Außenluft	3,04	0,046	1,0	0,140
2.03b	Innenecke gegen unbeheizten Anbau	3,04	0,046	0,5	0,070
2.04a	Außenecke zu Anbau (gegen Außenluft)	2,81	–0,049	1,0	–0,138
2.04b	Außenecke zu Anbau (gegen unbeheizten Raum)	2,81	–0,056	0,5	–0,079
2.05	Anschluss Erker an Fenster	6,07	–0,050	1,0	–0,303
2.06	Innenwandanschluss (24 cm)	6,07	–0,003	1,0	–0,019
3.0	**Geschossdecke**				
3.01	Auflager Außenwand	26,20	0,031	1,0	0,815
3.02	Anschluss Anbau	4,20	0,057	1,0	0,241
3.03	Anschluss Erker	7,58	0,055	1,0	0,416
3.04a	Anschluss Anbau unbeheizt (gegen Außenluft)	7,04	0,020	1,0	0,142

Fortsetzung Tabelle 10.32: Zusammenstellung der Wärmebrücken mit den Ergebnissen der ψ-Wert-Berechnung aus den Berechnungen gemäß Kapitel 10.1.3

Wärme- brücke	Bezeichnung	Länge in m	ψ-Wert in W/(m · K)	F_x-Wert	Transmissionswär- meverluste $H_{T,WB}$ nach Formel 9.1 in W/K
3.04b	Anschluss Anbau unbeheizt (gegen unbeheizten Abstellraum)	7,04	0,040	0,5	0,143
3.05a	Anschluss Flachdach (Außenwand gegen Außen- luft)	6,40	0,003	1,0	0,018
3.05b	Anschluss Flachdach (Außenwand gegen Dach- fläche)	8,60	−0,062	1,0	−0,532
3.05c	Anschluss Flachdach (Außenwand gegen unbe- heizten Abstellraum)	2,20	0,003	0,5	0,003
4.0	**Oberste Geschossdecke**				
4.01	Anschluss Außenwand/Traufe	24,82	−0,034	1,0	−0,837
4.02	Anschluss Innenwand	20,27	−0,001	0,8	−0,022
4.03a	Anschluss Außenwand/Ortgang (gegen Außenluft)	18,00	0,001	1,0	0,020
4.03b	Anschluss Außenwand/Ortgang (gegen unbeheiz- ten Dachraum)	18,00	−0,024	0,8	−0,348
5.0	**Fensteranschluss unten**				
5.01a	Anschluss auf Bodenplatte (gegen Außenluft)	4,50	0,096	1,0	0,434
5.01b	Anschluss auf Bodenplatte (gegen Erdreich)	4,50	−0,045	0,25	−0,050
5.02a	Schiebetür (gegen Außenluft)	7,18	0,101	1,0	0,726
5.02b	Schiebetür (gegen Erdreich)	7,18	−0,048	0,25	−0,086
5.03	Brüstung	22,29	−0,047	1,0	−1,039
6.0	**Fensteranschluss oben**				
6.01	Fenstersturz mit Jalousien	16,53	0,035	1,0	0,586
6.02	Fenstersturz ohne Jalousien	12,02	0,027	1,0	0,326
7.0	**Fensteranschluss Seite**				
7.01	Fensterlaibung	34,92	−0,012	1,0	−0,415
7.02	Fensterecke	3,50	−0,158	1,0	−0,552
		Summe			−0,048

Die zusätzlichen Transmissionswärmeverluste über die Wärmebrücken summieren sich für das Beispielgebäude auf insgesamt −0,048 W/K (vgl. Tabelle 10.32).

Berechnung von ΔU_{WB}

Die Hüllfläche des Gebäudes beträgt 517 m². Mit der Division der Transmissionswärmeverluste über die Wärmebrücken durch die Hüllfläche errechnen sich die Wärmebrückenverluste pro m² Hüllfläche:

$$\Delta U_{WB} = 0{,}048 \text{ W/K} : 517 \text{ m}^2 = 0{,}000 \text{ W/(m}^2 \cdot \text{K)}$$

Der tatsächliche spezifische Wärmebrückenzuschlag ΔU_{WB} hat – bei einer Rundung auf 3 Nachkommastellen – einen Wert von 0,000 W/(m² · K). Somit geht über die Wärmebrücken zusätzlich zu den über den Außenmaßbezug schon berücksichtigten Verlusten keine weitere Wärme verloren.

Hinweis: Wenn kein detaillierter Wärmebrückennachweis durchgeführt wird, muss ein Wärmebrückenzuschlag ΔU_{WB} von 0,10 W/(m² · K) angesetzt werden.

10.2   Gleichwertigkeitsnachweis

Nachfolgend wird für das Beispiel aus Kapitel 10.1 ein Gleichwertigkeitsnachweis nach DIN 4108 Beiblatt 2 und dem „Infoblatt KfW-Wärmebrückenbewertung" (Stand 11/2015) durchgeführt (vgl. auch Kapitel 6). Die im „Infoblatt KfW-Wärmebrückenbewertung" enthaltenen KfW-Wärmebrückenempfehlungen dürfen bei Gleichwertigkeitsnachweisen für KfW-Effizienzhäuser verwendet werden.

Für den Gleichwertigkeitsnachweis muss den einzelnen Details ein konstruktiv ähnliches Bild aus DIN 4108 Beiblatt 2 oder den KfW-Wärmebrückenempfehlungen zugeordnet werden. Anschließend ist zu überprüfen, ob das vorhandene Detail gleichwertig ist. Zur Feststellung der Gleichwertigkeit werden bei diesem Beispiel nur die ψ-Werte der Details mit den zulässigen ψ-Werten gemäß DIN 4108 Beiblatt 2 oder den KfW-Wärmebrückenempfehlungen verglichen. Der vorhandene ψ-Wert muss kleiner oder gleich dem jeweils zulässigen Wert sein. Die ψ-Wert-Berechnung der einzelnen Details wird in Kapitel 10.1.3 nachvollziehbar dargestellt.

Bei Details, die an unterschiedliche Temperaturbereiche grenzen, ist, falls die ψ-Werte getrennt für beide Bereiche berechnet wurden, ein ψ-Wert aus den beiden ψ-Werten zu berechnen.

10.2.1 Auflistung der nachzuweisenden Details

Da beim Gleichwertigkeitsnachweis nicht alle Details überprüft werden müssen (vgl. Kapitel 6.2), sind als Erstes die Details zu definieren, die nach DIN 4108 Beiblatt 2 nachgewiesen werden müssen.

In Tabelle 10.33 sind alle Wärmebrückendetails des Beispielhauses aufgelistet; für jedes Detail wurde definiert, ob es nach DIN 4108 Beiblatt 2 nachzuweisen ist oder vernachlässigt werden darf. In der Praxis ist es ausreichend, wenn nur die Details aufgelistet werden, die auch nachzuweisen sind.

Tabelle 10.33:   Auflistung aller Wärmebrückendetails aus Kapitel 10.1 mit Festlegung der Nachweisführung nach DIN 4108 Beiblatt 2

Wärme-brücke	Bezeichnung	nachzuweisen nach DIN 4108 Beiblatt 2	Begründung
1.0	**Bodenplatte**		
1.01a	Anschluss Außenwand (gegen Außenluft)		
1.01b	Anschluss Außenwand (gegen Erdreich)	ja	
1.01c	Anschluss Außenwand (gegen unbeheizten Raum)		
1.02	Anschluss Innenwand (24 cm)	nicht notwendig	außen liegende Dämmebene R-Wert > 2,5 m² · K/W
1.03	Anschluss Innenwand (11,5 cm)	nicht notwendig	außen liegende Dämmebene R-Wert > 2,5 m² · K/W
2.0	**Außenwände**		
2.01a	Außenecke gegen Außenluft	nicht notwendig	Außenecke
2.01b	Außenecke gegen unbeheizten Anbau		
2.02	Innenwandanschluss (11,5 cm)	nicht notwendig	Innenwandanschluss
2.03a	Innenecke gegen Außenluft	nicht notwendig	Innenecke
2.03b	Innenecke gegen unbeheizten Anbau		
2.04a	Außenecke zu Anbau (gegen Außenluft)	nicht notwendig	Außenecke
2.04b	Außenecke zu Anbau (gegen unbeheizten Raum)		
2.05	Anschluss Erker an Fenster	ja	
2.06	Innenwandanschluss (24 cm)	nicht notwendig	Innenwandanschluss
3.0	**Geschossdecke**		
3.01	Auflager Außenwand	ja	
3.02	Anschluss Anbau	ja	
3.03	Anschluss Erker	ja	
3.04a	Anschluss Anbau unbeheizt (gegen Außenluft)	ja	
3.04b	Anschluss Anbau unbeheizt (gegen unbeheizten Abstellraum)		
3.05a	Anschluss Flachdach (Außenwand gegen Außenluft)	ja	
3.05b	Anschluss Flachdach (Außenwand gegen Dachfläche)		
3.05c	Anschluss Flachdach (Außenwand gegen unbeheizten Abstellraum)	ja	

Fortsetzung Tabelle 10.33:   Auflistung aller Wärmebrückendetails aus Kapitel 10.1 mit Festlegung der Nachweisführung nach DIN 4108 Beiblatt 2

Wärme-brücke	Bezeichnung	nachzuweisen nach DIN 4108 Beiblatt 2	Begründung
4.0	Oberste Geschossdecke		
4.01	Anschluss Außenwand/Traufe	ja	
4.02	Anschluss Innenwand	nicht notwendig	außen liegende Dämmebene R-Wert $> 2{,}5$ m$^2 \cdot$ K/W
4.03a	Anschluss Außenwand/Ortgang (gegen Außenluft)	ja	
4.03b	Anschluss Außenwand/Ortgang (gegen unbeheizten Dachraum)		
5.0	Fensteranschluss unten		
5.01a	Anschluss auf Bodenplatte (gegen Außenluft)	ja	
5.01b	Anschluss auf Bodenplatte (gegen Erdreich)		
5.02a	Schiebetür (gegen Außenluft)	ja	
5.02b	Schiebetür (gegen Erdreich)		
5.03	Brüstung	ja	
6.0	Fensteranschluss oben		
6.01	Fenstersturz mit Jalousien	ja	
6.02	Fenstersturz ohne Jalousien	ja	
7.0	Fensteranschluss Seite		
7.01	Fensterlaibung	ja	
7.02	Fensterecke	nicht notwendig	Außendecke

10.2.2   Kennzeichnung der Wärmebrückendetails in den Plänen

Alle Details aus der Tabelle 10.33 sind in den Plänen zu kennzeichnen. An dieser Stelle wird auf die Darstellung der Details verzichtet, da dies schon in Kapitel 10.1.1 erfolgt ist (vgl. Abb. 10.1 bis 10.8); von den in den dort abgebildeten Plänen gekennzeichneten Details dürfen nun diejenigen Details weggelassen werden, für die kein Gleichwertigkeitsnachweis geführt werden muss.

10.2.3   Überprüfung der nachzuweisenden Details

Nachfolgend wird für die in Tabelle 10.33 aufgelisteten Details die Gleichwertigkeit gemäß dem in Kapitel 6 angeführten Verfahren geprüft.

10.2.3.1 Wärmebrückendetails der Bodenplatte

Detail 1.01 (a, b, c) – Anschluss Außenwand an Bodenplatte (Abb. 10.71)

Abb. 10.71: Detail 1.01
aus Kapitel 10.1.3
(n. m. = nicht maßstäblich)

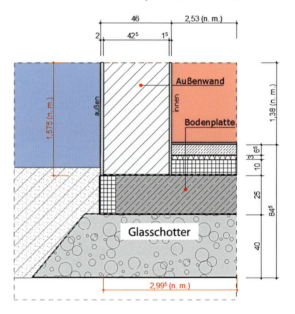

Da es in DIN 4108 Beiblatt 2 kein Detail mit Glasschotterschicht gibt, wurde ein Detail gewählt, bei dem unterhalb der Bodenplatte eine Dämmschicht vorhanden ist.

- zulässiger ψ-Wert nach DIN 4108 Beiblatt 2 (Bild 12): $\psi \leq 0,08$ W/(m $\cdot$ K)
- vorhandener ψ-Wert aus Kapitel 10.1.3:
    - ψ-Wert gegen Außenluft = 0,059 W/(m $\cdot$ K)
    - ψ-Wert gegen Erdreich = –0,042 W/(m $\cdot$ K) $\cdot$ 0,25 = –0,0104 W/(m $\cdot$ K)
    - ψ-Wert gesamt = 0,048 W/(m $\cdot$ K)
- vorhandener ψ-Wert < zulässiger ψ-Wert

Das Detail ist somit gleichwertig.

Detail 1.02 – Anschluss Innenwand (24 cm) auf Bodenplatte (Abb. 10.72)

Anschlüsse von Innenwänden an durchlaufende Außenbauteile wie die Bodenplatte können nach DIN 4108 Beiblatt 2 (Abschnitt 4) vernachlässigt werden, wenn eine durchlaufende Dämmschicht mit einem λ-Wert von 0,04 W/(m · K) und einer Dicke d von $\geq$ 10 cm vorhanden ist. Dies entspricht einem R-Wert $\geq$ 2,5 m² · K/W.

- zulässiger R-Wert nach DIN 4108 Beiblatt 2:
  - $R_{soll} \geq d : \lambda$
  - $R_{soll} \geq 0,10$ m : 0,04 W/(m · K)
  - $R_{soll} \geq 2,5$ m² · K/W
- R-Wert der durchlaufenden Glasschotterschicht unter der Bodenplatte:
  - $R_{ist} = d : \lambda$
  - $R_{ist} = 0,40$ m : 0,09 W/(m · K)
  - $R_{ist} = 4,44$ m² · K/W
- vorhandener R-Wert R_{ist} > zulässiger R-Wert R_{soll}

Es ist somit kein Gleichwertigkeitsnachweis notwendig.

Detail 1.03 – Anschluss Innenwand (11,5 cm); Ziegel auf Bodenplatte (Abb. 10.73)

Für das Detail 1.03 gilt wie für das Detail 1.02 (vgl. dort): Aufgrund der durchlaufenden wärmedämmenden Glasschotterschicht unter der Bodenplatte muss hier keine Gleichwertigkeit untersucht werden.

Es ist somit kein Gleichwertigkeitsnachweis notwendig.

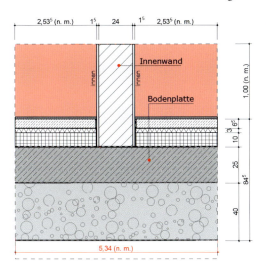

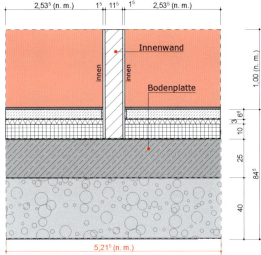

Abb. 10.72:   Detail 1.02 aus Kapitel 10.1.3
(n. m. = nicht maßstäblich)

Abb. 10.73:   Detail 1.03 aus Kapitel 10.1.3
(n. m. = nicht maßstäblich)

10.2.3.2 Wärmebrückendetails der Außenwand

Detail 2.01 (a, b) – Außenecke (Abb. 10.74)

Nach DIN 4108 Beiblatt 2, Abschnitt 4, sind Außenecken vom Nachweis auf Gleichwertigkeit befreit.

Es ist somit kein Gleichwertigkeitsnachweis notwendig.

Detail 2.02 – Anschluss Innenwand (11,5 cm) an Außenwand (Abb. 10.75)

Nach DIN 4108 Beiblatt 2, Abschnitt 4, sind Innenwände, die an durchlaufende Außenwände stoßen, vom Nachweis auf Gleichwertigkeit befreit.

Es ist somit kein Gleichwertigkeitsnachweis notwendig.

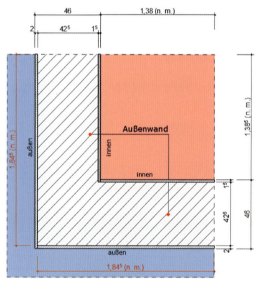

Abb. 10.74: Detail 2.01 aus Kapitel 10.1.3
(n. m. = nicht maßstäblich)

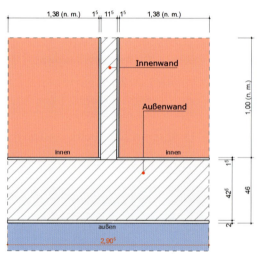

Abb. 10.75: Detail 2.02 aus Kapitel 10.1.3
(n. m. = nicht maßstäblich)

Detail 2.03 (a, b) – Innenecke (Abb. 10.76)

Nach DIN 4108 Beiblatt 2, Abschnitt 4, sind Innenecken vom Nachweis auf Gleichwertigkeit befreit.

Es ist somit kein Gleichwertigkeitsnachweis notwendig.

Detail 2.04 (a, b) – Außenecke zu Anbau (Abb. 10.77)

Nach DIN 4108 Beiblatt 2, Abschnitt 4, sind Außenecken vom Nachweis auf Gleichwertigkeit befreit.

Es ist somit kein Gleichwertigkeitsnachweis notwendig.

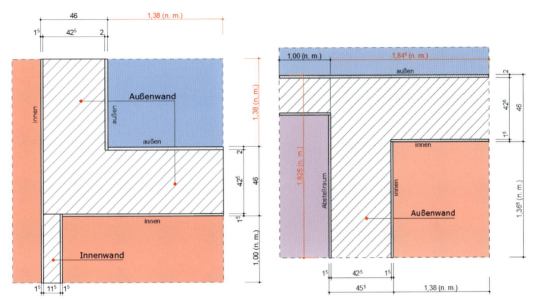

Abb. 10.76:   Detail 2.03 aus Kapitel 10.1.3
(n. m. = nicht maßstäblich)

Abb. 10.77:   Detail 2.04 aus Kapitel 10.1.3
(n. m. = nicht maßstäblich)

Detail 2.05 – Anschluss Erker an Fenster (Abb. 10.78)

Hier handelt es sich sowohl um eine Innenecke als auch um einen Fensteranschluss. Da Innenecken vom Gleichwertigkeitsnachweis befreit sind, wird der Fensteranschluss auf Gleichwertigkeit betrachtet.

Das einzige Detail in DIN 4108 Beiblatt 2, das einen seitlichen Fensteranschluss in einer monolithischen Außenwand darstellt, ist das Bild 48.

- zulässiger ψ-Wert nach DIN 4108 Beiblatt 2 (Bild 48): $\psi \leq 0{,}05$ W/(m · K)
- vorhandener ψ-Wert aus Kapitel 10.1.3: $\psi = -0{,}050$ W/(m · K)
- vorhandener ψ-Wert < zulässiger ψ-Wert

Das Detail ist somit gleichwertig.

Alternativ kann auch nur der Fensteranschluss für sich betrachtet werden (vgl. Detail 7.01 in Kapitel 10.2.3.7).

Detail 2.06 – Anschluss Innenwand (24 cm) an Außenwand (Abb. 10.79)

Nach DIN 4108 Beiblatt 2, Abschnitt 4, sind Innenwände, die an durchlaufende Außenwände stoßen, vom Nachweis auf Gleichwertigkeit befreit.

Es ist somit kein Gleichwertigkeitsnachweis notwendig.

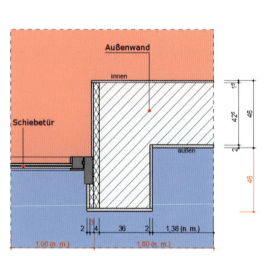

Abb. 10.78:   Detail 2.05 aus Kapitel 10.1.3
(n. m. = nicht maßstäblich)

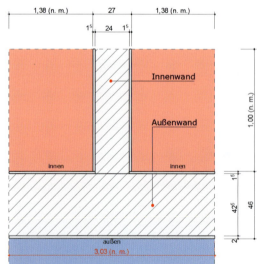

Abb. 10.79:   Detail 2.06 aus Kapitel 10.1.3
(n. m. = nicht maßstäblich)

10.2.3.3 Wärmebrückendetails der Geschossdecke

Detail 3.01 – Auflager Außenwand (Abb. 10.80)

Das Detail entspricht Bild 71 in DIN 4108 Beiblatt 2.

- zulässiger ψ-Wert nach DIN 4108 Beiblatt 2 (Bild 71): ψ- $\leq 0{,}06$ W/(m · K)
- vorhandener ψ-Wert aus Kapitel 10.1.3: $\psi = 0{,}031$ W/(m · K)
- vorhandener ψ-Wert < zulässiger ψ-Wert

Das Detail ist somit gleichwertig.

Detail 3.02 – Auflager Geschossdecke; Anschluss Anbau (Abb. 10.81)

Dieses Detail kann nicht eindeutig einem Bild aus DIN 4108 Beiblatt 2 zugeordnet werden. Das Bild 92 „Gaubenanschluss" kommt dem Detail konstruktiv am nächsten.

- zulässiger ψ-Wert nach DIN 4108 Beiblatt 2 (Bild 92): $\psi \leq 0{,}06$ W/(m · K)
- vorhandener ψ-Wert aus Kapitel 10.1.3: $\psi = 0{,}057$ W/(m · K)
- vorhandener ψ-Wert < zulässiger ψ-Wert

Das Detail ist somit gleichwertig.

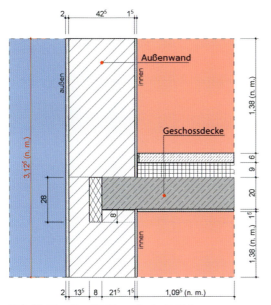

Abb. 10.80:   Detail 3.01 aus Kapitel 10.1.3
(n. m. = nicht maßstäblich)

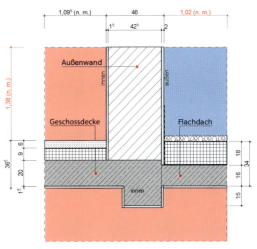

Abb. 10.81:   Detail 3.02 aus Kapitel 10.1.3
(n. m. = nicht maßstäblich)

Detail 3.03 – Anschluss Erker an Geschossdecke und Fensteranschluss (Abb. 10.82)

Bei diesem Detail handelt es sich sowohl um einen Decken- als auch um einen Fensteranschluss. Ein solches Detail ist in DIN 4108 Beiblatt 2 nicht enthalten. Das Detail 3.03 ist nur mit dem Bild 60 bzw. dem Bild 61 aus DIN 4108 Beiblatt 2 zu vergleichen. Für den Nachweis wird hier mit Bild 61 aus DIN 4108 Beiblatt 2 abgeglichen, d.h., es wird das Detail mit dem niedrigeren ψ-Wert ausgewählt.

- zulässiger ψ-Wert nach DIN 4108 Beiblatt 2 (Bild 61): $\psi \leq 0{,}30$ W/(m · K)
- vorhandener ψ-Wert aus Kapitel 10.1.3: $\psi = 0{,}055$ W/(m · K)
- vorhandener ψ-Wert < zulässiger ψ-Wert

Das Detail ist somit gleichwertig.

Detail 3.04 (a, b) – Anschluss Anbau an Geschossdecke (Abb. 10.83)

Bei diesem Detail handelt es sich um einen beidseitigen Deckenanschluss gegen unbeheizten Abstellraum und gegen Außenluft. Ein vergleichbares Detail ist in DIN 4108 Beiblatt 2 nicht vorhanden. Wenn ein Detail in DIN 4108 Beiblatt 2 nicht abgebildet ist, braucht es auch nicht nachgewiesen zu werden.

Es ist somit kein Gleichwertigkeitsnachweis notwendig.

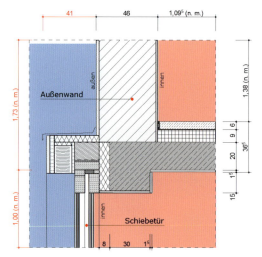

Abb. 10.82: Detail 3.03 aus Kapitel 10.1.3
(n.m. = nicht maßstäblich)

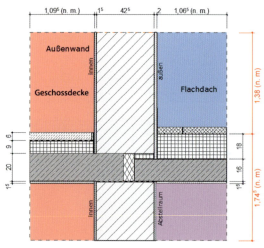

Abb. 10.83: Detail 3.04 aus Kapitel 10.1.3
(n.m. = nicht maßstäblich)

Detail 3.05 (a, b, c) – Anschluss Flachdach an Außenwand (Abb. 10.84)

Das Detail entspricht dem Bild 87 in DIN 4108 Beiblatt 2. Der ψ-Wert für dieses Detail ist in Kapitel 10.1.3 aufgeteilt in einen ψ-Wert für den Wärmestrom durch die Außenwand und einen ψ-Wert für den Wärmestrom durch das Dach, da dieses Detail sowohl gegen Außenluft als auch zum unbeheizten Anbau vorhanden ist. Der ψ-Wert durch die Außenwand zum unbeheizten Anbau kann mit dem Temperaturfaktor F_x abgemindert werden. Betrachtet wird hier der Anschluss zur Außenluft.

- zulässiger ψ-Wert nach DIN 4108 Beiblatt 2 (Bild 87): $\psi \leq 0{,}18$ W/(m · K)
- vorhandener ψ-Wert aus Kapitel 10.1.3:
  - ψ-Wert für die Außenwand: $\psi = -0{,}003$ W/(m · K)
  - ψ-Wert für das Dach: $\psi = -0{,}062$ W/(m · K)
  - ψ-Wert gesamt: $\psi = -0{,}059$ W/(m · K)
- vorhandener ψ-Wert < zulässiger ψ-Wert

Das Detail ist somit gleichwertig.

10.2.3.4 Wärmebrückendetails der obersten Geschossdecke

Detail 4.01 – Anschluss Traufe (Abb. 10.85)

Das Detail entspricht Bild 76 in DIN 4108 Beiblatt 2.

- zulässiger ψ-Wert nach DIN 4108 Beiblatt 2 (Bild 76): $\psi \leq -0{,}01$ W/(m · K)
- vorhandener ψ-Wert aus Kapitel 10.1.3: $\psi = -0{,}034$ W/(m · K)
- vorhandener ψ-Wert < zulässiger ψ-Wert

Das Detail ist somit gleichwertig.

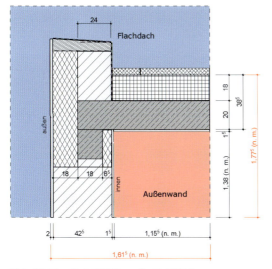

Abb. 10.84: Detail 3.05 aus Kapitel 10.1.3 (n. m. = nicht maßstäblich)

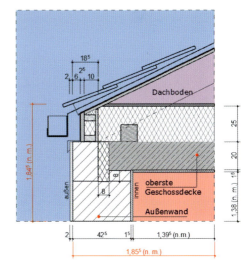

Abb. 10.85: Detail 4.01 aus Kapitel 10.1.3 (n. m. = nicht maßstäblich)

Detail 4.02 – Innenwandanschluss an oberste Geschossdecke (Abb. 10.86)

Da hier eine durchlaufende Dämmschicht mit einem λ-Wert von
0,04 W/(m · K) und einer Dicke von 24 cm vorhanden ist, kann der Nachweis auf Gleichwertigkeit nach DIN 4108 Beiblatt 2, Abschnitt 4, entfallen.

Es ist somit kein Gleichwertigkeitsnachweis notwendig.

Detail 4.03 (a, b) – Anschluss Ortgang (Abb. 10.87)

In DIN 4108 Beiblatt 2 gibt es kein Bild mit einem Anschluss für eine
Geschossdecke an eine Außenwand mit unbeheiztem Dachgeschoss.

In den KfW-Wärmebrückenempfehlungen ist ein vergleichbares Bild 1.10.1
abgebildet (vgl. Abb. 9.87 in Kapitel 9.2.3.4). Dieses darf als Ersatz für
DIN 4108 Beiblatt 2 verwendet werden (vgl. „Infoblatt KfW-Wärmebrückenbewertung" [Stand 11/2015] sowie Kapitel 6.4.2).

- zulässiger ψ-Wert nach Abb. 9.87: $\psi \leq 0,090$ W/(m · K)
- vorhandener ψ-Wert aus Kapitel 10.1.3:
  - ψ-Wert für die Außenwand: $\psi = 0,001$ W/(m · K)
  - ψ-Wert zum unbeheizten Dach: $\psi = -0,024$ W/(m · K) · 0,8
  - ψ-Wert gesamt: $\psi = -0,018$ W/(m · K)
- vorhandener ψ-Wert < zulässiger ψ-Wert

Der vorhandene ψ-Wert ist kleiner als der zulässige ψ-Wert nach Bild 1.10.1
der KfW-Wärmebrückenempfehlungen (vgl. Abb. 9.87).

Das Detail ist somit gleichwertig.

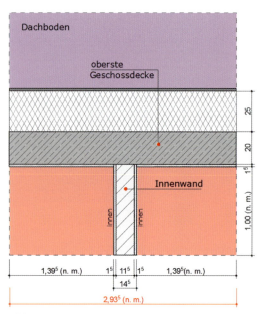

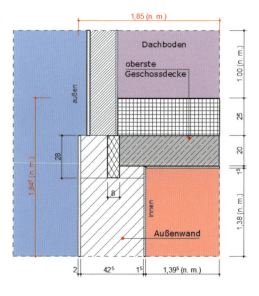

Abb. 10.86:   Detail 4.02 aus Kapitel 10.1.3
(n.m. = nicht maßstäblich)

Abb. 10.87:   Detail 4.03 aus Kapitel 10.1.3
(n.m. = nicht maßstäblich)

10.2.3.5 Wärmebrückendetails Fenster (unterer Anschluss)

Detail 5.01 (a, b) – Fensteranschluss Bodenplatte; Fenstertür (Abb. 10.88)

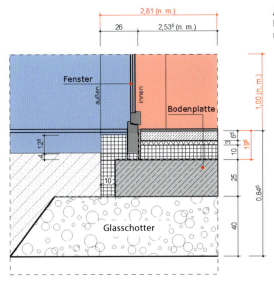

Abb. 10.88:   Detail 5.01 aus Kapitel 10.1.3 (n.m. = nicht maßstäblich)

In DIN 4108 Beiblatt 2 sind keine Anschlüsse für Fenster auf Bodenplatte ohne Keller vorhanden. Hier kann nur das Bild 67 aus DIN 4108 Beiblatt 2 verwendet werden, das einen unteren Fensteranschluss zum unbeheizten Keller mit Dämmung unterhalb der Kellerdecke darstellt.

- zulässiger ψ-Wert nach DIN 4108 Beiblatt 2 (Bild 67): $\psi \leq 0{,}090$ W/(m · K)
- vorhandener ψ-Wert aus Kapitel 10.1.3:
  - ψ-Wert für die Außenwand: $\psi = 0{,}096$ W/(m · K)
  - ψ-Wert für die Bodenplatte: $\psi = -0{,}045$ W/(m · K) · 0,25
  - ψ-Wert gesamt: $\psi = 0{,}085$ W/(m · K)
- vorhandener ψ-Wert > zulässiger ψ-Wert

Das Detail ist somit gleichwertig.

Detail 5.02 (a, b) – Fensteranschluss Bodenplatte; Schiebetür (Abb. 10.89)

Wie bei Detail 5.01 bietet sich für das Detail 5.02 nur der Vergleich mit Bild 67 aus DIN 4108 Beiblatt 2 an.

- zulässiger ψ-Wert nach DIN 4108 Beiblatt 2 (Bild 67): $\psi \leq 0{,}090$ W/(m · K)
- vorhandener ψ-Wert aus Kapitel 10.1.3:
  - ψ-Wert für die Außenwand: $\psi = 0{,}101$ W/(m · K)
  - ψ-Wert für die Bodenplatte: $\psi = -0{,}048$ W/(m · K) · 0,25
  - ψ-Wert gesamt: $\psi = 0{,}089$ W/(m · K)
- vorhandener ψ-Wert < zulässiger ψ-Wert

Das Detail ist somit gleichwertig.

Detail 5.03 – Anschluss Fensterbrüstung (Abb. 10.90)

Dieses Detail entspricht Bild 42 aus DIN 4108 Beiblatt 2.

- zulässiger ψ-Wert nach DIN 4108 Beiblatt 2 (Bild 42): $\psi \leq 0{,}070$ W/(m · K)
- vorhandener ψ-Wert aus Kapitel 10.1.3: $\psi = -0{,}047$ W/(m · K)
- vorhandener ψ-Wert < zulässiger ψ-Wert

Das Detail ist somit gleichwertig.

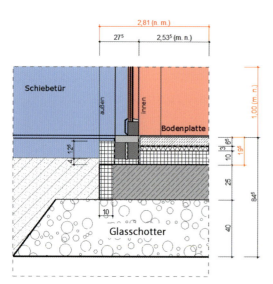

Abb. 10.89:   Detail 5.02 aus Kapitel 10.1.3
(n.m. = nicht maßstäblich)

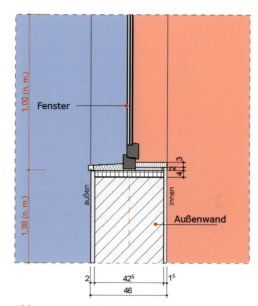

Abb. 10.90:   Detail 5.03 aus Kapitel 10.1.3
(n.m. = nicht maßstäblich)

10.2.3.6 Wärmebrückendetails Fenster (oberer Anschluss)

Detail 6.01 – Fenstersturz mit Jalousien (Abb. 10.91)

Ein Anschlussdetail mit Jalousien oder Rollladenkasten ohne Deckenanschluss ist in der DIN 4108 Beiblatt 2 nicht enthalten. Hier kann nur das Bild 61 aus DIN 4108 Beiblatt 2 verwendet werden, das einen Anschluss mit Geschossdecke darstellt.

- zulässiger ψ-Wert nach DIN 4108 Beiblatt 2 (Bild 61): $\psi \leq 0,30$ W/(m · K)
- vorhandener ψ-Wert aus Kapitel 10.1.3: $\psi = 0,035$ W/(m · K)
- vorhandener ψ-Wert < zulässiger ψ-Wert

Das Detail ist somit gleichwertig.

Detail 6.02 – Fenstersturz ohne Jalousien (Abb. 10.92)

Ein Anschlussdetail ohne Jalousien oder Rollladenkasten und ohne Deckenanschluss ist in der DIN 4108 Beiblatt 2 nicht enthalten. Hier kann nur das Bild 54 aus DIN 4108 Beiblatt 2 verwendet werden, das einen Anschluss mit Geschossdecke darstellt.

- zulässiger ψ-Wert nach DIN 4108 Beiblatt 2 (Bild 54): $\psi \leq 0,15$ W/(m · K)
- vorhandener ψ-Wert aus Kapitel 10.1.3: $\psi = 0,027$ W/(m · K)
- vorhandener ψ-Wert < zulässiger ψ-Wert

Das Detail ist somit gleichwertig.

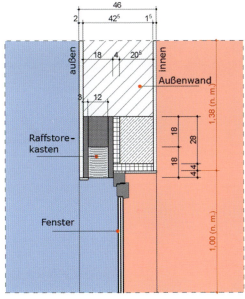

Abb. 10.91:   Detail 6.01 aus Kapitel 10.1.3
(n. m. = nicht maßstäblich)

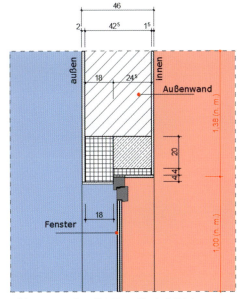

Abb. 10.92:   Detail 6.02 aus Kapitel 10.1.3
(n. m. = nicht maßstäblich)

10.2.3.7 Wärmebrückendetails Fenster (seitlicher Anschluss)

Detail 7.01 – Fensterlaibung (Abb. 10.93)

Hier kann das Bild 48 aus DIN 4108 Beiblatt 2 eindeutig zugeordnet werden.

- zulässiger ψ-Wert nach DIN 4108 Beiblatt 2 (Bild 48): $\psi \leq 0,050$ W/(m · K)
- vorhandener ψ-Wert aus Kapitel 10.1.3: $\psi = -0,012$ W/(m · K)
- vorhandener ψ-Wert < zulässiger ψ-Wert

Das Detail ist somit gleichwertig.

Detail 7.02 – Fensterecke (Abb. 10.94)

Da es sich hier um eine Außenecke von 2 Fensterrahmen handelt, kann auf einen Gleichwertigkeitsnachweis nach DIN 4108 Beiblatt 2, Abschnitt 4, verzichtet werden. Der vorhandene ψ-Wert dieser Ecke ist negativ.

Es ist somit kein Gleichwertigkeitsnachweis notwendig.

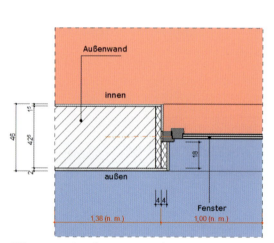

Abb. 10.93:   Detail 7.01 aus Kapitel 10.1.3
(n. m. = nicht maßstäblich)

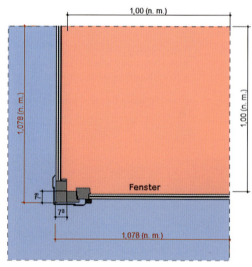

Abb. 10.94:   Detail 7.02 aus Kapitel 10.1.3
(n. m. = nicht maßstäblich)

10.2.4   Gleichwertigkeitsnachweis nach Formblatt A der KfW-Wärmebrückenbewertung

In Tabelle 10.34 sind alle Details mit den Ergebnissen des Gleichwertigkeitsnachweises in Anlehnung an das Formblatt A der KfW-Wärmebrückenbewertung zusammengestellt (vgl. dazu ausführlich Kapitel 6.4.1).

Da alle Details gleichwertig sind, darf in der Energiebilanzierung mit einem Wärmebrückenfaktor ΔU_{WB} von 0,05 W/(m² · K) gerechnet werden.

Tabelle 10.34: Zusammenstellung der Details für den Gleichwertigkeitsnachweis in Anlehnung an das Formblatt A der KfW-Wärmebrückenbewertung

relevante Wärmebrücken für den Gleichwertigkeitsnachweis		Nummer des Vergleichsbeispiels aus DIN 4108 Beiblatt 2 oder den KfW-Wärmebrückenempfehlungen	Nachweis der Gleichwertigkeit nach Verfahren					gleichwertig (ja/nein)
			1 konstruktives Grundprinzip DIN 4108 Beiblatt 2	2 Wärmedurchlasswiderstand	3 ψ-Wert nach eigener Berechnung	4 ψ-Wert aus Veröffentlichung	5 KfW-Wärmebrückenempfehlungen	
1.0	**Bodenplatte**							
1.01a	Anschluss Außenwand (gegen Außenluft)	12			X			ja
1.01b	Anschluss Außenwand (gegen Erdreich)							
1.01c	Anschluss Außenwand (gegen unbeheizten Raum)	12			X			ja
2.0	**Außenwände**							
2.05	Anschluss Erker an Fenster	48			X			ja
3.0	**Geschossdecke**							
3.01	Auflager Außenwand	71			X			ja
3.02	Anschluss Anbau	92			X			ja
3.03	Anschluss Erker	61			X			ja
3.04a	Anschluss Anbau unbeheizt (gegen Außenluft)	kein Nachweis möglich						
3.04b	Anschluss Anbau unbeheizt (gegen unbeheizten Abstellraum)							
3.05a	Anschluss Flachdach (Außenwand gegen Außenluft)							
3.05b	Anschluss Flachdach (Außenwand gegen Dachfläche)	87			X			ja
3.05c	Anschluss Flachdach (Außenwand gegen unbeheizten Abstellraum)							
4.0	**Oberste Geschossdecke**							
4.01	Anschluss Außenwand/Traufe	76			X			ja
4.03a	Anschluss Außenwand/Ortgang (gegen Außenluft)	1.10.1					X	ja
4.03b	Anschluss Außenwand/Ortgang (gegen unbeheizten Dachraum)							

Fortsetzung Tabelle 10.34:   Zusammenstellung der Details für den Gleichwertigkeitsnachweis in Anlehnung an das Formblatt A der KfW-Wärmebrückenbewertung

relevante Wärmebrücken für den Gleichwertigkeitsnachweis	Nummer des Vergleichs-beispiels aus DIN 4108 Beiblatt 2 oder den KfW-Wärme-brücken-empfeh-lungen	Nachweis der Gleichwertigkeit nach Verfahren					gleich-wertig (ja/nein)
		1 kons-truktives Grund-prinzip DIN 4108 Bei-blatt 2	2 Wärme-durch-lass-wider-stand	3 ψ-Wert nach eigener Berech-nung	4 ψ-Wert aus Ver-öffent-lichung	5 KfW-Wärme-brücken-empfeh-lungen	
5.0 Fensteranschluss unten							
5.01a Anschluss auf Bodenplatte (gegen Außenluft)	67			X			ja
5.01b Anschluss auf Bodenplatte (gegen Erdreich)							
5.02a Schiebetür (gegen Außenluft)	67			X			ja
5.02b Schiebetür (gegen Erdreich)							
5.03 Brüstung	42			X			ja
6.0 Fensteranschluss oben							
6.01 Fenstersturz mit Jalousien	61			X			ja
6.02 Fenstersturz ohne Jalousien	54			X			ja
7.0 Fensteranschluss Seite							
7.01 Fensterlaibung	48			X			ja

11 Beispiel 3: Bestandsgebäude mit WärmedämmVerbundsystem

Nachfolgend wird die detaillierte Berechnung der Wärmebrücken und der Gleichwertigkeitsnachweis an einem sanierten Bestandsgebäude mit Wärmedämm-Verbundsystem (WDVS) dargestellt.

> **Hinweis:** Das Gebäude wurde in unsaniertem Zustand erfasst; die energetische Berechnung der Wärmeverluste beruht auf den Maßen des unsanierten Gebäudes.
> Wenn nun die Wärmebrückenverluste nach Aufbringen eines WDVS berechnet und optimiert werden, muss beachtet werden, dass **die Systemgrenze nicht an der Außenkante des WDVS liegt, sondern an der Außenkante des Bestandsgebäudes.** Der sich ergebende Wärmebrückenfaktor ΔU_{WB} fällt dadurch etwas höher aus, weil die Gutschrift bei den Gebäudeecken geringer ausfällt.
> Für den Gleichwertigkeitsnachweis muss die Systemgrenze nach außen verlegt werden, da die Details sonst nicht mit DIN 4108 Beiblatt 2 vergleichbar sind.
> Insgesamt bessere energetische Ergebnisse im Verhältnis zum Referenzgebäude werden erreicht, wenn das sanierte Gebäude mit den neuen Außenmaßen berechnet wird. Für dieses Beispiel wurde die Systemgrenze allerdings bewusst nicht nach außen gelegt, weil dies auch oft in der Praxis so gehandhabt wird. Damit soll dargestellt werden, welchen Einfluss diese Vorgehensweise auf das Endergebnis bei der Berechnung des Wärmebrückenfaktors ΔU_{WB} hat (vgl. Kapitel 11.1.4).

Die Pläne mit den Berechnungstabellen stehen als Download zur Verfügung (vgl. die Hinweise zum Download-Angebot auf S. 6). Alle Wärmebrückendetails wurden mit dem Isothermen-Programm Therm (Version 7.3) berechnet.

11.1 Detaillierte Berechnung des Wärmebrückenfaktors ΔU_{WB}

11.1.1 Kennzeichnung der Wärmebrückendetails in den Plänen

Für die Kennzeichnung der Wärmebrücken in den Plänen wird bei diesem Beispiel folgendermaßen durchnummeriert:

- 1.0 – alle Wärmebrücken der Kellerbodenplatte,
- 2.0 – alle Wärmebrücken der Kellerwände,
- 3.0 – alle Wärmebrücken der Kellerdecke,
- 4.0 – alle Wärmebrücken der Außenwände,
- 5.0 – alle Wärmebrücken der Geschossdecke,
- 6.0 – alle Wärmebrücken der obersten Geschossdecke,
- 7.0 – alle Fensteranschlüsse unten,
- 8.0 – alle Fensteranschlüsse oben,
- 9.0 – alle Fensteranschlüsse seitlich.

Die Abb. 11.1 bis 11.8 zeigen Pläne des Beispielgebäudes, in denen die vorhandenen Wärmebrücken gekennzeichnet und nummeriert sind. Wenn eine Wärmebrücke an 2 unterschiedliche Temperaturzonen grenzt, wird diese in 2 Wärmebrücken aufgeteilt (vgl. dazu Kapitel 7.1).

Auch im vorliegenden Beispiel werden Wärmebrücken mit unterschiedlichen Außentemperaturbereichen aufgegliedert und mit den Zusätzen „a", „b" oder „c" gekennzeichnet.

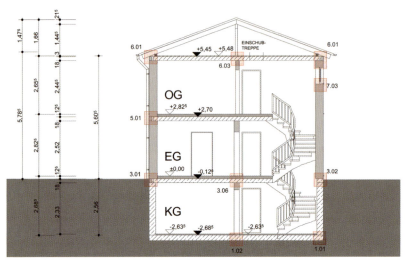

Abb. 11.1: Beispielgebäude – Schnitt A-A

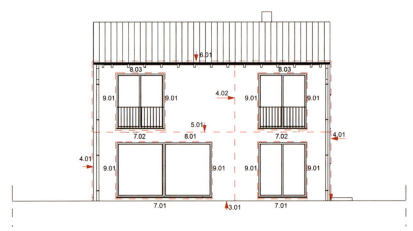

Abb. 11.2: Beispielgebäude – Ansicht Süd

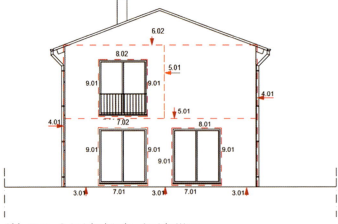

Abb. 11.3: Beispielgebäude – Ansicht West

Abb. 11.4:   Beispielgebäude – Ansicht Nord

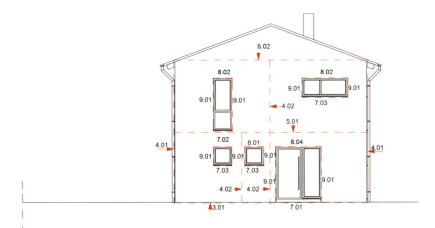

Abb. 11.5:   Beispielgebäude – Ansicht Ost

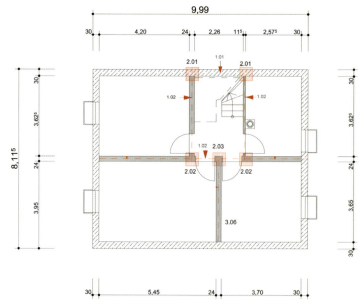

Abb. 11.6:   Beispielgebäude – Grundriss Kellergeschoss

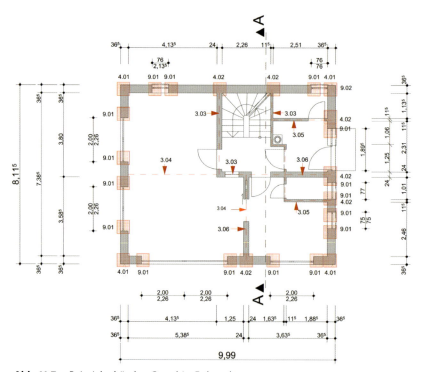

Abb. 11.7:   Beispielgebäude – Grundriss Erdgeschoss

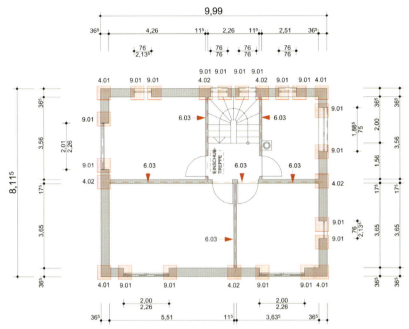

Abb. 11.8:   Beispielgebäude – Grundriss Obergeschoss

11.1.2   Bestimmung der *U*-Werte für die Außenbauteile

Die Abb. 11.9 bis 11.15 stellen die Außenbauteile mit den einzelnen Schichtungen dar.

Bei Fachwerken wird der ψ-Wert immer durch die Gefache bestimmt. Die *U*-Werte der Bauteile wurden mit dem Programm Therm (Version 7.3) berechnet.

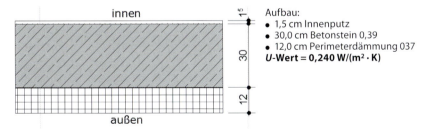

Aufbau:
- 1,5 cm Innenputz
- 30,0 cm Betonstein 0,39
- 12,0 cm Perimeterdämmung 037
U-Wert = 0,240 W/(m² · K)

Abb. 11.9:   Beispielgebäude – Schichtaufbau Kelleraußenwand

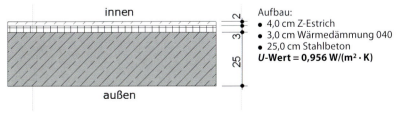

Aufbau:
- 4,0 cm Z-Estrich
- 3,0 cm Wärmedämmung 040
- 25,0 cm Stahlbeton
U-Wert = 0,956 W/(m² · K)

Abb. 11.10:   Beispielgebäude – Schichtaufbau Bodenplatte

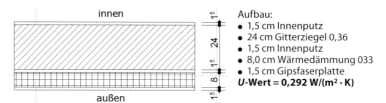

Aufbau:
- 1,5 cm Innenputz
- 24 cm Gitterziegel 0,36
- 1,5 cm Innenputz
- 8,0 cm Wärmedämmung 033
- 1,5 cm Gipsfaserplatte
  U-Wert = 0,292 W/(m² · K)

Abb. 11.11:   Beispielgebäude – Schichtaufbau Kellerinnenwand

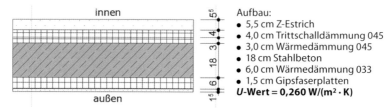

Aufbau:
- 5,5 cm Z-Estrich
- 4,0 cm Trittschalldämmung 045
- 3,0 cm Wärmedämmung 045
- 18 cm Stahlbeton
- 6,0 cm Wärmedämmung 033
- 1,5 cm Gipsfaserplatten
  U-Wert = 0,260 W/(m² · K)

Abb. 11.12:   Beispielgebäude – Schichtaufbau Kellerdecke

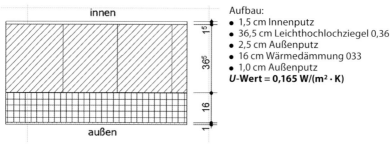

Aufbau:
- 1,5 cm Innenputz
- 36,5 cm Leichthochlochziegel 0,36
- 2,5 cm Außenputz
- 16 cm Wärmedämmung 033
- 1,0 cm Außenputz
  U-Wert = 0,165 W/(m² · K)

Abb. 11.13:   Beispielgebäude – Schichtaufbau Außenwand

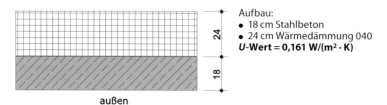

Aufbau:
- 18 cm Stahlbeton
- 24 cm Wärmedämmung 040
  U-Wert = 0,161 W/(m² · K)

Abb. 11.14:   Beispielgebäude – Schichtaufbau oberste Geschossdecke

Aufbau:
- 7,0 cm Holzriegel
  U-Wert = 1,41 W/(m² · K)

Abb. 11.15:   Beispielgebäude – Fenster; vereinfacht dargestellt nach DIN 4108 Beiblatt 2

11.1.3 Berechnung der ψ-Werte

In den nachfolgenden Abbildungen und Tabellen wird dargestellt, wie der ψ-Wert für die einzelnen Details mit den Ergebnissen aus dem Programm Therm zu berechnen ist. In den Detailplänen sind alle notwendigen Maße für die Berechnung rot gekennzeichnet. Wie mit dem U-Faktor aus dem Programm Therm ein ψ-Wert berechnet werden kann, wird auch in Kapitel 8.6.2 erläutert.

Für die dargestellten Details sind bei diesem Beispiel zusätzlich zu den notwendigen Maßen noch die Randbedingungen angegeben, die bei der Berechnung der ψ-Werte angesetzt werden müssen (vgl. auch Kapitel 2.2).

11.1.3.1 Wärmebrückendetails der Kellerbodenplatte

Detail 1.01 (Abb. 11.16) – Anschluss Kelleraußenwand auf Bodenplatte

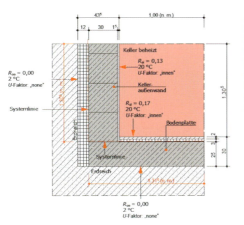

Abb. 11.16: Detail 1.01 – Anschluss Kelleraußenwand auf Bodenplatte. Die Abmessungen in roter Schriftfarbe kennzeichnen den Außenmaßbezug; die Systemlinie läuft entlang der Bestandswand und auf der Bodenplatte (n. m. = nicht maßstäblich; Angaben für R_{si} und R_{se} in $m^2 \cdot K/W$).

Berechnung des Wärmestroms zum Erdreich

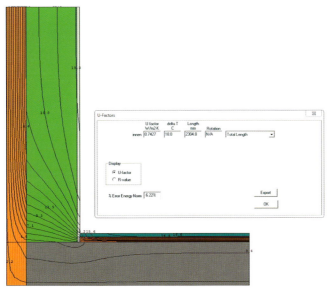

Abb. 11.17: Detail 1.01 – Wärmestrom zum Erdreich über die x- und die y-Achse; Berechnung des U-Faktors mit dem Programm Therm

Tabelle 11.1: Berechnungstabelle für den ψ-Wert des Details 1.01 (Wärmestrom zum Erdreich über die x- und die y-Achse); Berechnung nach DIN 4108 Beiblatt 2 und DIN EN ISO 10211

Bauteil 1:	Bodenplatte	Bauteil 2:	Kelleraußenwand
U_1-Wert:	0,956 W/(m²·K)	U_2-Wert:	0,24 W/(m²·K)
Länge L_1:	1,315 m	Länge L_2:	1,305 m
$F_1 =$	1 –	$F_2 =$	1 –
$U_1 \cdot L_1 \cdot F_1 =$	1,258 W/(m·K)	$U_2 \cdot L_2 \cdot F_2 =$	0,313 W/(m·K)

Länge gesamt		Σ m	2,62
Lage	Länge	Anzahl	gesamt
KG	2,62	1,00	2,62

Bauteil 3:	
U_3-Wert:	W/(m²·K)
Länge L_3:	m
$F_3 =$	1 –
$U_3 \cdot L_3 \cdot F_3 =$	0,000 W/(m·K)

Therm 1		Therm 2	
$U_{Faktor1}$:	0,743 W/(m²·K)	$U_{Faktor2}$:	W/(m²·K)
Länge L_{Therm1}:	2,305 m	Länge L_{Therm2}:	m
$F_{Therm1} =$	1 –	$F_{Therm2} =$	1 –
$U_{Faktor1} \cdot L_{Therm1} \cdot F =$	1,712 W/(m·K)	$U_{Faktor2} \cdot L_{Therm2} \cdot F =$	0,000 W/(m·K)

$$\psi\text{-Wert} = (U_{Faktor1} \cdot L_{Therm1} + U_{Faktor2} \cdot L_{Therm2}) - (U_1 \cdot L_1 \cdot F_1 + U_2 \cdot L_2 \cdot F_2 + U_3 \cdot L_3 \cdot F_3)$$

$$\psi\text{-Wert} = \quad 0,141 \text{ W/(m·K)}$$

Der ψ-Wert für das Detail 1.01 beträgt 0,141 W/(m · K). Die gesamte Länge der Wärmebrücke beläuft sich auf 2,62 m.

Detail 1.02 (Abb. 11.18) – Anschluss Innenwand (24 cm) auf Bodenplatte

Da das Erdreich und der unbeheizte Kellerraum nahezu gleiche Temperaturen aufweisen, kann das Detail gegen eine Außentemperatur gerechnet werden.

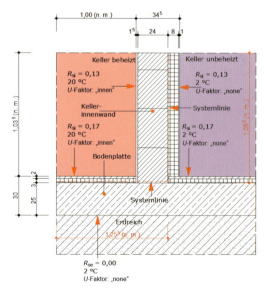

Abb. 11.18: Detail 1.02 – Anschluss Innenwand (24 cm) auf Bodenplatte. Die Abmessungen in roter Schriftfarbe kennzeichnen den Außenmaßbezug; die Systemlinie läuft entlang der Bestandswand und auf der Bodenplatte (n. m. = nicht maßstäblich; Angaben für R_{si} und R_{se} in m²·K/W).

Berechnung des Wärmestroms zum Erdreich und zum unbeheizten Keller

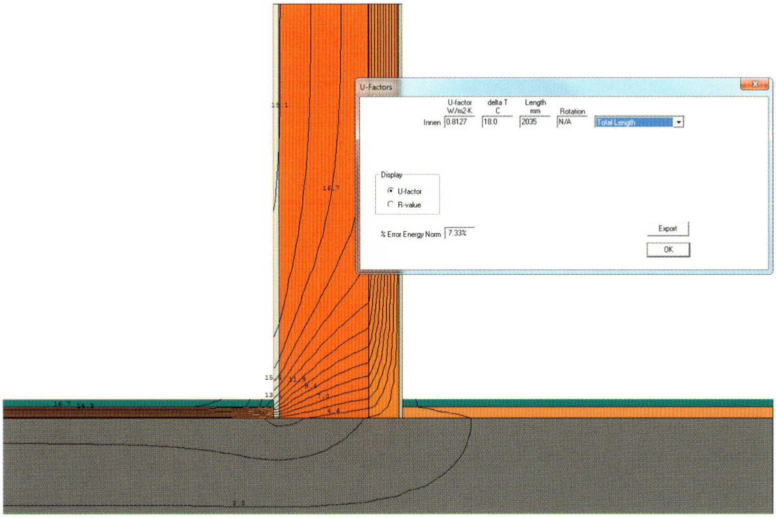

Abb. 11.19:   Detail 1.02 – Wärmestrom zum Erdreich über die *x*-Achse und zum unbeheizten Raum über die *y*-Achse; Berechnung des *U*-Faktors mit dem Programm Therm

Tabelle 11.2:   Berechnungstabelle für den ψ-Wert des Details 1.02 (Wärmestrom zum Erdreich über die *x*-Achse und zum unbeheizten Keller über die *y*-Achse); Berechnung nach DIN 4108 Beiblatt 2 und DIN EN ISO 10211

Bauteil 1:	Bodenplatte
U_1-Wert:	0,956 W/(m² · K)
Länge L_1:	1,255 m
$F_1 =$	1 –
$U_1 \cdot L_1 \cdot F_1 =$	1,200 W/(m · K)

Bauteil 3:	
U_3-Wert:	W/(m² · K)
Länge L_3:	m
$F_3 =$	1 –
$U_3 \cdot L_3 \cdot F_3 =$	0,000 W/(m · K)

Bauteil 2:	Kellerinnenwand
U_2-Wert:	0,29 W/(m² · K)
Länge L_2:	1,085 m
$F_2 =$	1 –
$U_2 \cdot L_2 \cdot F_2 =$	0,317 W/(m · K)

Länge gesamt		Σ m	10,95
Lage	Länge	Anzahl	gesamt
KG	4,17	2,00	8,33
	2,62	1,00	2,62

Therm 1	
$U_{Faktor1}$:	0,813 W/(m² · K)
Länge L_{Therm1}:	2,035 m
$F_{Therm1} =$	1 –
$U_{Faktor1} \cdot L_{Therm1} \cdot F =$	1,654 W/(m · K)

Therm 2	
$U_{Faktor2}$:	W/(m² · K)
Länge L_{Therm2}:	m
$F_{Therm2} =$	1 –
$U_{Faktor2} \cdot L_{Therm2} \cdot F =$	0,000 W/(m · K)

ψ-Wert $= (U_{Faktor1} \cdot L_{Therm1} + U_{Faktor2} \cdot L_{Therm2}) - (U_1 \cdot L_1 \cdot F_1 + U_2 \cdot L_2 \cdot F_2 + U_3 \cdot L_3 \cdot F_3)$
ψ-Wert $=$ **0,136 W/(m · K)**

Der ψ-Wert für das Detail 1.02 beträgt 0,136 W/(m · K). Die gesamte Länge der Wärmebrücke beläuft sich auf 10,95 m.

11.1.3.2 Wärmebrückendetails der Kellerwände

Detail 2.01 (Abb. 11.20) – Anschluss Innenwand (24 cm) an Außenwand

Da das Erdreich und der unbeheizte Kellerraum nahezu gleiche Temperaturen aufweisen, kann das Detail gegen eine Außentemperatur gerechnet werden.

Abb. 11.20:   Detail 2.01 – Anschluss Innenwand (24 cm) an Außenwand. Die Abmessungen in roter Schriftfarbe kennzeichnen den Außenmaßbezug; die Systemlinie läuft entlang der Bestandswand (n. m. = nicht maßstäblich; Angaben für R_{si} und R_{se} in m² · K/W).

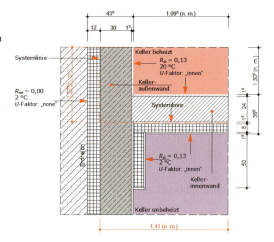

Berechnung des Wärmestroms zum Erdreich und zum unbeheizten Kellerraum

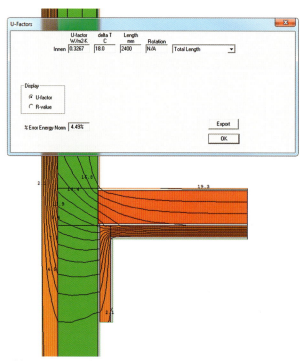

Abb. 11.21:   Detail 2.01 – Wärmestrom zum Erdreich über die y-Achse und zum unbeheizten Raum über die x-Achse; Berechnung des U-Faktors mit dem Programm Therm

Tabelle 11.3: Berechnungstabelle für den ψ-Wert des Details 2.01 (Wärmestrom zum Erdreich über die y-Achse und zum unbeheizten Keller über die x-Achse); Berechnung nach DIN 4108 Beiblatt 2 und DIN EN ISO 10211

Bauteil 1:	Kelleraußenwand		Bauteil 2:	Kellerinnenwand		Länge gesamt		Σ m	5,12
U_1-Wert:	0,240 W/(m²·K)		U_2-Wert:	0,292 W/(m²·K)		Lage	Länge	Anzahl	gesamt
Länge L_1:	1,575 m		Länge L_2:	1,41 m		KG	2,56	2,00	5,12
$F_1 =$	1 –		$F_2 =$	1 –					
$U_1 \cdot L_1 \cdot F_1 =$	0,378 W/(m·K)		$U_2 \cdot L_2 \cdot F_2 =$	0,412 W/(m·K)					

Bauteil 3:		
U_3-Wert:	W/(m²·K)	
Länge L_3:	m	
$F_3 =$	1 –	
$U_3 \cdot L_3 \cdot F_3 =$	0,000 W/(m·K)	

Therm 1			Therm 2		
$U_{Faktor1}$:	0,327 W/(m²·K)		$U_{Faktor2}$:	W/(m²·K)	
Länge L_{Therm1}:	2,4 m		Länge L_{Therm2}:	m	
$F_{Therm1} =$	1 –		$F_{Therm2} =$	1 –	
$U_{Faktor1} \cdot L_{Therm1} \cdot F =$	0,784 W/(m·K)		$U_{Faktor2} \cdot L_{Therm2} \cdot F =$	0,000 W/(m·K)	

ψ-Wert $= (U_{Faktor1} \cdot L_{Therm1} + U_{Faktor2} \cdot L_{Therm2}) - (U_1 \cdot L_1 \cdot F_1 + U_2 \cdot L_2 \cdot F_2 + U_3 \cdot L_3 \cdot F_3)$

ψ-Wert $=$ **−0,006 W/(m·K)**

Der ψ-Wert für das Detail 2.01 beträgt –0,006 W/(m · K). Die gesamte Länge der Wärmebrücke beläuft sich auf 5,12 m.

Detail 2.02 (Abb. 11.22) – innere Außenecke Kellertreppenhaus

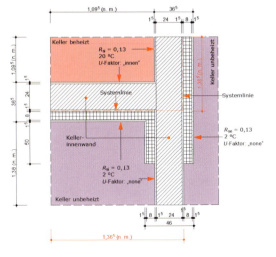

Abb. 11.22: Detail 2.02 – innere Außenecke gegen unbeheizten Keller. Die Abmessungen in roter Schriftfarbe kennzeichnen den Außenmaßbezug; die Systemlinie läuft entlang der Bestandswand (n. m. = nicht maßstäblich; Angaben für R_{si} und R_{se} in m² · K/W).

Berechnung des Wärmestroms zum unbeheizten Keller

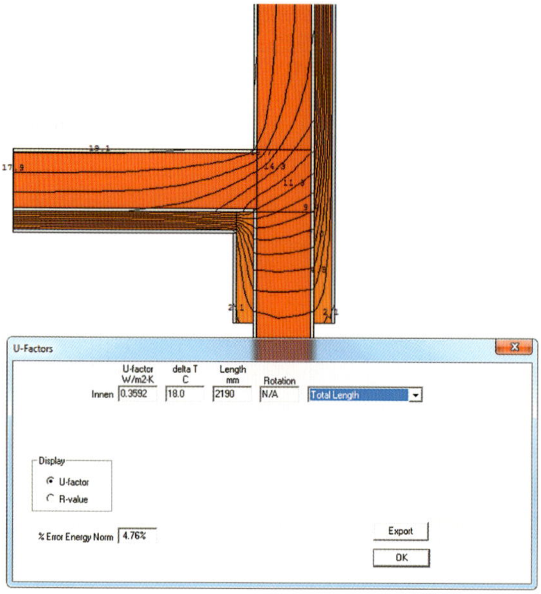

Abb. 11.23:   Detail 2.02 – Wärmestrom zum unbeheizten Keller über die x- und die y-Achse; Berechnung des U-Faktors mit dem Programm Therm

Tabelle 11.4:   Berechnungstabelle für den ψ-Wert des Details 2.02 (Wärmestrom zum unbeheizten Keller über die x- und die y-Achse); Berechnung nach DIN 4108 Beiblatt 2 und DIN EN ISO 10211

Bauteil 1:	Kellerinnenwand		Bauteil 2:	Kellerinnenwand		Länge gesamt			Σ m	5,12
U_1-Wert:	0,292 W/(m²·K)		U_2-Wert:	0,292 W/(m²·K)		Lage	Länge	Anzahl		gesamt
Länge L_1:	1,365 m		Länge L_2:	1,365 m		KG	2,56	2,00		5,12
$F_1 =$	1 –		$F_2 =$	1 –						
$U_1 \cdot L_1 \cdot F_1 =$	0,399 W/(m·K)		$U_2 \cdot L_2 \cdot F_2 =$	0,399 W/(m·K)						

Bauteil 3:					
U_3-Wert:	W/(m²·K)				
Länge L_3:	m				
$F_3 =$	1 –				
$U_3 \cdot L_3 \cdot F_3 =$	0,000 W/(m·K)				

Therm 1			Therm 2		
$U_{Faktor1}$:	0,359 W/(m²·K)		$U_{Faktor2}$:	W/(m²·K)	
Länge L_{Therm1}:	2,19 m		Länge L_{Therm2}:	m	
$F_{Therm1} =$	1 –		$F_{Therm2} =$	1 –	
$U_{Faktor1} \cdot L_{Therm1} \cdot F =$	0,787 W/(m·K)		$U_{Faktor2} \cdot L_{Therm2} \cdot F =$	0,000 W/(m·K)	

ψ-Wert $= (U_{Faktor1} \cdot L_{Therm1} + U_{Faktor2} \cdot L_{Therm2}) - (U_1 \cdot L_1 \cdot F_1 + U_2 \cdot L_2 \cdot F_2 + U_3 \cdot L_3 \cdot F_3)$
ψ-Wert $=$ **−0,012 W/(m·K)**

Der ψ-Wert für das Detail 2.02 beträgt −0,012 W/(m · K). Die gesamte Länge der Wärmebrücke beläuft sich auf 5,12 m.

Detail 2.03 (Abb. 11.24) – Kellerinnenwand an Kellerinnenwand

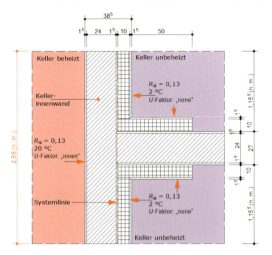

Abb. 11.24: Detail 2.03 – Kellerinnenwand an Kellerinnenwand. Die Abmessungen in roter Schriftfarbe kennzeichnen den Außenmaßbezug; die Systemlinie läuft entlang der Bestandswand (n. m. = nicht maßstäblich; Angaben für R_{si} und R_{se} in m² · K/W).

Berechnung des Wärmestroms zum unbeheizten Keller

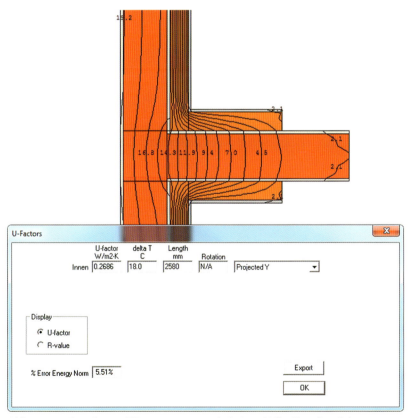

Abb. 11.25: Detail 2.03 – Wärmestrom zum unbeheizten Keller über die y-Achse; Berechnung des U-Faktors mit dem Programm Therm

Tabelle 11.5:   Berechnungstabelle für den ψ-Wert des Details 2.03 (Wärmestrom zum unbeheizten Keller über die y-Achse); Berechnung nach DIN 4108 Beiblatt 2 und DIN EN ISO 10211

Bauteil 1:	Kellerinnenwand
U_1-Wert:	0,292 W/(m² · K)
Länge L_1:	2,58 m
$F_1 =$	1 –
$U_1 \cdot L_1 \cdot F_1 =$	0,754 W/(m · K)

Bauteil 2:	
U_2-Wert:	W/(m² · K)
Länge L_2:	m
$F_2 =$	1 –
$U_2 \cdot L_2 \cdot F_2 =$	0,000 W/(m · K)

Länge gesamt		∑ m	2,56
Lage	Länge	Anzahl	gesamt
KG	2,56	1,00	2,56

Bauteil 3:	
U_3-Wert:	W/(m² · K)
Länge L_3:	m
$F_3 =$	1 –
$U_3 \cdot L_3 \cdot F_3 =$	0,000 W/(m · K)

Therm 1	
U_{Faktor1}:	0,269 W/(m² · K)
Länge L_{Therm1}:	2,58 m
$F_{\text{Therm1}} =$	1 –
$U_{\text{Faktor1}} \cdot L_{\text{Therm1}} \cdot F =$	0,693 W/(m · K)

Therm 2	
U_{Faktor2}:	W/(m² · K)
Länge L_{Therm2}:	m
$F_{\text{Therm2}} =$	1 –
$U_{\text{Faktor2}} \cdot L_{\text{Therm2}} \cdot F =$	0,000 W/(m · K)

ψ-Wert $= (U_{\text{Faktor1}} \cdot L_{\text{Therm1}} + U_{\text{Faktor2}} \cdot L_{\text{Therm2}}) - (U_1 \cdot L_1 \cdot F_1 + U_2 \cdot L_2 \cdot F_2 + U_3 \cdot L_3 \cdot F_3)$

ψ-Wert $=$ **−0,061 W/(m · K)**

Der ψ-Wert für das Detail 2.03 beträgt −0,061 W/(m · K). Die gesamte Länge der Wärmebrücke beläuft sich auf 2,56 m.

11.1.3.3 Wärmebrückendetails der Kellerdecke

Detail 3.01a (Abb. 11.26) – Sockel gegen Außenluft

Da das Detail 3.01 sowohl an Außenluft als auch an unbeheizten Kellerraum grenzt, wird es in die Details 3.01a und 3.01b aufgeteilt. Es wird einmal der Wärmestrom über die Außenwand gegen Außenluft und einmal der Wärmestrom über die Kellerdecke zum unbeheizten Keller berechnet (vgl. auch Kapitel 8.6.2).

Abb. 11.26:   Detail 3.01a – Sockel gegen Außenluft. Die Abmessungen in roter Schriftfarbe kennzeichnen den Außenmaßbezug; die Systemlinie läuft entlang der Bestandswand (n. m. = nicht maßstäblich; Angaben für R_{si} und R_{se} in m² · K/W).

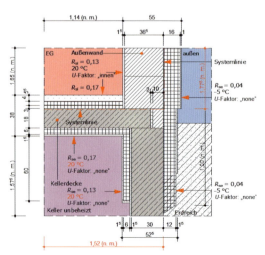

Berechnung des Wärmestroms zur Außenluft

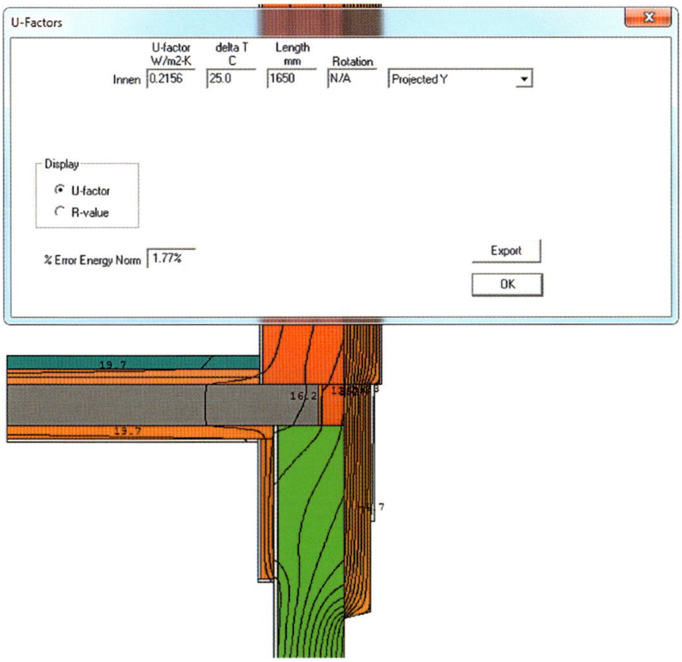

Abb. 11.27:   Detail 3.01a – Wärmestrom zur Außenluft über die y-Achse; Berechnung des U-Faktors mit dem Programm Therm

Tabelle 11.6:   Berechnungstabelle für den ψ-Wert des Details 3.01a (Wärmestrom zur Außenluft über die y-Achse); Berechnung nach DIN 4108 Beiblatt 2 und DIN EN ISO 10211

Bauteil 1:	Außenwand
U_1-Wert:	0,165 W/(m² · K)
Länge L_1:	1,775 m
$F_1 =$	1 –
$U_1 \cdot L_1 \cdot F_1 =$	0,293 W/(m · K)

Bauteil 2:	
U_2-Wert:	W/(m² · K)
Länge L_2:	m
$F_2 =$	1 –
$U_2 \cdot L_2 \cdot F_2 =$	0,000 W/(m · K)

Länge gesamt		Σ m	20,94
Lage	Länge	Anzahl	gesamt
KG	9,99	2,00	19,98
	8,12	2,00	16,23
Abzug Trepenhaus			
	2,62	−1,00	−2,62
Abzug Fenster			
Nord	0,76	−1,00	−0,76
Ost	1,90	−1,00	−1,90
Süd	2,00	−1,00	−2,00
	4,00	−1,00	−4,00
West	2,00	−1,00	−2,00
	2,00	−1,00	−2,00

Bauteil 3:	
U_3-Wert:	W/(m² · K)
Länge L_3:	m
$F_3 =$	1 –
$U_3 \cdot L_3 \cdot F_3 =$	0,000 W/(m · K)

Therm 1	
$U_{Faktor1}$:	0,216 W/(m² · K)
Länge L_{Therm1}:	1,65 m
$F_{Therm1} =$	1 –
$U_{Faktor1} \cdot L_{Therm1} \cdot F =$	0,356 W/(m · K)

Therm 2	
$U_{Faktor2}$:	W/(m² · K)
Länge L_{Therm2}:	m
$F_{Therm2} =$	1 –
$U_{Faktor2} \cdot L_{Therm2} \cdot F =$	0,000 W/(m · K)

ψ-Wert $= (U_{Faktor1} \cdot L_{Therm1} + U_{Faktor2} \cdot L_{Therm2}) - (U_1 \cdot L_1 \cdot F_1 + U_2 \cdot L_2 \cdot F_2 + U_3 \cdot L_3 \cdot F_3)$
ψ-Wert =   **0,063 W/(m · K)**

Der ψ-Wert für das Detail 3.01a beträgt 0,063 W/(m · K). Die gesamte Länge der Wärmebrücke beläuft sich auf 20,94 m.

Detail 3.01b (Abb. 11.28) – Sockel gegen unbeheizten Keller

Abb. 11.28: Detail 3.01b – Sockel gegen unbeheizten Keller. Die Abmessungen in roter Schriftfarbe kennzeichnen den Außenmaßbezug; die Systemlinie läuft entlang der Bestandswand (n. m. = nicht maßstäblich; Angaben für R_{si} und R_{se} in m$^2 \cdot$ K/W).

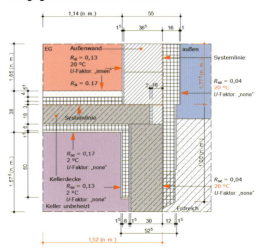

Berechnung des Wärmestroms zum unbeheizten Keller

Abb. 11.29: Detail 3.01b – Wärmestrom zum unbeheizten Keller über die x-Achse; Berechnung des U-Faktors mit dem Programm Therm

Tabelle 11.7: Berechnungstabelle für den ψ-Wert des Details 3.01b (Wärmestrom zum unbeheizten Keller über die x-Achse); Berechnung nach DIN 4108 Beiblatt 2 und DIN EN ISO 10211

Bauteil 1:	
U_1-Wert:	W/(m² · K)
Länge L_1:	m
$F_1 =$	1 –
$U_1 \cdot L_1 \cdot F_1 =$	0,000 W/(m · K)

Bauteil 2:	Kellerdecke
U_2-Wert:	0,26 W/(m² · K)
Länge L_2:	1,52 m
$F_2 =$	1 –
$U_2 \cdot L_2 \cdot F_2 =$	0,400 W/(m · K)

Länge gesamt		Σ m	20,94
Lage	Länge	Anzahl	gesamt
KG	9,99	2,00	19,98
	8,12	2,00	16,23
Abzug Trepenhaus			
	2,62	−1,00	−2,62
Abzug Fenster			
Nord	0,76	−1,00	−0,76
Ost	1,90	−1,00	−1,90
Süd	2,00	−1,00	−2,00
	4,00	−1,00	−4,00
West	2,00	−1,00	−2,00
	2,00	−1,00	−2,00

Bauteil 3:	
U_3-Wert:	W/(m² · K)
Länge L_3:	m
$F_3 =$	1 –
$U_3 \cdot L_3 \cdot F_3 =$	0,000 W/(m · K)

Therm 1	
$U_{Faktor1}$:	0,348 W/(m² · K)
Länge L_{Therm1}:	1,14 m
$F_{Therm1} =$	1 –
$U_{Faktor1} \cdot L_{Therm1} \cdot F =$	0,396 W/(m · K)

Therm 2	
$U_{Faktor2}$:	W/(m² · K)
Länge L_{Therm2}:	m
$F_{Therm2} =$	1 –
$U_{Faktor2} \cdot L_{Therm2} \cdot F =$	0,000 W/(m · K)

ψ-Wert $= (U_{Faktor1} \cdot L_{Therm1} + U_{Faktor2} \cdot L_{Therm2}) - (U_1 \cdot L_1 \cdot F_1 + U_2 \cdot L_2 \cdot F_2 + U_3 \cdot L_3 \cdot F_3)$
ψ-Wert $=$ **−0,004 W/(m · K)**

Der ψ-Wert für das Detail 3.01b beträgt −0,004 W/(m · K). Die gesamte Länge der Wärmebrücke beläuft sich auf 20,94 m.

Detail 3.02 (Abb. 11.30) – Sockel, Bereich Treppenhaus

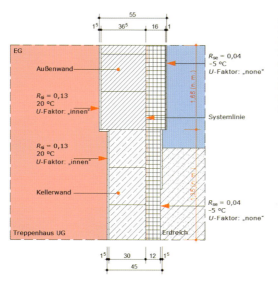

Abb. 11.30: Detail 3.02 – Sockel, Bereich Treppenhaus. Die Abmessungen in roter Schriftfarbe kennzeichnen den Außenmaßbezug; die Systemlinie läuft entlang der Bestandswand (n. m. = nicht maßstäblich; Angaben für R_{si} und R_{se} in m² · K/W).

Berechnung des Wärmestroms zur Außenluft

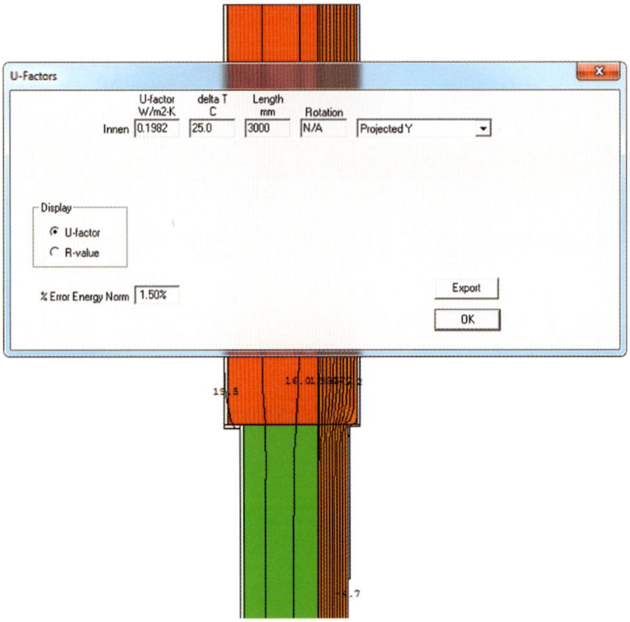

Abb. 11.31:   Detail 3.02 – Wärmestrom zur Außenluft über die y-Achse; Berechnung des U-Faktors mit dem Programm Therm

Tabelle 11.8:   Berechnungstabelle für den ψ-Wert des Details 3.02 (Wärmestrom zur Außenluft über die y-Achse); Berechnung nach DIN 4108 Beiblatt 2 und DIN EN ISO 10211

Bauteil 1:	Außenwand
U_1-Wert:	0,165 W/(m² · K)
Länge L_1:	1,65 m
$F_1 =$	1 –
$U_1 \cdot L_1 \cdot F_1 =$	0,272 W/(m · K)

Bauteil 3:	
U_3-Wert:	W/(m² · K)
Länge L_3:	m
$F_3 =$	1 –
$U_3 \cdot L_3 \cdot F_3 =$	0,000 W/(m · K)

Bauteil 2:	Kellerwand
U_2-Wert:	0,24 W/(m² · K)
Länge L_2:	1,35 m
$F_2 =$	1 –
$U_2 \cdot L_2 \cdot F_2 =$	0,324 W/(m · K)

Therm 1	
$U_{Faktor1}$:	0,198 W/(m² · K)
Länge L_{Therm1}:	3 m
$F_{Therm1} =$	1 –
$U_{Faktor1} \cdot L_{Therm1} \cdot F =$	0,595 W/(m · K)

Therm 2	
$U_{Faktor2}$:	W/(m² · K)
Länge L_{Therm2}:	m
$F_{Therm2} =$	1 –
$U_{Faktor2} \cdot L_{Therm2} \cdot F =$	0,000 W/(m · K)

Länge gesamt		Σ m	2,62
Lage	Länge	Anzahl	gesamt
KG	2,62	1,00	2,62

ψ-Wert $= (U_{Faktor1} \cdot L_{Therm1} + U_{Faktor2} \cdot L_{Therm2}) - (U_1 \cdot L_1 \cdot F_1 + U_2 \cdot L_2 \cdot F_2 + U_3 \cdot L_3 \cdot F_3)$

ψ-**Wert** =   **−0,002 W/(m · K)**

Der ψ-Wert für das Detail 3.02 beträgt −0,002 W/(m · K). Die gesamte Länge der Wärmebrücke beläuft sich auf 2,62 m.

Detail 3.03 (Abb. 11.32) – Kellerdecke, Treppenhaus gegen unbeheizten Keller

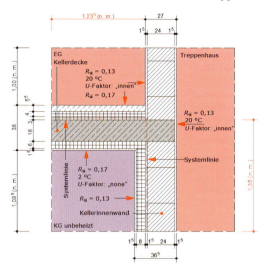

Abb. 11.32: Detail 3.03 – Kellertreppe, Treppenhaus gegen unbeheizten Keller. Die Abmessungen in roter Schriftfarbe kennzeichnen den Außenmaßbezug; die Systemlinie läuft entlang der Bestandswand (n. m. = nicht maßstäblich; Angaben für R_{si} und R_{se} in m² · K/W).

Berechnung des Wärmestroms zum unbeheizten Keller

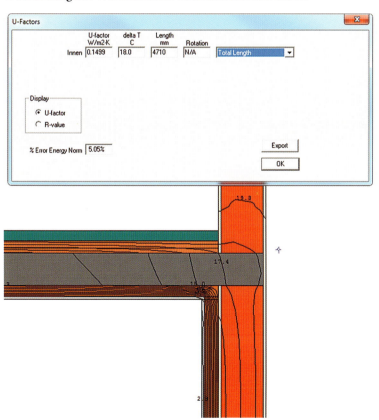

Abb. 11.33: Detail 3.03 – Wärmestrom zum unbeheizten Keller über die x- und die y-Achse; Berechnung des U-Faktors mit dem Programm Therm

Tabelle 11.9: Berechnungstabelle für den ψ-Wert des Details 3.03 (Wärmestrom zum unbeheizten Keller über die x- und die y-Achse); Berechnung nach DIN 4108 Beiblatt 2 und DIN EN ISO 10211

Bauteil 1:	Kellerdecke
U_1-Wert:	0,263 W/(m²·K)
Länge L_1:	1,235 m
$F_1 =$	1 –
$U_1 \cdot L_1 \cdot F_1 =$	0,325 W/(m·K)

Bauteil 2:	Kellerinnenwand
U_2-Wert:	0,292 W/(m²·K)
Länge L_2:	1,35 m
$F_2 =$	1 –
$U_2 \cdot L_2 \cdot F_2 =$	0,395 W/(m·K)

Bauteil 3:	
U_3-Wert:	W/(m²·K)
Länge L_3:	m
$F_3 =$	1 –
$U_3 \cdot L_3 \cdot F_3 =$	0,000 W/(m·K)

Therm 1	
$U_{Faktor1}$:	0,150 W/(m²·K)
Länge L_{Therm1}:	4,71 m
$F_{Therm1} =$	1 –
$U_{Faktor1} \cdot L_{Therm1} \cdot F =$	0,706 W/(m·K)

Therm 2	
$U_{Faktor2}$:	W/(m²·K)
Länge L_{Therm2}:	m
$F_{Therm2} =$	1 –
$U_{Faktor2} \cdot L_{Therm2} \cdot F =$	0,000 W/(m·K)

Länge gesamt		Σ m	9,70
Lage	Länge	Anzahl	gesamt
KG	4,17	2,00	8,33
	2,62	1,00	2,62
	1,25	−1,00	−1,25

ψ-Wert $= (U_{Faktor1} \cdot L_{Therm1} + U_{Faktor2} \cdot L_{Therm2}) - (U_1 \cdot L_1 \cdot F_1 + U_2 \cdot L_2 \cdot F_2 + U_3 \cdot L_3 \cdot F_3)$

ψ-Wert $=$ **−0,014 W/(m·K)**

Der ψ-Wert für das Detail 3.03 beträgt –0,014 W/(m · K). Die gesamte Länge der Wärmebrücke beläuft sich auf 9,70 m.

Detail 3.04 (Abb. 11.34) – Kellerdecke, Anschluss Kellerinnenwand (unten)

Abb. 11.34: Detail 3.04 – Kellerdecke, Anschluss Kellerinnenwand (unten). Die Abmessungen in roter Schriftfarbe kennzeichnen den Außenmaßbezug; die Systemlinie läuft auf der Kellerdecke (n. m. = nicht maßstäblich; Angaben für R_{si} und R_{se} in m² · K/W).

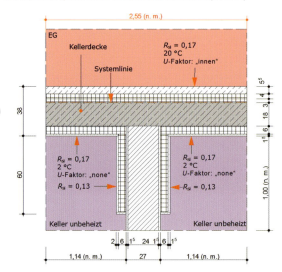

Berechnung des Wärmestroms zum unbeheizten Keller

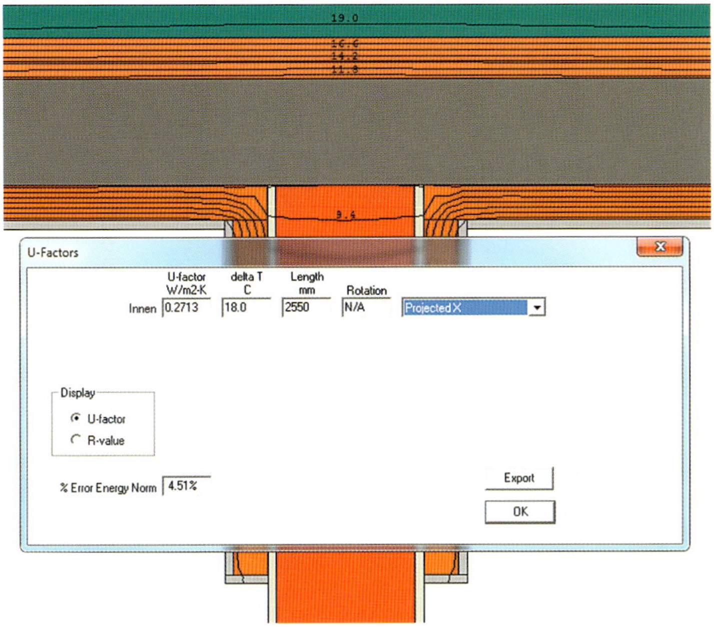

Abb. 11.35: Detail 3.04 – Wärmestrom zum unbeheizten Keller über die x-Achse; Berechnung des U-Faktors mit dem Programm Therm

Tabelle 11.10: Berechnungstabelle für den ψ-Wert des Details 3.04 (Wärmestrom zum unbeheizten Keller über die x-Achse); Berechnung nach DIN 4108 Beiblatt 2 und DIN EN ISO 10211

Bauteil 1:	Kellerdecke
U_1-Wert:	0,263 W/(m² · K)
Länge L_1:	2,55 m
$F_1 =$	1 –
$U_1 \cdot L_1 \cdot F_1 =$	0,671 W/(m · K)

Bauteil 2:	
U_2-Wert:	W/(m² · K)
Länge L_2:	m
$F_2 =$	1 –
$U_2 \cdot L_2 \cdot F_2 =$	0,000 W/(m · K)

Länge gesamt		∑ m	5,38
Lage	Länge	Anzahl	gesamt
KG	4,50	1,00	4,50
Türen	0,89	1,00	0,89

Bauteil 3:	
U_3-Wert:	W/(m² · K)
Länge L_3:	m
$F_3 =$	1 –
$U_3 \cdot L_3 \cdot F_3 =$	0,000 W/(m · K)

Therm 1	
U_{Faktor1}:	0,271 W/(m² · K)
Länge L_{Therm1}:	2,55 m
$F_{\mathrm{Therm1}} =$	1 –
$U_{\mathrm{Faktor1}} \cdot L_{\mathrm{Therm1}} \cdot F =$	0,692 W/(m · K)

Therm 2	
U_{Faktor2}:	W/(m² · K)
Länge L_{Therm2}:	m
$F_{\mathrm{Therm2}} =$	1 –
$U_{\mathrm{Faktor2}} \cdot L_{\mathrm{Therm2}} \cdot F =$	0,000 W/(m · K)

$$\psi\text{-Wert} = (U_{\mathrm{Faktor1}} \cdot L_{\mathrm{Therm1}} + U_{\mathrm{Faktor2}} \cdot L_{\mathrm{Therm2}}) - (U_1 \cdot L_1 \cdot F_1 + U_2 \cdot L_2 \cdot F_2 + U_3 \cdot L_3 \cdot F_3)$$

ψ-Wert = **0,021 W/(m · K)**

Der ψ-Wert für das Detail 3.04 beträgt 0,021 W/(m · K). Die gesamte Länge der Wärmebrücke beläuft sich auf 5,38 m.

Detail 3.05 (Abb. 11.36) – Kellerdecke, Anschluss Innenwand (oben)

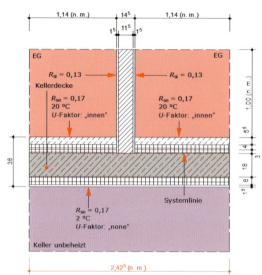

Abb. 11.36: Detail 3.05 – Kellerdecke, Anschluss Innenwand (oben). Die Abmessungen in roter Schriftfarbe kennzeichnen den Außenmaßbezug; die Systemlinie läuft auf der Kellerdecke (n. m. = nicht maßstäblich; Angaben für R_{si} und R_{se} in $m^2 \cdot K/W$).

Berechnung des Wärmestroms zum unbeheizten Keller

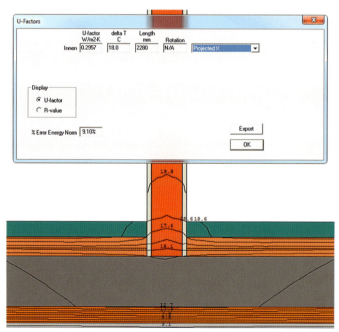

Abb. 11.37: Detail 3.05 – Wärmestrom zum unbeheizten Keller über die x-Achse; Berechnung des U-Faktors mit dem Programm Therm

Tabelle 11.11:   Berechnungstabelle für den ψ-Wert des Details 3.05 (Wärmestrom zum unbeheizten Keller über die x-Achse); Berechnung nach DIN 4108 Beiblatt 2 und DIN EN ISO 10211

Bauteil 1:	Kellerdecke
U_1-Wert:	0,263 W/(m² · K)
Länge L_1:	2,425 m
$F_1 =$	1 –
$U_1 \cdot L_1 \cdot F_1 =$	0,638 W/(m · K)

Bauteil 2:	
U_2-Wert:	W/(m² · K)
Länge L_2:	m
$F_2 =$	1 –
$U_2 \cdot L_2 \cdot F_2 =$	0,000 W/(m · K)

Länge gesamt		Σ m	7,37
Lage	Länge	Anzahl	gesamt
EG	2,88	1,00	2,88
	1,01	1,00	1,01
	2,37	1,00	2,37
	1,25	1,00	1,25
	0,50	1,00	0,50
Abzug Türen	0,76	−2,00	−1,52
	0,89	1,00	0,89

Bauteil 3:	
U_3-Wert:	W/(m² · K)
Länge L_3:	m
$F_3 =$	1 –
$U_3 \cdot L_3 \cdot F_3 =$	0,000 W/(m · K)

Therm 1	
U_{Faktor1}:	0,296 W/(m² · K)
Länge L_{Therm1}:	2,28 m
$F_{\mathrm{Therm1}} =$	1 –
$U_{\mathrm{Faktor1}} \cdot L_{\mathrm{Therm1}} \cdot F =$	0,674 W/(m · K)

Therm 2	
U_{Faktor2}:	W/(m² · K)
Länge L_{Therm2}:	m
$F_{\mathrm{Therm2}} =$	1 –
$U_{\mathrm{Faktor2}} \cdot L_{\mathrm{Therm2}} \cdot F =$	0,000 W/(m · K)

ψ-Wert $= (U_{\mathrm{Faktor1}} \cdot L_{\mathrm{Therm1}} + U_{\mathrm{Faktor2}} \cdot L_{\mathrm{Therm2}}) - (U_1 \cdot L_1 \cdot F_1 + U_2 \cdot L_2 \cdot F_2 + U_3 \cdot L_3 \cdot F_3)$

ψ-Wert $=$ **0,036 W/(m · K)**

Der ψ-Wert für das Detail 3.05 beträgt 0,036 W/(m · K). Die gesamte Länge der Wärmebrücke beläuft sich auf 7,37 m.

Detail 3.06 (Abb. 11.38) – Kellerdecke, Anschluss Innenwand (oben/unten)

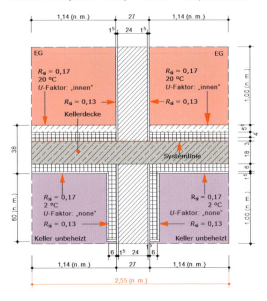

Abb. 11.38:   Detail 3.06 – Kellerdecke, Anschluss Innenwand (oben/unten). Die Abmessungen in roter Schriftfarbe kennzeichnen den Außenmaßbezug; die Systemlinie läuft auf der Kellerdecke (n. m. = nicht maßstäblich; Angaben für R_{si} und R_{se} in m² · K/W).

Berechnung des Wärmestroms zum unbeheizten Keller

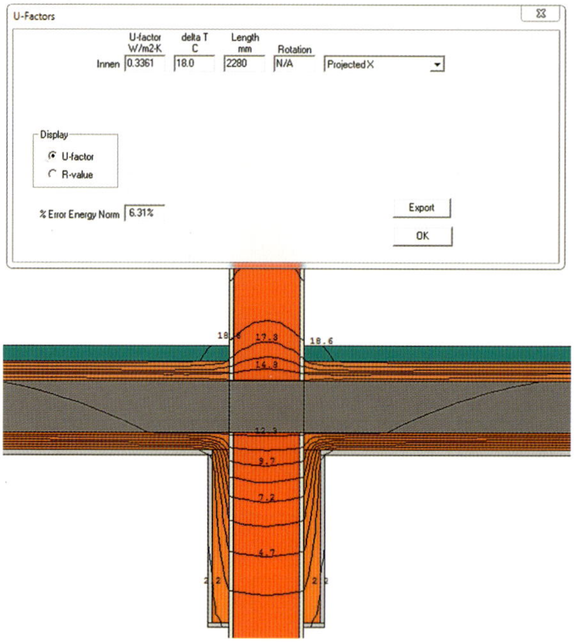

Abb. 11.39:   Detail 3.06 – Wärmestrom zum unbeheizten Keller über die x-Achse; Berechnung des U-Faktors mit dem Programm Therm

Tabelle 11.12:   Berechnungstabelle für den ψ-Wert des Details 3.06 (Wärmestrom zum unbeheizten Keller über die x-Achse); Berechnung nach DIN 4108 Beiblatt 2 und DIN EN ISO 10211

Bauteil 1:	Kellerdecke
U_1-Wert:	0,263 W/(m² · K)
Länge L_1:	2,55 m
$F_1 =$	1 –
$U_1 \cdot L_1 \cdot F_1 =$	0,671 W/(m · K)

Bauteil 2:	
U_2-Wert:	W/(m² · K)
Länge L_2:	m
$F_2 =$	1 –
$U_2 \cdot L_2 \cdot F_2 =$	0,000 W/(m · K)

Länge gesamt		Σ m	5,32
Lage	Länge	Anzahl	gesamt
EG	2,25	1,00	2,25
	3,95	1,00	3,95
Abzug Türen	0,89	−1,00	−0,89

Bauteil 3:	
U_3-Wert:	W/(m² · K)
Länge L_3:	m
$F_3 =$	1 –
$U_3 \cdot L_3 \cdot F_3 =$	0,000 W/(m · K)

Therm 1	
$U_{Faktor1}$:	0,336 W/(m² · K)
Länge L_{Therm1}:	2,28 m
$F_{Therm1} =$	1 –
$U_{Faktor1} \cdot L_{Therm1} \cdot F =$	0,766 W/(m · K)

Therm 2	
$U_{Faktor2}$:	W/(m² · K)
Länge L_{Therm2}:	m
$F_{Therm2} =$	1 –
$U_{Faktor2} \cdot L_{Therm2} \cdot F =$	0,000 W/(m · K)

ψ-Wert $= (U_{Faktor1} \cdot L_{Therm1} + U_{Faktor2} \cdot L_{Therm2}) - (U_1 \cdot L_1 \cdot F_1 + U_2 \cdot L_2 \cdot F_2 + U_3 \cdot L_3 \cdot F_3)$
ψ-Wert $=$ **0,096 W/(m · K)**

Der ψ-Wert für das Detail 3.06 beträgt 0,096 W/(m · K). Die gesamte Länge der Wärmebrücke beläuft sich auf 5,32 m.

11.1.3.4 Wärmebrückendetails der Außenwand

Detail 4.01 (Abb. 11.40) – Außenecke Außenwand

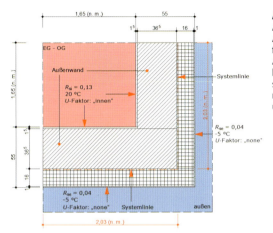

Abb. 11.40:   Detail 4.01 – Außenecke Außenwand. Die Abmessungen in roter Schriftfarbe kennzeichnen den Außenmaßbezug; die Systemlinie läuft entlang der Bestandswand (n. m. = nicht maßstäblich; Angaben für R_{si} und R_{se} in m² · K/W).

Berechnung des Wärmestroms zur Außenluft

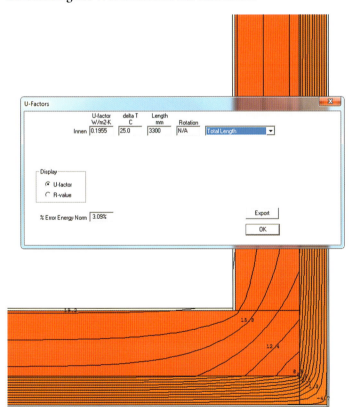

Abb. 11.41:   Detail 4.01 – Wärmestrom zur Außenluft über die x- und die y-Achse; Berechnung des U-Faktors mit dem Programm Therm

Tabelle 11.13:   Berechnungstabelle für den ψ-Wert des Details 4.01 (Wärmestrom zur Außenluft über die x- und die y-Achse); Berechnung nach DIN 4108 Beiblatt 2 und DIN EN ISO 10211

Bauteil 1:	Außenwand
U_1-Wert:	0,164 W/(m² · K)
Länge L_1:	2,03 m
$F_1 =$	1 –
$U_1 \cdot L_1 \cdot F_1 =$	0,333 W/(m · K)

Bauteil 2:	Außenwand
U_2-Wert:	0,164 W/(m² · K)
Länge L_2:	2,03 m
$F_2 =$	1 –
$U_2 \cdot L_2 \cdot F_2 =$	0,333 W/(m · K)

Länge gesamt		Σ m	22,42
Lage	Länge	Anzahl	gesamt
EG/OG	5,61	4,00	22,42

Bauteil 3:	
U_3-Wert:	W/(m² · K)
Länge L_3:	m
$F_3 =$	–
$U_3 \cdot L_3 \cdot F_3 =$	0,000 W/(m · K)

Therm 1	
$U_{Faktor1}$:	0,196 W/(m² · K)
Länge L_{Therm1}:	3,30 m
$F_{Therm1} =$	1 –
$U_{Faktor1} \cdot L_{Therm1} \cdot F =$	0,645 W/(m · K)

Therm 2	
$U_{Faktor2}$:	W/(m² · K)
Länge L_{Therm2}:	m
$F_{Therm2} =$	–
$U_{Faktor2} \cdot L_{Therm2} \cdot F =$	0,000 W/(m · K)

ψ-Wert $= (U_{Faktor1} \cdot L_{Therm1} + U_{Faktor2} \cdot L_{Therm2}) - (U_1 \cdot L_1 \cdot F_1 + U_2 \cdot L_2 \cdot F_2 + U_3 \cdot L_3 \cdot F_3)$

ψ-**Wert** =   **−0,022 W/(m · K)**

Der ψ-Wert für das Detail 4.01 beträgt −0,022 W/(m · K). Die gesamte Länge der Wärmebrücke beläuft sich auf 22,42 m.

Detail 4.02 (Abb. 11.42) – Innenwandanschluss an Außenwand

Abb. 11.42:   Detail 4.02 – Innenwandanschluss an Außenwand. Die Abmessungen in roter Schriftfarbe kennzeichnen den Außenmaßbezug; die Systemlinie läuft entlang der Bestandswand (n. m. = nicht maßstäblich; Angaben für R_{si} und R_{se} in m² · K/W).

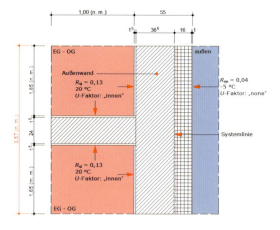

Berechnung des Wärmestroms zur Außenluft

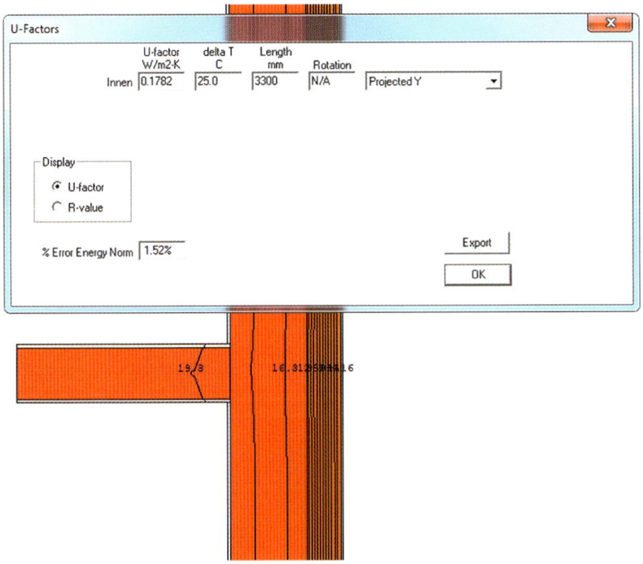

Abb. 11.43: Detail 4.02 – Wärmestrom zur Außenluft über die y-Achse; Berechnung des U-Faktors mit dem Programm Therm

Tabelle 11.14: Berechnungstabelle für den ψ-Wert des Details 4.02 (Wärmestrom zur Außenluft über die y-Achse); Berechnung nach DIN 4108 Beiblatt 2 und DIN EN ISO 10211

Bauteil 1:	Außenwand
U_1-Wert:	0,165 W/(m² · K)
Länge L_1:	3,57 m
$F_1 =$	1 –
$U_1 \cdot L_1 \cdot F_1 =$	0,589 W/(m · K)

Bauteil 2:	
U_2-Wert:	W/(m² · K)
Länge L_2:	m
$F_2 =$	1 –
$U_2 \cdot L_2 \cdot F_2 =$	0,000 W/(m · K)

Bauteil 3:	
U_3-Wert:	W/(m² · K)
Länge L_3:	m
$F_3 =$	1 –
$U_3 \cdot L_3 \cdot F_3 =$	0,000 W/(m · K)

Therm 1	
$U_{Faktor1}$:	0,178 W/(m² · K)
Länge L_{Therm1}:	3,3 m
$F_{Therm1} =$	1 –
$U_{Faktor1} \cdot L_{Therm1} \cdot F =$	0,588 W/(m · K)

Therm 2	
$U_{Faktor2}$:	W/(m² · K)
Länge L_{Therm2}:	m
$F_{Therm2} =$	1 –
$U_{Faktor2} \cdot L_{Therm2} \cdot F =$	0,000 W/(m · K)

Länge gesamt		$\sum$ m	22,42
Lage	Länge	Anzahl	gesamt
EG	2,83	4,00	11,30
OG	2,78	4,00	11,12

ψ-Wert $= (U_{Faktor1} \cdot L_{Therm1} + U_{Faktor2} \cdot L_{Therm2}) - (U_1 \cdot L_1 \cdot F_1 + U_2 \cdot L_2 \cdot F_2 + U_3 \cdot L_3 \cdot F_3)$

ψ-Wert $=$ **−0,001 W/(m · K)**

Der ψ-Wert für das Detail 4.02 beträgt −0,001 W/(m · K). Die gesamte Länge der Wärmebrücke beläuft sich auf 22,42 m.

11.1.3.5 Wärmebrückendetails der Geschossdecke

Detail 5.01 (Abb. 11.44) – Auflager Geschossdecke/Außenwand

Abb. 11.44:   Detail 5.01 – Auflager Geschossdecke/Außenwand. Die Abmessungen in roter Schriftfarbe kennzeichnen den Außenmaßbezug; die Systemlinie läuft entlang der Bestandswand (n. m. = nicht maßstäblich; Angaben für R_{si} und R_{se} in $m^2 \cdot K/W$).

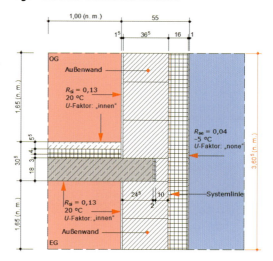

Berechnung des Wärmestroms zur Außenluft

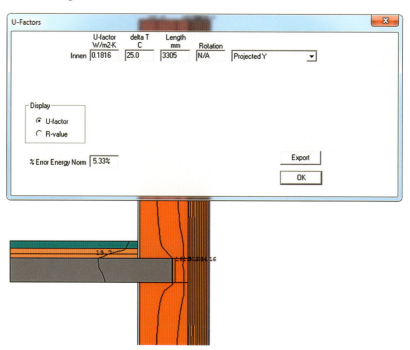

Abb. 11.45:   Detail 5.01 – Wärmestrom zur Außenluft über die y-Achse; Berechnung des U-Faktors mit dem Programm Therm

Tabelle 11.15: Berechnungstabelle für den ψ-Wert des Details 5.01 (Wärmestrom zur Außenluft über die y-Achse); Berechnung nach DIN 4108 Beiblatt 2 und DIN EN ISO 10211

Bauteil 1:	Außenwand
U_1-Wert:	0,165 W/(m² · K)
Länge L_1:	3,605 m
$F_1 =$	1 –
$U_1 \cdot L_1 \cdot F_1 =$	0,594 W/(m · K)

Bauteil 2:	
U_2-Wert:	W/(m² · K)
Länge L_2:	m
$F_2 =$	1 –
$U_2 \cdot L_2 \cdot F_2 =$	0,000 W/(m · K)

Länge gesamt		Σ m	33,60
Lage	Länge	Anzahl	gesamt
	9,99	2,00	19,98
	8,12	2,00	16,23
Abzug Treppenhaus			
	2,62	–1,00	–2,62

Bauteil 3:	
U_3-Wert:	W/(m² · K)
Länge L_3:	m
$F_3 =$	1 –
$U_3 \cdot L_3 \cdot F_3 =$	0,000 W/(m · K)

Therm 1	
$U_{Faktor1}$:	0,182 W/(m² · K)
Länge L_{Therm1}:	3,305 m
$F_{Therm1} =$	1 –
$U_{Faktor1} \cdot L_{Therm1} \cdot F =$	0,600 W/(m · K)

Therm 2	
$U_{Faktor2}$:	W/(m² · K)
Länge L_{Therm2}:	m
$F_{Therm2} =$	1 –
$U_{Faktor2} \cdot L_{Therm2} \cdot F =$	0,000 W/(m · K)

ψ-Wert $= (U_{Faktor1} \cdot L_{Therm1} + U_{Faktor2} \cdot L_{Therm2}) - (U_1 \cdot L_1 \cdot F_1 + U_2 \cdot L_2 \cdot F_2 + U_3 \cdot L_3 \cdot F_3)$

ψ-Wert $=$ 0,006 W/(m · K)

Der ψ-Wert für das Detail 5.01 beträgt 0,006 W/(m · K). Die gesamte Länge der Wärmebrücke beläuft sich auf 33,60 m.

11.1.3.6 Wärmebrückendetails der obersten Geschossdecke

Detail 6.01a (Abb. 11.46) – Anschluss Außenwand/Traufe gegen Außenluft

Da das Detail 6.01 sowohl an Außenluft als auch an unbeheizten Dachraum grenzt, wird es in die Details 6.01a und 6.01b aufgeteilt. Es wird einmal der Wärmestrom über die Außenwand gegen Außenluft und einmal der Wärmestrom über die Geschossdecke zum unbeheizten Dachraum berechnet (vgl. auch Kapitel 8.6.2).

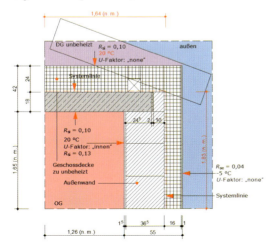

Abb. 11.46: Detail 6.01a – Anschluss Außenwand/Traufe gegen Außenluft. Die Abmessungen in roter Schriftfarbe kennzeichnen den Außenmaßbezug; die Systemlinie läuft entlang der Bestandswand und auf der Rohdecke (n. m. = nicht maßstäblich; Angaben für R_{si} und R_{se} in m² · K/W).

Berechnung des Wärmestroms zur Außenluft

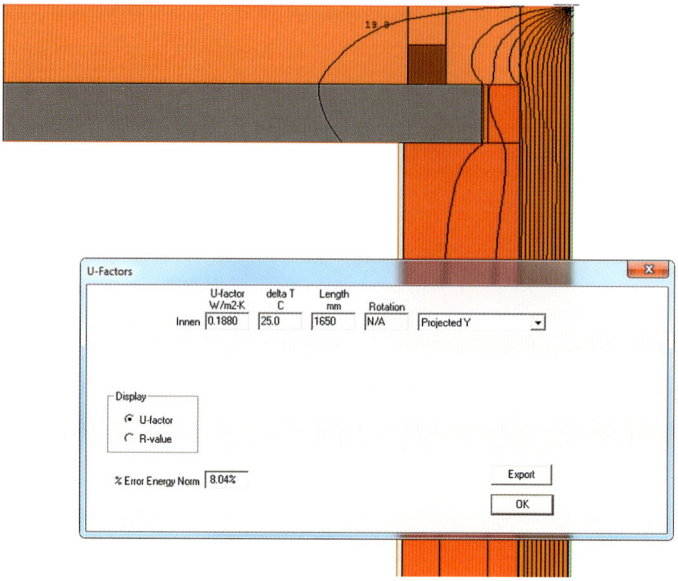

Abb. 11.47:   Detail 6.01a – Wärmestrom zur Außenluft über die y-Achse; Berechnung des U-Faktors mit dem Programm Therm

Tabelle 11.16:   Berechnungstabelle für den ψ-Wert des Details 6.01a (Wärmestrom zur Außenluft über die y-Achse); Berechnung nach DIN 4108 Beiblatt 2 und DIN EN ISO 10211

Bauteil 1:	Außenwand
U_1-Wert:	0,165 W/(m²·K)
Länge L_1:	1,83 m
$F_1 =$	1 –
$U_1 \cdot L_1 \cdot F_1 =$	0,302 W/(m·K)

Bauteil 2:	
U_2-Wert:	W/(m²·K)
Länge L_2:	m
$F_2 =$	1 –
$U_2 \cdot L_2 \cdot F_2 =$	0,000 W/(m·K)

Länge gesamt		Σ m	19,98
Lage	Länge	Anzahl	gesamt
0G	9,99	2,00	19,98

Bauteil 3:	
U_3-Wert:	W/(m²·K)
Länge L_3:	m
$F_3 =$	1 –
$U_3 \cdot L_3 \cdot F_3 =$	0,000 W/(m·K)

Therm 1	
U_{Faktor1}:	0,188 W/(m²·K)
Länge L_{Therm1}:	1,65 m
$F_{\text{Therm1}} =$	1 –
$U_{\text{Faktor1}} \cdot L_{\text{Therm1}} \cdot F =$	0,310 W/(m·K)

Therm 2	
U_{Faktor2}:	W/(m²·K)
Länge L_{Therm2}:	m
$F_{\text{Therm2}} =$	1 –
$U_{\text{Faktor2}} \cdot L_{\text{Therm2}} \cdot F =$	0,000 W/(m·K)

ψ-Wert $= (U_{\text{Faktor1}} \cdot L_{\text{Therm1}} + U_{\text{Faktor2}} \cdot L_{\text{Therm2}}) - (U_1 \cdot L_1 \cdot F_1 + U_2 \cdot L_2 \cdot F_2 + U_3 \cdot L_3 \cdot F_3)$

ψ-Wert =   0,008 W/(m·K)

Der ψ-Wert für das Detail 6.01a beträgt 0,008 W/(m · K). Die gesamte Länge der Wärmebrücke beläuft sich auf 19,98 m.

Detail 6.01b (Abb. 11.48) – Anschluss Außenwand/Traufe gegen unbeheizten Dachraum

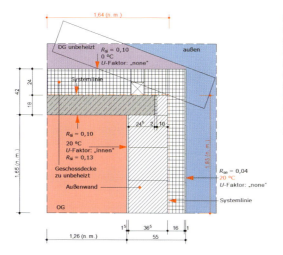

Abb. 11.48:   Detail 6.01b – Anschluss Außenwand/Traufe gegen unbeheizten Dachraum. Die Abmessungen in roter Schriftfarbe kennzeichnen den Außenmaßbezug; die Systemlinie läuft entlang der Bestandswand und auf der Rohdecke (n. m. = nicht maßstäblich; Angaben für R_{si} und R_{se} in m² · K/W).

Berechnung des Wärmestroms zum unbeheizten Dachraum

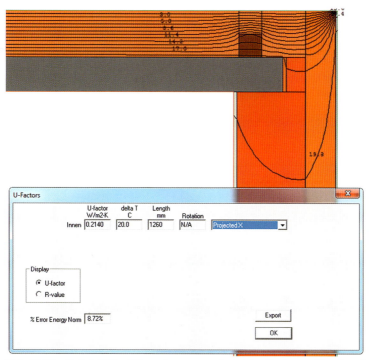

Abb. 11.49:   Detail 6.01b – Wärmestrom zum unbeheizten Dachraum über die x-Achse; Berechnung des U-Faktors mit dem Programm Therm

Tabelle 11.17:   Berechnungstabelle für den ψ-Wert des Details 6.01b (Wärmestrom zum unbeheizten Dachraum über die x-Achse); Berechnung nach DIN 4108 Beiblatt 2 und DIN EN ISO 10211

Bauteil 1:		Bauteil 2:	oberste Geschossdecke	Länge gesamt		Σ m	19,98
U_1-Wert:	W/(m² · K)	U_2-Wert:	0,161 W/(m² · K)	Lage	Länge	Anzahl	gesamt
Länge L_1:	m	Länge L_2:	1,64 m	OG	9,99	2,00	19,98
$F_1 =$	1 –	$F_2 =$	1 –				
$U_1 \cdot L_1 \cdot F_1 =$	0,000 W/(m · K)	$U_2 \cdot L_2 \cdot F_2 =$	0,264 W/(m · K)				

Bauteil 3:							
U_3-Wert:	W/(m² · K)						
Länge L_3:	m						
$F_3 =$	1 –						
$U_3 \cdot L_3 \cdot F_3 =$	0,000 W/(m · K)						

Therm 1		Therm 2					
$U_{Faktor1}$:	0,214 W/(m² · K)	$U_{Faktor2}$:	W/(m² · K)				
Länge L_{Therm1}:	1,26 m	Länge L_{Therm2}:	m				
$F_{Therm1} =$	1 –	$F_{Therm2} =$	1 –				
$U_{Faktor1} \cdot L_{Therm1} \cdot F =$	0,270 W/(m · K)	$U_{Faktor2} \cdot L_{Therm2} \cdot F =$	0,000 W/(m · K)				

ψ-Wert $= (U_{Faktor1} \cdot L_{Therm1} + U_{Faktor2} \cdot L_{Therm2}) - (U_1 \cdot L_1 \cdot F_1 + U_2 \cdot L_2 \cdot F_2 + U_3 \cdot L_3 \cdot F_3)$							
ψ-Wert $=$ 0,006 W/(m · K)							

Der ψ-Wert für das Detail 6.01b beträgt 0,006 W/(m · K). Die gesamte Länge der Wärmebrücke beläuft sich auf 19,98 m.

Detail 6.02a (Abb. 11.50) – Anschluss oberste Geschossdecke/Giebel gegen Außenluft

Da das Detail 6.02 sowohl an Außenluft als auch an unbeheizten Dachraum grenzt, wird es in die Details 6.02a und 6.02b aufgeteilt. Es wird einmal der Wärmestrom über die Außenwand gegen Außenluft und einmal der Wärmestrom über die Geschossdecke zum unbeheizten Dachraum berechnet (vgl. auch Kapitel 8.6.2).

Abb. 11.50:   Detail 6.02a – Anschluss oberste Geschossdecke/Giebel gegen Außenluft. Die Abmessungen in roter Schriftfarbe kennzeichnen den Außenmaßbezug; die Systemlinie läuft entlang der Bestandswand und auf der Rohdecke (n. m. = nicht maßstäblich; Angaben für R_{si} und R_{se} in m² · K/W).

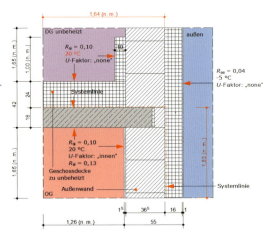

Berechnung des Wärmestroms zur Außenluft

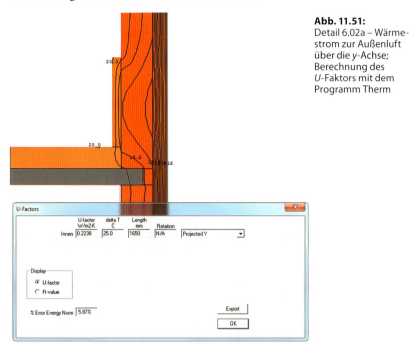

Abb. 11.51:
Detail 6.02a – Wärme-
strom zur Außenluft
über die *y*-Achse;
Berechnung des
U-Faktors mit dem
Programm Therm

Tabelle 11.18: Berechnungstabelle für den ψ-Wert des Details 6.02a (Wärmestrom zur Außenluft über die y-Achse); Berechnung nach DIN 4108 Beiblatt 2 und DIN EN ISO 10211

Bauteil 1:	Außenwand	Bauteil 2:		Länge gesamt		Σ m	16,23
U_1-Wert:	0,165 W/(m² · K)	U_2-Wert:	W/(m² · K)	Lage	Länge	Anzahl	gesamt
Länge L_1:	1,83 m	Länge L_2:	m	OG	8,12	2,00	16,23
$F_1 =$	1 –	$F_2 =$	1 –				
$U_1 \cdot L_1 \cdot F_1 =$	0,302 W/(m · K)	$U_2 \cdot L_2 \cdot F_2 =$	0,000 W/(m · K)				

Bauteil 3:	
U_3-Wert:	W/(m² · K)
Länge L_3:	m
$F_3 =$	1 –
$U_3 \cdot L_3 \cdot F_3 =$	0,000 W/(m · K)

Therm 1		Therm 2	
U_{Faktor1}:	0,224 W/(m² · K)	U_{Faktor2}:	W/(m² · K)
Länge L_{Therm1}:	1,65 m	Länge L_{Therm2}:	m
$F_{\mathrm{Therm1}} =$	1 –	$F_{\mathrm{Therm2}} =$	1 –
$U_{\mathrm{Faktor1}} \cdot L_{\mathrm{Therm1}} \cdot F =$	0,369 W/(m · K)	$U_{\mathrm{Faktor2}} \cdot L_{\mathrm{Therm2}} \cdot F =$	0,000 W/(m · K)

ψ-Wert $= (U_{\mathrm{Faktor1}} \cdot L_{\mathrm{Therm1}} + U_{\mathrm{Faktor2}} \cdot L_{\mathrm{Therm2}}) - (U_1 \cdot L_1 \cdot F_1 + U_2 \cdot L_2 \cdot F_2 + U_3 \cdot L_3 \cdot F_3)$

ψ-Wert $=$ 0,068 W/(m · K)

Der ψ-Wert für das Detail 6.02a beträgt 0,068 W/(m · K). Die gesamte Länge der Wärmebrücke beläuft sich auf 16,23 m.

Detail 6.02b (Abb. 11.52) – Anschluss oberste Geschossdecke/Giebel gegen unbeheizten Dachraum

Abb. 11.52: Detail 6.02b – Anschluss oberste Geschossdecke/Giebel gegen unbeheizten Dachraum. Die Abmessungen in roter Schriftfarbe kennzeichnen den Außenmaßbezug; die Systemlinie läuft entlang der Bestandswand und auf der Rohdecke (n. m. = nicht maßstäblich; Angaben für R_{si} und R_{se} in m² · K/W).

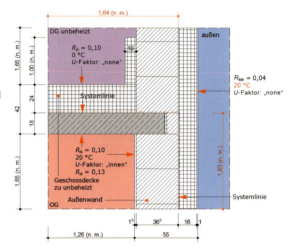

Berechnung des Wärmestroms zum unbeheizten Dachraum

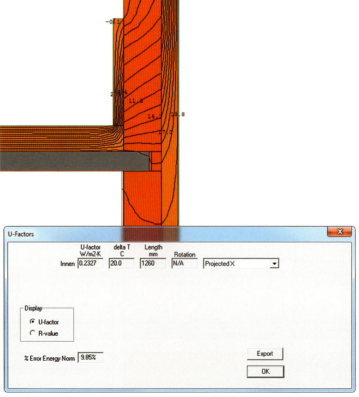

Abb. 11.53: Detail 6.02b – Wärmestrom zum unbeheizten Dachraum über die x-Achse; Berechnung des U-Faktors mit dem Programm Therm

Tabelle 11.19:   Berechnungstabelle für den ψ-Wert des Details 6.02b (Wärmestrom zum unbeheizten Dachraum über die x-Achse); Berechnung nach DIN 4108 Beiblatt 2 und DIN EN ISO 10211

Bauteil 1:		Bauteil 2:	oberste Geschossdecke	Länge gesamt		Σ m	16,23
U_1-Wert:	W/(m²·K)	U_2-Wert:	0,161 W/(m²·K)	Lage	Länge	Anzahl	gesamt
Länge L_1:	m	Länge L_2:	1,64 m	OG	8,12	2,00	16,23
$F_1 =$	1 –	$F_2 =$	1 –				
$U_1 \cdot L_1 \cdot F_1 =$	0,000 W/(m·K)	$U_2 \cdot L_2 \cdot F_2 =$	0,264 W/(m·K)				

Bauteil 3:	
U_3-Wert:	W/(m²·K)
Länge L_3:	m
$F_3 =$	1 –
$U_3 \cdot L_3 \cdot F_3 =$	0,000 W/(m·K)

Therm 1		Therm 2	
$U_{Faktor1}$:	0,233 W/(m²·K)	$U_{Faktor2}$:	W/(m²·K)
Länge L_{Therm1}:	1,26 m	Länge L_{Therm2}:	m
$F_{Therm1} =$	1 –	$F_{Therm2} =$	1 –
$U_{Faktor1} \cdot L_{Therm1} \cdot F =$	0,293 W/(m·K)	$U_{Faktor2} \cdot L_{Therm2} \cdot F =$	0,000 W/(m·K)

ψ-Wert $= (U_{Faktor1} \cdot L_{Therm1} + U_{Faktor2} \cdot L_{Therm2}) - (U_1 \cdot L_1 \cdot F_1 + U_2 \cdot L_2 \cdot F_2 + U_3 \cdot L_3 \cdot F_3)$
ψ-Wert $=$ 0,029 W/(m·K)

Der ψ-Wert für das Detail 6.02b beträgt 0,029 W/(m · K). Die gesamte Länge der Wärmebrücke beläuft sich auf 16,23 m.

Detail 6.03 (Abb. 11.54) – Anschluss Innenwand an Geschossdecke

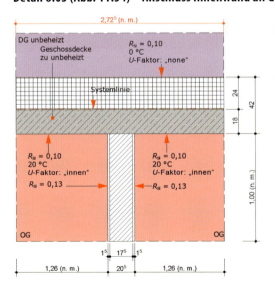

Abb. 11.54:   Detail 6.03 – Anschluss Innenwand an Geschossdecke. Die Abmessungen in roter Schriftfarbe kennzeichnen den Außenmaßbezug; die Systemlinie läuft auf der Rohdecke (n. m. = nicht maßstäblich; Angaben für R_{si} und R_{se} in m² · K/W).

Berechnung des Wärmestroms zum unbeheizten Dachraum

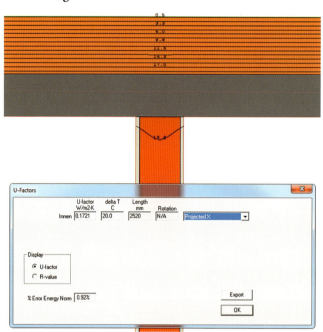

Abb. 11.55:   Detail 6.03 – Wärmestrom zum unbeheizten Dachraum über die x-Achse; Berechnung des U-Faktors mit dem Programm Therm

Tabelle 11.20:   Berechnungstabelle für den ψ-Wert des Details 6.03 (Wärmestrom zum unbeheizten Dachraum über die x-Achse); Berechnung nach DIN 4108 Beiblatt 2 und DIN EN ISO 10211

Bauteil 1:	oberste Geschossdecke
U_1-Wert:	0,161 W/(m² · K)
Länge L_1:	2,725 m
$F_1 =$	1 –
$U_1 \cdot L_1 \cdot F_1 =$	0,438 W/(m · K)

Bauteil 2:	
U_2-Wert:	W/(m² · K)
Länge L_2:	m
$F_2 =$	1 –
$U_2 \cdot L_2 \cdot F_2 =$	0,000 W/(m · K)

Länge gesamt		Σ m	22,21
Lage	Länge	Anzahl	gesamt
OG	9,99	1,00	9,99
	8,12	1,00	8,12
	4,10	1,00	4,10

Bauteil 3:	
U_3-Wert:	W/(m² · K)
Länge L_3:	m
$F_3 =$	1 –
$U_3 \cdot L_3 \cdot F_3 =$	0,000 W/(m · K)

Therm 1	
U_{Faktor1}:	0,172 W/(m² · K)
Länge L_{Therm1}:	2,52 m
$F_{\text{Therm1}} =$	1 –
$U_{\text{Faktor1}} \cdot L_{\text{Therm1}} \cdot F =$	0,434 W/(m · K)

Therm 2	
U_{Faktor2}:	W/(m² · K)
Länge L_{Therm2}:	m
$F_{\text{Therm2}} =$	1 –
$U_{\text{Faktor2}} \cdot L_{\text{Therm2}} \cdot F =$	0,000 W/(m · K)

ψ-Wert $= (U_{\text{Faktor1}} \cdot L_{\text{Therm1}} + U_{\text{Faktor2}} \cdot L_{\text{Therm2}}) - (U_1 \cdot L_1 \cdot F_1 + U_2 \cdot L_2 \cdot F_2 + U_3 \cdot L_3 \cdot F_3)$
ψ-Wert $=$ **−0,004 W/(m · K)**

Der ψ-Wert für das Detail 6.03 beträgt −0,004 W/(m · K). Die gesamte Länge der Wärmebrücke beläuft sich auf 22,21 m.

11.1.3.7 Wärmebrückendetails Fenster (unterer Anschluss)

Detail 7.01a (Abb. 11.56) – Anschluss auf Kellerdecke gegen Außenluft

Dieser Anschluss grenzt sowohl an Außenluft als auch an den unbeheizten Keller. Somit wird der Wärmestrom einmal durch die Außenwand zur Außenluft (Detail 7.01a) und einmal durch die Kellerdecke zum unbeheizten Keller (Detail 7.01b) berechnet.

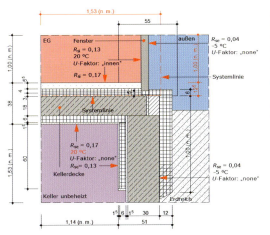

Abb. 11.56: Detail 7.01a – Anschluss auf Kellerdecke gegen Außenluft. Die Abmessungen in roter Schriftfarbe kennzeichnen den Außenmaßbezug; die Systemlinie läuft entlang der Bestandswand (n. m. = nicht maßstäblich; Angaben für R_{si} und R_{se} in m² · K/W).

Berechnung des Wärmestroms zur Außenluft

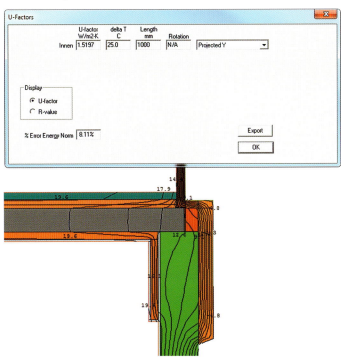

Abb. 11.57: Detail 7.01a – Wärmestrom zur Außenluft über die *y*-Achse; Berechnung des *U*-Faktors mit dem Programm Therm

Tabelle 11.21:   Berechnungstabelle für den ψ-Wert des Details 7.01a (Wärmestrom zur Außenluft über die y-Achse); Berechnung nach DIN 4108 Beiblatt 2 und DIN EN ISO 10211

Bauteil 1:	Außenwand
U_1-Wert:	0,165 W/(m²·K)
Länge L_1:	0,125 m
$F_1 =$	1 –
$U_1 \cdot L_1 \cdot F_1 =$	0,021 W/(m·K)

Bauteil 2:	Fenster
U_2-Wert:	1,41 W/(m²·K)
Länge L_2:	1 m
$F_2 =$	1 –
$U_2 \cdot L_2 \cdot F_2 =$	1,411 W/(m·K)

Länge gesamt		Σ m	12,66
Lage	Länge	Anzahl	gesamt
West	2,00	2,00	4,00
Ost	1,90	1,00	1,90
Süd	2,00	3,00	6,00
Nord	0,76	1,00	0,76

Bauteil 3:	
U_3-Wert:	W/(m²·K)
Länge L_3:	m
$F_3 =$	1 –
$U_3 \cdot L_3 \cdot F_3 =$	0,000 W/(m·K)

Therm 1	
U_{Faktor1}:	1,520 W/(m²·K)
Länge L_{Therm1}:	1 m
$F_{\text{Therm1}} =$	1 –
$U_{\text{Faktor1}} \cdot L_{\text{Therm1}} \cdot F =$	1,520 W/(m·K)

Therm 2	
U_{Faktor2}:	W/(m²·K)
Länge L_{Therm2}:	m
$F_{\text{Therm2}} =$	1 –
$U_{\text{Faktor2}} \cdot L_{\text{Therm2}} \cdot F =$	0,000 W/(m·K)

$$\psi\text{-Wert} = (U_{\text{Faktor1}} \cdot L_{\text{Therm1}} + U_{\text{Faktor2}} \cdot L_{\text{Therm2}}) - (U_1 \cdot L_1 \cdot F_1 + U_2 \cdot L_2 \cdot F_2 + U_3 \cdot L_3 \cdot F_3)$$

ψ-**Wert =**   **0,088 W/(m·K)**

Der ψ-Wert für das Detail 7.01a beträgt 0,088 W/(m · K). Die gesamte Länge der Wärmebrücke beläuft sich auf 12,66 m.

Detail 7.01b (Abb. 11.58) – Anschluss auf Kellerdecke gegen unbeheizten Keller

Abb. 11.58:   Detail 7.01b – Anschluss auf Kellerdecke gegen unbeheizten Keller. Die Abmessungen in roter Schriftfarbe kennzeichnen den Außenmaßbezug; die Systemlinie läuft entlang der Oberkante Rohdecke (n. m. = nicht maßstäblich; Angaben für R_{si} und R_{se} in m² · K/W).

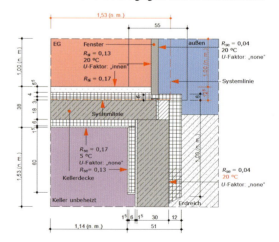

Berechnung des Wärmestroms zum unbeheizten Keller

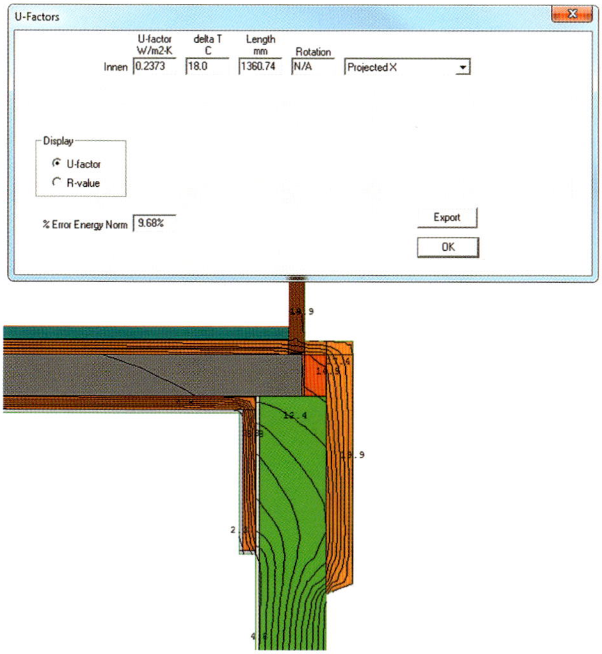

Abb. 11.59:   Detail 7.01b – Wärmestrom zum unbeheizten Keller über die x-Achse; Berechnung des U-Faktors mit dem Programm Therm

Tabelle 11.22:   Berechnungstabelle für den ψ-Wert des Details 7.01b (Wärmestrom zum unbeheizten Keller über die x-Achse); Berechnung nach DIN 4108 Beiblatt 2 und DIN EN ISO 10211

Bauteil 1:		
U_1-Wert:	W/(m² · K)	
Länge L_1:	m	
$F_1 =$	1	–
$U_1 \cdot L_1 \cdot F_1 =$	0,000 W/(m · K)	

Bauteil 2:	Kellerdecke	
U_2-Wert:	0,26 W/(m² · K)	
Länge L_2:	1,53 m	
$F_2 =$	1	–
$U_2 \cdot L_2 \cdot F_2 =$	0,402 W/(m · K)	

Länge gesamt		∑ m	12,66
Lage	Länge	Anzahl	gesamt
West	2,00	2,00	4,00
Ost	1,90	1,00	1,90
Süd	2,00	3,00	6,00
Nord	0,76	1,00	0,76

Bauteil 3:		
U_3-Wert:	W/(m² · K)	
Länge L_3:	m	
$F_3 =$	1	–
$U_3 \cdot L_3 \cdot F_3 =$	0,000 W/(m · K)	

Therm 1		
$U_{Faktor1}$:	0,237 W/(m² · K)	
Länge L_{Therm1}:	1,361 m	
$F_{Therm1} =$	1	–
$U_{Faktor1} \cdot L_{Therm1} \cdot F =$	0,323 W/(m · K)	

Therm 2		
$U_{Faktor2}$:	W/(m² · K)	
Länge L_{Therm2}:	m	
$F_{Therm2} =$	1	–
$U_{Faktor2} \cdot L_{Therm2} \cdot F =$	0,000 W/(m · K)	

ψ-Wert $= (U_{Faktor1} \cdot L_{Therm1} + U_{Faktor2} \cdot L_{Therm2}) - (U_1 \cdot L_1 \cdot F_1 + U_2 \cdot L_2 \cdot F_2 + U_3 \cdot L_3 \cdot F_3)$

ψ-Wert $=$ **−0,079 W/(m · K)**

Der ψ-Wert für das Detail 7.01b beträgt −0,079 W/(m · K). Die gesamte Länge der Wärmebrücke beläuft sich auf 12,66 m.

Detail 7.02 (Abb. 11.60) – Anschluss Geschossdecke (oben/unten) mit Rollladenkasten

Abb. 11.60:   Detail 7.02 –
Anschluss Geschossdecke
(oben/unten) mit Rollladenkasten. Die Abmessungen in roter
Schriftfarbe kennzeichnen
den Außenmaßbezug; die
Systemlinie läuft entlang der
Bestandswand (n. m. = nicht
maßstäblich; Angaben für R_{si}
und R_{se} in m² · K/W).

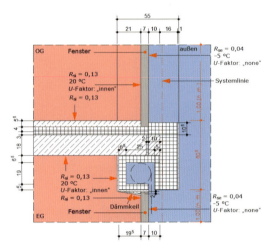

Berechnung des Wärmestroms zur Außenluft

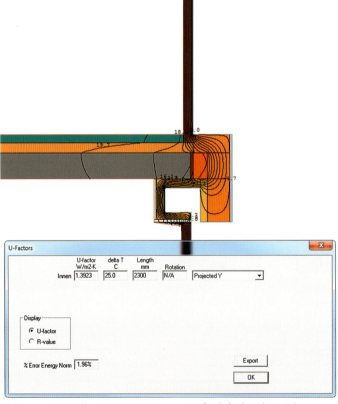

Abb. 11.61:   Detail 7.02 – Wärmestrom zur Außenluft über die *y*-Achse;
Berechnung des *U*-Faktors mit dem Programm Therm

Tabelle 11.23: Berechnungstabelle für den ψ-Wert des Details 7.02 (Wärmestrom zur Außenluft über die y-Achse); Berechnung nach DIN 4108 Beiblatt 2 und DIN EN ISO 10211

Bauteil 1:	Außenwand
U_1-Wert:	0,165 W/(m²·K)
Länge L_1:	0,605 m
$F_1 =$	1 –
$U_1 \cdot L_1 \cdot F_1 =$	0,100 W/(m·K)

Bauteil 2:	Fenster
U_2-Wert:	1,41 W/(m²·K)
Länge L_2:	2 m
$F_2 =$	1 –
$U_2 \cdot L_2 \cdot F_2 =$	2,823 W/(m·K)

Länge gesamt		Σ m	7,53
Lage	Länge	Anzahl	gesamt
West	2,01	1,00	2,01
Ost	0,76	1,00	0,76
Süd	2,00	2,00	4,00
Nord	0,76	1,00	0,76

Bauteil 3:	
U_3-Wert:	W/(m²·K)
Länge L_3:	m
$F_3 =$	1 –
$U_3 \cdot L_3 \cdot F_3 =$	0,000 W/(m·K)

Therm 1	
$U_{Faktor1}$:	1,392 W/(m²·K)
Länge L_{Therm1}:	2,3 m
$F_{Therm1} =$	1 –
$U_{Faktor1} \cdot L_{Therm1} \cdot F =$	3,202 W/(m·K)

Therm 2	
$U_{Faktor2}$:	W/(m²·K)
Länge L_{Therm2}:	m
$F_{Therm2} =$	1 –
$U_{Faktor2} \cdot L_{Therm2} \cdot F =$	0,000 W/(m·K)

ψ-Wert $= (U_{Faktor1} \cdot L_{Therm1} + U_{Faktor2} \cdot L_{Therm2}) - (U_1 \cdot L_1 \cdot F_1 + U_2 \cdot L_2 \cdot F_2 + U_3 \cdot L_3 \cdot F_3)$

ψ-Wert $=$ 0,280 W/(m·K)

Der ψ-Wert für das Detail 7.02 beträgt 0,280 W/(m · K). Die gesamte Länge der Wärmebrücke beläuft sich auf 7,53 m.

Detail 7.03 (Abb. 11.62) – Anschluss Fenster/Brüstung

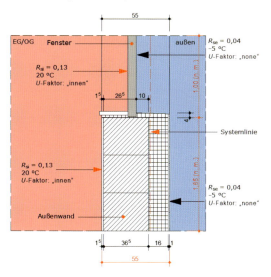

Abb. 11.62: Detail 7.03 – Anschluss Fenster/Brüstung. Die Abmessungen in roter Schriftfarbe kennzeichnen den Außenmaßbezug; die System-linie läuft entlang der Bestands-wand (n. m. = nicht maßstäb-lich; Angaben für R_{si} und R_{se} in m² · K/W).

Berechnung des Wärmestroms zur Außenluft

Abb. 11.63: Detail 7.03 – Wärmestrom zur Außenluft über die
y-Achse; Berechnung des U-Faktors
mit dem Programm Therm

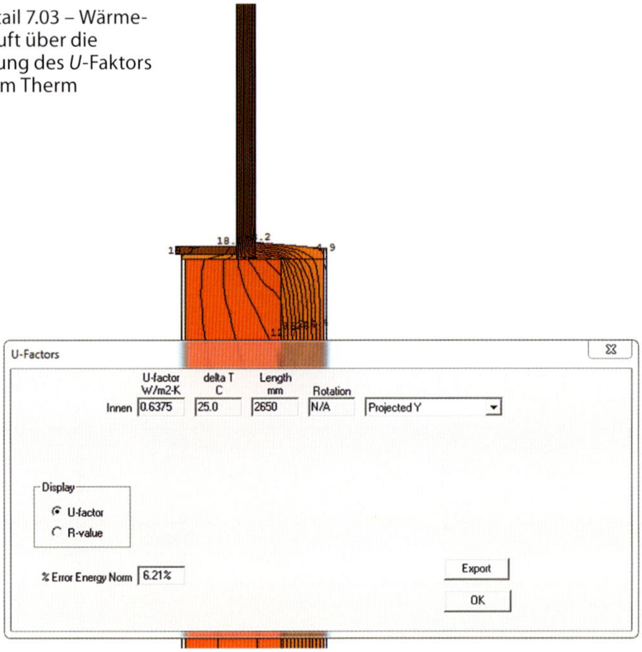

Tabelle 11.24: Berechnungstabelle für den ψ-Wert des Details 7.03 (Wärmestrom zur Außenluft über die y-Achse); Berechnung nach DIN 4108 Beiblatt 2 und DIN EN ISO 10211

Bauteil 1:	Außenwand		Bauteil 2:	Fenster
U_1-Wert:	0,164 W/(m²·K)		U_2-Wert:	1,41 W/(m²·K)
Länge L_1:	1,65 m		Länge L_2:	1 m
$F_1 =$	1 –		$F_2 =$	1 –
$U_1 \cdot L_1 \cdot F_1 =$	0,271 W/(m·K)		$U_2 \cdot L_2 \cdot F_2 =$	1,411 W/(m·K)

Länge gesamt		Σ m	6,45
Lage	Länge	Anzahl	gesamt
OG Ost	1,89	1,00	1,89
OG Nord	0,76	3,00	2,28
EG Nord	0,76	1,00	0,76
EG Ost	0,76	2,00	1,52

Bauteil 3:	
U_3-Wert:	W/(m²·K)
Länge L_3:	m
$F_3 =$	1 –
$U_3 \cdot L_3 \cdot F_3 =$	0,000 W/(m·K)

Therm 1			Therm 2	
$U_{Faktor1}$:	0,638 W/(m²·K)		$U_{Faktor2}$:	W/(m²·K)
Länge L_{Therm1}:	2,65 m		Länge L_{Therm2}:	m
$F_{Therm1} =$	1 –		$F_{Therm2} =$	1 –
$U_{Faktor1} \cdot L_{Therm1} \cdot F =$	1,689 W/(m·K)		$U_{Faktor2} \cdot L_{Therm2} \cdot F =$	0,000 W/(m·K)

ψ-Wert $= (U_{Faktor1} \cdot L_{Therm1} + U_{Faktor2} \cdot L_{Therm2}) - (U_1 \cdot L_1 \cdot F_1 + U_2 \cdot L_2 \cdot F_2 + U_3 \cdot L_3 \cdot F_3)$
ψ-Wert $=$ 0,007 W/(m·K)

Der ψ-Wert für das Detail 7.03 beträgt 0,007 W/(m · K). Die gesamte Länge der Wärmebrücke beläuft sich auf 6,45 m.

11.1.3.8 Wärmebrückendetails Fenster (oberer Anschluss)

Detail 8.01 (Abb. 11.64) – Fenstersturz mit Rollladenkasten

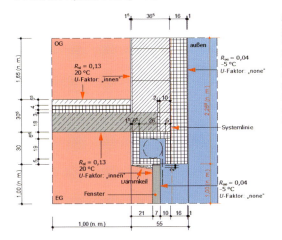

Abb. 11.64: Detail 8.01 – Fenstersturz mit Rollladenkasten. Die Abmessungen in roter Schriftfarbe kennzeichnen den Außenmaßbezug; die Systemlinie läuft entlang der Bestandswand (n. m. = nicht maßstäblich; Angaben für R_{si} und R_{se} in m² · K/W).

Berechnung des Wärmestroms zur Außenluft

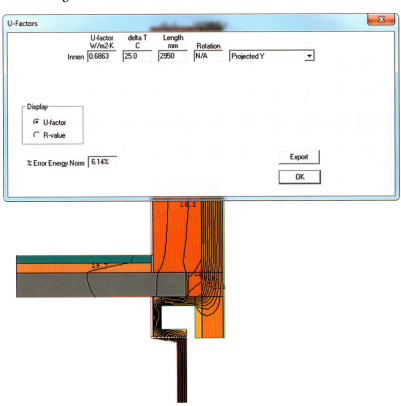

Abb. 11.65: Detail 8.01 – Wärmestrom zur Außenluft über die y-Achse; Berechnung des U-Faktors mit dem Programm Therm

Tabelle 11.25: Berechnungstabelle für den ψ-Wert des Details 8.01 (Wärmestrom zur Außenluft über die y-Achse); Berechnung nach DIN 4108 Beiblatt 2 und DIN EN ISO 10211

Bauteil 1:	Außenwand		Bauteil 2:	Fenster		Länge gesamt		Σ m	5,52
U_1-Wert:	0,165 W/(m²·K)		U_2-Wert:	1,41 W/(m²·K)		Lage	Länge	Anzahl	gesamt
Länge L_1:	2,255 m		Länge L_2:	1 m		EG Ost	0,76	1,00	0,76
$F_1 =$	1 –		$F_2 =$	1 –		EG West	2,00	1,00	2,00
$U_1 \cdot L_1 \cdot F_1 =$	0,372 W/(m·K)		$U_2 \cdot L_2 \cdot F_2 =$	1,411 W/(m·K)		EG Süd	2,00	1,00	2,00
						EG Nord	0,76	1,00	0,76

Bauteil 3:	
U_3-Wert:	W/(m²·K)
Länge L_3:	m
$F_3 =$	1 –
$U_3 \cdot L_3 \cdot F_3 =$	0,000 W/(m·K)

Therm 1			Therm 2	
$U_{Faktor1}$:	0,686 W/(m²·K)		$U_{Faktor2}$:	W/(m²·K)
Länge L_{Therm1}:	2,95 m		Länge L_{Therm2}:	m
$F_{Therm1} =$	1 –		$F_{Therm2} =$	1 –
$U_{Faktor1} \cdot L_{Therm1} \cdot F =$	2,025 W/(m·K)		$U_{Faktor2} \cdot L_{Therm2} \cdot F =$	0,000 W/(m·K)

ψ-Wert $= (U_{Faktor1} \cdot L_{Therm1} + U_{Faktor2} \cdot L_{Therm2}) - (U_1 \cdot L_1 \cdot F_1 + U_2 \cdot L_2 \cdot F_2 + U_3 \cdot L_3 \cdot F_3)$
ψ-Wert $=$ **0,241 W/(m·K)**

Der ψ-Wert für das Detail 8.01 beträgt 0,241 W/(m · K). Die gesamte Länge der Wärmebrücke beläuft sich auf 5,52 m.

Detail 8.02a (Abb. 11.66) – Fenstersturz mit Rollladenkasten (Giebelbereich) gegen Außenluft

Dieser Anschluss grenzt sowohl an Außenluft als auch an das unbeheizte Dachgeschoss. Somit wird der Wärmestrom einmal durch die Außenwand zur Außenluft (Detail 8.02a) und einmal durch die oberste Geschossdecke zum unbeheizten Dachraum (Detail 8.02b) berechnet.

Abb. 11.66: Detail 8.02a – Anschluss Fenstersturz mit Rollladenkasten (Giebelbereich) gegen Außenluft. Die Abmessungen in roter Schriftfarbe kennzeichnen den Außenmaßbezug; die Systemlinie läuft entlang der Bestandswand (n. m. = nicht maßstäblich; Angaben für R_{si} und R_{se} in m² · K/W).

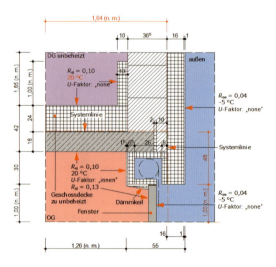

Berechnung des Wärmestroms zur Außenluft

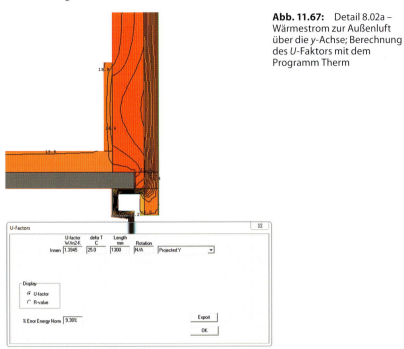

Abb. 11.67: Detail 8.02a – Wärmestrom zur Außenluft über die y-Achse; Berechnung des U-Faktors mit dem Programm Therm

Tabelle 11.26: Berechnungstabelle für den ψ-Wert des Details 8.02a (Wärmestrom zur Außenluft über die y-Achse); Berechnung nach DIN 4108 Beiblatt 2 und DIN EN ISO 10211

Bauteil 1:	Außenwand
U_1-Wert:	0,165 W/(m² · K)
Länge L_1:	0,48 m
$F_1 =$	1 –
$U_1 \cdot L_1 \cdot F_1 =$	0,079 W/(m · K)

Bauteil 2:	Fenster
U_2-Wert:	1,41 W/(m² · K)
Länge L_2:	1 m
$F_2 =$	1 –
$U_2 \cdot L_2 \cdot F_2 =$	1,411 W/(m · K)

Länge gesamt		Σ m	4,66
Lage	Länge	Anzahl	gesamt
OG Ost	1,89	1,00	1,89
	0,76	1,00	0,76
OG West	2,01	1,00	2,01

Bauteil 3:	
U_3-Wert:	W/(m² · K)
Länge L_3:	m
$F_3 =$	1 –
$U_3 \cdot L_3 \cdot F_3 =$	0,000 W/(m · K)

Therm 1	
$U_{Faktor1}$:	1,395 W/(m² · K)
Länge L_{Therm1}:	1,3 m
$F_{Therm1} =$	1 –
$U_{Faktor1} \cdot L_{Therm1} \cdot F =$	1,813 W/(m · K)

Therm 2	
$U_{Faktor2}$:	W/(m² · K)
Länge L_{Therm2}:	m
$F_{Therm2} =$	1 –
$U_{Faktor2} \cdot L_{Therm2} \cdot F =$	0,000 W/(m · K)

ψ-Wert $= (U_{Faktor1} \cdot L_{Therm1} + U_{Faktor2} \cdot L_{Therm2}) - (U_1 \cdot L_1 \cdot F_1 + U_2 \cdot L_2 \cdot F_2 + U_3 \cdot L_3 \cdot F_3)$

ψ-Wert =   0,322 W/(m · K)

Der ψ-Wert für das Detail 8.02a beträgt 0,322 W/(m · K). Die gesamte Länge der Wärmebrücke beläuft sich auf 4,66 m.

Detail 8.02b (Abb. 11.68) – Fenstersturz mit Rollladenkasten (Giebelbereich) gegen unbeheizten Dachraum

Abb. 11.68: Detail 8.02b – Anschluss Fenstersturz mit Rollladenkasten (Giebelbereich) gegen unbeheizten Dachraum. Die Abmessungen in roter Schriftfarbe kennzeichnen den Außenmaßbezug; die Systemlinie läuft entlang der Oberkante Rohdecke (n. m. = nicht maßstäblich; Angaben für R_{si} und R_{se} in $m^2 \cdot K/W$).

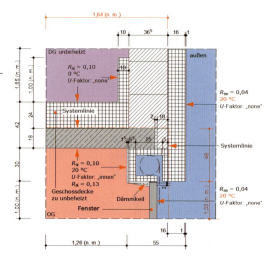

Berechnung des Wärmestroms zum unbeheizten Dachraum

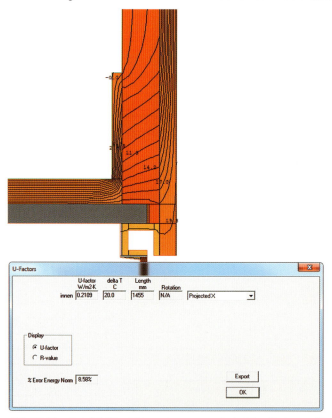

Abb. 11.69: Detail 8.02b – Wärmestrom zum unbeheizten Dachraum über die x-Achse; Berechnung des U-Faktors mit dem Programm Therm

Tabelle 11.27: Berechnungstabelle für den ψ-Wert des Details 8.02b (Wärmestrom zum unbeheizten Dachraum über die x-Achse); Berechnung nach DIN 4108 Beiblatt 2 und DIN EN ISO 10211

Bauteil 1:	oberste Geschossdecke
U_1-Wert:	0,161 W/(m² · K)
Länge L_1:	1,64 m
$F_1 =$	1 –
$U_1 \cdot L_1 \cdot F_1 =$	0,264 W/(m · K)

Bauteil 2:		
U_2-Wert:		W/(m² · K)
Länge L_2:		m
$F_2 =$	1	–
$U_2 \cdot L_2 \cdot F_2 =$		0,000 W/(m · K)

Bauteil 3:	
U_3-Wert:	W/(m² · K)
Länge L_3:	m
$F_3 =$	1 –
$U_3 \cdot L_3 \cdot F_3 =$	0,000 W/(m · K)

Therm 1	
$U_{Faktor1}$:	0,211 W/(m² · K)
Länge L_{Therm1}:	1,455 m
$F_{Therm1} =$	1 –
$U_{Faktor1} \cdot L_{Therm1} \cdot F =$	0,307 W/(m · K)

Therm 2		
$U_{Faktor2}$:		W/(m² · K)
Länge L_{Therm2}:		m
$F_{Therm2} =$	1	–
$U_{Faktor2} \cdot L_{Therm2} \cdot F =$		0,000 W/(m · K)

Länge gesamt		Σ m	4,66
Lage	Länge	Anzahl	gesamt
OG Ost	1,89	1,00	1,89
	0,76	1,00	0,76
OG West	2,01	1,00	2,01

ψ-Wert $= (U_{Faktor1} \cdot L_{Therm1} + U_{Faktor2} \cdot L_{Therm2}) - (U_1 \cdot L_1 \cdot F_1 + U_2 \cdot L_2 \cdot F_2 + U_3 \cdot L_3 \cdot F_3)$

ψ-Wert $=$ **0,043 W/(m · K)**

Der ψ-Wert für das Detail 8.02b beträgt 0,043 W/(m · K). Die gesamte Länge der Wärmebrücke beläuft sich auf 4,66 m.

Detail 8.03a (Abb. 11.70) – Fenstersturz mit Rollladenkasten (Traufbereich) gegen Außenluft

Dieser Anschluss grenzt sowohl an Außenluft als auch an das unbeheizte Dachgeschoss. Somit wird der Wärmestrom einmal durch die Außenwand zur Außenluft (Detail 8.03a) und einmal durch die oberste Geschossdecke zum unbeheizten Dachgeschoss (Detail 8.03b) berechnet.

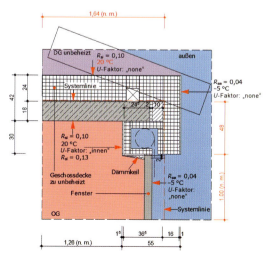

Abb. 11.70: Detail 8.03a – Fenstersturz mit Rollladenkasten (Traufbereich) gegen Außenluft. Die Abmessungen in roter Schriftfarbe kennzeichnen den Außenmaßbezug; die Systemlinie läuft entlang der Bestandswand (n. m. = nicht maßstäblich; Angaben für R_{si} und R_{se} in m² · K/W).

Berechnung des Wärmestroms zur Außenluft

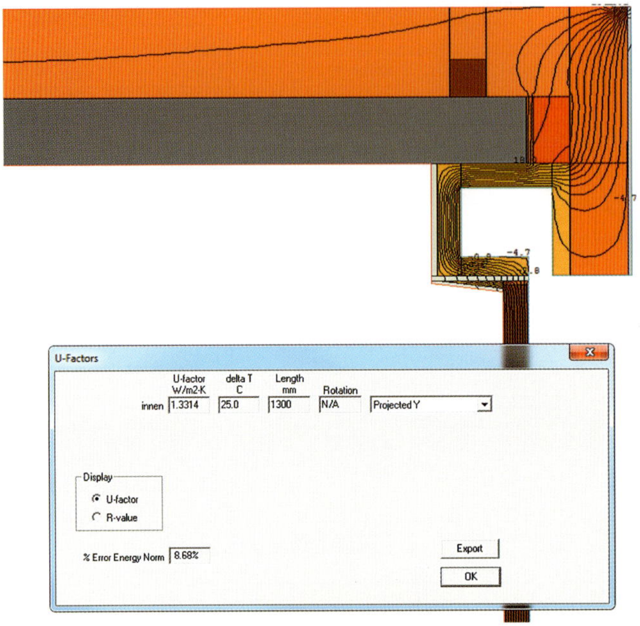

Abb. 11.71:   Detail 8.03a – Wärmestrom zur Außenluft über die y-Achse;
Berechnung des U-Faktors mit dem Programm Therm

Tabelle 11.28:   Berechnungstabelle für den ψ-Wert des Details 8.03a (Wärmestrom zur Außenluft über die y-Achse);
Berechnung nach DIN 4108 Beiblatt 2 und DIN EN ISO 10211

Bauteil 1:	Außenwand
U_1-Wert:	0,165 W/(m²·K)
Länge L_1:	0,48 m
$F_1 =$	1 –
$U_1 \cdot L_1 \cdot F_1 =$	0,079 W/(m·K)

Bauteil 2:	Fenster
U_2-Wert:	1,41 W/(m²·K)
Länge L_2:	1 m
$F_2 =$	1 –
$U_2 \cdot L_2 \cdot F_2 =$	1,411 W/(m·K)

Bauteil 3:	
U_3-Wert:	W/(m²·K)
Länge L_3:	m
$F_3 =$	1 –
$U_3 \cdot L_3 \cdot F_3 =$	0,000 W/(m·K)

Therm 1	
U_{Faktor1}:	1,331 W/(m²·K)
Länge L_{Therm1}:	1,3 m
$F_{\text{Therm1}} =$	1 –
$U_{\text{Faktor1}} \cdot L_{\text{Therm1}} \cdot F =$	1,731 W/(m·K)

Therm 2	
U_{Faktor2}:	W/(m²·K)
Länge L_{Therm2}:	m
$F_{\text{Therm2}} =$	1 –
$U_{\text{Faktor2}} \cdot L_{\text{Therm2}} \cdot F =$	0,000 W/(m·K)

Länge gesamt		$\sum$ m	7,04
Lage	Länge	Anzahl	gesamt
OG Süd	2,00	2,00	4,00
OG Nord	0,76	4,00	3,04

ψ-Wert $= (U_{\text{Faktor1}} \cdot L_{\text{Therm1}} + U_{\text{Faktor2}} \cdot L_{\text{Therm2}}) - (U_1 \cdot L_1 \cdot F_1 + U_2 \cdot L_2 \cdot F_2 + U_3 \cdot L_3 \cdot F_3)$

ψ-Wert $=$ **0,240 W/(m·K)**

Der ψ-Wert für das Detail 8.03a beträgt 0,240 W/(m · K). Die gesamte Länge
der Wärmebrücke beläuft sich auf 7,04 m.

Detail 8.03b (Abb. 11.72) – Fenstersturz mit Rollladenkasten (Traufbereich) gegen unbeheizten Dachraum

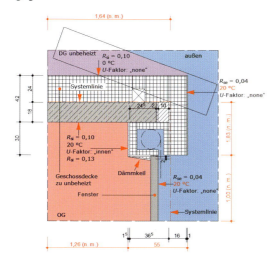

Abb. 11.72: Detail 8.03b – Fenstersturz mit Rollladenkasten (Traufbereich) gegen unbeheizten Dachraum. Die Abmessungen in roter Schriftfarbe kennzeichnen den Außenmaßbezug; die Systemlinie läuft entlang der Oberkante Rohdecke (n. m. = nicht maßstäblich; Angaben für R_{si} und R_{se} in m² · K/W).

Berechnung des Wärmestroms zum unbeheizten Dachraum

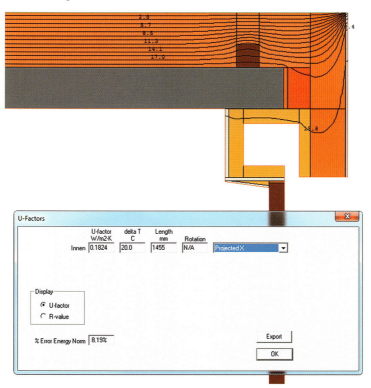

Abb. 11.73: Detail 8.03b – Wärmestrom zum unbeheizten Dachraum über die x-Achse; Berechnung des U-Faktors mit dem Programm Therm

Tabelle 11.29: Berechnungstabelle für den ψ-Wert des Details 8.03b (Wärmestrom zum unbeheizten Dachraum über die x-Achse); Berechnung nach DIN 4108 Beiblatt 2 und DIN EN ISO 10211

Bauteil 1:	oberste Geschossdecke	Bauteil 2:	
U_1-Wert:	0,161 W/(m² · K)	U_2-Wert:	W/(m² · K)
Länge L_1:	1,64 m	Länge L_2:	m
$F_1 =$	1 –	$F_2 =$	1 –
$U_1 \cdot L_1 \cdot F_1 =$	0,264 W/(m · K)	$U_2 \cdot L_2 \cdot F_2 =$	0,000 W/(m · K)

Bauteil 3:	
U_3-Wert:	W/(m² · K)
Länge L_3:	m
$F_3 =$	1 –
$U_3 \cdot L_3 \cdot F_3 =$	0,000 W/(m · K)

Therm 1		Therm 2	
U_{Faktor1}:	0,182 W/(m² · K)	U_{Faktor2}:	W/(m² · K)
Länge L_{Therm1}:	1,455 m	Länge L_{Therm2}:	m
$F_{\text{Therm1}} =$	1 –	$F_{\text{Therm2}} =$	1 –
$U_{\text{Faktor1}} \cdot L_{\text{Therm1}} \cdot F =$	0,265 W/(m · K)	$U_{\text{Faktor2}} \cdot L_{\text{Therm2}} \cdot F =$	0,000 W/(m · K)

ψ-Wert $= (U_{\text{Faktor1}} \cdot L_{\text{Therm1}} + U_{\text{Faktor2}} \cdot L_{\text{Therm2}}) - (U_1 \cdot L_1 \cdot F_1 + U_2 \cdot L_2 \cdot F_2 + U_3 \cdot L_3 \cdot F_3)$
ψ-Wert $=$ **0,002 W/(m · K)**

Länge gesamt		Σ m	**7,04**
Lage	Länge	Anzahl	gesamt
OG Süd	2,00	2,00	4,00
OG Nord	0,76	4,00	3,04

Der ψ-Wert für das Detail 8.03b beträgt 0,002 W/(m · K). Die gesamte Länge der Wärmebrücke beläuft sich auf 7,04 m.

Detail 8.04 (Abb. 11.74) – Fenstersturz ohne Rollladenkasten an Geschossdecke

Abb. 11.74: Detail 8.04 – Fenstersturz ohne Rollladenkasten an Geschossdecke. Die Abmessungen in roter Schriftfarbe kennzeichnen den Außenmaßbezug; die Systemlinie läuft entlang der Bestandswand (n. m. = nicht maßstäblich; Angaben für R_{si} und R_{se} in m² · K/W).

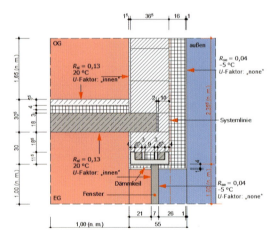

Berechnung des Wärmestroms zur Außenluft

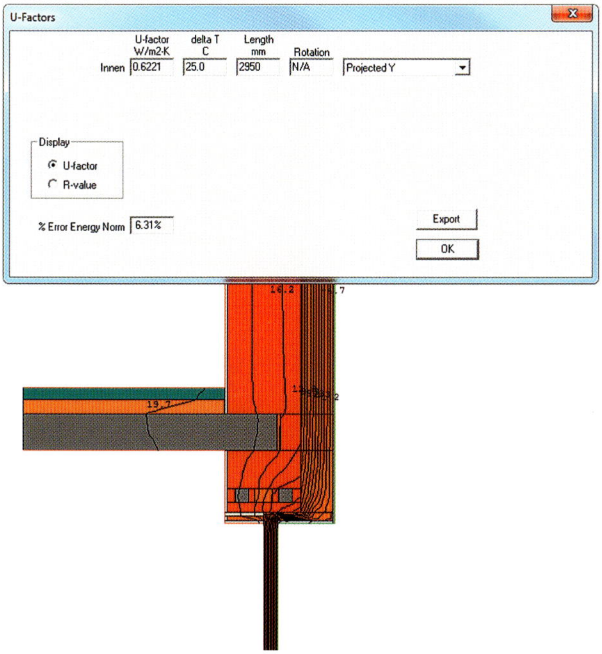

Abb. 11.75:   Detail 8.04 – Wärmestrom zur Außenluft über die y-Achse; Berechnung des U-Faktors mit dem Programm Therm

Tabelle 11.30:   Berechnungstabelle für den ψ-Wert des Details 8.04 (Wärmestrom zur Außenluft über die y-Achse); Berechnung nach DIN 4108 Beiblatt 2 und DIN EN ISO 10211

Bauteil 1:	Außenwand
U_1-Wert:	0,165 W/(m² · K)
Länge L_1:	2,255 m
$F_1 =$	1 –
$U_1 \cdot L_1 \cdot F_1 =$	0,372 W/(m · K)

Bauteil 2:	Fenster
U_2-Wert:	1,41 W/(m² · K)
Länge L_2:	1 m
$F_2 =$	1 –
$U_2 \cdot L_2 \cdot F_2 =$	1,411 W/(m · K)

Länge gesamt		Σ m	1,90
Lage	Länge	Anzahl	gesamt
EG Ost	1,90	1,00	1,90

Bauteil 3:	
U_3-Wert:	W/(m² · K)
Länge L_3:	m
$F_3 =$	1 –
$U_3 \cdot L_3 \cdot F_3 =$	0,000 W/(m · K)

Therm 1	
$U_{Faktor1}$:	0,622 W/(m² · K)
Länge L_{Therm1}:	2,95 m
$F_{Therm1} =$	1 –
$U_{Faktor1} \cdot L_{Therm1} \cdot F =$	1,835 W/(m · K)

Therm 2	
$U_{Faktor2}$:	W/(m² · K)
Länge L_{Therm2}:	m
$F_{Therm2} =$	1 –
$U_{Faktor2} \cdot L_{Therm2} \cdot F =$	0,000 W/(m · K)

ψ-Wert $= (U_{Faktor1} \cdot L_{Therm1} + U_{Faktor2} \cdot L_{Therm2}) - (U_1 \cdot L_1 \cdot F_1 + U_2 \cdot L_2 \cdot F_2 + U_3 \cdot L_3 \cdot F_3)$
ψ-Wert $=$ 0,052 W/(m · K)

Der ψ-Wert für das Detail 8.04 beträgt 0,052 W/(m · K). Die gesamte Länge der Wärmebrücke beläuft sich auf 1,90 m.

11.1.3.9 Wärmebrückendetails Fenster (seitlicher Anschluss)

Detail 9.01 (Abb. 11.76) – Anschluss Fensterlaibung

Abb. 11.76: Detail 9.01 – Anschluss Fensterlaibung. Die Abmessungen in roter Schriftfarbe kennzeichnen den Außenmaßbezug; die Systemlinie läuft entlang der Bestandswand (n. m. = nicht maßstäblich; Angaben für R_{si} und R_{se} in m² · K/W).

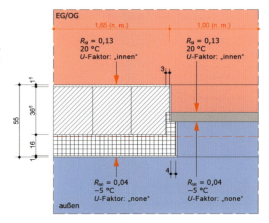

Berechnung des Wärmestroms zur Außenluft

Abb. 11.77: Detail 9.01 – Wärmestrom zur Außenluft über die x-Achse; Berechnung des U-Faktors mit dem Programm Therm

Tabelle 11.31:   Berechnungstabelle für den ψ-Wert des Details 9.01 (Wärmestrom zur Außenluft über die x-Achse); Berechnung nach DIN 4108 Beiblatt 2 und DIN EN ISO 10211

Bauteil 1:	Außenwand
U_1-Wert:	0,165 W/(m²·K)
Länge L_1:	1,65 m
$F_1 =$	1 –
$U_1 \cdot L_1 \cdot F_1 =$	0,272 W/(m·K)

Bauteil 2:	Fenster
U_2-Wert:	1,41 W/(m²·K)
Länge L_2:	1 m
$F_2 =$	1 –
$U_2 \cdot L_2 \cdot F_2 =$	1,411 W/(m·K)

Länge gesamt		Σ m	59,37
Lage	Länge	Anzahl	gesamt
OG Nord	2,14	2,00	4,27
	0,76	6,00	4,56
EG Nord	2,14	2,00	4,27
	0,76	2,00	1,52
OG Ost	2,14	2,00	4,27
	0,76	2,00	1,52
EG Ost	0,76	4,00	3,04
	2,14	2,00	4,28
OG Süd	2,26	4,00	9,04
EG Süd	2,26	4,00	9,04
OG West	2,26	2,00	4,52
EG West	2,26	4,00	9,04

Bauteil 3:	
U_3-Wert:	W/(m²·K)
Länge L_3:	m
$F_3 =$	1 –
$U_3 \cdot L_3 \cdot F_3 =$	0,000 W/(m·K)

Therm 1	
$U_{Faktor1}$:	0,644 W/(m²·K)
Länge L_{Therm1}:	2,65 m
$F_{Therm1} =$	1 –
$U_{Faktor1} \cdot L_{Therm1} \cdot F =$	1,708 W/(m·K)

Therm 2	
$U_{Faktor2}$:	W/(m²·K)
Länge L_{Therm2}:	m
$F_{Therm2} =$	1 –
$U_{Faktor2} \cdot L_{Therm2} \cdot F =$	0,000 W/(m·K)

ψ-Wert $= (U_{Faktor1} \cdot L_{Therm1} + U_{Faktor2} \cdot L_{Therm2}) - (U_1 \cdot L_1 \cdot F_1 + U_2 \cdot L_2 \cdot F_2 + U_3 \cdot L_3 \cdot F_3)$
ψ-Wert $=$ 0,024 W/(m·K)

Der ψ-Wert für das Detail 9.01 beträgt 0,024 W/(m · K). Die gesamte Länge der Wärmebrücke beläuft sich auf 59,37 m.

11.1.4   Berechnung des Wärmebrückenfaktors ΔU_{WB}

Tabelle 11.32 zeigt alle Wärmebrücken des Beispielgebäudes im Überblick; auf Grundlage der Berechnungsergebnisse aus Kapitel 11.1.3 werden hier die Transmissionswärmeverluste $H_{T,WB}$ nach der folgenden Formel 9.1 berechnet.

$$H_{T,WB} = \Sigma\, l_i \cdot \psi_i \cdot F_i \qquad \text{in W/K}$$

Dieser Berechnungsweg liegt auch den Formblättern C und C-1 der KfW-Wärmebrückenbewertung zugrunde (vgl. dazu ausführlich Kapitel 7.6).

Tabelle 11.32: Zusammenstellung der Wärmebrücken mit den Ergebnissen der ψ-Wert-Berechnung aus den Berechnungen gemäß Kapitel 11.1.3

Wärme-brücke	Bezeichnung	Länge in m	ψ-Wert in W/(m·K)	F_x-Wert	Transmissionswär-meverluste $H_{T,WB}$ nach Formel 9.1 in W/K
1.0	Kellerbodenplatte				
1.01	Anschluss Kelleraußenwand auf Bodenplatte	2,62	0,141	0,45	0,166
1.02	Anschluss Innenwand (24 cm) auf Bodenplatte	10,95	0,136	0,45	0,671
2.0	Kellerwände				
2.01	Anschluss Innenwand (24 cm) an Außenwand	5,12	−0,006	0,6	−0,020
2.02	Innere Außenecke Kellertreppenhaus	5,12	−0,012	0,6	−0,036
2.03	Kellerinnenwand an Kellerinnenwand	2,56	−0,061	0,6	−0,094
3.0	Kellerdecke				
3.01a	Sockel (gegen Außenluft)	20,94	0,063	1,0	1,320
3.01b	Sockel (gegen unbeheizten Keller)	20,94	−0,004	0,6	−0,045
3.02	Sockel, Bereich Treppenhaus	2,62	−0,002	1,0	−0,004
3.03	Kellerdecke, Treppenhaus gegen unbeheizten Keller	9,70	−0,014	1,0	−0,131
3.04	Kellerdecke, Anschluss Kellerinnenwand (unten)	5,38	0,021	1,0	0,114
3.05	Kellerdecke, Anschluss Innenwand (oben)	7,37	0,036	1,0	0,268
3.06	Kellerdecke, Anschluss Innenwand (oben/unten)	5,32	0,096	1,0	0,508
4.0	Außenwände				
4.01	Außenecke Außenwand	22,42	−0,022	1,0	−0,482
4.02	Innenwandanschluss an Außenwand	22,42	−0,001	1,0	−0,014
5.0	Geschossdecke				
5.01	Auflager Geschossdecke/Außenwand	33,60	0,006	1,0	0,192
6.0	Oberste Geschossdecke				
6.01a	Anschluss Außenwand/Traufe (gegen Außenluft)	19,98	0,008	1,0	0,168
6.01b	Anschluss Außenwand/Traufe (gegen unbeheizten Dachraum)	19,98	0,006	0,8	0,095
6.02a	Anschluss oberste Geschossdecke/Giebel (gegen Außenluft)	16,23	0,068	1,0	1,096
6.02b	Anschluss oberste Geschossdecke/Giebel (gegen unbeheizten Dachraum)	16,23	0,029	0,8	0,383
6.03	Anschluss Innenwand an Geschossdecke	22,21	−0,004	1,0	−0,100

Fortsetzung Tabelle 11.32:   Zusammenstellung der Wärmebrücken mit den Ergebnissen der ψ-Wert-Berechnung aus den Berechnungen gemäß Kapitel 11.1.3

Wärme-brücke	Bezeichnung	Länge in m	ψ-Wert in W/(m · K)	F_x-Wert	Transmissionswär-meverluste $H_{T,WB}$ nach Formel 9.1 in W/K
7.0	**Fensteranschluss unten**				
7.01a	Anschluss auf Kellerdecke (gegen Außenluft)	12,66	0,088	1,0	1,110
7.01b	Anschluss auf Kellerdecke (gegen unbeheizten Keller)	12,66	–0,079	0,6	–0,603
7.02	Anschlus Geschossdecke (oben/unten) mit Rolladenkasten	7,53	0,280	1,0	2,106
7.03	Anschluss Fenster/Brüstung	6,45	0,007	1,0	0,045
8.0	**Fensteranschluss oben**				
8.01	Fenstersturz mit Rollladenkasten	5,52	0,241	1,0	1,332
8.02a	Fenstersturz mit Rollladenkasten/Giebelbereich (gegen Außenluft)	4,66	0,322	1,0	1,500
8.02b	Fenstersturz mit Rollladenkasten/Giebelbereich (gegen unbeheizten Dachraum)	4,66	0,043	0,8	0,161
8.03a	Fenstersturz mit Rollladenkasten/Traufbereich (gegen Außenluft)	7,04	0,240	1,0	1,691
8.03b	Fenstersturz mit Rollladenkasten/Traufbereich (gegen unbeheizten Dachraum)	7,04	0,002	0,8	0,009
8.04	Fenstersturz ohne Rollladenkasten	1,90	0,052	1,0	0,098
9.0	**Fensteranschluss Seite**				
9.01	Anschluss Fensterlaibung	59,37	0,024	1,0	1,435
		Summe			12,942

Die zusätzlichen Transmissionswärmeverluste über die Wärmebrücken summieren sich für das Beispielgebäude auf insgesamt 12,942 W/K (vgl. Tabelle 11.32).

Berechnung von ΔU_{WB}

Die Hüllfläche des Gebäudes beträgt 400 m². Mit der Division der Transmissionswärmeverluste über die Wärmebrücken durch die Hüllfläche errechnen sich die Wärmebrückenverluste pro m² Hüllfläche:

$$\Delta U_{WB} = 12{,}942 \text{ W/K} : 400 \text{ m}^2 = 0{,}032 \text{ W/(m}^2 \cdot \text{K)}$$

Der tatsächliche spezifische Wärmebrückenfaktor ΔU_{WB} hat – bei einer Rundung auf 3 Nachkommastellen – einen Wert von 0,032 W/(m² · K).

Wesentlich verringert werden können die Wärmeverluste über die Wärmebrücken, wenn die vorhandenen Rollladenkästen mit Dämmung ausgefüllt und neue Rollladen außen auf die Fassade aufgebracht werden. Die Wärmebrückenverluste über die Rollladenkästen betragen fast die Hälfte der berechneten Wärmeverluste über die Wärmebrücken. Durch das Verlegen der Rollladen nach außen kann der Wärmebrückenfaktor ΔU_{WB} auf ca. 0,020 W/(m² · K) gesenkt werden.

Wenn die Systemlinie an die Außenkante des Gebäudes verlegt wird (vgl. den Hinweis am Anfang von Kapitel 11), so wie es die EnEV eigentlich vorschreibt, ergibt sich ein höherer Transmissionswärmeverlust (im Buch nicht dargestellt), aber auch ein niedrigerer Wärmebrückenfaktor ΔU_{WB}, sodass der gesamte Transmissionswärmeverlust einschließlich der Wärmebrückenverluste gleich bleibt. Wenn die Systemlinie an die Außenkante verschoben wird, ergibt sich ein ΔU_{WB} von 0,018 W/(m² · K) anstelle des oben berechneten Werts von 0,032 W/(m² · K).

> **Hinweis:** Wenn kein detaillierter Wärmebrückennachweis durchgeführt wird, muss ein Wärmebrückenzuschlag ΔU_{WB} von 0,10 W/(m² · K) angesetzt werden.

11.2 Gleichwertigkeitsnachweis

Nachfolgend wird für das Beispiel aus Kapitel 11.1 ein Gleichwertigkeitsnachweis nach DIN 4108 Beiblatt 2 und dem „Infoblatt KfW-Wärmebrückenbewertung" (Stand 11/2015) durchgeführt (vgl. auch Kapitel 6). Die im „Infoblatt KfW-Wärmebrückenbewertung" enthaltenen KfW-Wärmebrückenempfehlungen dürfen bei Gleichwertigkeitsnachweisen für KfW-Effizienzhäuser verwendet werden.

Für den Gleichwertigkeitsnachweis muss den einzelnen Details ein konstruktiv ähnliches Bild aus DIN 4108 Beiblatt 2 oder den KfW-Wärmebrückenempfehlungen zugeordnet werden. Anschließend ist zu überprüfen, ob das vorhandene Detail gleichwertig ist. Der Gleichwertigkeitsnachweis wird mit den zulässigen Verfahren nach DIN 4108 Beiblatt 2 (vgl. Kapitel 6.2) und mithilfe der Wärmebrückenempfehlungen aus dem „Infoblatt KfW-Wärmebrückenbewertung" durchgeführt (vgl. Kapitel 6.4). Da das „Infoblatt KfW-Wärmebrückenbewertung" ständig weiterentwickelt wird, kann es bei neueren Auflagen des Infoblatts zu Abweichungen zu den folgenden Darstellungen kommen. Als Grundlage für den hier geführten Gleichwertigkeitsnachweis wurde das „Infoblatt KfW-Wärmebrückenbewertung" mit dem Stand 11/2015 verwendet.

> **Hinweis:** Für den Nachweis der Gleichwertigkeit gemäß DIN 4108 Beiblatt 2 über die ψ-Werte muss die Systemlinie für das Beispiel aus Kapitel 11.1 an die Außenkante der Bauteile verschoben werden, so wie es in DIN 4108 Beiblatt 2, Abschnitt 7.3, vorgeschrieben wird. Bei den geometrischen Wärmebrücken ergeben sich dann etwas niedrigere ψ-Werte als die in Kapitel 11.1.3 berechneten.
> Im Folgenden wird die Berechnung der ψ-Werte für den Gleichwertigkeitsnachweis nicht dargestellt.

11.2.1 Auflistung der nachzuweisenden Details

Da beim Gleichwertigkeitsnachweis nicht alle Details überprüft werden müssen (vgl. Kapitel 6.2), sind als Erstes die Details zu definieren, die nach DIN 4108 Beiblatt 2 nachgewiesen werden müssen.

In Tabelle 11.33 sind alle Wärmebrückendetails des Beispielhauses aufgelistet; für jedes Detail wurde definiert, ob es nach DIN 4108 Beiblatt 2 nachzuweisen ist oder vernachlässigt werden darf. In der Praxis ist es ausreichend, wenn nur die Details aufgelistet werden, die auch nachzuweisen sind.

Tabelle 11.33: Auflistung aller Wärmebrückendetails aus Kapitel 11.1 mit Festlegung der Nachweisführung nach DIN 4108 Beiblatt 2

Wärme-brücke	Bezeichnung	nachzuweisen nach DIN 4108 Beiblatt 2	Begründung
1.0	**Kellerbodenplatte**		
1.01	Anschluss Kelleraußenwand auf Bodenplatte	ja	
1.02	Anschluss Innenwand (24 cm) auf Bodenplatte	ja	
2.0	**Kellerwände**		
2.01	Anschluss Innenwand (24 cm) an Außenwand	ja	
2.02	Innere Außenecke Kellertreppenhaus	ja	
2.03	Kellerinnenwand an Kellerinnenwand	ja	
3.0	**Kellerdecke**		
3.01a	Sockel (gegen Außenluft)	ja	
3.01b	Sockel (gegen unbeheizten Keller)		
3.02	Sockel, Bereich Treppenhaus	ja	
3.03	Kellerdecke, Treppenhaus gegen unbeheizten Keller	ja	
3.04	Kellerdecke, Anschluss Kellerinnenwand (unten)	ja	
3.05	Kellerdecke, Anschluss Innenwand (oben)	ja	
3.06	Kellerdecke, Anschluss Innenwand (oben/unten)	ja	
4.0	**Außenwände**		
4.01	Außenecke Außenwand	nein	Außendecke
4.02	Innenwandanschluss an Außenwand	nein	außen liegende Dämmebene R-Wert $> 2,5$ m$^2 \cdot$ K/W
5.0	**Geschossdecke**		
5.01	Auflager Geschossdecke/Außenwand	nein	außen liegende Dämmebene R-Wert $> 2,5$ m$^2 \cdot$ K/W
6.0	**Oberste Geschossdecke**		
6.01a	Anschluss Außenwand/Traufe (gegen Außenluft)	ja	
6.01b	Anschluss Außenwand/Traufe (gegen unbeheizten Dachraum)		
6.02a	Anschluss oberste Geschossdecke/Giebel (gegen Außenluft)	ja	
6.02b	Anschluss oberste Geschossdecke/Giebel (gegen unbeheizten Dachraum)		
6.03	Anschluss Innenwand an Geschossdecke	nein	außen liegende Dämmebene R-Wert $> 2,5$ m$^2 \cdot$ K/W

Fortsetzung Tabelle 11.33: Auflistung aller Wärmebrückendetails aus Kapitel 11.1 mit Festlegung der Nachweisführung nach DIN 4108 Beiblatt 2

Wärme-brücke	Bezeichnung	nachzuweisen nach DIN 4108 Beiblatt 2	Begründung
7.0	Fensteranschluss unten		
7.01a	Anschluss auf Kellerdecke (gegen Außenluft)	ja	
7.01b	Anschluss auf Kellerdecke (gegen unbeheizten Keller)		
7.02	Anschluss Geschossdecke (oben/unten) mit Rollladenkasten	ja	
7.03	Anschluss Fenster/Brüstung	ja	
8.0	Fensteranschluss oben		
8.01	Fenstersturz mit Rolladenkasten	ja	
8.02a	Fenstersturz mit Rollladenkasten/Giebelbereich (gegen Außenluft)	ja	
8.02b	Fenstersturz mit Rollladenkasten/Giebelbereich (gegen unbeheizten Dachraum)		
8.03a	Fenstersturz mit Rollladenkasten/Traufbereich (gegen Außenluft)	ja	
8.03b	Fenstersturz mit Rollladenkasten/Traufbereich (gegen unbeheizten Dachraum)		
8.04	Fenstersturz ohne Rolladenkasten	ja	
9.0	Fensteranschluss Seite		
9.01	Anschluss Fensterlaibung	ja	

11.2.2   Kennzeichnung der Wärmebrückendetails in den Plänen

Alle Details aus der Tabelle 11.33 sind in den Plänen zu kennzeichnen. An dieser Stelle wird auf die Darstellung der Details verzichtet, da dies schon in Kapitel 11.1.1 erfolgt ist (vgl. Abb. 11.1 bis 11.8); von den in den dort abgebildeten Plänen gekennzeichneten Details dürfen nun diejenigen Details weggelassen werden, für die kein Gleichwertigkeitsnachweis geführt werden muss.

11.2.3   Überprüfung der nachzuweisenden Details

Nachfolgend wird für die in Tabelle 11.33 aufgelisteten Details die Gleichwertigkeit gemäß dem in Kapitel 6 angeführten Verfahren geprüft.

11.2.3.1 Wärmebrückendetails der Kellerbodenplatte

Detail 1.01 – Anschluss Kelleraußenwand auf Bodenplatte (Abb. 11.78)

Abb. 11.78: Detail 1.01 aus Kapitel 11.1.3. Die Systemlinie läuft hier entlang der Außenkante Wärmedämmung Außenwand und auf der Bodenplatte (n. m. = nicht maßstäblich; Angaben für R_{si} und R_{se} in m² · K/W).

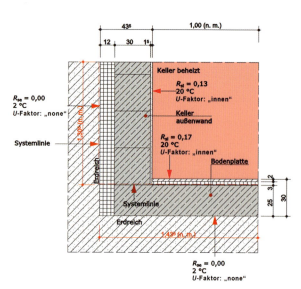

Das Detail entspricht dem Bild 4 aus DIN 4108 Beiblatt 2. Im „Infoblatt KfW-Wärmebrückenbewertung" gibt es kein vergleichbares Detail.

Tabelle 11.34:   Überprüfung von Detail 1.01 (Abb. 11.78) auf Gleichwertigkeit (Gleichwertigkeitsbetrachtung)

Nachweisverfahren	Vergleich mit DIN 4108 Beiblatt 2 bzw. den KfW-Wärmebrückenempfehlungen	Gleich-wertigkeit
konstruktives Grundprinzip: • Wärmedämmung Außenwand • $d = 0{,}12$ cm	DIN 4108 Beiblatt 2, Bild 4: • Wärmedämmung Außenwand • $d \leq 0{,}10$ cm	nein
R-Werte: • Wärmedämmung Außenwand • 0,12 m : 0,037 W/(m · K) • $R = 3{,}24$ m² · K/W	DIN 4108 Beiblatt 2, Bild 4: • größter zulässiger R-Wert • 0,10 m : 0,04 W/(m · K) • $R \leq 2{,}5$ m² · K/W	nein
ψ-Wert nach eigener Berechnung:[1] • $\psi = 0{,}026$ W/(m · K)	DIN 4108 Beiblatt 2, Bild 4: • zulässiger ψ-Wert $\leq 0{,}30$ W/(m · K)	ja
KfW-Wärmebrückenempfehlungen	kein Vergleich möglich	nein

1) Aufgrund der verschobenen Systemlinien weichen die berechneten ψ-Werte von denen in Kapitel 11.1.3 ab.

Die Gleichwertigkeit vom Detail 1.01 kann nachgewiesen werden über den ψ-Wert nach DIN 4108 Beiblatt 2, Bild 4 (vgl. Tabelle 11.34).

Das Detail ist somit gleichwertig nach DIN 4108 Beiblatt 2.

Detail 1.02 – Anschluss Innenwand (24 cm) auf Bodenplatte (Abb. 11.79)

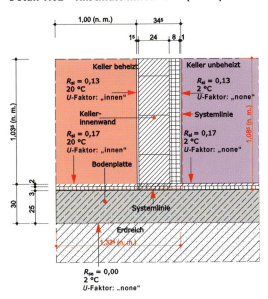

Abb. 11.79:   Detail 1.02 aus Kapitel 11.1.3. Die Systemlinie läuft hier entlang der Außenkante Wärmedämmung Kellerwand und auf der Bodenplatte (n. m. = nicht maßstäblich; Angaben für R_{si} und R_{se} in m² · K/W).

Für das Detail 1.02 gibt es weder in DIN 4108 Beiblatt 2 noch in den KfW-Wärmebrückenempfehlungen ein vergleichbares Detail. Wenn kein vergleichbares Detail in DIN 4108 Beiblatt 2 und in den KfW-Wärmebrückenempfehlungen vorhanden ist, kann das Detail 1.02 vernachlässigt werden.

Es ist somit kein Gleichwertigkeitsnachweis notwendig.

11.2.3.2 Wärmebrückendetails der Kellerwände

Detail 2.01 – Anschluss Innenwand (24 cm) an Außenwand (Abb. 11.80)

Abb. 11.80:   Detail 2.01 aus Kapitel 11.1.3. Die Systemlinie läuft hier entlang der Außenkante Wärmedämmung Kellerwand (n. m. = nicht maßstäblich; Angaben für R_{si} und R_{se} in m² · K/W).

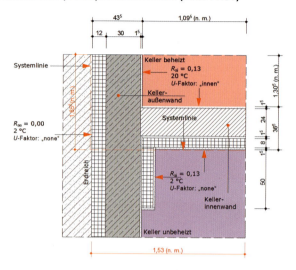

Für das Detail 2.01 gibt es kein vergleichbares Detail in DIN 4108 Beiblatt 2. In den KfW-Wärmebrückenempfehlungen entspricht das Bild 1.10.1 vom Prinzip dem Detail 2.01 (vgl. „Infoblatt KfW-Wärmebrückenbewertung" [Stand 11/2015], Bild 1.10.1).

Tabelle 11.35:   Überprüfung von Detail 2.01 (Abb. 11.80) auf Gleichwertigkeit (Gleichwertigkeitsbetrachtung)

Nachweisverfahren	Vergleich mit DIN 4108 Beiblatt 2 bzw. den KfW-Wärmebrückenempfehlungen	Gleichwertigkeit

R-Werte:
• $R1$ Innenwanddämmung:
  – 0,08 m : 0,033 W/(m · K)
  – $R1$ = 2,42 m² · K/W
• $R2$ Außenwanddämmung:
  – 0,12 m : 0,037 W/(m · K)
  – $R2$ = 3,24 m² · K/W
• $R3$ Flankendämmung:
  – 0,08 m : 0,033 W/(m · K)
  – $R3$ = 2,42 m² · K/W
  – Länge Flankendämmung: 50 cm
	KfW-Wärmebrückenempfehlungen, Bild 1.10.1:
	• Bedingung 1:
	  – $R3 \geq (R1 + R2) : 4$
	  – 2,42 ≥ (2,42 + 3,24) : 4 in m² · K/W
	  – 2,42 m² · K/W ≥ 1,415 m² · K/W
	• Bedingung 2: Flankendämmung ≥ 0,500 m
		ja

ψ-Wert nach eigener Berechnung:[1] • ψ = –0,061 W/(m · K)	KfW-Wärmebrückenempfehlungen, Bild 1.10.1: • zulässiger ψ-Wert ≤ 0,09 W/(m · K)	ja

1) Aufgrund der verschobenen Systemlinien weichen die berechneten ψ-Werte von denen in Kapitel 11.1.3 ab.

Es ist ausreichend, wenn eine der beiden Anforderungen gemäß Tabelle 11.35 erfüllt wird (gleichwertig über den R-Wert oder über den ψ-Wert); das Detail 2.01 erfüllt beide Anforderungen.

Das Detail ist somit gleichwertig nach den KfW-Wärmebrückenempfehlungen.

Detail 2.02 – innere Außenecke Kellertreppenhaus (Abb. 11.81)

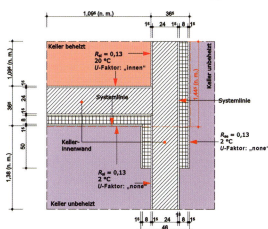

Abb. 11.81: Detail 2.02 aus Kapitel 11.1.3. Die Systemlinie läuft hier entlang der Außenkante Wärmedämmung Treppenhauswand (n. m. = nicht maßstäblich; Angaben für R_{si} und R_{se} in $m^2 \cdot K/W$).

Für das Detail 2.02 gibt es kein vergleichbares Detail in DIN 4108 Beiblatt 2. In den KfW-Wärmebrückenempfehlungen entspricht das Bild 1.10.1 vom Prinzip dem Detail 2.02 (vgl. „Infoblatt KfW-Wärmebrückenbewertung" [Stand 11/2015], Bild 1.10.1).

Tabelle 11.36: Überprüfung von Detail 2.02 (Abb. 11.81) auf Gleichwertigkeit (Gleichwertigkeitsbetrachtung)

Nachweisverfahren	Vergleich mit DIN 4108 Beiblatt 2 bzw. den KfW-Wärmebrückenempfehlungen	Gleichwertigkeit

R-Werte:
• $R1$ Innenwanddämmung 1:
  – 0,08 m : 0,033 W/(m · K)
  – $R1$ = 2,42 $m^2 \cdot K/W$
• $R2$ Innenwanddämmung 2:
  – 0,08 m : 0,033 W/(m · K)
  – $R2$ = 2,42 $m^2 \cdot K/W$
• $R3$ Flankendämmung:
  – 0,08 m : 0,033 W/(m · K)
  – $R3$ = 2,42 $m^2 \cdot K/W$
  – Länge Flankendämmung: 50 cm
	KfW-Wärmebrückenempfehlungen, Bild 1.10.1:
	• Bedingung 1:
	  – $R3 \geq (R1 + R2) : 4$
	  – 2,42 ≥ (2,42 + 2,42) : 4 in $m^2 \cdot K/W$
	  – 2,42 $m^2 \cdot K/W$ ≥ 1,21 $m^2 \cdot K/W$
	• Bedingung 2: Flankendämmung ≥ 0,500 m
		ja

ψ-Wert nach eigener Berechnung:[1] • ψ = –0,058 W/(m · K)	KfW-Wärmebrückenempfehlungen, Bild 1.10.1: • zulässiger ψ-Wert ≤ 0,09 W/(m · K)	ja

1) Aufgrund der verschobenen Systemlinien weichen die berechneten ψ-Werte von denen in Kapitel 11.1.3 ab.

Es ist ausreichend, wenn eine der beiden Anforderungen gemäß Tabelle 11.36 erfüllt wird (gleichwertig über den R-Wert oder über den ψ-Wert); das Detail 2.02 erfüllt beide Anforderungen.

Das Detail ist somit gleichwertig nach den KfW-Wärmebrückenempfehlungen.

Detail 2.03 – Kellerinnenwand an Kellerinnenwand (Abb. 11.82)

Abb. 11.82:   Detail 2.03 aus Kapitel 11.1.3. Die Systemlinie läuft hier entlang der Außenkante Wärmedämmung Kellerwand (n. m. = nicht maßstäblich; Angaben für R_{si} und R_{se} in m² · K/W).

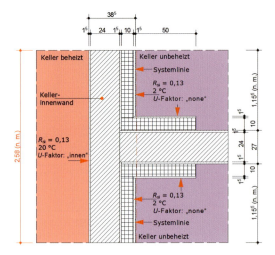

Für das Detail 2.03 gibt es weder in DIN 4108 Beiblatt 2 noch in den KfW-Wärmebrückenempfehlungen ein vergleichbares Detail. Wenn kein vergleichbares Detail in DIN 4108 Beiblatt 2 und in den KfW-Wärmebrückenempfehlungen vorhanden ist, kann das Detail 2.03 vernachlässigt werden.

Es ist somit kein Gleichwertigkeitsnachweis notwendig.

11.2.3.3 Wärmebrückendetails der Kellerdecke

Detail 3.01 (a, b) – Sockel (Abb. 11.83)

Abb. 11.83:   Detail 3.01 aus Kapitel 11.1.3. Die Systemlinie läuft hier entlang der Außenkante Wärmedämmung Außenwand und auf der Kellerdecke (n. m. = nicht maßstäblich; Angaben für R_{si} und R_{se} in m² · K/W).

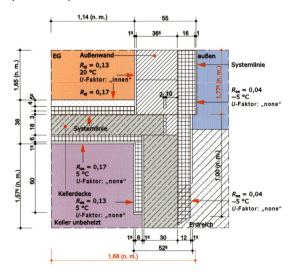

Das Detail 3.01 entspricht Bild 30 aus DIN 4108 Beiblatt 2 sowie Bild 1.3.2 aus den KfW-Wärmebrückenempfehlungen (vgl. „Infoblatt KfW-Wärmebrückenbewertung" [Stand 11/2015], Bild 1.3.2).

Tabelle 11.37:   Überprüfung von Detail 3.01 (Abb. 11.83) auf Gleichwertigkeit (Gleichwertigkeitsbetrachtung)

Nachweisverfahren	Vergleich mit DIN 4108 Beiblatt 2 bzw. den KfW-Wärmebrückenempfehlungen	Gleich-wertigkeit
konstruktives Grundprinzip: • Wärmedämmung Außenwand • $d = 0{,}16$ cm • Wärmeleitfähigkeit $\lambda = 0{,}033$ W/(m · K)	DIN 4108 Beiblatt 2, Bild 30: • Wärmedämmung Außenwand • $d \leq 0{,}16$ cm • Wärmeleitfähigkeit $\lambda = 0{,}04$ W/(m · K)	ja nein
R-Werte: • Wärmedämmung Außenwand • $0{,}16$ m : $0{,}033$ W/(m · K) • R-Wert Wärmedämmung $= 4{,}85$ m² · K/W	DIN 4108 Beiblatt 2, Bild 30: • größter zulässiger R-Wert • $0{,}16$ m : $0{,}04$ W/(m · K) • R-Wert $\leq 4{,}0$ m² · K/W	nein
ψ-Wert nach eigener Berechnung:[1] • $\psi_a = 0{,}063$ W/(m · K) über die Außenwand • $\psi_b = -0{,}046$ W/(m · K) über die Kellerdecke • $\psi_G = 0{,}063 + 0{,}6 \cdot -0{,}046$ in W/(m · K) • $\psi_G = 0{,}035$ W/(m · K) Gesamtwert	DIN 4108 Beiblatt 2, Bild 30: • zulässiger ψ-Wert $\leq 0{,}30$ W/(m · K)	ja
KfW-Wärmebrückenempfehlungen • Höhenmaß $d2$ für Unterkante WDVS • $d2 = 0{,}06$ m • $d3 = 0{,}07$ cm	KfW-Wärmebrückenempfehlungen, Bild 1.3.2: • $d3 \leq d2$	nein

1) Aufgrund der verschobenen Systemlinien weichen die berechneten ψ-Werte von denen in Kapitel 11.1.3 ab.

Die Gleichwertigkeit von Detail 3.01 kann über den ψ-Wert nach DIN 4108 Beiblatt 2, Bild 30, nachgewiesen werden (vgl. Tabelle 11.37).

Das Detail ist somit gleichwertig nach DIN 4108 Beiblatt 2.

Über den Vergleich mit Bild 1.3.2 der KfW-Wärmebrückenempfehlungen ist die Gleichwertigkeit nicht darstellbar (vgl. Tabelle 11.37). Somit ist das Detail nicht gleichwertig mit den KfW-Wärmebrückenempfehlungen. Die Gleichwertigkeit nach DIN 4108 Beiblatt 2 ist allerdings ausreichend.

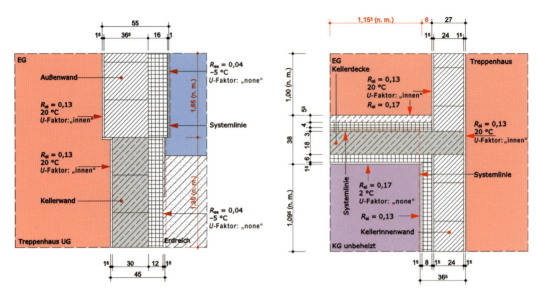

Abb. 11.84: Detail 3.02 aus Kapitel 11.1.3. Die System-linie läuft hier entlang der Außenkante Wärmedämmung Außenwand (n. m. = nicht maßstäblich; Angaben für R_{si} und R_{se} in m² · K/W).

Abb. 11.85: Detail 3.03 aus Kapitel 11.1.3. Die System-linie läuft hier entlang der Außenkante Wärmedäm-mung Kellerwand und auf der Kellerdecke (n. m. = nicht maßstäblich; Angaben für R_{si} und R_{se} in m² · K/W).

Detail 3.02 – Sockel, Bereich Treppenhaus (Abb. 11.84)

Für das Detail 3.02 gibt es weder in DIN 4108 Beiblatt 2 noch in den KfW-Wärmebrückenempfehlungen ein vergleichbares Detail. Wenn kein ver-gleichbares Detail in DIN 4108 Beiblatt 2 und in den KfW-Wärmebrücken-empfehlungen vorhanden ist, kann das Detail 3.02 vernachlässigt werden.

Es ist somit kein Gleichwertigkeitsnachweis notwendig.

Detail 3.03 – Kellerdecke, Treppenhaus gegen unbeheizten Keller (Abb. 11.85)

Für das Detail 3.03 gibt es weder in DIN 4108 Beiblatt 2 noch in den KfW-Wärmebrückenempfehlungen ein vergleichbares Detail. Wenn kein ver-gleichbares Detail in DIN 4108 Beiblatt 2 und in den KfW-Wärmebrücken-empfehlungen vorhanden ist, kann das Detail 3.03 vernachlässigt werden.

Es ist somit kein Gleichwertigkeitsnachweis notwendig.

Detail 3.04 – Kellerdecke, Anschluss Kellerinnenwand unten (Abb. 11.86)

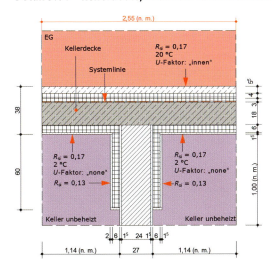

Abb. 11.86:   Detail 3.04 aus Kapitel 11.1.3. Die Systemlinie läuft hier auf der Kellerdecke (n. m. = nicht maßstäblich; Angaben für R_{si} und R_{se} in m² · K/W).

Das Detail 3.04 entspricht annähernd dem Bild 95 aus DIN 4108 Beiblatt 2; obwohl in Bild 95 oben und unten eine Wand eingezeichnet ist, dürften die Anforderungen an den zulässigen ψ-Wert aber dennoch die gleichen sein. In den KfW-Wärmebrückenempfehlungen kann das Bild 1.3.3 für den Gleichwertigkeitsnachweis herangezogen werden (vgl. „Infoblatt KfW-Wärmebrückenbewertung" [Stand 11/2015], Bild 1.3.3).

Tabelle 11.38:   Überprüfung von Detail 3.04 (Abb. 11.86) auf Gleichwertigkeit (Gleichwertigkeitsbetrachtung)

Nachweisverfahren	Vergleich mit DIN 4108 Beiblatt 2 bzw. den KfW-Wärmebrückenempfehlungen	Gleich-wertigkeit
konstruktives Grundprinzip: • Wärmedämmung auf Kellerdecke • $d = 0{,}07$ cm • Wärmeleitfähigkeit $\lambda = 0{,}045$ W/(m · K)	DIN 4108 Beiblatt 2, Bild 95: • Wärmedämmung auf Kellerdecke • $d \leq 0{,}03$ cm • Wärmeleitfähigkeit $\lambda = 0{,}04$ W/(m · K)	nein
R-Werte: • Wärmedämmung auf Kellerdecke • 0,07 m : 0,045 W/(m · K) • R-Wert Wärmedämmung = 1,55 m² · K/W	DIN 4108 Beiblatt 2, Bild 95: • größter zulässiger R-Wert • 0,03 m : 0,04 W/(m · K) • R-Wert $\leq$ 0,75 m² · K/W	nein
ψ-Wert nach eigener Berechnung: • $\psi = 0{,}021$ W/(m · K) über die Kellerdecke	DIN 4108 Beiblatt 2, Bild 95: • zulässiger ψ-Wert $\leq 0{,}47$ W/(m · K)	ja

KfW-Wärmebrückenempfehlungen:
• Wärmedurchlasswiderstände:
  – $R1 = 0{,}07$ m : 0,045 W/(m · K)
  – $R1 = 1{,}55$ m² · K/W
  – $R2 = 0{,}06$ m : 0,033 W/(m · K)
  – $R2 = 1{,}82$ m² · K/W
  – $R3 = 0{,}06$ m : 0,033 W/(m · K)
  – $R3 = 1{,}82$ m² · K/W
• Höhe Dämmschürze:
  – $H = 0{,}60$ m
• λ-Wert in Abhängigkeit der Mauerwerksdicke:
  – $d2 = 0{,}24$ m
  – $\lambda = 0{,}36$ W/(m · K)
	KfW-Wärmebrückenempfehlungen, Bild 1.3.3:
	• Bedingung 1:
	  – $R3 \geq \frac{1}{2} R2$
	  – $1{,}82 \geq \frac{1}{2} \cdot 1{,}82$ in m² · K/W
	  – 1,82 m² · K/W $\geq$ 0,91 m² · K/W
	• Bedingung 2:
	  – $R2 \geq R1$
	  – 1,82 m² · K/W $\geq$ 1,55 m² · K/W
	• Bedingung 3:
	  – $H \geq 0{,}40$ m
	• Bedingung 4:
	  – $d2 = 0{,}24$ m
	  – 0,9 W/(m · K) $> \lambda_{Mauerwerk} \geq 0{,}12$ W/(m · K)
		ja

Die Gleichwertigkeit von Detail 3.04 kann über den ψ-Wert nach DIN 4108 Beiblatt 2 nachgewiesen werden; über den Vergleich mit Bild 1.3.3 der KfW-Wärmebrückenempfehlungen ist ebenfalls die Gleichwertigkeit darstellbar (vgl. Tabelle 11.38).

Das Detail ist somit gleichwertig nach DIN 4108 Beiblatt 2 und nach den KfW-Wärmebrückenempfehlungen.

Detail 3.05 – Kellerdecke, Anschluss Innenwand oben (Abb. 11.87)

Abb. 11.87:   Detail 3.05 aus Kapitel 11.1.3. Die Systemlinie läuft hier auf der Kellerdecke (n. m. = nicht maßstäblich; Angaben für R_{si} und R_{se} in $m^2 \cdot K/W$).

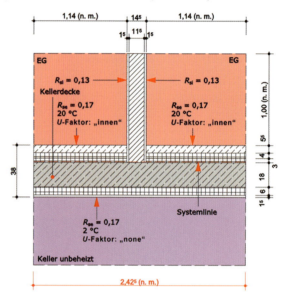

Bei einer durchlaufenden, außen liegenden Dämmung kann die Wärmebrücke vernachlässigt werden, wenn der R-Wert der außen liegenden Dämmschicht $\geq 2{,}5$ $m^2 \cdot K/W$ ist.

Der vorhandene R-Wert der Dämmschicht unter der Kellerdecke berechnet sich nach Formel 6.2 wie folgt:

$$R = \frac{d}{\lambda} \quad \text{in } m^2 \cdot K/W$$

$$R = 0{,}06 \text{ m} : 0{,}033 \text{ } m^2 \cdot K/W$$

$$R = 1{,}82 \text{ } m^2 \cdot K/W < 2{,}5 \text{ } m^2 \cdot K/W$$

Das Detail muss also beim Gleichwertigkeitsnachweis berücksichtigt werden.

Das Detail 3.05 entspricht annähernd dem Bild 95 aus DIN 4108 Beiblatt 2; obwohl in Bild 95 oben und unten eine Wand eingezeichnet ist, dürften die Anforderungen an den zulässigen ψ-Wert aber dennoch die gleichen sein. In den KfW-Wärmebrückenempfehlungen kann das Bild 1.3.3 für den Gleichwertigkeitsnachweis herangezogen werden (vgl. „Infoblatt KfW-Wärmebrückenbewertung" [Stand 11/2015], Bild 1.3.3).

Tabelle 11.39: Überprüfung von Detail 3.05 (Abb. 11.87) auf Gleichwertigkeit (Gleichwertigkeitsbetrachtung)

Nachweisverfahren	Vergleich mit DIN 4108 Beiblatt 2 bzw. den KfW-Wärmebrückenempfehlungen	Gleich-wertigkeit
konstruktives Grundprinzip: • Wärmedämmung auf Kellerdecke • $d = 0{,}07$ cm • Wärmeleitfähigkeit $\lambda = 0{,}045$ W/(m · K)	DIN 4108 Beiblatt 2, Bild 95: • Wärmedämmung auf Kellerdecke • $d \leq 0{,}03$ cm • Wärmeleitfähigkeit $\lambda = 0{,}04$ W/(m · K)	nein
R-Werte: • Wärmedämmung auf Kellerdecke • 0,07 m : 0,045 W/(m · K) • R-Wert Wärmedämmung $= 1{,}55$ m² · K/W	DIN 4108 Beiblatt 2, Bild 95: • größter zulässiger R-Wert • 0,03 m : 0,04 W/(m · K) • R-Wert $\leq 0{,}75$ m² · K/W	nein
ψ-Wert nach eigener Berechnung: • $\psi = 0{,}036$ W/(m · K) über die Kellerdecke	DIN 4108 Beiblatt 2, Bild 94: • zulässiger ψ-Wert $\leq 0{,}47$ W/(m · K)	ja

KfW-Wärmebrückenempfehlungen:
• Wärmedurchlasswiderstände:
  – R1 = 0,07 m : 0,045 W/(m · K)
  – R1 = 1,55 m² · K/W
  – R2 = 0,06 m : 0,033 W/(m · K)
  – R2 = 1,82 m² · K/W
  – R3 = nicht vorhanden
• Höhe Dämmschürze:
  – nicht vorhanden
• λ-Wert in Abhängigkeit der Mauerwerksdicke:
  – d1 = 0,145 m
  – λ = 0,36 W/(m · K)
	KfW-Wärmebrückenempfehlungen, Bild 1.3.3:
	• Bedingung 1:
	  – R3 ≥ ½ R2
	  – Nachweis nicht notwendig
	• Bedingung 2:
	  – R2 ≥ R1
	  – 1,82 m² · K/W ≥ 1,55 m² · K/W
	• Bedingung 3:
	  – H ≥ 0,40 m
	  – Nachweis nicht notwendig
	• Bedingung 4:
	  – d = 0,145 m
	  – $\lambda_{Mauerwerk} \geq 0{,}9$ W/(m · K)
		ja
		
		nein

Die Gleichwertigkeit von Detail 3.05 kann über den ψ-Wert nach DIN 4108 Beiblatt 2 nachgewiesen werden (vgl. Tabelle 11.39).

Das Detail ist somit gleichwertig mit DIN 4108 Beiblatt 2.

Über den Vergleich mit Bild 1.3.3 der KfW-Wärmebrückenempfehlungen ist die Gleichwertigkeit nicht darstellbar, da die Bedingung 4 nicht eingehalten werden konnte (vgl. Tabelle 11.39). Die Gleichwertigkeit nach DIN 4108 Beiblatt 2 ist allerdings ausreichend.

Detail 3.06 – Kellerdecke, Anschluss Innenwand oben/unten (Abb. 11.88)

Abb. 11.88: Detail 3.06 aus
Kapitel 11.1.3. Die Systemlinie
läuft hier auf der Kellerdecke
(n. m. = nicht maßstäblich; An-
gaben für R_{si} und R_{se} in m² · K/W).

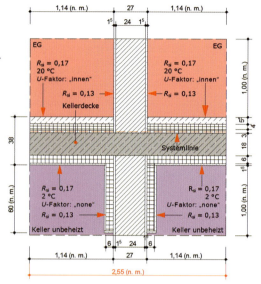

Das Detail entspricht dem Bild 95 aus der DIN 4108 Beiblatt 2. In den KfW-
Wärmebrückenempfehlungen kann das Bild 1.3.3 für den Gleichwertigkeitsnachweis herangezogen werden (vgl. „Infoblatt KfW-Wärmebrückenbewertung" [Stand 11/2015], Bild 1.3.3).

Tabelle 11.40: Überprüfung von Detail 3.06 (Abb. 11.88) auf Gleichwertigkeit (Gleichwertigkeitsbetrachtung)

Nachweisverfahren	Vergleich mit DIN 4108 Beiblatt 2 bzw. den KfW-Wärmebrückenempfehlungen	Gleich-wertigkeit
konstruktives Grundprinzip: • Wärmedämmung auf Kellerdecke • $d = 0{,}07$ cm • Wärmeleitfähigkeit $\lambda = 0{,}045$ W/(m · K)	DIN 4108 Beiblatt 2, Bild 95: • Wärmedämmung auf Kellerdecke • $d \leq 0{,}03$ cm • Wärmeleitfähigkeit $\lambda = 0{,}04$ W/(m · K)	nein
R-Werte: • Wärmedämmung auf Kellerdecke • 0,07 m : 0,045 W/(m · K) • R-Wert Wärmedämmung = 1,55 m² · K/W	DIN 4108 Beiblatt 2, Bild 95: • größter zulässiger R-Wert • 0,03 m : 0,04 W/(m · K) • R-Wert $\leq$ 0,75 m² · K/W	nein
ψ-Wert nach eigener Berechnung: • $\psi = 0{,}096$ W/(m · K) über die Kellerdecke	DIN 4108 Beiblatt 2, Bild 95: • zulässiger ψ-Wert $\leq$ 0,47 W/(m · K)	ja

KfW-Wärmebrückenempfehlungen:
• Wärmedurchlasswiderstände:
  – $R1 = 0{,}07$ m : 0,045 W/(m · K)
  – $R1 = 1{,}55$ m² · K/W
  – $R2 = 0{,}06$ m : 0,033 W/(m · K)
  – $R2 = 1{,}82$ m² · K/W
  – $R3 = 0{,}06$ m : 0,033 W/(m · K)
  – $R3 = 1{,}82$ m² · K/W
• Höhe Dämmschürze:
  – $H = 0{,}60$ m
• λ-Wert in Abhängigkeit der Mauerwerksdicke:
  – $d1$ und $d2 = 0{,}24$ m
  – $\lambda = 0{,}36$ W/(m · K)
	KfW-Wärmebrückenempfehlungen, Bild 1.3.3:
	• Bedingung 1:
	  – $R3 \geq \frac{1}{2} R2$
	  – $1{,}82 \geq \frac{1}{2} \cdot 1{,}82$ in m² · K/W
	  – $1{,}82$ m² · K/W $\geq 0{,}91$ m² · K/W
	• Bedingung 2:
	  – $R2 \geq R1$
	  – $1{,}82$ m² · K/W $\geq 1{,}55$ m² · K/W
	• Bedingung 3:
	  – $H \geq 0{,}40$ m
	• Bedingung 4:
	  – $d = 0{,}24$ m
	  – $0{,}9$ W/(m · K) $> \lambda_{Mauerwerk} \geq 0{,}12$ W/(m · K)
		ja
		
		ja

Die Gleichwertigkeit von Detail 3.06 kann über den ψ-Wert nach DIN 4108 Beiblatt 2 nachgewiesen werden; über den Vergleich mit Bild 1.3.3 der KfW-Wärmebrückenempfehlungen ist ebenfalls die Gleichwertigkeit darstellbar (vgl. Tabelle 11.40).

Das Detail ist somit gleichwertig nach DIN 4108 Beiblatt 2 und nach den KfW-Wärmebrückenempfehlungen.

11.2.3.4 Wärmebrückendetails der Außenwand

Detail 4.01 – Außenecke Außenwand (Abb. 11.89)

Das Detail 4.01 muss gemäß DIN 4108 Beiblatt 2, Abschnitt 4, nicht auf Gleichwertigkeit untersucht werden, da es sich hier um eine Außenecke handelt (vgl. auch Kapitel 6.2).

Es ist somit kein Gleichwertigkeitsnachweis notwendig.

Detail 4.02 – Innenwandanschluss an Außenwand (Abb. 11.90)

Bei einer durchlaufenden, außen liegenden Dämmung kann die Wärmebrücke vernachlässigt werden, wenn der R-Wert der außen liegenden Dämmschicht ≥ 2,5 m² · K/W ist.

Der vorhandene R-Wert der Dämmschicht an der Außenwand berechnet sich nach Formel 6.2 wie folgt:

$$R = \frac{d}{\lambda} \qquad \text{in } m^2 \cdot K/W$$

$$R = 0,16 \text{ m} : 0,033 \text{ m}^2 \cdot K/W$$

$$R = 4,85 \text{ m}^2 \cdot K/W > 2,5 \text{ m}^2 \cdot K/W$$

Da der R-Wert größer als 2,5 m² · K/W ist, braucht das Detail 4.02 nicht weiter auf Gleichwertigkeit überprüft werden.

Es ist somit kein Gleichwertigkeitsnachweis notwendig.

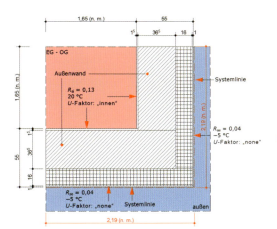

Abb. 11.89:   Detail 4.01 aus Kapitel 11.1.3. Die Systemlinie läuft hier entlang der Außenkante Wärmedämmung Außenwand (n. m. = nicht maßstäblich; Angaben für R_{si} und R_{se} in m² · K/W).

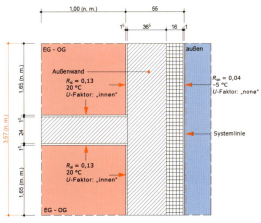

Abb. 11.90:   Detail 4.02 aus Kapitel 11.1.3. Die Systemlinie läuft hier entlang der Außenkante Wärmedämmung Außenwand (n. m. = nicht maßstäblich; Angaben für R_{si} und R_{se} in m² · K/W).

11.2.3.5 Wärmebrückendetails der Geschossdecke

Detail 5.01 – Auflager Geschossdecke/Außenwand (Abb. 11.91)

Bei einer durchlaufenden, außen liegenden Dämmung kann die Wärmebrücke vernachlässigt werden, wenn der R-Wert der außen liegenden Dämmschicht $\geq 2{,}5$ m² · K/W ist.

Der vorhandene R-Wert der Dämmschicht an der Außenwand berechnet sich nach Formel 6.2 wie folgt:

$$R = \frac{d}{\lambda} \quad \text{in m}^2 \cdot \text{K/W}$$

$$R = 0{,}16 \text{ m} : 0{,}033 \text{ m}^2 \cdot \text{K/W}$$

$$R = 4{,}85 \text{ m}^2 \cdot \text{K/W} > 2{,}5 \text{ m}^2 \cdot \text{K/W}$$

Da der R-Wert größer als $2{,}5$ m² · K/W ist, braucht das Detail 5.01 nicht weiter auf Gleichwertigkeit überprüft werden.

Es ist somit kein Gleichwertigkeitsnachweis notwendig.

11.2.3.6 Wärmebrückendetails der obersten Geschossdecke

Detail 6.01 (a, b) – Anschluss Außenwand/Traufe (Abb. 11.92)

Das Detail 6.01 entspricht dem Bild 77 aus DIN 4108 Beiblatt 2. In den KfW-Wärmebrückenempfehlungen kann das Bild 1.10.3 für den Gleichwertigkeitsnachweis herangezogen werden (vgl. „Infoblatt KfW-Wärmebrückenbewertung" [Stand 11/2015], Bild 1.10.3).

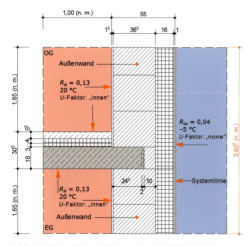

Abb. 11.91:   Detail 5.01 aus Kapitel 11.1.3. Die Systemlinie läuft hier entlang der Außenkante Wärmedämmung Außenwand (n. m. = nicht maßstäblich; Angaben für R_{si} und R_{se} in m² · K/W).

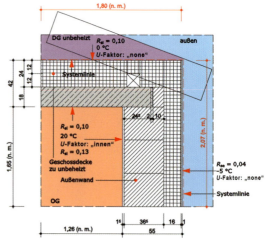

Abb. 11.92:   Detail 6.01 aus Kapitel 11.1.3. Die Systemlinie läuft hier entlang der Oberkante Deckendämmung und der Außenkante Wanddämmung Außenwand (n. m. = nicht maßstäblich; Angaben für R_{si} und R_{se} in m² · K/W).

Tabelle 11.41:   Überprüfung von Detail 6.01 (Abb. 11.92) auf Gleichwertigkeit (Gleichwertigkeitsbetrachtung)

Nachweisverfahren	Vergleich mit DIN 4108 Beiblatt 2 bzw. den KfW-Wärmebrückenempfehlungen	Gleich-wertigkeit
konstruktives Grundprinzip: • Wärmedämmung Außenwand • $d = 0{,}16$ cm • Wärmeleitfähigkeit $\lambda = 0{,}033$ W/(m · K)	DIN 4108 Beiblatt 2, Bild 77: • Wärmedämmung Außenwand • $d \leq 0{,}14$ cm • Wärmeleitfähigkeit $\lambda = 0{,}04$ W/(m · K)	nein
R-Werte: • Wärmedämmung Außenwand • 0,16 m : 0,033 W/(m · K) • R-Wert Wärmedämmung = 4,85 m² · K/W	DIN 4108 Beiblatt 2, Bild 77: • größter zulässiger R-Wert • 0,14 m : 0,04 W/(m · K) • R-Wert ≤ 3,5 m² · K/W	nein
ψ-Wert nach eigener Berechnung:[1] • $\psi_a = -0{,}031$ W/(m · K) über die Außenwand • $\psi_b = -0{,}020$ W/(m · K) über die Decke • $\psi_G = -0{,}031 + 0{,}8 \cdot -0{,}020$ in W/(m · K) • $\psi_G = -0{,}047$ W/(m · K) Gesamtwert	DIN 4108 Beiblatt 2, Bild 77: • zulässiger ψ-Wert ≤ −0,06 W/(m · K)	nein
KfW-Wärmebrückenempfehlungen: • Dämmstoffdicke über Fußpfette ($X3$) • $X3 = 120$ mm • $X2 = 160$ mm − 140 mm = 20 mm • $X1 = 240$ mm − 180 mm = 60 mm	KfW-Wärmebrückenempfehlungen, Bild 1.10.3: • $X3 \geq 50 + (X1 + X2) : 2$ (Bedingung) • $120 \geq 50 + (60 + 20) : 2$ (in mm) • 120 mm ≥ 90 mm	ja

1) Aufgrund der verschobenen Systemlinien weichen die berechneten ψ-Werte von denen in Kapitel 11.1.3 ab.

Die Gleichwertigkeit von Detail 6.01 kann nach DIN 4108 Beiblatt 2 nicht nachgewiesen werden; allerdings ist die Gleichwertigkeit über den Vergleich mit Bild 1.10.3 der KfW-Wärmebrückenempfehlungen darstellbar (vgl. Tabelle 11.41).

Das Detail ist somit gleichwertig nach den KfW-Wärmebrückenempfehlungen.

Detail 6.02 (a, b) – Anschluss oberste Geschossdecke/Giebel (Abb. 11.93)

Abb. 11.93: Detail 6.02 aus Kapitel 11.1.3. Die Systemlinie läuft hier entlang der Oberkante Deckendämmung und der Außenkante Wanddämmung Außenwand (n. m. = nicht maßstäblich; Angaben für R_{si} und R_{se} in $m^2 \cdot K/W$).

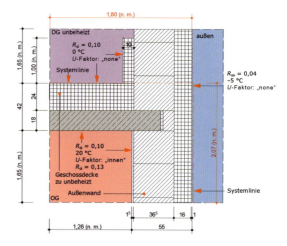

Für das Detail 6.02 gibt es kein vergleichbares Detail in DIN 4108 Beiblatt 2. In den KfW-Wärmebrückenempfehlungen kann das Bild 1.10.1 für den Gleichwertigkeitsnachweis herangezogen werden (vgl. „Infoblatt KfW-Wärmebrückenbewertung" [Stand 11/2015], Bild 1.10.1).

Tabelle 11.42: Überprüfung von Detail 6.02 (Abb. 11.93) auf Gleichwertigkeit (Gleichwertigkeitsbetrachtung)

Nachweisverfahren	Vergleich mit DIN 4108 Beiblatt 2 bzw. den KfW-Wärmebrückenempfehlungen	Gleich-wertigkeit
R-Werte: • $R1$ Dämmung Geschossdecke: – 0,24 m : 0,040 W/(m · K) – $R1$ = 6,0 m^2 · K/W • $R2$ Dämmung Außenwand: – 0,16 m : 0,033 W/(m · K) – $R2$ = 4,85 m^2 · K/W • $R3$ Flankendämmung (h = 1,00 m): – 0,10 m : 0,033 W/(m · K) – $R3$ = 3,03 m^2 · K/W	KfW-Wärmebrückenempfehlungen, Bild 1.10.1: • Bedingung 1: – $R3 \geq (R1 + R2) : 4$ – 3,03 ≥ (6,0 + 4,85) : 4 in m^2 · K/W – 3,03 m^2 · K/W ≥ 2,71 m^2 · K/W • Bedingung 2: Flankendämmung $h \geq 0,500$ m	ja
ψ-Wert nach eigener Berechnung:[1)] • ψ_a = 0,028 W/(m · K) über die Außenwand • ψ_b = 0,004 W/(m · K) über die Decke • ψ_G = 0,028 + 0,8 · 0,004 in W/(m · K) • ψ_G = 0,031 W/(m · K) Gesamtwert	KfW-Wärmebrückenempfehlungen, Bild 1.10.1: • zulässiger ψ-Wert ≤ 0,09 W/(m · K)	ja

1) Aufgrund der verschobenen Systemlinien weichen die berechneten ψ-Werte von denen in Kapitel 11.1.3 ab.

Es ist ausreichend, wenn eine der beiden Anforderungen gemäß Tabelle 11.42 erfüllt wird (gleichwertig über den R-Wert oder über den ψ-Wert); das Detail 6.02 erfüllt beide Anforderungen.

Das Detail ist somit gleichwertig nach den KfW-Wärmebrückenempfehlungen.

Detail 6.03 – Anschluss Innenwand an Geschossdecke (Abb. 11.94)

Bei einer durchlaufenden, außen liegenden Dämmung kann die Wärmebrücke vernachlässigt werden, wenn der R-Wert der außen liegenden Dämmschicht $\geq 2{,}5$ m$^2 \cdot$ K/W ist.

Der vorhandene R-Wert der Dämmschicht auf der Geschossdecke berechnet sich nach Formel 6.2 wie folgt:

$$R = \frac{d}{\lambda} \quad \text{in m}^2 \cdot \text{K/W}$$

$$R = 0{,}24 \text{ m} : 0{,}04 \text{ m}^2 \cdot \text{K/W}$$

$$R = 6{,}0 \text{ m}^2 \cdot \text{K/W} > 2{,}5 \text{ m}^2 \cdot \text{K/W}$$

Da der R-Wert größer als $2{,}5$ m$^2 \cdot$ K/W ist, braucht das Detail 6.03 nicht weiter auf Gleichwertigkeit überprüft werden.

Es ist somit kein Gleichwertigkeitsnachweis notwendig.

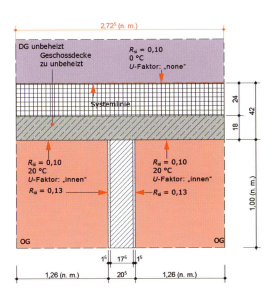

Abb. 11.94:   Detail 6.03 aus Kapitel 11.1.3. Die Systemlinie läuft hier entlang der Oberkante Deckendämmung (n. m. = nicht maßstäblich; Angaben für R_{si} und R_{se} in m$^2 \cdot$ K/W).

11.2.3.7 Wärmebrückendetails Fenster (unterer Anschluss)

Detail 7.01 (a, b) – Anschluss auf Kellerdecke (Abb. 11.95)

Das Detail entspricht Bild 67 aus DIN 4108 Beiblatt 2. In den KfW-Wärme-brückenempfehlungen kann Bild 1.8.1 für den Gleichwertigkeitsnachweis herangezogen werden (vgl. „Infoblatt KfW-Wärmebrückenbewertung" [Stand 11/2015], Bild 1.8.1).

Die Gleichwertigkeit von Detail 7.01 kann über den ψ-Wert nach DIN 4108 Beiblatt 2 nachgewiesen werden (vgl. Tabelle 11.43).

Das Detail ist somit gleichwertig nach DIN 4108 Beiblatt 2.

Über den Vergleich mit Bild 1.8.1 der KfW-Wärmebrückenempfehlungen ist die Gleichwertigkeit nicht darstellbar, da die Bedingung 4 nicht eingehalten werden konnte (vgl. Tabelle 11.43). Die Gleichwertigkeit nach DIN 4108 Beiblatt 2 ist allerdings ausreichend.

Abb. 11.95: Detail 7.01 aus Kapitel 11.1.3. Die System-linie läuft hier entlang der Oberkante Kellerdecke und der Außenkante Wanddämmung Außen-wand (n. m. = nicht maß-stäblich; Angaben für R_{si} und R_{se} in m² · K/W).

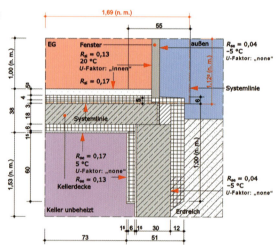

Tabelle 11.43: Überprüfung von Detail 7.01 (Abb. 11.95) auf Gleichwertigkeit (Gleichwertigkeitsbetrachtung)

Nachweisverfahren	Vergleich mit DIN 4108 Beiblatt 2 bzw. den KfW-Wärmebrückenempfehlungen	Gleich-wertigkeit
konstruktives Grundprinzip: • Wärmedämmung Geschossdecke • $d = 0,07$ cm • Wärmeleitfähigkeit $\lambda = 0,045$ W/(m · K)	DIN 4108 Beiblatt 2, Bild 67: • Wärmedämmung Geschossdecke • $d \leq 0,03$ cm • Wärmeleitfähigkeit $\lambda = 0,04$ W/(m · K)	nein
R-Werte: • Wärmedämmung Geschossdecke • 0,07 m : 0,045 W/(m · K) • R-Wert Wärmedämmung $= 1,55$ m² · K/W	DIN 4108 Beiblatt 2, Bild 67: • größter zulässiger R-Wert • 0,03 m : 0,04 W/(m · K) • R-Wert $\leq 0,75$ m² · K/W	nein
ψ-Wert nach eigener Berechnung:[1] • $\psi_a = 0,088$ W/(m · K) über die Außenwand • $\psi_b = -0,122$ W/(m · K) über die Kellerdecke • $\psi_G = 0,088 + 0,6 \cdot -0,122$ in W/(m · K) • $\psi_G = 0,015$ W/(m · K)	DIN 4108 Beiblatt 2, Bild 67: • zulässiger ψ-Wert $\leq 0,09$ W/(m · K)	ja

KfW-Wärmebrückenempfehlungen:
• Wärmedurchlasswiderstände:
  – $R1 = 0,07$ m : 0,045 W/(m · K)
  – $R1 = 1,55$ m² · K/W
  – $R2 = 0,06$ m : 0,033 W/(m · K)
  – $R2 = 1,82$ m² · K/W
  – $R3 = 0,12$ m : 0,037 W/(m · K)
  – $R3 = 3,24$ m² · K/W
• Dämmung unter Fenster:
  – $d = 50$ mm
• Kimmstein nicht vorhanden
	KfW-Wärmebrückenempfehlungen, Bild 1.8.1:
	• Bedingung 1:
	  – $R2 \geq R1$
	  – 1,82 m² · K/W $\geq 1,55$ m² · K/W
	• Bedingung 2:
	  – $R3 \geq {}^2/_3 (R1 + R2)$
	  – $3,24 \geq {}^2/_3 \cdot (1,55 + 1,82)$ in m² · K/W
	  – 3,24 m² · K/W $\geq 2,24$ m² · K/W
	• Bedingung 3:
	  – $d \geq 50$ mm
	• Bedingung 4:
	  – Kimmstein mit $\lambda = 0,21$ W/(m · K)
		ja
		
		ja
		
		ja
		
		nein

1) Aufgrund der verschobenen Systemlinien weichen die berechneten ψ-Werte von denen in Kapitel 11.1.3 ab.

Detail 7.02 – Anschluss Geschossdecke (oben/unten) mit Rollladenkasten (Abb. 11.96)

Dieses Detail ist in dieser Form sowohl in DIN 4108 Beiblatt 2 als auch in den KfW-Wärmebrückenempfehlungen nicht vergleichbar vorhanden. Um das Detail 7.02 auf Gleichwertigkeit überprüfen zu können, muss es in einen oberen und unteren Anschluss aufgeteilt werden. Der untere Anschluss wird in Detail 8.01 untersucht (vgl. dort) und der obere Anschluss im folgenden Detail 7.02a.

Detail 7.02a – Anschluss auf Geschossdecke (Abb. 11.97)

Das Detail entspricht sinngemäß Bild 68 aus DIN 4108 Beiblatt 2. In den KfW-Wärmebrückenempfehlungen ist kein vergleichbares Detail vorhanden.

Die Gleichwertigkeit von Detail 7.02a kann nach DIN 4108 Beiblatt 2 über den ψ-Wert nachgewiesen werden (vgl. Tabelle 11.44).

Das Detail ist somit gleichwertig nach DIN 4108 Beiblatt 2.

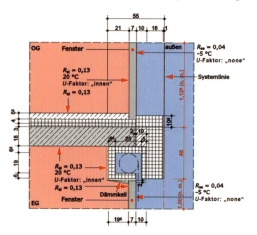

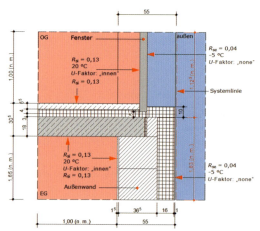

Abb. 11.96: Detail 7.02 aus Kapitel 11.1.3. Die Systemlinie läuft hier entlang der Außenkante Wärmedämmung Außenwand (n. m. = nicht maßstäblich; Angaben für R_{si} und R_{se} in m² · K/W).

Abb. 11.97: Detail 7.02a (nicht in Kapitel 11.1.3 vorhanden). Die Systemlinie läuft hier entlang der Außenkante Wanddämmung Außenwand (n. m. = nicht maßstäblich; Angaben für R_{si} und R_{se} in m² · K/W).

Tabelle 11.44: Überprüfung von Detail 7.02a (Abb. 11.97) auf Gleichwertigkeit (Gleichwertigkeitsbetrachtung)

Nachweisverfahren	Vergleich mit DIN 4108 Beiblatt 2 bzw. den KfW-Wärmebrückenempfehlungen	Gleich-wertigkeit
konstruktives Grundprinzip: • Wärmedämmung Außenwand • $d = 0,16$ cm • Wärmeleitfähigkeit $\lambda = 0,033$ W/(m · K)	DIN 4108 Beiblatt 2, Bild 68: • Wärmedämmung Außenwand • $d \leq 0,10$ cm • Wärmeleitfähigkeit $\lambda = 0,04$ W/(m · K)	nein
R-Werte: • Wärmedämmung Außenwand • 0,16 m : 0,033 W/(m · K) • *R*-Wert Wärmedämmung = 4,85 m² · K/W	DIN 4108 Beiblatt 2, Bild 68: • größter zulässiger *R*-Wert • 0,10 m : 0,04 W/(m · K) • *R*-Wert ≤ 2,5 m² · K/W	nein
ψ-Wert nach eigener Berechnung:[1] • $\psi = -0,062$ W/(m · K) über die Außenwand	DIN 4108 Beiblatt 2, Bild 68: • zulässiger ψ-Wert ≤ –0,01 W/(m · K)	ja

1) Aufgrund der verschobenen Systemlinien weichen die berechneten ψ-Werte von denen in Kapitel 11.1.3 ab.

Detail 7.03 – Anschluss Fenster/Brüstung (Abb. 11.98)

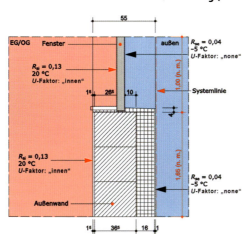

Abb. 11.98: Detail 7.03 aus Kapitel 11.1.3. Die Systemlinie läuft hier entlang der Außenkante Wanddämmung Außenwand (n. m. = nicht maßstäblich; Angaben für R_{si} und R_{se} in $m^2 \cdot K/W$).

Das Detail entspricht Bild 43 aus DIN 4108 Beiblatt 2. In den KfW-Wärmebrückenempfehlungen ist kein vergleichbares Detail vorhanden.

Tabelle 11.45: Überprüfung von Detail 7.03 (Abb. 11.98) auf Gleichwertigkeit (Gleichwertigkeitsbetrachtung)

Nachweisverfahren	Vergleich mit DIN 4108 Beiblatt 2 bzw. den KfW-Wärmebrückenempfehlungen	Gleich-wertigkeit
konstruktives Grundprinzip: • Wärmedämmung Außenwand • $d = 0{,}16$ cm • Wärmeleitfähigkeit $\lambda = 0{,}033$ W/(m · K)	DIN 4108 Beiblatt 2, Bild 43: • Wärmedämmung Außenwand • $d \leq 0{,}16$ cm • Wärmeleitfähigkeit $\lambda = 0{,}04$ W/(m · K)	ja nein
R-Werte: • Wärmedämmung Außenwand • 0,16 m : 0,033 W/(m · K) • R-Wert Wärmedämmung = 4,85 m^2 · K/W	DIN 4108 Beiblatt 2, Bild 43: • größter zulässiger R-Wert • 0,16 m : 0,04 W/(m · K) • R-Wert $\leq$ 4,0 m^2 · K/W	nein
ψ-Wert nach eigener Berechnung: • $\psi = 0{,}007$ W/(m · K) über die Außenwand	DIN 4108 Beiblatt 2, Bild 43: • zulässiger ψ-Wert $\leq$ 0,14 W/(m · K)	ja

Die Gleichwertigkeit von Detail 7.03 kann nach DIN 4108 Beiblatt 2 über den ψ-Wert nachgewiesen werden (vgl. Tabelle 11.45).

Das Detail ist somit gleichwertig nach DIN 4108 Beilblatt 2.

11.2.3.8 Wärmebrückendetails Fenster (oberer Anschluss)

Detail 8.01 – Fenstersturz mit Rollladenkasten (Abb. 11.99)

Abb. 11.99: Detail 8.01 aus Kapitel 11.1.3. Die Systemlinie läuft hier entlang der Außenkante Wanddämmung Außenwand (n. m. = nicht maßstäblich; Angaben für R_{si} und R_{se} in $m^2 \cdot K/W$).

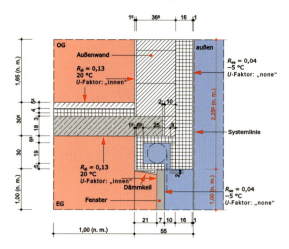

Das Detail entspricht Bild 62 aus DIN 4108 Beiblatt 2. In den KfW-Wärmebrückenempfehlungen kann Bild 1.7.2 für den Gleichwertigkeitsnachweis herangezogen werden (vgl. „Infoblatt KfW-Wärmebrückenbewertung" [Stand 11/2015], Bild 1.7.2).

Tabelle 11.46: Überprüfung von Detail 8.01 (Abb. 11.99) auf Gleichwertigkeit (Gleichwertigkeitsbetrachtung)

Nachweisverfahren	Vergleich mit DIN 4108 Beiblatt 2 bzw. den KfW-Wärmebrückenempfehlungen	Gleich-wertigkeit
konstruktives Grundprinzip: • Wärmedämmung Außenwand • $d = 0{,}16$ cm • Wärmeleitfähigkeit $\lambda = 0{,}033$ W/(m·K)	DIN 4108 Beiblatt 2, Bild 62: • Wärmedämmung Außenwand • $d \leq 0{,}16$ cm • Wärmeleitfähigkeit $\lambda = 0{,}04$ W/(m·K)	ja nein
R-Werte: • Wärmedämmung Außenwand • 0,16 m : 0,033 W/(m·K) • R-Wert Wärmedämmung = 4,85 $m^2 \cdot K/W$	DIN 4108 Beiblatt 2, Bild 62: • größter zulässiger R-Wert • 0,16 m : 0,04 W/(m·K) • R-Wert $\leq 4{,}0$ $m^2 \cdot K/W$	nein
ψ-Wert nach eigener Berechnung: • $\psi = 0{,}24$ W/(m·K) über die Außenwand	DIN 4108 Beiblatt 2, Bild 62: • zulässiger ψ-Wert $\leq 0{,}23$ W/(m·K)	nein

KfW-Wärmebrückenempfehlungen:
• Wärmedurchlasswiderstände:
  – $R1 = 0{,}16$ m : 0,033 W/(m·K)
  – $R1 = 4{,}85$ $m^2 \cdot K/W$
  – $R2 = 0{,}065$ m : 0,028 W/(m·K)
  – $R2 = 2{,}32$ $m^2 \cdot K/W$
  – $R3 = 0{,}065$ m : 0,028 W/(m·K)
  – $R3 = 2{,}32$ $m^2 \cdot K/W$
	KfW-Wärmebrückenempfehlungen, Bild 1.7.2:
	• Bedingung 1:
	  – $R2 \geq \frac{3}{4} R1$
	  – $2{,}32 \geq \frac{3}{4} \cdot 4{,}85$ in $m^2 \cdot K/W$
	  – $2{,}32$ $m^2 \cdot K/W < 3{,}64$ $m^2 \cdot K/W$
	• Bedingung 2:
	  – $R3 \geq 2$ $m^2 \cdot K/W$
	  – $2{,}32 \geq 2$ $m^2 \cdot K/W$
		nein
		
		ja

Die Gleichwertigkeit von Detail 8.01 kann nach DIN 4108 Beiblatt 2 nicht nachgewiesen werden und auch über den Vergleich mit Bild 1.7.2 der KfW-Wärmebrückenempfehlungen ist die Gleichwertigkeit nicht darstellbar (vgl. Tabelle 11.46).

Somit kann für dieses Detail keine Gleichwertigkeit dargestellt werden.

Das Detail kann nun noch über den erweiterten Gleichwertigkeitsnachweis berücksichtigt werden (vgl. Kapitel 11.2.5).

Detail 8.02 (a, b) – Fenstersturz mit Rollladenkasten, Giebelbereich (Abb. 11.100)

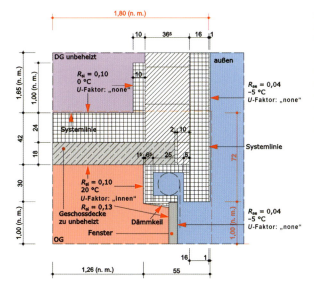

Abb. 11.100: Detail 8.02 aus Kapitel 11.1.3. Die Systemlinie läuft hier entlang der Außenkante Wärmedämmung Außenwand und auf der Wärmedämmung Geschossdecke (n. m. = nicht maßstäblich; Angaben für R_{si} und R_{se} in m² · K/W).

Dieses Detail ist vergleichbar weder in DIN 4108 Beiblatt 2 noch in den KfW-Wärmebrückenempfehlungen vorhanden.

Ein so wichtiges Wärmebrückendetail kann aber nicht einfach vernachlässigt werden. Das Detail sollte somit aufgeteilt werden in das Detail 6.02 und in das Detail 8.01. Das Detail 6.02 ist gleichwertig mit den KfW-Wärmebrückenempfehlungen (vgl. dazu Kapitel 11.2.3.6). Da aber das Detail 8.01 weder mit DIN 4108 Beiblatt 2 noch mit den KfW-Wärmebrückenempfehlungen gleichwertig ist, sollte das Detail 8.02 beim erweiterten Gleichwertigkeitsnachweis für das Detail 8.01 mitberücksichtigt werden (vgl. Kapitel 11.2.5).

> **Hinweis:** Diese Vorgehensweise entspricht der Auffassung der Autoren.

Detail 8.03 (a, b) – Fenstersturz mit Rollladenkasten, Traufbereich (Abb. 11.101)

Abb. 11.101: Detail 8.03 aus Kapitel 11.1.3. Die Systemlinie läuft hier entlang der Außenkante Wärmedämmung Außenwand und auf der Wärmedämmung Geschossdecke (n. m. = nicht maßstäblich; Angaben für R_{si} und R_{se} in m² · K/W).

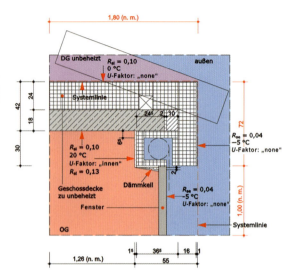

Dieses Detail ist vergleichbar weder in DIN 4108 Beiblatt 2 noch in den KfW-Wärmebrückenempfehlungen vorhanden.

Wie im Fall von Detail 8.02 sollte auch das ebenso wichtige Wärmebrückendetail 8.03 nicht vernachlässigt werden. Das Detail kann aufgeteilt werden in das Detail 6.01 und in das Detail 8.01. Das Detail 6.01 ist gleichwertig mit den KfW-Wärmebrückenempfehlungen (vgl. dazu Kapitel 11.2.3.6). Da aber das Detail 8.01 weder mit DIN 4108 Beiblatt 2 noch mit den KfW-Wärmebrückenempfehlungen gleichwertig ist, sollte auch das Detail 8.03 beim erweiterten Gleichwertigkeitsnachweis für das Detail 8.01 mitberücksichtigt werden (vgl. Kapitel 11.2.5).

> **Hinweis:** Diese Vorgehensweise entspricht der Auffassung der Autoren.

Detail 8.04 – Fenstersturz ohne Rollladenkasten an Geschossdecke (Abb. 11.102)

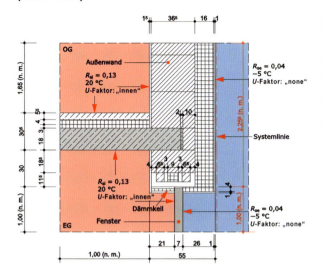

Abb. 11.102: Detail 8.04 aus Kapitel 11.1.3. Die Systemlinie läuft hier entlang der Außenkante Wanddämmung Außenwand (n. m. = nicht maßstäblich; Angaben für R_{si} und R_{se} in m$^2 \cdot$ K/W).

Das Detail entspricht Bild 55 aus DIN 4108 Beiblatt 2. In den KfW-Wärmebrückenempfehlungen ist kein entsprechendes Bild vorhanden.

Tabelle 11.47:   Überprüfung von Detail 8.04 (Abb. 11.102) auf Gleichwertigkeit (Gleichwertigkeitsbetrachtung)

Nachweisverfahren	Vergleich mit DIN 4108 Beiblatt 2 bzw. den KfW-Wärmebrückenempfehlungen	Gleich-wertigkeit
konstruktives Grundprinzip: • Wärmedämmung Außenwand • $d = 0{,}16$ cm • Wärmeleitfähigkeit $\lambda = 0{,}033$ W/(m $\cdot$ K)	DIN 4108 Beiblatt 2, Bild 55: • Wärmedämmung Außenwand • $d \leq 0{,}16$ cm • Wärmeleitfähigkeit $\lambda = 0{,}04$ W/(m $\cdot$ K)	ja nein
R-Werte: • Wärmedämmung Außenwand • 0,16 m : 0,033 W/(m $\cdot$ K) • R-Wert Wärmedämmung = 4,85 m$^2 \cdot$ K/W	DIN 4108 Beiblatt 2, Bild 55: • größter zulässiger R-Wert • 0,16 m : 0,04 W/(m $\cdot$ K) • R-Wert $\leq 4{,}0$ m$^2 \cdot$ K/W	nein
ψ-Wert nach eigener Berechnung: • $\psi = 0{,}05$ W/(m $\cdot$ K) über die Außenwand	DIN 4108 Beiblatt 2, Bild 55: • zulässiger ψ-Wert $\leq 0{,}05$ W/(m $\cdot$ K)	ja

Die Gleichwertigkeit von Detail 8.04 kann nach DIN 4108 Beiblatt 2 über den ψ-Wert nachgewiesen werden (vgl. Tabelle 11.47).

Das Detail ist somit gleichwertig nach DIN 4108 Beiblatt 2.

11.2.3.9 Wärmebrückendetails Fenster (seitlicher Anschluss)

Detail 9.01 – Anschluss Fensterlaibung (Abb. 11.103)

Abb. 11.103: Detail 9.01 aus Kapitel 11.1.3. Die Systemlinie läuft hier entlang der Außenkante Wanddämmung Außenwand (n. m. = nicht maßstäblich; Angaben für R_{si} und R_{se} in m² · K/W).

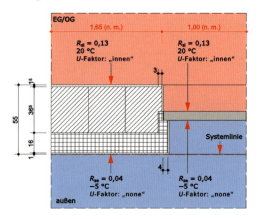

Das Detail entspricht Bild 49 aus DIN 4108 Beiblatt 2. In den KfW-Wärmebrückenempfehlungen kann Bild 1.5.2 für den Gleichwertigkeitsnachweis herangezogen werden (vgl. „Infoblatt KfW-Wärmebrückenbewertung" [Stand 11/2015], Bild 1.5.2).

Tabelle 11.48: Überprüfung von Detail 9.01 (Abb. 11.103) auf Gleichwertigkeit (Gleichwertigkeitsbetrachtung)

Nachweisverfahren	Vergleich mit DIN 4108 Beiblatt 2 bzw. den KfW-Wärmebrückenempfehlungen	Gleichwertigkeit
konstruktives Grundprinzip: • Wärmedämmung Außenwand • $d = 0{,}16$ cm • Wärmeleitfähigkeit $\lambda = 0{,}033$ W/(m · K)	DIN 4108 Beiblatt 2, Bild 49: • Wärmedämmung Außenwand • $d \leq 0{,}16$ cm • Wärmeleitfähigkeit $\lambda = 0{,}04$ W/(m · K)	ja nein
R-Werte: • Wärmedämmung Außenwand • 0,16 m : 0,033 W/(m · K) • R-Wert Wärmedämmung = 4,85 m² · K/W	DIN 4108 Beiblatt 2, Bild 49: • größter zulässiger R-Wert • 0,16 m : 0,04 W/(m · K) • R-Wert $\leq 4{,}0$ m² · K/W	nein
ψ-Wert nach eigener Berechnung: • $\psi = 0{,}024$ W/(m · K) über die Außenwand	DIN 4108 Beiblatt 2, Bild 49: • zulässiger ψ-Wert $\leq 0{,}08$ W/(m · K)	ja

KfW-Wärmebrückenempfehlungen:
• Überdämmung Fensterrahmen
  – $d = 40$ mm
• Fensterposition:
  – in der Fensterlaibung
	KfW-Wärmebrückenempfehlungen, Bild 1.5.2:
	• Bedingung 1: Überdämmung Fensterrahmen
	  – ≥ 30 mm
	• Bedingung 2:
	  – Fensterposition (mauerwerksbündig)
		ja
		nein

Die Gleichwertigkeit von Detail 9.01 kann über den ψ-Wert nach DIN 4108 Beiblatt 2 nachgewiesen werden (vgl. Tabelle 11.48).

Das Detail ist somit gleichwertig nach DIN 4108 Beiblatt 2.

Über den Vergleich mit Bild 1.5.2 der KfW-Wärmebrückenempfehlungen ist die Gleichwertigkeit nicht darstellbar, da die Bedingung 2 nicht eingehalten werden konnte (vgl. Tabelle 11.48). Die Gleichwertigkeit nach DIN 4108 Beiblatt 2 ist allerdings ausreichend.

11.2.4 Gleichwertigkeitsnachweis nach Formblatt A der KfW-Wärmebrückenbewertung

In Tabelle 11.49 sind alle Details mit dem Ergebnis des Gleichwertigkeitsnachweises in Anlehnung an das Formblatt A der KfW-Wärmebrückenbewertung zusammengestellt (vgl. dazu ausführlich Kapitel 6.4.1).

Da nicht alle Details gleichwertig sind, muss das nicht gleichwertige Detail 8.01 über den erweiterten Gleichwertigkeitsnachweis der KfW berücksichtigt werden (vgl. Kapitel 11.2.5; vgl. auch Kapitel 6.4.3).

Tabelle 11.49: Zusammenstellung der Details für den Gleichwertigkeitsnachweis in Anlehnung an das Formblatt A der KfW-Wärmebrückenbewertung

relevante Wärmebrücken für den Gleichwertigkeitsnachweis	Nummer des Vergleichsbeispiels aus DIN 4108 Beiblatt 2 oder den KfW-Wärmebrückenempfehlungen	Nachweis der Gleichwertigkeit nach Verfahren					gleichwertig (ja/nein)
		1 konstruktives Grundprinzip DIN 4108 Beiblatt 2	2 Wärmedurchlasswiderstand	3 ψ-Wert nach eigener Berechnung in W/(m·K)	4 ψ-Wert aus Veröffentlichung	5 KfW-Wärmebrückenempfehlungen	
1.0	**Kellerbodenplatte**						
1.01 Anschluss Kelleraußenwand auf Bodenplatte	4			0,026			ja
1.02 Anschluss Innenwand (24 cm) auf Bodenplatte				kein Nachweis möglich			
2.0	**Kellerwände**						
2.01 Anschluss Innenwand (24 cm) an Außenwand	1.10.1					X	ja
2.02 Innere Außendecke Kellertreppenhaus	1.10.1					X	ja
2.03 Kellerinnenwand an Kellerinnenwand				kein Nachweis möglich			
3.0	**Kellerdecke**						
3.01a Sockel (gegen Außenluft)	30			0,035			ja
3.01b Sockel (gegen unbeheizten Keller)							
3.02 Sockel, Bereich Treppenhaus				kein Nachweis möglich			
3.03 Kellerdecke, Treppenhaus gegen unbeheizten Keller				kein Nachweis möglich			
3.04 Kellerdecke, Anschluss Kellerinnenwand (unten)	95			0,021			ja
3.05 Kellerdecke, Anschluss Innenwand (oben)	95			0,036			ja
3.06 Kellerdecke, Anschluss Innenwand (oben/unten)	95			0,096			ja
6.0	**Oberste Geschossdecke**						
6.01a Anschluss Außenwand/Traufe (gegen Außenluft)	1.10.3					X	ja
6.01b Anschluss Außenwand/Traufe (gegen unbeheizten Dachraum)							
6.02a Anschluss Außenwand/Giebel (gegen Außenluft)	1.10.1					X	ja
6.02b Anschluss Außenwand/Giebel (gegen unbeheizten Dachraum)							

Fortsetzung Tabelle 11.49: Zusammenstellung der Details für den Gleichwertigkeitsnachweis in Anlehnung an das Formblatt A der KfW-Wärmebrückenbewertung

relevante Wärmebrücken für den Gleichwertigkeitsnachweis		Nummer des Vergleichs-beispiels aus DIN 4108 Beiblatt 2 oder den KfW-Wärme-brücken-empfeh-lungen	Nachweis der Gleichwertigkeit nach Verfahren					gleich-wertig (ja/nein)
			1 kons-truktives Grund-prinzip DIN 4108 Bei-blatt 2	2 Wärme-durch-lass-wider-stand	3 ψ-Wert nach eigener Berech-nung in W/(m·K)	4 ψ-Wert aus Ver-öffent-lichung	5 KfW-Wärme-brücken-empfeh-lungen	
7.0	Fensteranschluss unten							
7.01a	Anschluss auf Kellerdecke (gegen Außenluft)	67			0,015			ja
7.01b	Anschluss auf Kellerdecke (gegen unbeheizten Keller)							
7.02	Anschluss Geschossdecke, oben und unten, mit Rolladenkasten	aufgeteilt in Detail 7.02a und 8.01						
7.02a	Anschluss auf Geschossdecke (unten)	68			−0,062			ja
7.03	Anschluss Fenster/Brüstung	43			0,007			ja
8.0	Fensteranschluss oben							
8.01	Fenstersturz mit Rollladenkasten	62			0,24			nein
8.02a	Fenstersturz mit Rollladenkasten/Giebelbereich (gegen Außenluft)	aufgeteilt in Detail 6.02 und 8.01						
8.02b	Fenstersturz mit Rollladenkasten/Giebelbereich (gegen unbeheizten Dachraum)							
8.03a	Fenstersturz mit Rollladenkasten/Traufbereich (gegen Außenluft)	aufgeteilt in Detail 6.01 und 8.01						
8.03b	Fenstersturz mit Rollladenkasten/Traufbereich (gegen unbeheizten Dachraum)							
8.04	Fenstersturz ohne Rollladenkasten	55			0,05			ja
9.0	Fensteranschluss Seite							
9.01	Anschluss Fensterlaibung	49			0,024			ja

11.2.5   Erweiterter Gleichwertigkeitsnachweis nach Formblatt B der KfW-Wärmebrückenbewertung

Für das nicht gleichwertige Detail 8.01 sind die zusätzlich zu berücksichtigenden Transmissionswärmeverluste $H_{T,WB}$ zu berechnen (vgl. grundsätzlich Kapitel 6.4.3 zum Formblatt B). Die Länge der Wärmebrücke setzt sich aus den Längen der Wärmebrücken für die Details 8.01, 8.02 und 8.03 mit insgesamt 17,22 m zusammen (vgl. Abb. 11.104).

Um den anzusetzenden Wärmebrückenfaktor ΔU_{WB} zu berechnen, wird gemäß Formel 6.5 zu dem pauschalen Wärmebrückenzuschlag von 0,05 W/(m² · K) der zusätzliche Transmissionswärmeverlust $H_{T,WB}$, dividiert durch die Gebäudehüllfläche A des Gebäudes (im Beispiel 423 m²), addiert.

Gemäß Abb. 11.104 ergibt sich ein ΔU_{WB} von 0,05 W/(m² · K). Die zusätzlichen Transmissionswärmeverluste $H_{T,WB}$ des Details 8.01 sind so gering, dass sie keinen Einfluss auf den Wärmebrückenfaktor ΔU_{WB} von 0,05 W/(m² · K) haben.

Für das Gebäude darf somit ein Wärmebrückenfaktor ΔU_{WB} von 0,05 W/(m² · K) angesetzt werden. Bei der detaillierten Berechnung der Wärmebrückenverluste nach Kapitel 11.1.4 ergab sich in Abhängigkeit von der Systemlinie ein Wärmebrückenfaktor ΔU_{WB} von 0,032 W/(m² · K) bzw. von 0,018 W/(m² · K).

KfW-Wärmebrückenbewertung, Formblatt B

Erweiterter Gleichwertigkeitsnachweis (151, 430)

Sachverständiger		Bauvorhaben	
Johannes Volland		Musterprojekt Kapitel 11	2011
Name		Objekt	Baujahr
Alter Kornmarkt	3a	Musterstraße	1
Straße	Nr.	Straße	Nr.
93047 Regensburg		99999 Musterhausen	
PLZ Ort		PLZ Ort	

Beantragtes Effizienzhaus (EH)

☐ EH Denkmal   ☐ EH 115   ☒ EH 100   ☐ EH 85   ☐ EH 70   ☐ EH 55

1.   Es kann bestätigt werden, dass für das beantragte KfW-Effizienzhaus außer die unter 2. aufgeführten Details alle anderen vorhandenen Wärmebrücken nach den Vorgaben des Beiblatts 2 der DIN 4108 oder den KfW-Wärmebrückenempfehlungen ausgeführt oder geplant sind.
   Ein entsprechender Gleichwertigkeitsnachweis gemäß Formblatt A liegt diesem Formular bei.

2.   Für folgende Wärmebrückendetails kann dagegen keine Gleichwertigkeit im Sinne des Beiblatts 2 der DIN 4108 aus konstruktiven Gründen nachgewiesen oder eine Ausführung gemäß der KfW-Wärmebrückenempfehlung umgesetzt werden:

1. Fenstersturz mit Rollladen	2.	3.
(Detailskizze)	(Detailskizze)	(Detailskizze)

3.   Für die beschriebenen Wärmebrücken ergibt sich somit folgender Zuschlag $\Delta U_{WB\text{-}Ref.}$ gegenüber den entsprechenden Referenzwerten gemäß Beiblatt 2 der DIN 4108:

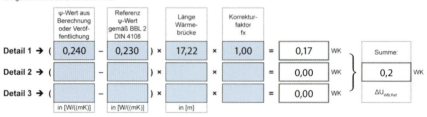

	ψ-Wert aus Berechnung oder Veröffentlichung		Referenz ψ-Wert gemäß BBL 2 DIN 4108		Länge Wärmebrücke		Korrekturfaktor fx					
Detail 1 → (	0,240	−	0,230	) ×	17,22	×	1,00	=	0,17	WK	Summe:	
Detail 2 → (		−		) ×		×		=	0,00	WK	0,2	WK
Detail 3 → (		−		) ×		×		=	0,00	WK	$\Delta U_{WB\text{-}Ref.}$	
	in [W/((mK)]		in [W/((mK)]		in [m]							

4.   Zur Berechnung des spezifischen Transmissionswärmeverlust H'_T für das beantragte KfW-Effizienzhaus ist somit folgender, auf die Umfassungsfläche bezogener Wärmebrückenzuschlag $\Delta\text{-}U_{WB}$ anzusetzen:

	$\Delta U_{WB\text{-}Ref.}$		$\Delta U_{WB\text{-}Ref.}\,2$			Gebäudehüllfläche A				
$\Delta\text{-}UWB$ → (	0,2	+	0,0	) (W/K) /		423,0	m² +	0,05 W/(m²K) =	0,050	W/(m²)K

Bestätigung Sachverständiger

Ich versichere, dass die obigen Angaben zum erweiterten Gleichwertigkeitsnachweis vollständig und richtig sind und dass ich sie durch geeignete Unterlagen belegen kann. Ich bin bereit, diese Unterlagen auf Anforderung der KfW zur Verfügung zu stellen. Die Hinweise und Erläuterungen des Infoblatts "KfW-Wärmebrückenbewertung" sind berücksichtigt. Neben der Wärmebrückendokumentation ist auch die Konstruktionsbeschreibung aus der U-Wert-Berechnung diesem Formular beigefügt.

_____   _____
Ort, Datum   Unterschrift Sachverständiger

Abb. 11.104:   Erweiterter Gleichwertigkeitsnachweis für das Detail 8.01 nach Formblatt B der KfW-Wärmebrückenbewertung (Stand 09/2015) unter Einbeziehung der Wärmebrückenlängen von Detail 8.02 und 8.03

12 Anhang

12.1 Software zur Wärmebrückenberechnung

Tabelle 12.1 listet einige häufig verwendete Isothermen-Programme auf; diese Auflistung hat keinen Anspruch auf Vollständigkeit.

Tabelle 12.1: Programme zur Berechnung von Wärmebrücken (Auswahl)

Bezeichnung	Hersteller	Internetadresse
ZUB Argos 2014	ZUB Zentrum für Umwelt-bewusstes Bauen e. V.	www.zub-kassel.de/software/produkte/argos
HEAT 2 HEAT 3	HEAT	www.buildingphysics.com
flixo professional	flixo professional	www.flixo.ch
THERM 6.3/7.4	LBNL Windows & Day-lighting Software	http://windows.lbl.gov/software/therm/therm.html
Dämmwerk Wärme-brückenpaket in Kombination mit Basismodul EnEV-Software	Dämmwerk	www.bauphysik-software.de/waermebruecken-paket.html
HS PSI-THERM 2D/3D Enterprise	Visionworld GmbH	www.psitherm.de
AnTherm 2D/3D	T. Kornicki	www.antherm.at
BKI Wärmebrücken-planer	BKI	www.bki.de/waermebrueckenplaner.html
Eva Wärmebrücken-expertin	Ingenieurbüro Leuchter	www.enev-shop.de/eva-software/eva-die-waermebrueckenexpertin

12.2   Kenngrößen und Indizes

In Tabelle 12.2 werden wichtige Kenngrößen im Überblick zusammen mit ihren Einheiten dargestellt.

Tabelle 12.2:   Kenngrößen und Indizes

Symbol	Größe	Einheit
A	Fläche	m^2
b	Breite	m
d	Dicke	m
f, f_{Rsi}	Temperaturfaktoren	–
F_x	Temperaturkorrekturfaktor	–
g	Temperaturgewichtungsfaktor	–
h	Höhe	m
h_i	innerer Wärmeübergangskoeffizient	$W/(m^2 \cdot K)$
H_T	Transmissionswärmeverluste	W/K
H_{WB}	Wärmebrückenverluste	W/K
L_0	ungestörter Wärmestrom	$W/(m \cdot K)$
L_{2D}	thermischer Leitwert für zweidimensionale Berechnungen	$W/(m \cdot K)$
L_{3D}	thermischer Leitwert für dreidimensionale Berechnungen	W/K
l	Länge	m
p	Dampfdruck	Pa
p_S	Wasserdampfsättigungsdruck (Sattdampfdruck)	Pa
q	Wärmestromdichte	W/m^2
R	Wärmedurchlasswiderstand	$m^2 \cdot K/W$
R_{se}	äußerer Wärmeübergangswiderstand	$m^2 \cdot K/W$
R_{si}	innerer Wärmeübergangswiderstand	$m^2 \cdot K/W$
U	Wärmedurchgangskoeffizient	$W/(m^2 \cdot K)$
ΔU_{WB}	Wärmebrückenzuschlag	$W/(m^2 \cdot K)$
Φ	Wärmestrom	W
λ	Wärmeleitfähigkeit	$W/(m \cdot K)$
θ	Celsiustemperatur	$°C$
$\Delta \theta$	Temperaturdifferenz	K
χ	punktbezogener Wärmedurchgangskoeffizient	W/K
ψ	längenbezogener Wärmedurchgangskoeffizient	$W/(m \cdot K)$

12.3   Normenverzeichnis

DIN 4108 Beiblatt 2:2006-03 Wärmeschutz und Energie-Einsparung in Gebäuden – Wärmebrücken – Planungs- und Ausführungsbeispiele

DIN 4108-2:2013-02 Wärmeschutz und Energie-Einsparung in Gebäuden – Teil 2: Mindestanforderungen an den Wärmeschutz

DIN 4108-3:2014-11 Wärmeschutz und Energie-Einsparung in Gebäuden – Teil 3: Klimabedingter Feuchteschutz – Anforderungen, Berechnungsverfahren und Hinweise für Planung und Ausführung

DIN V 4108-6:2003-06 Wärmeschutz und Energie-Einsparung in Gebäuden – Teil 6: Berechnung des Jahresheizwärme- und des Jahresheizenergiebedarfs

DIN V 4108-6 Berichtigung 1:2004-03 Berichtigungen zu DIN V 4108-6:2003-06

DIN 4108-7:2011-01 Wärmeschutz und Energie-Einsparung in Gebäuden – Teil 7: Luftdichtheit von Gebäuden – Anforderungen, Planungs- und Ausführungsempfehlungen sowie -beispiele

DIN 4108-10:2008-06 Wärmeschutz und Energie-Einsparung in Gebäuden – Teil 10: Anwendungsbezogene Anforderungen an Wärmedämmstoffe – Werkmäßig hergestellte Wärmedämmstoffe (aktualisierte Fassung: DIN 4108-10:2015-12)

DIN V 18599-1:2011-12 Energetische Bewertung von Gebäuden – Berechnung des Nutz-, End- und Primärenergiebedarfs für Heizung, Kühlung, Lüftung, Trinkwarmwasser und Beleuchtung – Teil 1: Allgemeine Bilanzierungsverfahren, Begriffe, Zonierung und Bewertung der Energieträger

DIN V 18599-2:2011-12 Energetische Bewertung von Gebäuden – Berechnung des Nutz-, End- und Primärenergiebedarfs für Heizung, Kühlung, Lüftung, Trinkwarmwasser und Beleuchtung – Teil 2: Nutzenergiebedarf für Heizen und Kühlen von Gebäudezonen

DIN EN 673:2011-04 Glas im Bauwesen – Bestimmung des Wärmedurchgangskoeffizienten (U-Wert) – Berechnungsverfahren; Deutsche Fassung EN 673:2011

DIN EN 13164:2015-04 Wärmedämmstoffe für Gebäude – Werkmäßig hergestellte Produkte aus extrudiertem Polystyrolschaum (XPS) – Spezifikation; Deutsche Fassung EN 13164:2012+A1:2015

DIN EN 13167:2015-04 Wärmedämmstoffe für Gebäude – Werkmäßig hergestellte Produkte aus Schaumglas (CG) – Spezifikation; Deutsche Fassung EN 13167:2012+A1:2015

DIN EN 13187:1999-05 Wärmetechnisches Verhalten von Gebäuden – Nachweis von Wärmebrücken in Gebäudehüllen – Infrarot-Verfahren (ISO 6781:1983, modifiziert); Deutsche Fassung EN 13187:1998

DIN EN 13829:2001-02 Wärmetechnisches Verhalten von Gebäuden – Bestimmung der Luftdurchlässigkeit von Gebäuden – Differenzdruckverfahren (ISO 9972:1996, modifiziert); Deutsche Fassung EN 13829:2000 (zurückgezogen und ersetzt durch: DIN EN ISO 9972:2015-12)

DIN EN ISO 6946:2008-04 Bauteile – Wärmedurchlasswiderstand und Wärmedurchgangskoeffizient – Berechnungsverfahren (ISO 6946:2007); Deutsche Fassung EN ISO 6946:2007

DIN EN ISO 10077-1:2010-05 Wärmetechnisches Verhalten von Fenstern, Türen und Abschlüssen – Berechnung des Wärmedurchgangskoeffizienten – Teil 1: Allgemeines (ISO 10077-1:2006 + Cor. 1:2009); Deutsche Fassung EN ISO 10077-1:2006 + AC:2009

DIN EN ISO 10211:2008-04 Wärmebrücken im Hochbau – Wärmeströme und Oberflächentemperaturen – Detaillierte Berechnungen (ISO 10211:2007); Deutsche Fassung EN ISO 10211:2007

DIN EN ISO 10456:2010-05 Baustoffe und Bauprodukte – Wärme- und feuchtetechnische Eigenschaften – Tabellierte Bemessungswerte und Verfahren zur Bestimmung der wärmeschutztechnischen Nenn- und Bemessungswerte (ISO 10456:2007 + Cor. 1:2009); Deutsche Fassung EN ISO 10456:2007 + AC:2009

DIN EN ISO 13370:2008-04 Wärmetechnisches Verhalten von Gebäuden – Wärmeübertragung über das Erdreich – Berechnungsverfahren (ISO 13370:2007); Deutsche Fassung EN ISO 13370:2007

DIN EN ISO 13788:2013-05 Wärme- und feuchtetechnisches Verhalten von Bauteilen und Bauelementen – Raumseitige Oberflächentemperatur zur Vermeidung kritischer Oberflächenfeuchte und Tauwasserbildung im Bauteilinneren – Berechnungsverfahren (ISO 13788:2012); Deutsche Fassung EN ISO 13788:2012

12.4   Literaturverzeichnis

FLiB informiert: Technische Emp-
fehlungen und Ergänzungen des
FLiB e. V. zur DIN 4108-7. Stand:
April 2008. Kassel: Fachverband
Luftdichtheit im Bauwesen e. V.
(FLiB), 2008

Infoblatt KfW-Wärmebrückenbewertung. Stand: November 2015.
Frankfurt am Main: KfW, 2015

KfW-Merkblatt 151/152 Energieeffizient Sanieren (Bauen, Wohnen, Energie sparen). Stand:
August 2015. Frankfurt am
Main: KfW, 2015 (Anlage
„Technische Mindestanforderungen" mit demselben Stand
wie das Merkblatt 151/152)

KfW-Merkblatt 153 Energieeffizient Bauen (Bauen, Wohnen,
Energie sparen). Stand: Juni
2014. Frankfurt am Main: KfW,
2014 (Anlage „Technische Mindestanforderungen" mit demselben Stand wie das Merkblatt 153)

KfW-Wärmebrückenbewertung,
Formblatt A: Gleichwertigkeits-
nachweis (151, 153, 430). Stand:
September 2015. Frankfurt am
Main: KfW, 2015

KfW-Wärmebrückenbewertung,
Formblatt B: Erweiterter Gleichwertigkeitsnachweis (151, 430).
Stand: September 2015. Frankfurt am Main: KfW, 2015

KfW-Wärmebrückenbewertung,
Formblatt C: Detaillierter
Wärmebrückennachweis (151,
153, 430). Stand: September
2015. Frankfurt am Main:
KfW, 2015

KfW-Wärmebrückenbewertung,
Formblatt D: KfW-Wärme-
brückenkurzverfahren (151, 153,
430). Stand: September 2015.
Frankfurt am Main: KfW, 2015

Liste der Technischen FAQ –
Anlage zu den Merkblättern
Energieeffizient
Sanieren (151/152), Energie-
effizient Sanieren Investitions-
zuschuss (430), Energieeffizient
Bauen (153). Stand: August 2015.
Frankfurt am Main: KfW, 2015

VATh-Richtlinie Bauthermo-
grafie – zur Planung, Durch-
führung und Dokumentation
infrarotthermografischer
Messungen an Bauwerken oder
Bauteilen von Gebäuden.
Fassung vom 2. Mai 2011.
Tabarz: Bundesverband für An-
gewandte Thermografie e. V.
(VATh), 2011

Volland, Karlheinz; Volland,
Johannes: Wärmeschutz und
Energiebedarf nach EnEV 2014.
4. Aufl. Köln: Verlagsgesell-
schaft Rudolf Müller, 2014

12.5 Stichwortverzeichnis